土建工程施工工艺标准(下)

主　编　蒋金生
副主编　刘玉涛　陈松来

ZHEJIANG UNIVERSITY PRESS
浙江大学出版社

图书在版编目（CIP）数据

土建工程施工工艺标准. 下 / 蒋金生主编. —杭州：浙江大学出版社，2020.5

ISBN 978-7-308-20102-5

Ⅰ.①土… Ⅱ.①蒋… Ⅲ.①土木工程—工程施工—标准—中国 Ⅳ.①TU7-65

中国版本图书馆 CIP 数据核字(2020)第 047485 号

土建工程施工工艺标准(下)

蒋金生　主编

责任编辑　候鉴峰　金佩雯
责任校对　殷晓彤
封面设计　周　灵
出版发行　浙江大学出版社
（杭州市天目山路148号　邮政编码310007）
（网址：http://www.zjupress.com）
排　　版　杭州中大图文设计有限公司
印　　刷　杭州杭新印务有限公司
开　　本　787mm×1092mm　1/16
印　　张　21.5
字　　数　537千
版 印 次　2020年5月第1版　2020年5月第1次印刷
书　　号　ISBN 978-7-308-20102-5
定　　价　120.00元

编委会名单

前　　言

近年来，国家对建筑行业的法律法规、规范标准进行了广泛的新增、修订，以铝模、爬架、装配式施工为代表的"四新"技术在施工现场得到了普及应用，在建筑科技领先型现代工程服务商这一新的企业定位下，第一版施工工艺标准的部分内容已经不能满足当前实际需要。因此，中天建设集团组织相关人员对现有标准开展全面修订，修订内容主要体现在以下几个方面。

(1)根据新发布或修订的国家规范、标准，结合本企业工程技术与管理实践，补充了部分新工艺、新技术、新材料的施工工艺标准，删除了已经落后的、不常用的施工工艺标准。

(2)通过修订，本版施工工艺标准数量在第一版 237 项的基础上增补至 246 项，施工工艺标准分成 24 个类别。

(3)施工工艺标准编写深度力求达到满足对施工操作层进行分项技术交底的需求，用于规范和指导操作层施工人员进行施工操作。

本标准在编写过程中得到了集团各区域公司及相关子公司的大力支持，在此表示感谢！由于受实践经验和技术水平的限制，文本内容难免存在疏漏和不当之处，恳请各位领导、专家及坚守在施工现场一线的施工技术人员对本标准提出宝贵的意见和建议，我们力求及时修正、增补和完善。(联系电话：0571-28055785)

编　者

2020 年 3 月

目　录

8　屋面工程施工工艺标准 …… 1
8.1　屋面找平层施工工艺标准 …… 1
8.2　隔汽层施工工艺标准 …… 5
8.3　隔离层施工工艺标准 …… 5
8.4　屋面保温层施工工艺标准 …… 6
8.5　屋面沥青油毡卷材防水层施工工艺标准 …… 10
8.6　屋面高聚物改性沥青卷材防水层施工工艺标准 …… 19
8.7　屋面合成高分子卷材防水层施工工艺标准 …… 24
8.8　屋面聚氨酯涂膜防水层施工工艺标准 …… 29
8.9　屋面氯丁胶乳改性沥青涂料防水层施工工艺标准 …… 33
8.10　屋面SBS改性沥青防水涂料防水层施工工艺标准 …… 36
8.11　屋面再生胶改性沥青防水涂料防水层施工工艺标准 …… 39
8.12　细石混凝土屋面防水层施工工艺标准 …… 42
8.13　压型钢板屋面防水层施工工艺标准 …… 47
8.14　瓦屋面施工工艺标准 …… 58
9　楼地面工程施工工艺标准 …… 69
9.1　灰土垫层施工工艺标准 …… 69
9.2　砂垫层和砂石垫层施工工艺标准 …… 72
9.3　碎石垫层和碎砖垫层施工工艺标准 …… 76
9.4　三合土垫层施工工艺标准 …… 79
9.5　炉渣垫层施工工艺标准 …… 82
9.6　混凝土垫层施工工艺标准 …… 85
10　混凝土工程施工工艺标准 …… 90
10.1　普通混凝土现场拌制施工工艺标准 …… 90
10.2　基础混凝土浇筑施工工艺标准 …… 96
10.3　现浇框架混凝土浇筑施工工艺标准 …… 102
10.4　地下室混凝土浇筑施工工艺标准 …… 108
10.5　底板大体积混凝土施工工艺标准 …… 111
10.6　剪力墙结构混凝土浇筑施工工艺标准 …… 123
10.7　构造柱、圈梁混凝土浇筑施工工艺标准 …… 127
10.8　应用混凝土输送泵车浇筑混凝土施工工艺标准 …… 130

10.9　应用固定式混凝土泵浇筑混凝土施工工艺标准 …… 136
10.10　后张法无粘结预应力混凝土结构施工工艺标准 …… 139
10.11　后张法有粘结预应力混凝土结构施工工艺标准 …… 149
10.12　装配式结构施工工艺标准 …… 161
11　钢结构工程施工工艺标准 …… 169
11.1　普通钢结构加工制作施工工艺标准 …… 169
11.2　钢结构手工电弧焊焊接施工工艺标准 …… 207
11.3　钢结构自动埋弧焊焊接施工工艺标准 …… 220
11.4　钢结构 CO_2 气体保护焊焊接施工工艺标准 …… 231
11.5　钢结构熔嘴电渣焊焊接施工工艺标准 …… 241
11.6　钢结构焊钉焊接施工工艺标准 …… 245
11.7　钢结构高强螺栓连接施工工艺标准 …… 252
11.8　钢结构普通紧固件连接施工工艺标准 …… 261
11.9　单层钢结构安装施工工艺标准 …… 264
11.10　多层与高层钢结构安装施工工艺标准 …… 274
11.11　轻型钢结构制作与安装施工工艺标准 …… 293
11.12　钢结构压型板安装施工工艺标准 …… 302
11.13　钢网架结构制作与安装施工工艺标准 …… 306
11.14　钢结构防腐涂料涂装施工工艺标准 …… 321
11.15　钢结构防火涂料涂装施工工艺标准 …… 328
附　表 …… 334

8 屋面工程施工工艺标准

8.1 屋面找平层施工工艺标准

目前，根据设计要求，找平层的使用材料可分为水泥砂浆、细石混凝土两种。在屋面工程中，找平层主要起找平基层的作用，是为防水层设置符合防水材料工艺要求且坚实而平整的基层，可以有效地增强防水层与基层的粘结强度，提高基层整体性和防水层耐久性，节省粘结材料。本工艺标准适用于工业与民用建筑铺贴卷材的基层屋面水泥砂浆、细石混凝土找平层工程。工程施工应以设计图纸和有关施工质量验收规范为依据。

8.1.1 材料要求

(1)水泥用不低于 32.5 级普通硅酸盐水泥或矿渣硅酸盐水泥，要求新鲜无结块。

(2)砂宜用中砂，含泥量不得超过 3%，不含有机杂质，水泥砂浆采用体积比，水泥：砂为 1：2.5；细石混凝土强度等级为 C20；混凝土随浇随抹时，应将原浆表面抹平、压光。找平层施工所用材料的质量应符合设计要求。

8.1.2 技术要求

(1)找平层应具有一定的厚度和强度。如果整体现浇混凝土板做到随浇随用原浆找平压光，表面平整符合设计要求时，可以不再做找平层。在装配式混凝土板或板状材料保温层上设水泥砂浆找平层时，找平层易发生开裂现象，古本标准规定装配式混凝土板上应采用细石混凝土找平层；板状材料保温层上应采用细石混凝土找平层。

(2)由于找平层的自身干缩和温度变化，保温层上的找平层容易变形开裂，直接影响卷材或涂膜的施工质量，故保温层上的找平层应留设分格缝，分格缝宽宜为 5～20mm，缝内可以不嵌填密封材料。在结构层上设置的找平层可以不设分格缝。

8.1.3 主要机具设备

(1)机械设备。包括砂浆搅拌机、施工电梯、物料提升机等。

(2)主要工具。包括铁锹、铁板、手推车、铁抹子、水平刮杠、水平尺等。

8.1.4 作业条件

(1)屋面结构层或隔热层已施工完成,已进行隐蔽工程检查,办理交接验收手续。

(2)穿过屋面的各种预埋管件根部及烟囱、女儿墙、屋顶水池、爬梯、机房、伸缩缝、天沟等根部,均已按设计要求施工完毕。

(3)屋面根据设计要求的坡度、弹线,找好规矩(包括天沟、檐沟的坡度),并进行清扫。

(4)找平层材料已备齐,并运到现场,经复查材质量符合要求;试验室根据实际使用原材料,通过试配已提出砂浆配合比。

8.1.5 施工操作工艺

(1)工艺流程。基层清理→管根封堵→标高坡度弹线→洒水湿润→施工找平层(表面抹光收光)→养护→验收。

(2)水泥砂浆找平层。

1)清理基层。将基层(可为屋面结构层、保温层或隔热层)上面的松散杂物清除干净,凸出于基层上的砂浆、灰渣,用凿子凿去,扫净,用水冲洗干净。预制板屋面,应将板缝清理干净。

2)冲贴或贴灰饼。根据设计坡度要求拉线找坡、贴灰饼,顺排水方向冲筋,冲筋的间距为1.5m左右;在排水沟、雨水口处找出泛水,冲筋后即可进行抹找平层。

3)抹找平层。无保温层的屋面先在混凝土构件表面上洒水湿润,但洒水不可过量,以免影响找平层表面的干燥,在防水层施工后窝住水气,使防水层产生空鼓,故洒水量以能达到基层和找平层牢固结合为度。而后,均匀扫一遍水灰比为0.4～0.5的素水泥浆,随扫随铺水泥砂浆,砂浆铺设应按由远到近、由高到低的程序进行,最好在每分格内一次连续铺成,严格掌握坡度,可用2m左右长的方尺找平。木抹子搓揉、压实。水泥砂浆配合比一般为1∶2.5～1∶3,其稠度宜控制在7cm左右。

4)压实。砂浆铺抹稍干后,用铁抹子压实三遍成活。头遍提浆拉平,使砂浆均匀密实;当水泥砂浆开始凝结,人踩上去有脚印但不下陷时,用铁抹子压第二遍,将表面压平整、密实;注意不得漏压,并把死坑、死角、砂眼抹平;当水泥终凝前完成收水后,进行第三遍压光,并应及时取出分格条。

5)分格缝留设。找平层宜留置分格缝,分格缝宽一般为20mm,其纵缝的最大间距不宜大于6m。当利用分格缝兼做排汽屋面的排汽道时,缝宽应适当加宽,并应与保温层连通。

6)边角处理。沟边、女儿墙拐角、烟囱等根部应抹成圆角。

7)养护。砂浆找平层抹平压实后,常温时在24h后护盖草袋(垫)浇水养护,养护时间一般不少于7d;干燥后,即可进行防水层施工。

(3)沥青砂浆找平层。

1)清理基层。要求同水泥砂浆找平层。

2)刷冷底子油。基层清理干净、干燥后,在表面满刷冷底子油2道,要求涂刷均匀不露白底。

3)配制沥青砂浆。先将沥青熔化脱水,使温度达到200℃左右。按比例将预热至120～

140℃的干燥中砂和粉料倒在拌和盘上拌均匀，随拌随将熔化合格的热沥青按计量逐渐倒入，与砂和粉料拌和均匀，边翻拌边继续加热至要求温度，当全部砂和粉料被沥青覆盖时，即可使用。加热时应注意不可使升温过高，以防止沥青碳化变质。沥青砂浆的配合比可用1：8(沥青：砂)质量比并应符合设计要求，其施工温度要求参见表8.1.5。

表8.1.5 沥青砂浆施工时温度要求①

室外温度/℃	沥青砂浆温度/℃		
	拌制	铺设	滚压完毕
>5	140～170	90～120	60
－10～5	160～180	110～130	40

4)铺找平层。冷底子油干后，铺找平层、找坡层，间距1.0～1.5m;继而按照所放坡度线，铺沥青砂浆，虚铺厚度应为压实厚度的1.3～1.4倍。

5)分格缝留设。分格缝一般以板的支撑点(梁、承重墙或屋架)为界。留置间距一般不大于4m，缝宽为20mm。如利用作排汽屋面的排汽道时，可适当加宽，并与保温层连通。

6)找平层压实。砂浆刮平后，用手推热滚筒滚压5～6遍，至表面平整、密实，不见压痕为止。滚筒表面刷稀释柴油(柴油：水＝1：2～1：3)或废机油防粘。预埋管件根部及边角滚压不到之处，可用热烙铁拍实、烫平。

7)施工缝留设。宜做成斜槎，在继续施工时，将斜槎清理干净，在其上先覆盖一层热沥青拌和物预热，然后除去，涂刷热沥青一遍，再铺上新料，仔细拍实、熨平或滚压密实。转角处做成圆弧或钝角。

8)缺陷处理。铺完的沥青砂浆找平层如有缺陷，应挖除清理干净，涂一层热沥青，然后趁热填满沥青砂浆，进行压实。

(4)细石混凝土找平层。有关施工工艺与技术要求，参见《细石混凝土屋面防水层施工工艺标准》。

8.1.6 质量标准

(1)主控项目。

1)找平层的材料质量及配合比，必须符合设计要求。检验方法：检查出厂合格证、质量检验报告和计量措施。

2)屋面(含天沟、檐沟)找平层的排水坡度，必须符合设计要求。平屋面采用结构找坡不应小于3%，采用材料找坡宜为2%;天沟、檐沟纵向找坡不应小于1%，沟底水落差不得超过200mm。检验方法：用水平仪(水平尺)、拉线和尺量检查。

(2)一般项目。

1)卷材防水层的基层与突出屋面结构的交接处，以及基层的转角处，找平层应做成圆弧

① 书中图表按节序号编号。若该节下仅一图(表)，直接以节序号编号;若该节下有多图(表)，则在节序号后以“-1”“-2”等依次编号。

形,且应整齐平顺,圆弧半径应符合表 8.1.6 的要求。内部排水的水落口周围,找平层应做成略低的凹坑。

表 8.1.6 转角处圆弧半径

卷材种类	圆弧半径/mm
沥青防水卷材	100～150
高聚物改性沥青防水卷材	50
合成高分子防水卷材	20

2)找平层应抹平、压光,不得有酥松、起砂、起皮现象。检验方法:观察检查。

3)找平层分格缝的位置和间距应符合设计要求。一般情况水泥砂浆或细石混凝土找平层分格缝应留设在板端缝处,其纵横缝的最大间距不宜大于 6m。检验方法:观察和尺量检查。

4)找平层表面平整度的允许偏差为 5mm。检验方法:用 2m 靠尺和楔形塞尺检查。

8.1.7 成品保护

(1)用手推胶轮车在已抹好的找平层上运输材料时,应铺设木脚手板,防止损坏找平层。

(2)水落口、内排水口以及排汽道等部位,应采取临时保护措施,防止杂物进入堵塞。

(3)在找平层未达到要求铺贴卷材的强度时,不得进行下道工序作业;临时堆放材料应分散堆设。

8.1.8 安全措施

(1)没有女儿墙的屋面四周,外脚手架应高出屋面 1.5m,并设栏杆;钢竖井架、龙门架出入口应设防护门;洞、坑、沟、电梯门口等处,要分别设盖板或围栏、安全网。

(2)五级及五级以上大风和雨、雪天,应避免在屋面上施工找平层。

8.1.9 施工注意事项

(1)抹找平层所用水泥,宜用早期强度高、安定性好的普通硅酸盐水泥,切忌使用过期水泥或不合格的水泥;砂宜用中砂或中、细混合砂,不宜采用粉细砂。

(2)抹压找平层时,应注意防止漏压;当砂浆稠度较大时,应撒同强度等级较干稠砂浆抹压,不得撒干水泥,以防起皮。

(3)施工中应注意严格控制稠度,砂浆拌和不能过稀,操作时应注意抹压遍数不能过少或过多,养护不能过早或过晚,不能过早上人,以防出现起砂现象。

(4)抹压找平层时,基层必须干净,过于光滑的应凿毛,并充分湿润;刷涂素水泥浆应调浆后涂刷,不得撒水泥后用水冲浆,并应做到随刷水泥浆随铺砂浆,按要求遍数抹压,防止漏压,以避免找平层出现空鼓和开裂。

(5)抹压找平层冲筋时应注意找准泛水,或在铺灰时应用木杠找出泛水,铺灰厚度按冲筋刮平顺,以防止出现倒泛水。

(6)抹压找平层时的施工环境温度不宜低于 5℃。

8.1.10　质量记录

(1)材质及试验资料。

(2)分项工程质量检验评定资料。

(3)施工记录。

(4)隐检、预检记录。

8.2　隔汽层施工工艺标准

隔汽层施工工艺标准中,第 6、7 条为主控项目,第 8、9 条为一般项目。

(1)隔汽层施工前,基层应进行清理,宜进行找平处理,隔汽层的基层应平整、干净、干燥。

(2)隔汽层应设置在结构层与保温层之间;隔汽层应选用气密性、水密性好的材料。

(3)在屋面与墙的连接处,隔汽层应沿墙面向上连续铺设,高出保温层的高度不得小于 150mm。

(4)隔汽层采用卷材时宜空铺,卷材搭接缝应满粘,其搭接宽度不应小于 80mm;当隔汽层采用涂料时,应涂刷均匀,涂层不得有堆积、起泡和露底现象。

(5)穿过隔汽层的管线周围应封严,转角处应无折损;隔汽层凡有缺陷或破损的部位,均应进行返修。

(6)隔汽层所用材料的质量,应符合设计要求。检验方法:检查出厂合格证、质量检验报告和进场检验报告。

(7)隔汽层不得有破损现象。检验方法:观察检查。

(8)卷材隔汽层应铺设平整,卷材搭接缝应粘结牢固,密封就严密,不得有扭曲、皱折和起泡等缺陷。检验方法:观察检查。

(9)涂膜隔汽层应粘结牢固,表面平整,涂布均匀,不得有堆积、起泡和露底等缺陷。

8.3　隔离层施工工艺标准

隔离层施工工艺标准中,第 10、11 条为主控项目,第 12、13 条为一般项目。

(1)隔离层材料:隔离层材料通常有聚氯乙烯塑料薄膜、沥青油毡、土工模、无纺聚酯纤维布、低强度等级砂浆等。

(2)施工完的防水层应进行雨后观察、淋水或蓄水试验,在测试合格后再进行隔离层的施工。

(3)隔离层施工前,应将基层表面的砂粒,硬块等杂物清扫干净,施工时,应避免损坏防水层或保温层。

(4)隔离层铺设不得有破损和漏铺现象。

(5)当干铺塑料膜、土工布、卷材时,其搭接宽度不应小于 50mm;不得有皱折,要做到连片平整。

(6)当低强度等级砂浆铺设时,其表面应平整、压实,不得有起壳、起砂等现象。

(7)施工注意事项:隔离层材料强度低,在隔离层继续施工时,要注意对隔离层加强保护。混凝土运输不能直接在隔离层表面进行,应采取垫板等措施。绑扎钢筋时不得扎破表面,浇筑混凝土时更不能振酥隔离层。

(8)隔离层材料的贮运、保管应符合下列规定。

1)塑料膜、土工布、卷材在贮运时,应防止日晒、雨淋、重压。

2)塑料膜、土工布、卷材在保管时,应保证室内干燥、通风;保管环境应远离火源、热源。

(9)隔离层的施工环境温度应符合下列规定。

1)干铺塑料膜、土工布、卷材可在负温下施工。

2)铺抹低强度等级砂浆宜为 5～35℃。

(10)隔离层所用材料的质量及配合比,应符合设计要求。检验方法:检查出厂合格证和计量措施。

(11)隔离层不得有破损和漏铺现象。检验方法:观察检查。

(12)塑料膜、土工布、卷材应铺设平整,其搭接宽度不应小于 50mm,不得有皱折。检验方法:观察和尺量检查。

(13)低强度等级砂浆表面应压实、平整,不得有起壳、起砂现象。检验方法:观察检查。

8.4 屋面保温层施工工艺标准

屋面保温层根据设计形式,可分为松散材料保温层、板状保温层和整体现浇(喷)保温层三种。松散材料保温层采用松散膨胀珍珠岩、松散膨胀蛭石;板状保温层采用的材料包括各种膨胀珍珠岩板制品、膨胀蛭石板制品、聚苯乙烯泡沫塑料、硬泡聚氨酯板、泡沫玻璃等;整体现浇(喷)保温层使用的材料有沥青膨胀蛭石和硬泡聚氨酯。

材料的性质,可分为有机保温材料和无机保温材料。有机保温材料有聚苯乙烯泡沫塑料、硬泡聚氨,其他均为无机材料。

按材料的吸水率,可分为高吸水率和低吸水率(＜6%)保温材料。泡沫玻璃、聚苯乙烯泡沫板,硬泡聚氨酯为低吸水率材料。

本工艺标准适用于一般工业与民用建筑工程用松散、板状保温材料和现浇整体保温的屋面保温层工程。工程施工应以设计图纸和有关施工质量验收规范为依据。

8.4.1 主要机具设备

与第 8.1.3 节屋面找平层主要机具设备。

8.4.2　作业条件

(1)铺设保温层的屋面基层施工完毕,并经检查办理交接验收手续。屋面上的吊钩及其他露出物应清除掉,残留的痕迹应铲平,抹入灰浆层内,屋面应清理干净,方可进行下道工序作业。

(2)有隔汽层的屋面,应先将基层清扫干净,使表面平整、干燥,不得有松散、开裂、起鼓等情况,并按设计要求和施工规范规定,铺设隔汽层。

(3)穿过屋面和女儿墙等结构的管道根部,应用细石混凝土填塞密实,做好转角处理,将管根部固定。

(4)松散或板状保温材料运到现场,应堆放在平整坚实的场地上妥善保管,防止雨淋、受潮或破损、污染。

(5)试验室根据现场材料通过试验提出保温材料的施工配合比。

8.4.3　施工操作工艺

(1)工艺流程。基层清理→弹线找坡→管根固定→隔气层施工→保温层铺设→抹找平层。

(2)清理基层预制或现浇混凝土基层时,应将表面泥土、灰尘、杂物清理干净。

(3)弹线找坡:按设计坡度及流水方向,找出屋面坡度走向,确定保温层厚度范围。

(4)管根固定:穿结构的管根在保温层施工前,应用细石混凝土塞堵密实。

(5)铺设隔汽层。有隔汽层的屋面,按设计要求或施工规范的规定刷冷底子油和沥青玛碲脂各一道,或刷冷底子油干后,铺设油毡隔汽层,操作方法详见第 8.5.4 节屋面沥青油毡卷材防水层施工操作工艺。

8.4.4　技术要求

(1)板状保温材料施工应符合下列规定。

1)铺设板状保温材料的基层应平整、干净、干燥。

2)板状保温材料不应破碎、缺棱掉角,铺设时遇有缺棱掉角、破碎不齐的,应锯平拼接使用。

3)干铺板状保温材料,应紧靠基层表面,铺平、垫稳。分层铺设时,上、下接缝应互相错开,接缝处应用同类材料碎屑填嵌饱满。

4)粘贴的板状保温材料,应铺砌平整、严实。分层铺设的接缝应错开,胶黏剂应视保温材料的材性选用,如热沥青胶结料、冷沥青胶结料、有机材料或水泥砂浆等。板缝间或缺角处应用碎屑加胶料拌匀,填补严密。

(2)整体保温层施工应符合下列规定。

1)保温层的基层应平整、干净、干燥。

2)沥青膨胀蛭石应采用人工搅拌的方式,避免颗粒破碎。

3)以热沥青作为胶结料时,沥青加热温度不应高于 240℃,使用温度不宜低于 190℃,膨胀蛭石的预热温度宜为100～120℃,拌和以色泽均匀一致,无沥青团为宜。

4)沥青膨胀蛭石整体保温层,应拍实、抹平至设计厚度,虚铺厚度和压实厚度应根据试验确定,保温层铺设后,应立即进行找平层施工。

5)现喷硬质聚氨酯泡沫塑料保温层的基层应平整、干净、干燥;施工前应对喷涂设备进行调试,并应对喷涂试块进行材料性能检测;喷涂时喷嘴与施工基面的间距应由试验确定;喷涂硬泡聚氨酯的配比应准确计量,发泡厚度应均匀一致;一个作业面应分遍喷涂完成,每遍喷涂厚度不宜大于15mm,硬泡聚氨酯喷涂后20min内严禁上人;喷涂作业时,应采取防止污染的遮挡措施。

6)现浇泡沫混凝土保温层应按设计要求的干密度和抗压强度进行配合比设计,拌制时应计量准确,并应搅拌均匀;泡沫混凝土应按设计的厚度设定浇筑面标高线,找坡时宜采取挡板辅助措施;泡沫混凝土的浇筑出料口离基层不宜超过1m,泵送时应采用低压泵送;泡沫混凝土应分层浇筑,一次浇筑厚度不宜超过200mm,终凝后进行保湿养护,养护时间不得少于7天。

(3)松散材料保温层施工应符合下列规定。

1)松散材料保温层应干燥,含水率不得超过设计规定;否则,应采取干燥或排汽措施。

2)松散材料保温层应分层铺设,并适当压实、每层虚铺厚度不宜大于15mm;压实的程度与厚度应经试验确定;压实后,不得直接在保温层上行车或堆放重物。

3)保温层施工完成后,应及时进行下道工序,即抹找平层和防水层施工。在雨期施工时,应有遮盖措施,防止雨淋。

4)为了准确控制铺设的厚度,可在屋面上每隔1m摆放保温层厚度的木条作为厚度标准。

5)下雨和五级风以上大风天气,不得铺设松散保温层。

6)在铺抹找平层时,可在松散保温层上铺设一层塑料薄膜等隔水物,以阻止砂浆中水分被吸收,造成砂浆缺水、强度降低;同时,可避免保温层吸收砂浆中的水分而降低保温性能。

(4)架空隔热层施工应符合下列规定。

1)架空隔热制品混凝土板的混凝土强度等级不应低于C20,板内宜配制钢筋网片。

2)架空隔热制品的支座,非上人屋面应采用强度等级不低于MU7.5的砌块材料,上人屋面应采用不低于MU10的砌块材料。

3)架空屋面的坡度不宜大于5%,架空隔热层的架空高度应按照屋面宽度和坡度大小来确定;如设计无要求,一般以100～300mm为宜。

4)架空墩砌成条形,成为通风道,不让风产生紊流。屋面过大、宽度超过10m时,应在屋脊处开孔架高,形成中部通气孔,称为通风屋脊。

5)架空隔热层的进风口,宜设置在当地炎热季节最大频率向的正压区,出风口宜设在负压区。

6)架空隔热层施工时,应根据架空板的尺寸弹出支座中线。

7)架空隔热制品架设在防水层上时,支座部位的防水层上应采取加强措施,操作时不得损坏防水层。

8)铺设架空板时应将灰浆刮平,随时扫净屋面防水层上的落灰、杂物等,保证架空隔热层气流畅通。

9)架空板的铺设应平整、稳固;缝隙宜采用水泥砂浆或混合砂浆嵌填,并应按设计要求留变形缝。

10)架空隔热板距女儿墙不小于250mm,以保证屋面胀缩变形的同时,防止堵塞和便于清理。

8.4.5　质量标准

(1)主控项目。

1)保温材料的堆积密度或表观密度、导热系数以及板材的强度、吸水率,必须符合设计要求。检验方法:检查出厂合格证、质量检验报告和现场抽样复验报告。

2)保温层的含水率必须符合设计要求,封闭式保温层的含水率,应相当于该材料在当地自然风干状态下的平衡含水率。检验方法:检查现场抽样检验报告。

(2)一般项目。

1)保温层的铺设应符合下列要求。

①松散保温材料:分层铺设,压实适当,表面平整,找坡正确。

②板状保温材料:紧贴(靠)基层,铺平垫稳,拼缝严密,找坡正确。

③整体现浇保温层:拌和均匀,分层铺设,压实适当,表面平整,找坡正确。检验方法:观察检查。

2)保温层厚度的允许偏差:松散保温材料和整体现浇(喷)保温层为+10%,-5%;板状保温材料为±5%;且不得大于4mm。检验方法:用钢针插入和尺量检查。

3)当倒置式屋面保护层采用卵石铺压时,卵石应分布均匀,卵石的质(重)量应符合设计要求。检验方法:观察检查和按堆积密度计算其质(重)量。

(3)架空隔热屋面。

1)主控项目。架空隔热制品的质量必须符合设计要求,严禁有断裂和露筋等缺陷。检验方法:观察检查和检查构件合格证或试验报告。

2)一般项目。

①架空隔热制品的铺设应平整、稳固,缝隙勾填应密实;架空隔热产品距山墙或女儿墙不得小于250mm,架空层中不得堵塞,架空高度及变形缝做法应符合设计要求。检验方法:观察和尺量检查。

②相邻两块制品的高低差不得大于3mm。检验方法:用直尺和楔形塞尺检查。

8.4.6　成品保护

(1)在沥青玛碲脂或油毡隔离层铺设前,应将基层表面砂粒、碎块、凸出物清除干净,防止损伤隔离层;铺设后及时铺设保温层。

(2)对已铺完的保温层应采取必要措施,以保证保温层不受损坏;当需要在其上行胶轮车时,应垫脚手板予以保护。

(3)当保温层施工完成后,应及时铺抹水泥砂浆找平层,以减少受潮和雨水进入,使含水率增大;在雨期施工,要采取防雨措施。

8.4.7 安全措施

与第 8.1.8 节屋面找平层安全措施相同。

8.4.8 施工注意事项

(1)松散的保温层应使用无机材料,不得含有机材料。

(2)保温层施工,应严格按照有关标准选择材料,不得使密度过大,颗粒和粉末含量比例应均匀,加强保管和处理,以保证保温隔热层质量。不符合规范要求的材料不得使用。

(3)保温材料应严格控制含水率,不得过高(应控制在 6%以内),施工中应尽量少洒水,因含水率过高,一方面会降低保温性能,另一方面水分不易排出,铺贴卷材防水层后,易产生鼓泡,影响防水层质量和使用寿命。

(4)保温层施工应采取措施掌握好铺设厚度,认真进行操作,防止材料铺设时移动堆积,找坡不匀,或压实时挤压了保温层,而造成铺设厚度不匀,影响保温隔热效果。

8.4.9 质量记录

(1)屋面工程所采用的保温隔热材料及配套材料的产品合格证书和性能检测报告。

(2)保温材料的抽样复验试验报告。

(3)保温层含水率测试记录。

(4)隐检资料和质量检验评定资料。

(5)松散材料的粒径、密度、级配资料。

(6)相容性试验报告。

8.5 屋面沥青油毡卷材防水层施工工艺标准

屋面沥青油毡卷材防水层是传统的屋面防水层做法,过去使用较为广泛。但因为它抗变形能力差、耐候性差、易开裂和老化,且粘贴须用热沥青,对周围大气环境和人体有污染等缺点,近年已被许多新型防水卷材代替。本工艺标准适用于工业与民用建筑防水等级为Ⅲ、Ⅳ级的屋面沥青油毡卷材防水,工程施工应以设计图纸和有关施工质量验收规范为依据。

8.5.1 材料要求

(1)油毡。应选用不低于 350 号的石油沥青油毡;抗裂和耐久性要求较高的卷材防水层应选用沥青玻璃丝布油毡、再生橡胶油毡等,其质量和技术性能应符合设计及有关现行国家标准的要求,并应有出厂合格证。

(2)沥青。常用的有建筑石油沥青(有 10 号、30 号甲、30 号乙)或道路石油沥青(有 60 号甲、60 号乙)。

(3)填充料。常用6～7级石棉纤维、滑石粉、板岩粉、云母粉、石棉粉,要求含水率不大于3%,细度要求为0.15mm筛孔筛余量不应大于5%,0.09mm筛孔筛余量应为10%～30%。掺入量纤维填料为5%～10%,或粉状填料10%～25%。

(4)绿豆砂。又称豆石,粒径3～5mm,洁净、无杂质。

(5)其他材料。汽油、煤油、轻柴油、麻丝、苯类、玻璃布等。

8.5.2 主要机具设备

(1)机械设备。包括鼓风机、高压吹风机、井架带卷扬机、电动搅拌器等。

(2)主要工具。包括带盖沥青锅、燃料(煤)、沥青桶、油壶、运胶车、长柄板棕刷、胶皮板刷、长柄胶皮刮板、油勺、笊篱、磅秤、20mm厚铁板、风管、刮刀、铲刀、钢丝刷、钢卷尺、小平锹、剪刀、工业温度计(350～400℃)以及灭火器等消防器材用具。

8.5.3 作业条件

(1)在屋面施工前,应掌握施工图的要求,施工图已经会审、防水施工专业队伍和人员已落实,防水工程施工方案已编制并经批准。

(2)铺贴卷材的基层表面应平整、坚实、干燥、清洁,并不得有空鼓、起砂和开裂等缺陷;其平整度用2m直尺检查,空隙不大于5mm。

(3)屋面找平层的泛水坡度,应符合设计要求和施工规范的规定,不得出现积水现象。

(4)基层与突出屋面结构(女儿墙、天窗壁、变形缝、伸缩缝、阴阳角、烟囱、管道等)连接部位以及基层转角处(檐口、天沟、斜沟、落水口、屋脊等)均应做成半径为100～150mm的圆弧。

(5)带保温层的基层含水率不宜大于6%,如工期紧,干燥有困难,可采用排气屋面的做法,应在保温层、找平层上事先做好排汽道和排汽孔等。

(6)所有穿过屋面的管道、埋设件、屋面板吊钩、拖拉绳等应做好基层处理。

(7)对进场的防水材料进行抽样复验,其质量应符合现行国家标准的规定,数量应满足施工要求;试验室根据现场材料和设计要求,通过试验提出沥青玛碲脂(简称玛碲脂,下同)配合比。

(8)搭设沥青熬制工棚和熬沥青炉灶,备齐施工机具设备及消防器材;搭设好垂直运输井架,安装卷扬提升系统设备。

8.5.4 施工操作工艺

(1)工艺流程。基层清理→涂刷冷底子油→熬制沥青、配制玛碲脂,卷材试铺后下料→浇涂玛碲脂→铺贴卷材附加层→推压铺贴第一层油毡→刮除卷材边挤出的多余玛碲脂→铺贴屋面第二(三)层油毡→涂刷面层玛碲脂并撒铺绿豆砂。

(2)配制沥青胶结材料(玛碲脂)。

1)沥青玛碲脂的配合比应视使用条件、坡度和当地历年极端最高气温,并根据所用材料经试验确定;施工中应按确定的配合比严格配料。每工作班应检查软化点和柔韧性。

2)配制玛碲脂。

①先将定量沥青破碎成8～10cm的碎块,放在沥青熬制锅内均匀加热,并随时搅拌,用笊

篱及时捞清油渣杂物,至脱水无泡沫时,再缓慢加入预热(120～140℃)干燥的填充料,同时不停地搅拌加热,加热温度(建筑石油沥青的熬制温度)不高于240℃,使用温度不低于190℃;普通石油沥青的熬制温度不高于280℃;使用温度不低于240℃),表面无泡沫、疙瘩即可使用。

②玛碲脂加热时间以3～4h为宜,并应在8h内用完;如有剩余,可与新熬制的玛碲脂分批混合使用。

③熬好的玛碲脂应逐锅检查软化点和韧性,以保证要求的耐热度。

3)配制冷底子油。

①先将沥青加热熔化,使其脱水至不起泡为止,然后将热沥青倒入桶中,冷却到110℃,按配合比将溶剂慢慢注入沥青中,搅拌均匀为止。配制好的冷底子油应加盖密封,以防挥发。

②冷底子油配合比(重量比),60号石油沥青:汽油=30:70,或10号(30号)石油沥青:轻柴油=50:50。

(3)清扫卷材。

1)在宽敞平坦的地面上逐卷将油毡摊开,用笤帚将油毡表面的撒布物清扫干净,至露出沥青本色为止。

2)清扫时避免损伤油毡,扫完后将油毡反卷,放在通风处备用。

(4)涂刷冷底子油。

1)涂(喷)刷冷底子油应在基层基本干燥、清扫干净后进行。涂刷时间宜在铺油毡前1～2d进行。

2)涂刷时采用橡皮滚刷或棕刷蘸油仔细涂刷,在大面涂刷前,应将边角、管根、雨水口等处先涂刷一遍,然后再大面积涂刷,一般要求涂刷一遍,要求涂刷均匀一致,不得过厚或有堆积,不得漏刷或有麻点、气泡等缺陷;冷底子油亦可采取机械喷涂,机喷宜喷两遍。

3)刷喷冷底子油,如需在潮湿基层上铺贴油毡时,亦可在找平层水泥砂浆凝结阶段或终凝后3～4h涂刷。

4)冷底子油使用时应搅匀,稠度太大可加入少量溶剂稀释搅匀。

(5)铺贴卷材附加层。沥青油毡卷材屋面,在女儿墙、檐沟墙、天窗壁、变形缝、烟囱根、管道根与屋面的交接处及檐口、天沟、斜沟、雨水口、屋脊等部位,按设计要求先做卷材附加层。

(6)铺贴油毡顺序。

1)铺贴多跨和高低跨屋面时,应先远后近,先高跨后低跨。

2)在一个单跨铺贴时,应先铺排水比较集中的部位(如檐口水落口、天沟等处),铺油毡附加层时,由低到高,使油毡按流水方向搭接。

(7)铺贴方法。

1)油毡铺贴层数应根据屋面坡度和使用要求由设计单位在施工图内确定,防水等级为Ⅲ级时,一般用三毡四油;为Ⅳ级时,用二毡三油。

2)油毡铺贴方向。当坡度小于3%时,宜平行于屋脊铺设,每层应由坡度下方向上铺贴;坡度为3%～15%时,可平行或垂直屋脊铺贴;坡度大于15%或受震动时,应垂直于屋脊铺贴,每层应由屋脊开始向屋檐或天沟方向铺贴,上下层卷材不得相互垂直铺设。坡度大于25%时,为防止卷材下滑,可采用满粘法铺贴;当采用钉压固定措施时,固定点应密封严密。

3)油毡卷材铺贴铺油方法有浇油法、刷油法、刮油法和撒油法等,铺油时应严格控制玛𤧛脂的使用温度,石油沥青玛𤧛脂的温度最好为260～270℃。

4)铺贴时,粘结层厚度,热沥青玛𤧛脂宜为1～1.5mm,冷沥青玛𤧛脂宜为0.5～1.0mm。应使油毡与下层紧密粘结,避免铺斜、扭曲,同时应将毡边挤出的多余玛𤧛脂及时刮去,仔细压紧、刮平,赶出气泡封严。如发现已铺贴油毡有气泡、空鼓或翘边等现象,应随时进行处理。

5)油毡接头应采用搭接方法,上下两层及相邻两幅油毡的搭接缝应错开,各层油毡搭接宽度,短边搭接,满粘法不小于100mm,空铺、点粘、条粘法,不小于150mm;长边搭接,满粘法不应小于70mm,空铺、点粘、条粘法不应小于100mm。相邻两幅油毡短边搭接缝应错开1/2幅宽,上下两层应错开1/3或1/2幅宽。平行于屋脊的搭接缝应顺流水方向搭接;垂直于屋脊的搭接应顺主导风方向搭接。屋面坡度超过25%时,不应有短边方向的搭接。

(8)檐口、天沟、檐沟的一般做法。

1)卷材防水屋面檐口800mm范围内的卷材应满粘,卷材收头应采用金属压条钉压,并应用密封材料封严。檐口下端应做鹰嘴和滴水槽(见图8.5.4-1)。

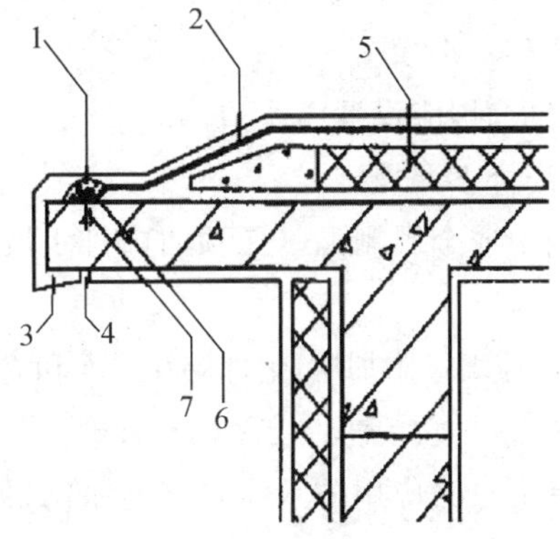

1—密封材料;2—卷材防水层;3—鹰嘴;4—滴水槽;5—保温层;6—金属压条;7—水泥钉

图8.5.4-1 卷材防水屋面檐口

2)涂膜防水屋面檐口的涂膜收头,应用防水涂料多遍涂刷。檐口下端应做鹰嘴和滴水槽(见图8.5.4-2)。

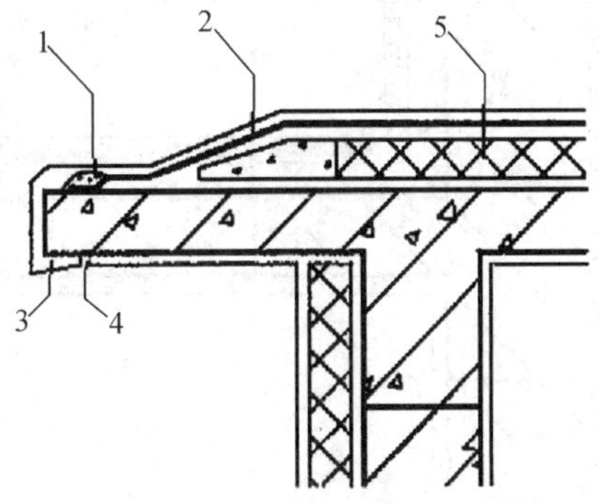

1—涂料多遍刷涂;2—涂膜防水层;3—鹰嘴;4—滴水槽;5—保温层

图8.5.4-2 涂膜防水屋面檐口

3)卷材或涂膜防水屋面檐沟(见图 8.5.4-3)和天沟的防水构造,应符合下列规定。

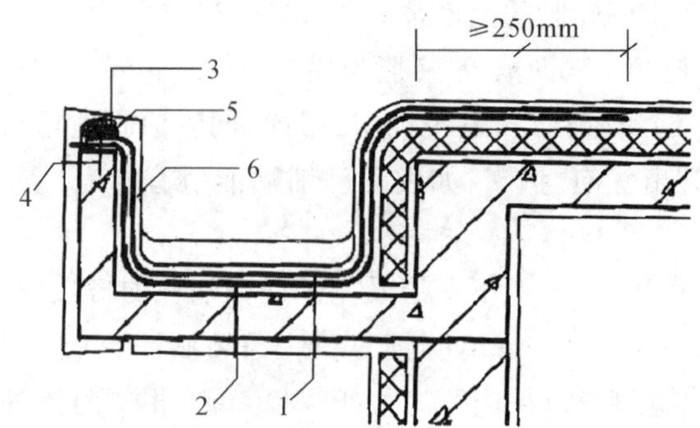

1—防水层;2—附加层;3—密封材料;4—水泥钉;5—金属压条;6—保护层

图 8.5.4-3 卷材或涂膜防水屋面檐沟

①檐沟和天沟的防水层下应增设附加层,附加层伸入屋面的宽度不应小于 250mm。

②檐沟防水层和附加层应由沟底翻上至外侧顶部,卷材收头应用金属压条钉压,并应用密封材料封严,涂膜收头应用防水涂料多遍涂刷。

③檐沟外侧下端应做鹰嘴和滴水槽。

④檐沟外侧高于屋面结构板时,应设置溢水口。

(9)女儿墙的防水构造应符合下列规定。

1)女儿墙压顶可采用混凝土或金属制品。压顶向内排水坡度不应小于 5%,压顶内侧下端应作滴水处理。

2)女儿墙泛水处的防水层下应增设附加层,附加层在平面和立面的宽度均不应小于 250mm。

3)低女儿墙泛水处的防水层可直接铺贴或涂刷至压顶下,卷材收头应用金属压条钉压固定,并应用密封材料封严,涂膜收头应用防水涂料多遍涂刷(见图 8.5.4-4)。

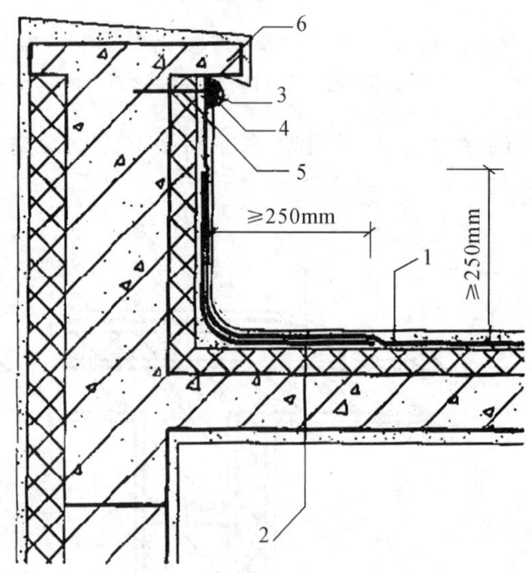

1—防水层;2—附加层;3—密封材料;4—金属压条;5—水泥钉;6—压顶

图 8.5.4-4 低女儿墙泛水处的防水层

4)高女儿墙泛水处的防水层泛水高度不应小于250mm,防水层收头应符合本条上一条的规定;泛水上部的墙体应做防水处理(见图8.5.4-5)。

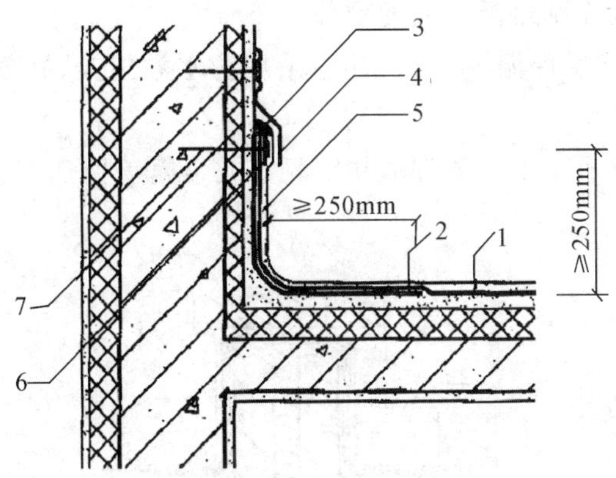

1—防水层;2—附加层;3—密封材料;4—金属盖板;5—保护层;6—金属压条;7—水泥钉

图8.5.4-5 高女儿墙泛水处的防水层

5)女儿墙泛水处的防水层表面,宜用浅色涂料涂刷或浇筑细石混凝土保护。

(10)重力式排水的水落口(直式、横式落水口,见图8.5.4-6和图8.5.4-7)防水构造应符合下列规定。

1)水落口可采用塑料或金属制品,水落口的金属配件均应作防锈处理。

2)水落口杯应牢固地固定在承重结构上,其埋设标高应根据附加层的厚度及排水坡度加大的尺寸确定。

3)水落口周围直径500mm范围内坡度不应小于5%,防水层下应增设涂膜附加层。

4)防水层和附加层伸入水落口杯内长度不应小于50mm,并应粘结牢固。

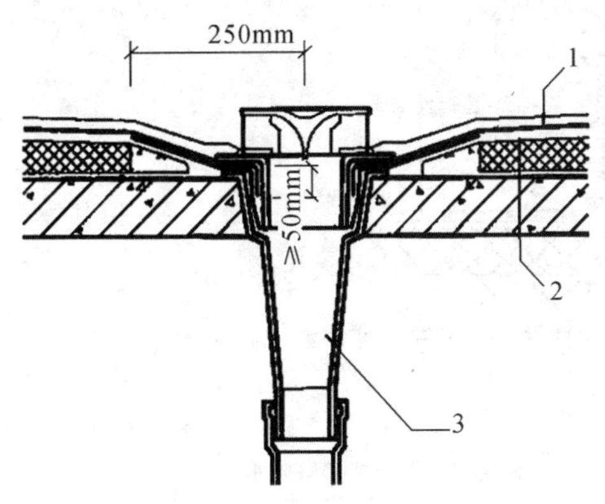

1—防水层;2—附加层;3—水落斗

图8.5.4-6 直式落水口

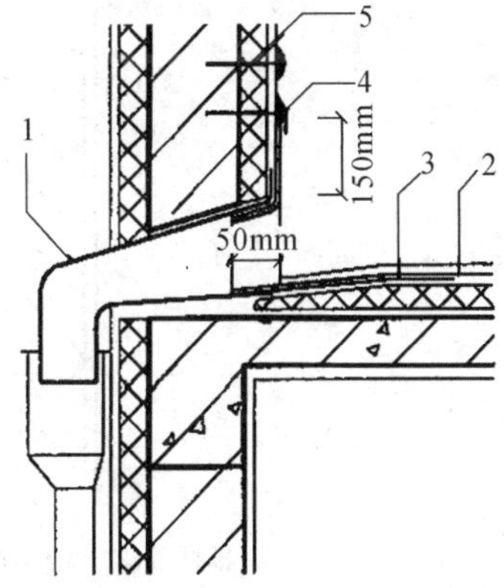

1—水落斗;2—防水层;3—附加层;4—密封材料;5—水泥钉

图8.5.4-7 横式落水口

(11)变形缝防水构造应符合下列规定。

1)变形缝泛水处的防水层下应增设附加层,附加层在平面和立面的宽度不应小于250mm;防水层应铺贴或涂刷至泛水墙的顶部。

2)变形缝内应预填不燃保温材料,上部应采用防水卷封盖,并放置衬垫材料,再在其上干铺一层卷材。

3)等高变形缝(见图 8.5.4-8)顶宜加扣混凝土或金属盖板。

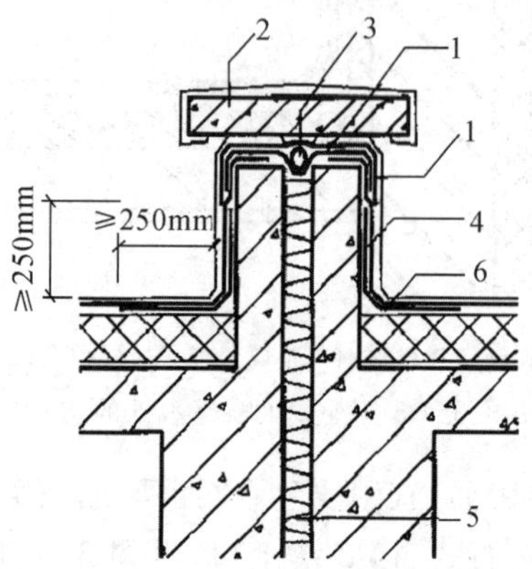

1—卷材封盖;2—混凝土盖板;3—衬垫材料;4—附加层;5—不燃保温材料;6—防水层

图 8.5.4-8 等高变形缝

4)高低跨变形缝(见图 8.5.4-9)在立墙泛水处,应采用有足够变形能力的材料和构造作密封处理。

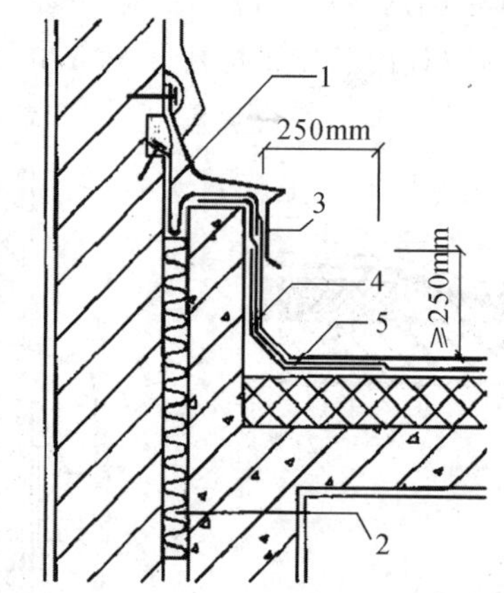

1—卷材封盖;2—不燃保温材料;3—金属盖板;4—附加层;5—防水层

图 8.5.4-9 高低跨变形缝

(12)伸出屋面管道(见图 8.5.4-10)的防水构造应符合下列规定。

1)管道四周的找平层应抹出高度不小于 30mm 的排水坡。

2)管道泛水处的防水层下应增设附加层,附加层在平面和立面的宽度均不应少于 250mm。

3)管道泛水处的防水层泛水高度不应小于 205mm;卷材收头应用金属箍紧固和密封材料封严,涂膜收头应用防水涂料多遍涂刷。

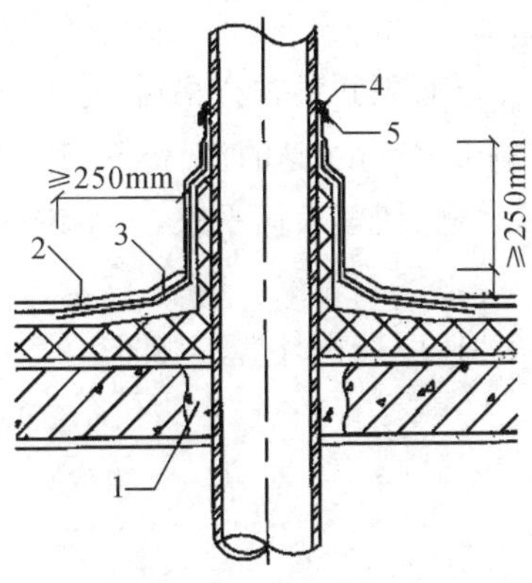

1—细石混凝土；2—卷材防水层；3—附加层；4—密封材料；5—金属箍

图 8.5.4-10 伸出屋面管道

(13)屋面垂直出入口(见图 8.5.4-11)泛水处应增设附加层，附加层在平面和立面的宽度均不应小于 250mm；防水层收头应在混凝土压顶圈下。

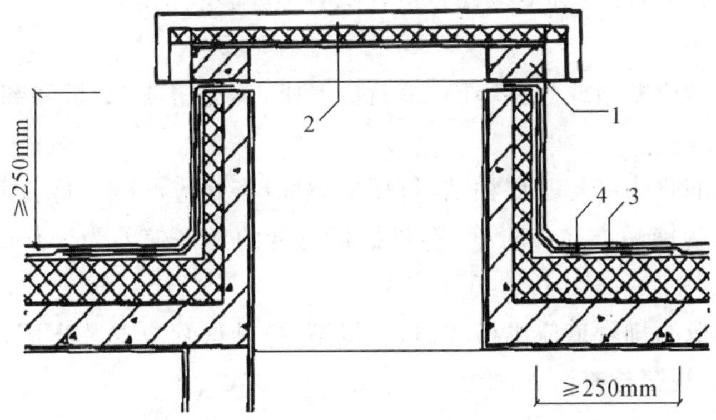

1—混凝土压顶；2—上人孔盖；3—防水层；4—附加层

图 8.5.4-11 屋面垂直出入口

(14)屋面水平出入口(见图 8.5.4-12)泛水处应增设附加层和护墙，附加层在平面上的宽度不应小于 250mm；防水层收头应压在混凝土踏步下。

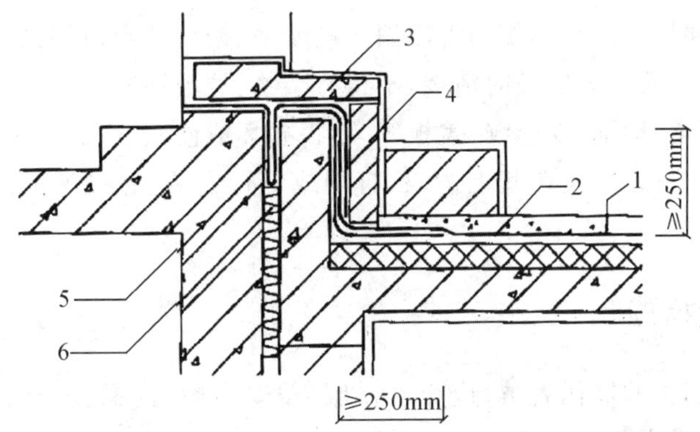

1—防水层；2—附加层；3—踏步；4—护墙；5——防水卷材封盖；6—不燃保温材料

图 8.5.4-12 屋面水平出入口

(15)铺设保护层。

1)保护层应在防水层铺好一定面积并检查合格后,立即进行。

2)铺设时先在卷材表面浇刷 2～3mm 厚的沥青玛碲脂,趁热将洁净、预热(100℃)的绿豆砂撒布均匀,用小铁滚筒滚压一遍,使其表面平整,一半嵌入沥青玛碲脂中,未粘结的绿豆砂应随时清扫干净。

3)当采用其他材料做保护层时,应按设计要求施工。

8.5.5 质量标准

(1)主控项目。

1)卷材防水层所用卷材及其配套材料,必须符合设计要求。检验方法:检查出厂合格证、质量检验报告和现场抽样复验报告。

2)卷材防水层不得有渗漏或积水现象。检验方法:雨后观察或进行淋水、蓄水检验。

3)卷材防水层在天沟、檐沟、檐口、水落口、泛水、变形缝和伸出屋面管道的防水构造,必须符合设计要求。检验方法:观察检查和检查隐蔽工程验收记录。

(2)一般项目。

1)卷材的搭接缝应粘结或焊接牢固,密封应严密,不得扭曲、皱折和翘边。检验方法:观察检查。

2)卷材防水层的收头应与基层粘结,钉压应牢固,密封应严密。检验方法:观察检查。

3)卷材防水层的铺贴方向应正确,卷材搭接宽度的允许偏差为－10mm。检验方法:观察和尺量检查。

4)屋面排汽构造的排汽道应纵横贯通,不得堵塞;排汽管应安装牢固,位置应正确,封闭应严密。检验方法:观察检查。

8.5.6 成品保护

(1)已做好的保温层、找平层应妥善保护,卷材铺设完后应及时做绿豆砂保护层;操作人员在其上行走,不得穿有钉的鞋;在屋面运输材料的手推胶轮车支腿应用麻袋包扎,或在屋面上铺板,防止将油毡被划破。

(2)防水层施工时,应注意不使沥青流淌污染墙面、檐口和门窗等已完工项目。

(3)水落口、斜沟、天沟等应及时清理,不得有杂物、垃圾堵塞。

(4)伸出屋面管道、地漏、变形缝、盖板等,不得碰坏或使其变形、变位。

(5)卷材屋面竣工后,禁止在其上凿眼、打洞或进行安装、焊接等操作,以防破坏卷材造成漏水。

8.5.7 安全措施

(1)熬制、铺设沥青的操作人员,应穿工作服,戴安全帽、口罩、手套、帆布脚盖等劳保用品;工作前手脸及外露皮肤应涂擦防护油膏等。

(2)熬制沥青应在下风方向,并远离火源和建筑物 10m 以上,沥青锅附近严禁堆放易燃、易爆品，临时堆放的沥青，离沥青锅不应小于5m。装入锅内沥青不应超过锅容量的2/3，锅灶附近应备有消防灭火器材。

(3)熬制沥青、调制冷底子油，应严格控制温度，防止着火。

(4)周围无女儿墙和栏杆的屋面，外脚手架应高出屋面1.5m，四周应设安全绳、网；钢竖井架、龙门架出入口洞设安全门；坑、沟、电梯门口等处，要设盖板或围栏、安全网。

(5)五级及五级以上大风和雨、雪天，避免在屋面上进行油毡铺贴。

8.5.8　施工注意事项

(1)铺贴卷材玛碲脂的标号，应根据使用条件、屋面坡度和当地历年极端最高气温确定。

(2)现场配制玛碲脂的配合比及软化点和耐热度的关系数据，应由试验部门根据所用原材料试配后确定。在施工中应按配合比严格配料，每工作班均应检查与玛碲脂耐热度相应的软化点和柔韧性，以控制质量。

(3)油毡卷材防水层，不宜在冬期负温下施工，如必须在负温度下施工时，应有防寒措施，防水层不得出现龟裂、粘结不良等现象。施工中途下雨雪时，应做好已铺卷材周边的防护；做屋面保护层时，均不得采用纯沥青做胶结材料。不得采用不同性质的胶结材料。

8.5.9　质量记录

(1)油毡卷材和胶结材料产品合格证及复试资料。

(2)沥青胶结材料配制及粘贴试验资料。

(3)隐蔽工程检验资料和质量检验评定资料。

(4)施工记录。

8.6　屋面高聚物改性沥青卷材防水层施工工艺标准

高聚物改性沥青卷材一般分为弹性体聚合物改性沥青防水卷材、塑性体聚合物改性沥青防水卷材和橡塑共混体聚合物改性沥青防水卷材三大类。这类卷材作屋面防水层，具有低温柔度好、高温不流淌、抗老化、耐疲劳、延伸率大、不透水性好等特点。同时，可热熔、冷粘或自粘施工，并可根据不同的要求，制成不同厚度、不同色彩、不同覆面材料的多种形式。本工艺标准适用于工业与民用建筑屋面防水等级为Ⅰ、Ⅱ、Ⅲ、Ⅳ级，采用高聚物改性沥青卷材作防水层的工程。工程施工应以设计图纸和有关施工质量验收规范为依据。

8.6.1　材料要求

(1)聚合物改性沥青卷材有APP塑性体改性沥青卷材、SBS弹性体改性沥青卷材、SBR改性沥青防水卷材、高聚物改性沥青聚乙烯胎防水卷材和丁苯橡胶氧化沥青聚乙烯胎防水卷材，其质量和技术性能应符合有关现行国家标准的规定，并有出厂合格证。

(2)聚乙烯膜胎改性沥青卷材有聚乙烯膜氧化沥青卷材、聚乙烯膜改性氧化沥青卷材和聚乙烯膜聚合沥青卷材等,其质量和技术性能应符合有关现行国家标准的规定(参见本标准第7.1.3节),并有出厂合格证。

(3)氯丁橡胶沥青胶黏剂。外观呈黑色,含固量30%;当为冷粘贴施工时,由氯丁橡胶加少量沥青及溶剂配制而成。

(4)基层处理剂。氯丁胶黏剂稀释液(氯丁胶黏剂:溶剂=1:2~1:2.5)。

(5)稀释剂。二甲苯、甲苯、工业纯。

(6)汽油。

8.6.2 主要机具设备

(1)机械设备。包括空气压缩机、吹风机、井架带卷扬机等。

(2)主要工具。包括小平铲、笤帚、滚刷、油漆刷、胶皮板刷、铁桶、剪刀、皮卷尺、钢卷尺、铁抹子、喷灯、射钉枪、压辊、烫板、热风枪、台秤等。

8.6.3 作业条件

(1)屋面施工前,应掌握施工图的要求,施工图已经会审,防水施工专业队伍和人员已落实,防水工程施工方案已编制并经批准。

(2)基层应进行检查,并办理交接验收手续。基层必须牢固,无裂缝、松动、起鼓、凹坑、起砂、掉灰等缺陷。

(3)基层表面应平整光滑,均匀一致,其平整度用2m直尺检查,空隙不超过5mm,并应平缓变化。基层与突出屋面的女儿墙、天窗、变形缝、烟囱、管道等连接部位,应做成半径为100~150mm的圆弧。

(4)基层必须干燥,含水率不大于9%;刮五级及五级以上大风、下雪天、下雨天或雨后基层尚未干燥时,均不得施工。

(5)穿过屋面的管道、埋设件、屋面板吊钩等应做好基层处理。

(6)备齐机具设备,搭设好垂直运输井架,安装好卷扬系统设备。

(7)防水层施工前,基层应清扫干净;冷粘法的施工环境温度不低于5℃;热熔法的施工环境温度不低于-10℃。

(8)卷材及配套材料必须验收合格,规格、技术性能必须符合设计要求及标准的规定。

8.6.4 施工操作工艺

(1)基层处理。应用水泥砂浆找平,并按设计要求找好坡度,做到平整、坚实、清洁,无凹凸变形、尖锐颗粒,用2m直尺检查,最大空隙不应超过5mm,表面处理成细麻面。

(2)复杂部位增强处理。对排水口、管子根、烟囱底部易发生渗漏的薄弱部位,先均匀涂刷一层氯丁胶黏剂,厚度1mm左右,随即粘贴一层聚酯纤维无纺布,再在其上涂刷1mm厚氯丁胶黏剂,形成一层增强层。

(3)涂刷基层处理剂。在干燥的基层上涂刷氯丁胶黏剂稀释液,其作用相当于传统的沥青冷底子油。涂刷时要均匀一致,无露底,操作要迅速,一次涂好,切勿反复涂刷,亦可用喷涂方法。

(4)弹线。基层处理剂干燥(4～12h)后,按现场情况弹出卷材铺贴位置。

(5)卷材铺贴方向应符合下列规定。

1)屋面坡度小于3%时,卷材宜平行屋脊铺贴。

2)屋面坡度在3%～15%时,卷材可平行或垂直屋脊铺贴。

3)屋面坡度大于15%或屋面受震动时,沥青防水卷材应垂直屋脊铺贴,高聚物改性沥青防水卷材和合成高分子防水卷材可平行或垂直屋脊铺贴。

4)在坡度大于25%的屋面上采用卷材作防水层时,应采取固定措施。固定点应密封严密。

5)上下层卷材不得相互垂直铺贴。

(6)铺贴卷材采用搭接法时,上下层及相邻两幅卷材的搭接缝应错开。卷材搭接宽度无论短边、长边,满粘法为80mm,空铺、点粘、条粘法为100mm。

(7)铺贴卷材。根据卷材性能可选用自粘贴、湿铺法施工、热熔贴、热粘法和焊接法等方法。

1)自粘贴。在铺贴前,应将基层处理干净,并涂刷基层处理剂。干燥后,应及时铺贴自粘型橡胶沥青防水卷材。铺贴卷材时应将卷材自粘胶底面的隔离纸完全撕净,并排除卷材下面的空气,用压辊辊压粘结牢固。铺贴的卷材应平整、顺直,搭接尺寸准确,不得扭曲、皱折。搭接处用热风枪加热,加热后随即粘贴牢固,溢出的自粘膏随即刮平封口。接缝口亦用密封材料封严,宽度不应小于100mm。

2)自粘型高聚物改性沥青卷材湿铺法。自粘型高聚物改性沥青卷材湿铺法施工分为素浆滚铺法和砂浆抬铺法。

①基层清理、湿润。用扫帚、铁铲等工具将基层表面的灰尘、杂物清理干净,干燥的基面需预先洒水润湿,但不得残留积水。

②抹水泥(砂)浆。其厚度视基层平整度情况而定,铺抹时应注意压实、抹平。在阴角处,应抹成半径为50mm以上圆角。铺抹水泥(砂)浆的宽度比卷材的长、短边宜各宽出100～300mm,并在铺抹过程中注意保证平整度。

③节点加强处理。在节点部位(如阴阳角、变形缝、管道根、出入口等)先做加强层。

④大面铺贴宽幅PET防水卷材。揭除宽幅PET防水卷材下表面隔离膜,将PET防水卷材铺贴在已抹水泥(砂)浆的基层上。第一幅卷材铺贴完毕后,再抹水泥(砂)浆,铺设第二幅卷材,以此类推。

⑤提浆、排气。用木抹子或橡胶板拍打卷材表面,提浆,排出卷材下表面的空气,使卷材与不泥(砂)浆紧密结合。

⑥长、短边搭接粘结。根据现场情况,可选择铺贴卷材时进行搭接,或在水泥(砂)浆具有中够强度时再进行搭接。搭接时地,将位于下层的卷材搭接部位的透明隔离膜揭起,将上层卷材平服粘贴在下层卷材上,卷材搭接宽度不小于60mm。

⑦卷材铺贴完毕后,卷材收头、管道包裹等部位,可用密封膏密封。

3)热熔法施工。

①火焰加热器的喷嘴距卷材面的距离应适中,幅宽内加热应均匀,应以卷材表面熔融至

光亮黑色为度,不得过分加热卷材;厚度小于 3mm 的高聚物改性沥青防水卷材,严禁采用热熔法施工。

②卷材表面沥青熔化后应立即滚铺卷材,滚铺时应排除卷材下面的空气。

③搭接部位宜以溢出热熔的改性沥青胶结料为度,溢出的改性沥青胶结料宽度宜为 8mm,并宜无效顺直;当接缝处的卷材上有矿物粒或片料时,应用火焰烘烤及清除干净后再进行热熔和接缝处理。

④铺贴卷材时应平整顺直,搭接尺寸应准确,不扭曲。

4)热粘法施工。

①熔化热熔型改性沥青胶结料时,宜采用专用导热油炉加热,加热温度不应高于 200℃,使用温度不宜低于 180℃。

②粘结卷材的热熔型改性沥青胶结料厚度宜为 1.0～1.5mm。

③采用热熔型改性沥青胶结料铺贴卷材时,应随刮随滚铺,并应展平压实。

(8)卷材热风焊接施工。

1)焊接前卷材的铺设应平整顺直,搭接尺寸准确,不得扭曲、皱折。

2)卷材的焊接面应清扫干净,无水滴、油污及附着物。

3)焊接时应先焊长边搭接缝,后焊短边搭接缝。

4)控制热风加热温度和时间,焊接处不得有漏焊、跳焊、焊焦或焊接不牢现象。

5)焊接时不得损害非焊接部位的卷材。

(9)保护层施工。应按设计要求施工,采用浅色涂料作保护层时,应待卷材铺贴完成,经检验合格并清刷干净后涂刷。涂层应与卷材粘结牢固,厚薄均匀,不得漏涂。

(10)天沟、檐沟、檐口、泛水、变形缝、落水口、伸出管、排汽屋面等处施工方法与第 8.5.4 节屋面沥青油毡卷材防水层施工操作工艺中相关部分相同。

8.6.5 质量标准

(1)主控项目。与第 8.5.5 节屋面沥青油毡卷材防水层质量标准中相关部分相同。

(2)一般项目。

1)卷材防水层的表面平整度应符合排水要求,无积水现象。

2)铺贴的卷材粘胶剂涂刷应均匀,不漏底,不堆积。空铺法、条粘法、点粘法应按规定的位置与面积涂刷粘胶剂。防水层表面应平整顺直,搭接尺寸应准确,接缝及末端处理必须封严;不得有扭曲、皱折、翘边、脱层或滑动、空鼓等缺陷。

3)泛水、檐口及变形缝的防水层应粘贴牢固,封盖严密,卷材附加层、泛水立面收头等做法应符合施工规范的规定。

4)卷材保护层涂层应与卷材粘结牢固,覆盖严密,颜色、厚薄均匀一致,表面清洁有漏底现象。

5)排汽屋面排汽道的留设应纵横贯通,不得堵塞,排汽管应安装牢固,位置正确,封闭严密。

6)水落口及变形缝、檐口等处薄钢板安装牢固,水落口平整,变形缝等处薄钢板安装顺直,防锈漆涂刷均匀。

7)卷材铺贴方向正确,卷材搭接宽度的允许偏差为-10mm。

以上各项的检验方法:观察或(和)尺量。

8.6.6 成品保护

与第8.5.6节屋面沥青油毡卷材防水层成品保护相同。

8.6.7 安全措施

(1)采用冷粘贴法施工时,现场应严禁烟火。

(2)采用热熔贴法施工,向喷灯内灌燃料时,要避免溢出流在地面上,以防止点火引起火灾。

(3)喷灯点火,喷嘴不得面对人,以免造成烫伤事故。

(4)下班后氯丁胶黏剂、汽油、二甲苯等易燃材料应入库保存。

(5)其他与第8.5.7节屋面沥青油毡卷材防水层安全措施相同。

8.6.8 施工注意事项

(1)所选用的基层处理剂、接缝胶黏剂、密封材料等配套材料应与铺贴的卷材材性相容。

(2)改性沥青卷材防水层铺贴立面或大坡面时,应采用满贴法并应尽量减少短边搭接,以利粘结牢固和防止卷材下滑。

(3)铺贴应注意根据胶黏剂的性能,控制胶黏剂涂刷与卷材铺贴的间隔时间,以免影响粘贴力和粘结的可靠性。

(4)采用热熔贴法铺贴卷材,应注意使火焰加热器的喷嘴距卷材面的距离适中;幅宽内加热应均匀,以卷材表面熔融至光亮黑色为度,应防止过分加热或烧穿卷材。

(5)改性沥青卷材防水层严禁在雨天、雪天施工;五级风及其以上时不得进行施工;冷粘贴或自粘贴施工气温不低于5℃;热熔贴法施工,气温不低于-10℃;施工中途下雨、下雪,应做好已铺卷材周边的防护工作。

8.6.9 质量记录

(1)高聚物改性沥青卷材及胶结材料应有产品合格证,材料进场应进行复试并有资料。

(2)胶结材料配制资料及粘贴试验。

(3)隐检资料和质量检验评定资料。

(4)施工记录。

8.7 屋面合成高分子卷材防水层施工工艺标准

合成高分子卷材是以合成橡胶、合成树脂或塑料与橡胶共混材料为主要材料,掺入适量的稳定剂、促进剂、硫化剂和改性剂等化学助剂以及填充材料,采用橡胶或塑料加工工艺制成的弹性防水材料。这类屋面防水层具有温度适应范围广,耐候性能优异,拉伸强度高,断裂延伸率大,自重轻,对基层伸缩或开裂的适应性强,冷作业施工和操作简便等优点。与传统的沥青油毡卷材防水层相比,其防水性能可靠,耐用年限长,并可减少环境污染,避免烫伤及中毒等工伤事故。本工艺标准适用于工业与民用建筑工程屋面防水等级为Ⅰ、Ⅱ、Ⅲ级采用合成高分子卷材防水层施工。工程施工应以设计图纸和有关施工质量验收规范为依据。

8.7.1 材料要求

(1)合成高分子卷材。常用的有三元乙丙、改性三元乙丙、氯化聚乙烯、聚氯乙烯、氯磺化聚乙烯防水卷材等,其规格质量及技术性能应符合设计要求及有关现行国家标准的规定(参见本标准1.3条),并有出厂合格证。

(2)胶黏剂。包括基层处理剂、基层胶黏剂、卷材接缝胶黏剂、局部增强处理材料、收头部位密封处理材料,其主要性能指标见表8.7.1。

表8.7.1 基层处理剂、胶黏剂、胶黏带主要性能指标

项目	指标			
	沥青基防水卷材用基层处理剂	改性沥青胶黏剂	高分子胶黏剂	双面胶黏带
剥离强度/(N/10mm)	≥8	≥8	≥15	≥6
浸水168h剥离强度保持率/%	≥8N/10mm	≥8N/10mm	70	70
固体含量/%	水性≥40, 溶剂性≥30	—	—	—
耐热性	80℃无流淌	80℃无流淌	—	—
低温柔性	0℃无裂缝	0℃无裂缝	—	—

(3)水泥。用不低于32.5级的普通硅酸盐水泥,配制聚合砂浆,做卷材边沿压缝处理。

(4)107胶(聚乙烯醇缩甲醛)。配制聚合砂浆用。宜用108胶替代。

(5)砂子。用中砂,含泥量不大于3%。

(6)二甲苯或乙酸乙酯。工业纯二甲苯或乙酸乙酯,用于稀释或清洗工具等。

8.7.2 主要机具设备

(1)机械设备。包括手提电动搅拌器、高压吸风机、井架带卷扬机等。

(2)主要工具。包括小平铲、笤帚、钢丝刷、滚刷(5L60×300mm)、铁桶、小油桶、手持压辊(Φ40×50mm)、油漆刷(50mm×100mm)、剪刀、皮卷尺(50m)、钢卷尺(2m)、开刀、开罐刀、铁管(Φ30×1500mm)、铁抹子、木抹子、橡皮刮板、台秤等。

8.7.3 作业条件

与第 8.6.3 节屋面高聚物改性沥青卷材防水层作业条件相同。

8.7.4 施工操作工艺

(1)工艺流程。基层处理→涂刷基层处理剂→局部加强层处理→涂布基层胶黏剂→卷材铺贴→卷材收头粘结→卷材接头密封→蓄水试验→做保护层。

(2)基层处理。应用水泥砂浆找平,并按设计要求找好坡度,做到平整、坚实、清洁,无凹凸形、尖锐颗粒,用 2m 直尺检查,最大空隙不应超过 5mm,施工前应将已验收合格的基层表面清扫干净,不得有浮尘杂物。

(3)涂刷基层处理剂。在基层上用喷枪(或长柄棕刷)喷涂(或刷涂)基层处理剂,要求厚薄均匀,不允许露底见白,喷(刷)后干燥 4～12h,视温度、湿度而定。

(4)附加层施工。对阴阳角、水落口、管子根部等形状复杂的局部,必须按设计要求预先施工附加层。可采用自粘性密封胶或聚氨酯涂膜。也可铺贴一层合成高分子防水卷材,具体按设计要求处理。

(5)涂刷胶黏剂。先在基层上弹线,排出铺贴顺序,然后在基层上及卷材的底面,均匀涂布基层胶黏剂,要求厚薄均匀,不允许有露底和凝胶堆积现象,但卷材接头部位 100mm 不能涂布胶黏剂。如作排汽屋面,亦可采取空铺法、条粘法、点粘法涂刷胶黏剂。

(6)卷材铺贴。

1)待基层胶黏剂胶膜手感基本干燥,即可铺贴卷材。卷材铺贴方向应符合第 8.5.4 节第 5 至第 7 条规定。

2)铺贴卷材采用搭接法时,上下层及相邻两幅卷材的搭接缝应错开。合成高分子卷材搭接宽度见表 8.7.4。

3)冷粘法铺贴卷材应符合下列规定。

①胶黏剂涂刷应均匀、不露底、不堆积。

②根据胶黏剂的性能,应控制胶黏剂涂刷与卷材铺贴的间隔时间。

③铺贴的卷材下面的空气应排尽,并辊压粘结牢固。

④铺贴卷材应平整顺直,搭接尺寸准确,不得扭曲、皱折。

⑤接缝口应用密封材料封严,宽度不应小于 10mm。

表 8.7.4 合成高分子卷材搭接宽度

卷材种类		短边搭接宽度/mm		长边搭接宽度/mm	
		满粘法	空铺法、点粘法、条粘法	满粘法	空铺法、点粘法、条粘法
沥青防水卷材	100	150	70	100	
高聚物改性沥青防水卷材		80	100	80	100
合成高分子防水卷材	胶黏剂	80	100	80	100
	胶黏带	50	60	50	60
	单缝焊	60,有效焊接宽度不小于 25			
	双缝焊	80,有效焊接宽度 10×2+空腔宽			

4)热熔法铺贴卷材应符合下列规定。

①火焰加热器加热卷材应均匀,不得过分加热或烧穿卷材;厚度小于 3mm 的高聚物改性沥青防水卷材严禁采用热熔法施工。

②卷材表面热熔后应立即滚铺卷材,卷材下面的空气应排尽,并辊压粘结牢固,不得空鼓。

③卷材接缝部位必须溢出热熔的改性沥青胶,溢出的改性沥青胶宽度宜为 8mm。

④铺贴的卷材应平整顺直,搭接尺寸准确,不得扭曲、皱折。

5)自粘法铺贴卷材应符合下列规定。

①铺贴卷材前基层表面应均匀涂刷基层处理剂,干燥后应及时铺贴卷材。

②铺贴卷材时,应将自粘胶底面的隔离纸全部撕净。

③卷材下面的空气应排尽,并辊压粘结牢固。

④铺贴的卷材应平整顺直,搭接尺寸准确,不得扭曲、皱折。搭接部位宜采用热风加热,随即粘贴牢固。

⑤接缝口应用密封材料封严,宽度不应小于 10mm。

6)卷材热风焊接施工应符合下列规定。

①焊接前卷材的铺设应平整顺直,搭接尺寸准确,不得扭曲、皱折。

②卷材的焊接面应清扫干净,无水滴、油污及附着物。

③焊接耐应先焊长边搭接缝,后焊短边搭接缝。

④控制热风加热温度和时间,焊接处不得有漏焊、跳焊、焊焦或焊接不牢现象。

⑤焊接时不得损害非焊接部位的卷材。

7)机械固定法铺贴卷材应符合下列规定。

①卷材应采用专用固定件进行机械固定。

②固定件应设置在卷材搭接缝内,外露固定件应用卷材封严。

③固定件应垂直钉入结构层有效固定,固定件数量和位置应符合设计要求。

④卷材搭接缝应粘结或焊接牢固,密封应严密。

⑤卷材周边 800mm 范围内应满粘。

8)为减少阴阳角和大面接头,卷材应顺长方向配置,转角处尽量减少接缝。

9)铺贴从流水坡度的下坡开始,从两边檐口向屋脊按弹出的标准线铺贴,顺流水接槎,最后用一条卷材封脊。

10)铺贴卷材时用厚纸筒重新卷起卷材,中心插一根 Φ30mm、长 1.5m 铁管,两人分别执铁管一端,将卷材一端固定在起始部位,然后按弹线铺展卷材,铺贴卷材不得皱折,也不得用力拉伸卷材,每隔 1m 对准线粘贴一下,用滚刷用力滚压一遍以排出空气,最后再用压辊(大铁辊外包橡胶)滚压粘贴牢固。

(7)卷材接头的粘贴。卷材铺好压粘后,将搭接部位的结合面清除干净,并采用与卷材配套的接缝胶黏剂在搭接缝粘合面上涂刷,做到均匀、不露底、不堆积,并从一端开始,用手一边压合,一边驱除空气,最后再用手持铁辊顺序滚压一遍,使粘结牢固。

(8)收头处理。卷材末端收头处或重叠三层处,须用氯磺化聚乙烯等嵌缝膏密封,在密封膏尚未固化时,再用 107 胶水泥砂浆压缝封闭。立面卷材收头的端部应裁齐,并用压条或垫片钉压固定,最大钉距不应大于 900mm,上口应用密封材料封固。

(9)防水层蓄水试验。卷材防水层施工后,经隐蔽工程验收,确认做法符合设计要求,应做蓄水试验。蓄水时间不小于 24h,确认不渗漏水,方可施工保护层。

(10)保护层施工。防水层经检查合格,对非上人屋面即可涂保护层涂料;对上人屋面根据设计要求做刚性保护层。

8.7.5 质量标准

(1)主控项目。与第 8.5.5 节屋面沥青油毡卷材防水层质量标准相同。

(2)一般项目。

1)卷材防水层的表面平整度,应符合排水要求,无积水现象。

2)卷材与卷材之间、基层与卷材之间的接缝部位应粘结牢固,密封严密,表面平整顺直,不得有皱折、翘边、鼓泡等缺陷。防水层的收头应与基层粘结并固定牢固,缝口封严,不得翘边。

3)卷材与卷材之间搭接尺寸准确,搭接宽度的允许偏差为±10mm。

4)保护层涂料应附着牢固、覆盖严密、颜色均匀一致,不得有漏底或脱皮现象。其他刚性保护层留置应符合设计要求。

5)排气屋面的排气道应纵横贯通,不得堵塞。排气管应安装牢固,位置正确,封闭严密。

以上各项检验方法:观察或(和)尺量。

8.7.6 成品保护

(1)施工中应认真保护已做完的防水层,防止各种施工机具及其他杂物碰坏防水层;施工人员不允许穿带钉子的鞋在卷材防水层上行走。防水层施工完毕后,应及时做好保护层。

(2)施工时,严格防止基层处理剂、各种胶黏剂和着色剂污染已完工的墙壁、檐口、饰面层等。

(3)地漏、水落口等必须畅通。施工前,应进行临时堵塞,施工完后应清理,不得被任何杂物堵塞。

(4)屋面防水层施工时,不得将穿过屋面、墙面的管根损伤变位。

8.7.7 安全措施

(1)防水层所用材料和辅助材料均为易燃品。在存材料的仓库及施工现场内要严禁烟火;在施工现场存放防水材料也应远离火源。

(2)屋面施工时四周应有防护措施,在距檐口 1.5m 范围内施工,如无脚手围栏,应侧身操作,并应挂好安全带。

(3)每次用完的施工工具,要及时用二甲苯等有机溶剂进行清洗干净;清洗后溶剂要注意保存或处理掉。

8.7.8 施工注意事项

(1)防水层严禁在雨天、雪天、刮五级及五级以上大风天气施工。施工合成高分子卷材环境温度:冷粘法不低于 5℃,热风焊接法不低于－10℃。

(2)在基层与卷材上涂刷胶料时,应注意防止在同一处反复多次地涂刷,以免将底胶"咬"起,形成凝胶,而影响粘贴质量。

(3)在涂刷胶黏剂时,如胶料过稠,可加少量二甲苯溶剂稀释,能使胶料均匀涂开即可;稀释剂掺量不能过多,以免降低胶的粘结强度,而影响防水工程的质量。

(4)卷材铺贴应注意必须采用与卷材配套的专用胶黏剂及接缝专用胶黏剂,不得错用;并应根据胶黏剂性能,控制胶黏剂涂刷与卷材铺贴的间隔时间,不得过长或过短,以免影响粘贴质量。

(5)卷材施工完毕或在涂着色剂以前,对已铺完的卷材防水层,应逐幅检查卷材有无损坏、硌伤等情况,如有损伤应做出标记,进行修补处理。修补方法是,在损伤部位涂刷胶黏剂一层,然后将卷材裁剪成比破损处每条边长 10cm 的方块,涂胶、晾胶,粘贴在破损部位压实粘牢,接缝周围用聚氨酯嵌缝。

(6)卷材铺贴方向应根据屋面坡度和屋面是否有震动来确定。当屋面坡度小于 3%时,卷材宜平行于屋脊铺贴;屋面坡度在 3%～15%时,卷材可平行或垂直于屋脊铺贴;屋面坡度大于 15%或受震动时,沥青卷材应垂直于屋脊铺贴,高聚物改性沥青卷材和合成高分子卷材可根据屋面坡度、屋面是否受震动、防水层的粘结方式、粘结强度、是否机械固定等因素综合考虑采用平行或垂直铺贴。上下层卷材不得相互垂直铺贴。屋面坡度大于 25%时,卷宜垂直屋脊方向铺贴,并应采取防止卷材下滑的固定措施,固定点应密封。

(7)屋面有泛水的檐口、下水口等处必须注意按设计要求坡度做好基层,不得积水。

(8)卷材的贮运、保管应符合下列规定。

1)不同品种、标号、规格和等级的产品应分别堆放。

2)应贮存在阴凉通风的室内,避免雨淋、日晒和受潮,严禁接近火源。

3)卷材宜直立堆放,其高度不宜超过两层,并不得顺斜和横压,短途运输平放不宜超过四层。

4)应避免与化学介质及有机溶剂等有害物质接触。

(9)胶黏剂的贮运、保管应符合下列规定。

1)不同品种、规格的胶黏剂应分别用密封桶包装。

2)胶黏剂应贮存在阴凉通风的室内,严禁接近火源和热源。

8.7.9 质量记录

(1)合成高分子卷材及胶结材料应有产品合格证,并在使用前应进行断裂拉伸强度、扯断伸长率、低温弯折性、不透水性复试。

(2)进场的基层处理剂、胶黏剂和胶粘带应检验下列项目。

1)沥青基防水卷材用基层处理剂的固含量、耐热性、低温柔性、剥离强度。

2)高分子胶黏剂的剥离强度、浸水 168h 后的剥离强度保持率。

3)改性沥青胶黏剂的剥离强度。

4)合成橡胶胶粘带的剥离强度、浸水 168h 后的剥离强度保持率。

(3)隐检资料和质量检验评定资料。

(4)施工记录。

8.8 屋面聚氨酯涂膜防水层施工工艺标准

聚氨酯防水涂料(分单组份、双组份)属合成高分子防水涂料类,聚氨酯涂膜防水层是以聚氨酯涂料涂刷于屋面,固化后形成有一定厚度的耐水涂膜来达到防水的目的。这种防水层具有涂膜柔韧,富有弹性,耐水和整体性好,对屋面节点和不规则屋面便于防水处理,施工操作工艺简单等优点。本工艺标准适用于一般工业与民用建筑屋面、厕浴间等采用聚氨酯涂膜防水层的工程。涂膜防水层用于Ⅲ级防水屋面时可单独采用一道设防,也可用于Ⅰ、Ⅱ级屋面多道防水设防中的一道防水层。工程施工应以设计图纸和有关施工质量验收规范为依据。

8.8.1 材料要求

(1)聚氨酯涂膜防水材料。由双组份材料组成,甲组份为聚氨基甲酸酯预聚体,外观为浅黄色黏稠状,用桶装,每桶 20kg;乙组份是以交联剂(固化剂)、促进剂(催化剂)、增韧剂、增黏剂、防霉剂、填充剂和稀释剂等混合加工制成,外观为红、黑、白、黄及咖啡色等的膏状物,桶装,每桶 40kg。其质量、技术性能应符合设计要求及有关现行国家标准的规定,并有产品出厂合格证。

(2)二月桂酸二丁基锡。化学纯或工业纯二月桂酸二丁基锡,作促凝剂用。

(3)磷酸或苯磺酰氯。化学纯磷酸或苯磺酰氯,作缓凝剂用。

(4)乙酸乙酯。工业纯乙酸乙酯,用于清洗手上凝胶。

(5)二甲苯。工业纯二甲苯,用于清洗施工工具。

(6)水泥。32.5 级普通硅酸盐水泥,用于修补基层。

(7)中砂。粒径 2～3mm,含泥量不大于 3%。

(8)107 胶。工业纯 107 胶,用于修补基层(宜用 108 胶代替)。

8.8.2 主要机具设备

(1)机械设备。包括电动搅拌器、井架带卷扬机等。

(2)主要工具。包括搅拌桶、小型油漆桶、橡皮刮板、塑料刮板、磅秤、油漆刷、滚动刷、小抹子、油工铲刀、笤帚、消防器材等。

8.8.3 作业条件

(1)铺贴防水层的基层(保温层、找平层)应施工完毕,并检查验收,办理完隐蔽工程验收手续。表面应清扫干净,残留的灰浆硬块及突出部分应清除掉,整平修补抹光;阴阳角处应做成圆弧;屋面与突出屋面结构连接处等部位,应做成半径为 100～150mm 的圆弧。

(2)所有伸出屋面的管道、地漏或水落口等必须安装牢固,接缝严密,收头圆滑,不得出现松动、变形、移位等现象。

(3)基层表面应保持干燥,含水率不大于 9%,并要求表面平整、牢固,不得有起砂、开裂、空鼓等缺陷。

(4)突出屋面的管根、水落口、阴阳角、变形缝等易发生渗漏水部位,应做好附加层等增强处理。

(5)防水层施工所用各种材料及机具,均已备齐运至现场,经检查质量、数量能满足施工、要求,并分类整齐堆放在仓库内备用。

8.8.4 施工操作工艺

(1)清理基层。

1)先将基层表面的尘土、砂粒、砂浆硬块等杂物清扫干净,并用干净的湿布擦一次。

2)基层表面的突出物、砂浆疙瘩等应铲除、清理掉。对凹凸不平处,应用高强度等级水泥砂浆修补,或顺平,对阴阳角、管道根部、地漏和水落口等部位应认真修平,做成圆滑面。

(2)涂刷底胶。

1)涂刷底胶相当于传统的刷冷底子油工序,其作用是隔断基层潮气,防止涂膜起鼓、脱落,增强涂膜与基层的粘结,避免涂膜层出现针眼、气孔等质量问题,必须认真操作。

2)配制底胶方法。将聚氨酯甲料、乙料和二甲苯按 1.0∶1.5∶2.0 的重量比配合搅拌均匀,即可进行涂布施工,配制量视需要确定,不宜过多,防止固化。

3)涂刷时,先用油漆刷蘸底胶在阴阳角、管子根部等部位均匀涂布一遍,大面积则改用长柄滚刷或橡皮刮板进行刮涂,一般涂布量为 0.15～0.20kg/m^2,涂布后常温在 4h 以后手感不粘时,即可进行下道工序作业。

(3)涂刷防水涂膜。

1)涂膜材料的配制:随生产厂家材料出厂的成分不同而异,基本有两种配料方法。

①按甲料:乙料=1.0:1.5(重量比)的比例用电动搅拌器强力搅拌均匀,必要时再掺入甲料重量0.3%的二月桂酸二丁基锡促凝剂,并搅拌均匀,待用。

②按甲料:乙料:莫卡(固化剂)=1.0:1.5:0.2的比例用电动搅拌器强力搅拌均匀,待用。

2)细部做附加层。突出屋面、地面的管根、地漏、水落口、檐口、阴阳角等细部,在大面积涂刷前,先做一布二油防水附加层,即在底胶表面干后,将纤维布裁成与管根、地漏直径尺寸及形状相同并周围加宽20cm的布套在管上,同时涂刷涂膜防水材料,常温经4h左右,再刷第二道涂膜防水层;再经2h实干后,即可进行大面积涂膜防水层作业。

3)防水涂膜施工应符合下列规定。

①涂膜应根据防水涂料的品种分层分遍涂布,不得一次涂成。

②应待先涂的涂层干燥成膜后,方可涂后一遍涂料。

③需铺设胎体增强材料时,屋面坡度小于15%时可平行屋脊铺设,屋面坡度大于15%时应垂直于屋脊铺设。

④胎体长边搭接宽度不应小于50mm,短边搭接宽度不应小于70mm。

⑤采用二层胎体增强材料时,上下层不得相互垂直铺设,搭接缝应错开,其间距不应小于幅宽的1/3。

4)第一遍涂膜施工。在底胶基本干燥固化后,用塑料刮板或橡皮刮板均匀刮涂在已涂好底胶的基层表面,要求厚薄均匀一致,不得有漏刮和鼓泡等现象。

5)第二遍涂膜施工。在第一遍涂膜固化24h后,涂刮第二遍涂膜,涂刮方向与第一遍垂直,涂刮量略少于第一遍,亦要求均匀涂刷,不得有鼓泡等现象。

6)高分子防水涂膜厚度,对Ⅰ、Ⅱ级防水屋面,均系多道设防,涂膜厚度不应小于1.5mm;对为Ⅲ级防水屋面,为一道设防,其厚度不应小于2mm。

7)做保护层。根据设计要求施工。当用细砂、云母或蛭石等撒布材料作保护层时,应筛去粉料,在涂刮第二遍涂料时,边涂边撒布均匀,不得露底。待涂料干燥后,将多余的撒布材料清除。当用砂浆作保护层时,应在第二遍涂层固化并做闭水试验合格后,抹20mm厚水泥砂浆保护层,表面应抹平压光,并应设表面分格缝,分格缝面积宜为1m^2。

(4)防水层蓄水试验。卷材防水层施工后,经隐蔽工程验收,确认做法符合设计要求,应做蓄水试验。蓄水时间不少于24h,确认不渗漏水,方可施工保护层。

8.8.5 质量标准

(1)主控项目。

1)防水涂料和胎体增强材料必须符合设计要求。检验方法:检查出厂合格证、质量检验报告和现场抽样复验报告。

2)涂膜防水层不得有渗漏或积水现象。检验方法:雨后或淋水、蓄水检验。

3)涂膜防水层在天沟、檐沟、檐口、水落口、泛水、变形缝和伸出屋面管道的防水构造,必须符合设计要求。检验方法:观察检查和检查隐蔽工程验收记录。

(2)一般项目。

1)涂膜防水层的平均厚度应符合设计要求,最小厚度不应小于设计厚度的80%。检验方法:针测法或取样量测。

2)涂膜防水层与基层应粘结牢固,表面平整,涂刷均匀,无流淌、皱折、鼓泡、露胎体和翘边等缺陷。检验方法:观察检查。

3)涂膜防水层上的撒布材料或浅色涂料保护层应铺撒或涂刷均匀,粘结牢固;水泥砂浆、块材或细石混凝土保护层与涂膜防水层间应设置隔离层;刚性保护层的分格缝留置应符合设计要求。检验方法:观察检查。

8.8.6 成品保护

(1)施工人员必须穿软底鞋在屋面操作,并避免在施工完的涂层上走动,以免鞋钉及尖硬物将涂层划破。

(2)防水涂层干燥固化后,一道设防时应及时做保护层;多道设防时,应及时施工下道工序,以减少不必要的返修。

(3)涂膜防水层施工时,防水涂料不得污染已做好饰面的墙壁和门窗等。

(4)严禁在已施工好的防水层上堆放物品,特别是钢结构构件。

(5)穿过屋面的管道应加以保护,施工过程中不得碰坏;地漏、水落口等处施工中应采取措施保持畅通,防止堵塞。

8.8.7 安全措施

(1)聚氨酯甲、乙料及固化剂、稀释剂等均为易燃品,储存时应放在干燥和远离火源的场所,施工现场严禁烟火。

(2)皮肤沾了聚氨酯材料较难清洗,施工操作人员应戴防护手套。

(3)其他与第8.5.7节屋面沥青油毡卷材防水层安全措施相同。

8.8.8 施工注意事项

(1)聚氨酯涂膜防水层施工环境温度应在5℃以上,温度过低,涂膜防水材料的黏度增大,施工操作不便,且会减缓固化速度;严禁在雨天、雪天和五级及五级以上大风时施工。

(2)聚氨酯涂料配制时,固化剂与促凝剂一定要严格按比例掺入。掺量过多,会出现早凝,涂层刮不平;如掺量过少,则会出现固化速度缓慢或不固化的现象。

(3)施工中如发现涂层有破损或不合格之处,应用小刀将破损之处刮掉,重新涂刮聚氨酯涂膜材料。

(4)涂料使用前应特别注意搅拌均匀,如黏度过大,不便于进行涂刮操作时,可加入少量的二甲苯溶剂稀释,以降低黏度,但加入量不得大于乙料的10%。

(5)材料应在贮存期内使用,如过期,则需会同有关单位通过鉴定后使用。

(6)施工中,由于基层潮湿、找平层未干,导致基层含水率过大,常使涂膜空鼓,形成鼓泡。操作时要注意控制好基层含水率,当采用溶剂型涂料时,屋面基层应干燥。接缝处应认真操作,使其粘结牢固。

(7)天沟、檐沟、檐口、泛水和立面涂膜防水层的收头,应用防水涂料多遍涂刷或用密封材料封严。

(8)二道及二道以上设防时,防水涂料与防水卷材应采用相容类材料;涂膜防水层与刚性防水层之间(如刚性防水层在其上)应设隔离层。

(9)防水涂膜在满足厚度的前提下,涂刷的遍数越多成膜的密度越好,因此涂刷时应多遍涂刷,不论是厚质涂料还是薄质涂料均不得一次成膜。每遍涂刷应均匀,不得有露底、漏涂和堆积现象;多遍涂刷时,应待涂层干燥成膜后,方可涂刷下一遍;两遍涂刷施工间隔时间不宜过长,否则易出现分层现象。

8.8.9 质量记录

(1)防水涂料和胎体增强材料的出厂合格证、质量检验报告。

(2)现场抽样复验报告。

(3)隐蔽工程验收记录。

(4)施工日记。

(5)分项工程施工质量验收记录。

8.9 屋面氯丁胶乳改性沥青涂料防水层施工工艺标准

氯丁胶乳改性沥青防水涂料,属于高聚物改性沥青防水涂料类。氯丁胶乳改性沥青防水涂料防水层,是以阳离子氯丁胶乳和石油沥青为主要原料生产的水乳型防水涂料,采用冷作施工,配以玻璃丝布一起铺贴,形成一个无缝无硬角的整体防水层。这种防水层克服了沥青冷脆、热淌的缺点,具有良好的耐侯性、防水性和耐水性,而且还具有施工为冷作业、操作方便和施工成本较低等优点。本涂膜防水层用于Ⅲ、Ⅳ级防水屋面时均可单独采用一道设防,也可用于Ⅱ级屋面多道防水设防中的一道防水层。本工艺标准适用于一般民用建筑屋面、厕浴间涂料防水工程。工程施工应以设计图纸和有关施工质量验收规范为依据。

8.9.1 材料要求

(1)氯丁胶乳改性沥青防水涂料。氯丁胶乳改性沥青,外观深棕色乳状液,黏度 100～250cP(0.1～0.25P_a.s),含固量大于 43%,耐热度 80℃以上,产品应有出厂合格证。

(2)加劲层。用中碱玻璃纤维布、玻璃网格布、聚酯纤维无纺布(30g/m^2 左右),应符合有关现行国家标准的规定,并有出厂合格证。

(3)膨胀蛭石粒。堆积密度 200kg/m^3 以下。

8.9.2 主要机具设备

(1)机械设备。电动搅拌器、井架带卷扬机等。

(2)主要工具。大棕毛刷(板长24～40cm)、长把滚刷、油刷、橡皮刮板、笤帚、料桶、搅拌桶、剪刀、铲刀、抹子、卷尺、铁锹等。

8.9.3 作业条件

(1)基层应进行检查,并办理交接验收手续。

(2)基层必须牢固、平整,不起砂,无裂缝、凹陷、松动等缺陷;平面与立面交接处及管道根部应做成圆弧形,表面抹光、压实。

(3)基层必须干燥,含水率不大于9%,雨天或雨后基层尚未干燥时,不得施工。

(4)备齐机具设备,搭设好材料垂直运输井架,安装好卷扬提升系统设备。

8.9.4 施工操作工艺

(1)工艺流程。基层找平处理→刷第一遍胶料→表干后,刷第二遍胶料,同时铺第一层玻璃布→实干后,刷第三遍胶料→表干后,刷第四遍胶料,同时铺第二层玻璃布→实干后,刷第五遍胶料→蓄水试验→不上人屋面刷第六遍胶料,同时撒蛭石粉压平扫匀。上人屋面刷第六遍胶料,实干后按设计要求铺方砖。

(2)清扫基层。将屋面刷胶部位清扫干净。

(3)防水涂膜施工应符合下列规定。

1)涂膜应根据防水涂料的品种分层分遍涂布,不得一次涂成。

2)应待先涂的涂层干燥成膜后,方可涂后一遍涂料。

3)在需铺设胎体增强材料时,屋面坡度小于15%时可平行屋脊铺设,屋面坡度大于15%时应垂直于屋脊铺设。

4)胎体长边搭接宽度不应小于50mm,短边搭接宽度不应小于70mm。

5)采用二层胎体增强材料时,上下层不得相互垂直铺设,搭接缝应错开,其间距不应小于幅宽的1/3。

6)高聚物改性沥青防水涂膜对Ⅱ级防水等级屋面,为二道设防之一,其厚度不应小于3mm;对Ⅲ、Ⅳ级防水等级屋面,均为一道设防,其厚度应分别不小于3mm和2mm。

(4)刷第一遍胶料。要求表面均匀,涂刷不能过厚或堆积,避免露底或漏刷。

(5)铺贴附加层。在檐沟、水落口、出入口、地漏口、烟囱和管道底部、阴阳角等部位,铺贴一层玻璃布附加层,同时刷一道胶料。

(6)铺贴第一层玻璃布,刷第二遍胶料。附加层铺贴实干后,接着即可铺大面第一层玻璃纤维布,玻璃布可卷成圆卷,边铺边刷第三遍胶料。铺贴时用手刷将其刷展平整,排除气泡,并使胶料浸透布纹。玻璃布搭接宽度长边不小于50mm,短边不小于70mm,收口处要贴牢。

(7)刷第三遍胶料。实干后即可涂刷第三遍胶料。同样要涂刷均匀,不得漏刷,不得有白茬、折皱。

(8)刷第四遍胶料,铺第二层玻璃布。表干后即可涂刷第四遍胶料。铺第二层玻璃布时,应与第一层玻璃布的接槎错开 1/3 幅宽。刷胶和铺布方法与第一层铺玻璃布方法相同。

(9)刷第五遍胶料。实干后即可涂刷第五遍胶料,要求同第三遍胶料。

(10)特殊部位处理。

1)水落口。应在水落口部位加铺两布三油加强层。水落口周围应做成半径 0.5m、按设计要求坡度的杯形凹坑,铺贴时玻璃布剪成莲花瓣形,交错密实地贴至承插口处。

2)女儿墙。有压顶的女儿墙,压顶下应留压毡层,并与立面玻璃布交叉接槎,将防水涂料涂刷均匀。无压顶的女儿墙,应将屋面防水层做至腰线檐下的凹槽内,嵌上密封材料,最后用水泥砂浆抹面、压牢。

3)屋脊、天沟。屋面坡度大于 15%时,玻璃布应垂直于屋脊铺贴;屋面坡度在 3%～15%时,可垂直或平行屋脊铺贴;屋面坡度小于 3%时,则应平行屋脊铺贴。在屋脊处均应加铺一布二油附加层,天沟部位应加铺二布三油附加层。

4)管子根、出入口。管子根及屋面出入口处应加铺一布二油附加层。在管子根及出入口部位,玻璃布应从平面卷贴在立面上,高度不小于 25cm。要求防水涂料涂刷均匀,在外部再用水泥砂浆抹面压住防水涂层。

其他部位施工操作方法与大面做法相同。

(11)蓄水试验。第五遍胶料实干后,可进行蓄水试验。方法是临时封闭水落口,然后蓄水,时间不少于 24h;无女儿墙的屋面可做淋水试验,试验时间不少于 2h,如无渗漏,即认为合格。如发现渗漏,应及时修补后,再做蓄水或淋水试验,直至不漏为止。

(12)作保护层。经蓄水试验不漏后,可打开水落口,待干燥后再刷第六遍胶料。对不上人屋面,可边刷胶料边撒蛭石粉,并用笤帚扫匀压实,使粘结牢固,不得出现浮粒、露底。

(13)铺方砖。上人屋面在刷完第六遍胶料经实干后,即可按设计要求铺设方砖或其它刚性保护层,铺设方法同地面工程一般块材铺贴,要求粘贴牢固,相邻两块板的高低差不得大于 3mm,同时要注意不得碰坏防水层。

8.9.5 质量标准

与第 8.8.5 节屋面聚氨酯涂膜防水层质量标准相同。

8.9.6 成品保护

(1)操作人员应保护好已施工完的防水层,未干的涂层严禁踩踏;不得穿带钉子鞋在涂膜上踩踏,不得乱扔硬物,以免损坏防水层。

(2)防水涂料施工时和干燥前,应防止雨水冲刷、阳光曝晒及冰冻。

(3)防水涂料施工时,不得污染已完工的墙壁、檐口和门窗等。

(4)严禁在已施工完的防水层上堆放物品,特别是钢结构构件。

(5)穿过屋面的管道应加以保护,施工过程中防止碰坏;地漏、水落口等处应保持畅通,防止堵塞。

(6)屋面铺方砖保护层时，运输小车铁角应包布，方砖应轻拿轻放，防止碰伤防水层。

8.9.7 安全措施

(1)施工人员应穿工作服，戴安全帽、口罩、手套等劳动保护用品。

(2)屋面四周如无脚手架，应有防护设施，设置围栏，挂安全网。

(3)其他与第 8.5.7 节屋面沥青油毡卷材防水层安全措施相同。

8.9.8 施工注意事项

(1)氯丁胶乳沥青防水涂料为水乳型，应密封存放，不得在太阳下曝晒或在低温下受冻，并应避免雨淋。

(2)施工温度应在 5℃以上。雨天、风沙天、下雪天均不得施工。

(3)涂料的稠度要适中，太稠不便施工，太稀则遮盖力差，影响涂层厚度，而且容易流淌；涂料应充分搅匀，如发现不洁，应过滤，使用时，应不断搅拌。

(4)当保护层采用蛭石粉撒面时，要有保护水落口的措施，以防松落的蛭石粉粒堵塞水落口。

(5)每层玻璃布的第一遍涂料干后，应对涂层加以修整。气泡、皱折处用剪刀划破，展平接头和边缘，再刷一遍涂料。每遍涂料的涂层厚度以 0.3～0.5mm 为宜，涂刷方向宜垂直交错，涂刷应均匀用力，涂层厚薄一致，不得有气泡、堆积和流淌现象。防水涂层的封口均应严密，不得有翘边现象。

(6)施工应注意成品保护，严禁防水层被硬物划破损坏，如有破损，应随时修补。

(7)天沟、檐沟、檐口、泛水和立面涂膜防水层的收头，应用防水涂料多遍涂刷或用密封材料封严。

(8)二道及二道以上设防时，防水涂料与防水卷材应采用相容类材料；涂膜防水层与刚性防水层之间(如刚性防水层在其上)应设隔离层。

(9)防水涂膜在满足厚度的前提下，涂刷的遍数越多对成膜的密度越好，因此涂刷时应多遍涂刷，不论是厚质涂料还是薄质涂料均不得一次成膜。每遍涂刷应均匀，不得有露底、漏涂和堆积现象；多遍涂刷时，待涂层干燥成膜后，方可涂刷后一遍涂料；两遍涂刷施工间隔时间不宜过长，否则易出现分层现象。

8.9.9 质量记录

与第 8.8.9 节屋面聚氨酯涂膜防水层质量记录相同。

8.10 屋面 SBS 改性沥青防水涂料防水层施工工艺标准

SBS 改性沥青防水涂料也属于高聚物改性沥青防水涂料类，是一种新型水溶性防水材料。铺设后随着水分的逸出，一部分微粒密集，一部分高聚物微粒发生塑性变形，相互融接，形成均匀、富有弹性、无接缝的涂膜层。它具有增塑、耐候、防水和提高耐久性的特点，而且为冷作业，施工操作方便，费用较低。本涂料用于Ⅲ、Ⅳ级防水屋面时均可单独采用一道设防，也可用于Ⅱ级屋面多道防水设防中的一道防水层。本工艺标准适用于工业与民用建筑屋面、卫生间，贮水池等 SBS 改性沥青防水涂料防水工程。工程施工应以设计图纸和有关施工质量验收规范为依据。

8.10.1 材料要求

(1)SBS 改性沥青防水胶。包括水溶性，黑色无味黏稠液体，固体含量大于 50%，其主要技术性能指标应符合产品标准的规定，并应有出厂合格证。

(2)玻璃布。包括中碱脱蜡平纹玻璃纤维布或无纺布，幅宽为 900～1000mm。

(3)滑石粉。包括细度要求为 0.15mm 筛孔筛余不应大于 5%，干燥无杂质。

8.10.2 主要机具设备

(1)机械设备。电动搅拌器、电动吹尘器、简易铺布机、井架带卷扬机等。

(2)主要机具。长柄大毛刷、短炳小毛刷、长柄大刮板、小刮板、小抹子、大小铁桶、大小笤帚、剪刀、滚刷等。

8.10.3 作业条件

(1)基层应进行检查，并办理交接验收手续。基层表面应平整光滑，不得有起砂、裂缝、松动等现象，突出部位应平滑过渡。

(2)基层与屋面突出部位(如女儿墙、墙体、天窗壁、烟囱、管道等)相连接处，应做成半径为 100～150mm 的圆弧形。

(3)施工环境气温不低于 5℃。下雨、下雪或有五级及五级以上大风天气，严禁施工。

(4)备齐机具设备，搭设好材料垂直运输井架，安装好卷扬提升系统设备。

8.10.4 施工操作工艺

(1)工艺流程。清理基层→做防水附加层→刷第一遍胶料→表干后，刷第二遍胶料，同时铺第一层玻璃布→实干后，刷第三遍胶料→表干后，刷第四遍胶料，同时铺第二层玻璃布→实干后，刷第五遍胶料→表干后，刷第六遍胶料→蓄水试验。

(2)清理基层。将基层表面的突出物、砂浆疙瘩等异物清除干净，不得有浮灰、杂物、油污等。表面如有裂缝或凹坑，应用防水胶与滑石粉拌成的腻子修补，使之平滑。

(3)做防水附加层。屋面水落口、女儿墙、屋脊、天沟、管道根部、出入口等在基层与立面交接处均加做二油防水附加层，使粘贴密实，然后再与大面同时进行防水层的涂刷。

(4)涂刷第一遍胶料。用油刷或滚刷将胶料均匀地涂刷在基层表面，要求均匀一致，不得漏刷、流淌或堆积。

(5)铺贴第一层玻璃布涂刷第二遍胶料。第一遍胶料经 2～4h,表干不粘手后,即可边铺第一层玻璃布,边涂刷第二遍胶料,铺贴时将玻璃布一端固定,一边滚铺,一边用长柄毛刷将布展压,排除气泡,并使胶料浸透布纹,不得有皱折、翘边、空鼓等现象。

(6)涂刷第三遍胶料。第二遍胶料实干后(约 12～14h),再涂刷第三遍胶料,要求均匀,不得有漏刷、堆积等现象。

(7)涂刷第四遍胶料、铺贴第二层玻璃布。第三遍胶料表干后,涂刷第四遍胶料,同时铺贴第二层玻璃布。上下二层玻璃布不得相互垂直铺设,接缝应错开幅宽的 1/3,长边搭接不得小于 50mm,短边搭接不得小于 70mm。

(8)涂刷第五遍和第六遍胶料。第四遍胶料实干后,即可涂刷第五遍胶料,实干后,涂刷第六遍胶料,涂刷要求同第三遍;对一道设防防水层,同时按设计要求做保护层(如均匀撒上一层过筛的细砂作保护层)。

(9)蓄水试验。第六遍涂料实干后,可临时封闭住水落口,进行蓄水试验,时间不少于 24h,或做淋水试验,时间不少于 2h。发现渗漏,应及时修补,然后再做蓄水试验直至不漏为止。

8.10.5 质量标准

与第 8.9.5 节屋面氯丁胶乳改性沥青涂料防水层质量标准相同。

8.10.6 成品保护

与第 8.9.6 节屋面氯丁胶乳改性沥青涂料防水层成品保护相同。

8.10.7 安全措施

与第 8.9.7 节屋面氯丁胶乳改性沥青涂料防水层安全措施相同。

8.10.8 施工注意事项

(1)本氯丁胶乳改性沥青防水胶为水溶性防水胶料,要在 0℃以上环境温度贮存。胶料不得受冻,受冻破乳后的胶料不得使用。

(2)水溶性改性沥青防水胶必须在 5℃以上环境条件下施工,不得在五级及五级以上大风、雨天、雪天施工。

(3)铺贴防水层要先做垂直面,后做平面;玻璃布铺设,当屋面坡度小于 15%时,可平行屋脊铺设,当屋面坡度大于 15%时,应垂直于屋脊铺设;阴角处玻璃布不要拉伸过大,以免胶层干后收缩造成空鼓。

(4)每层玻璃布铺贴后,要认真检查,发现空鼓、皱折、针孔及粘贴不牢等质量问题,应及时修补。修补方法是用剪刀将其刺破,展平接头和边缘,再刷一遍胶料。

(5)防水层施工后一周内,禁止在上面堆放物品,禁止人员、车辆行走,并避免尖锐物碰刺。

8.10.9 质量记录

与第 8.8.9 节屋面聚氨酯涂膜防水层质量记录相同。

8.11 屋面再生胶改性沥青防水涂料防水层施工工艺标准

JG-2 型防水冷胶料为再生胶改性沥青防水涂料，也属于高聚物改性沥青防水涂料类，是以沥青为基料，废橡胶为改性材料，掺入一定量的增塑剂、防老化剂配制而成。这种冷胶料的耐热性、耐低温性、防水性、粘结性、弹性和抗老化性均优于沥青和沥青玛碲脂，配以聚酯无纺布（或玻璃丝布，下同）做加筋层组成复合防水层。它具有较高的抗裂性能和防水效果，且为冷作业，在常温下有良好的施工性能，操作简便，可改善劳动条件，减少污染，降低造价。本涂膜防水层用于Ⅲ、Ⅳ级防水屋面时均可单独采用一道设防，也可用于Ⅱ级屋面多道防水设防中的一道防水层。本工艺标准适用于一般工业与民用建筑厂房、住宅、屋面防水采用 JG-2 型防水冷胶料的防水工程。工程施工应以设计图纸和有关施工质量验收规范为依据。

8.11.1 材料要求

（1）JG-2 型防水冷胶料。为黑色无光泽糊状液体（由 A 液、B 液按 1∶1～1∶2 重量比混合配制而成，A 液为乳化橡胶，B 液为阴离子乳化沥青），无毒，略有橡胶味，要求胶液均匀细腻，不得有明显颗粒或块状物，也不得有沉淀或离析现象，其干燥性为表干 4h，实干 24h，市场有产品供应，其质量技术性能应符合有关现行国家标准的规定，并有出厂合格证。

（2）无纺布、玻璃丝布。采用 40～60g 聚酯无纺布或用 130-I 型或 120-E 型中碱玻璃纤维布，应有产品出厂合格证。

（3）保护材料。细砂、云母粉或蛭石粉。

8.11.2 主要机具设备

（1）机械设备。包括简易铺布机、喷涤机、喷射泵、电动搅拌机、井架带卷扬机等。

（2）主要工具。包括筛网、长柄棕刷、大毛刷、橡皮刮板、喷枪、剪刀、大小铁桶、大小笤帚、过滤筛、滚刷等。

8.11.3 作业条件

（1）基层（找平层）应进行检查，并办理交接验收手续，要求平整、光洁、坚实、牢固，不得有起砂、剥落、松软及明显裂缝等现象。基层与屋面突出部位（女儿墙、墙体、天窗壁、烟囱、管道等）相连接部位应做成圆弧形。

（2）基层不得有积水或明显水迹，含水率控制在 20%以内即可。

（3）施工环境温度要求不低于 5℃，雨天、雪天或刮五级及五级以上大风天气不得施工。

(4)备齐机具设备;搭设好材料垂直运输井架,安装好卷扬提升系统设备。

8.11.4 施工操作工艺

(1)工艺流程。基层处理→局部加强处理→实干后,刷第一遍冷胶料,同时铺第一层无纺布,再涂一遍冷胶料→实干后,刷第二遍冷胶料,同时铺第二层无纺布,再涂一遍冷胶料→实干后,全部涂刷第三遍冷胶料→实干后作蓄水试验。

(2)基层处理。基层表面的突出物、砂浆疙瘩等异物应清除干净,不得有浮灰、杂物,如有,需清扫干净。表面如有凹坑和宽1mm左右的裂缝,可用防水冷胶料(或再掺加适量滑石粉)嵌补;裂缝在2mm左右时,可沿裂缝加铺一层宽200mm无纺布或玻璃丝布,并涂刷二遍冷胶料。

(3)局部加强防水处理。对天沟、立墙、烟囱、水落口、阴阳角及管道根部,均需铺设附加层进行加强处理。方法是:用剪刀按需加强部位形状,将无纺布裁剪好,然后用棕刷在需加强部位涂刷一遍冷胶料,将裁好的无纺布铺贴好,再在其上刷一遍冷胶料。要求粘贴密实,赶出气泡,不得出现空鼓、皱折、漏铺。

(4)涂刷第一遍冷胶料。先以JG-2型冷胶料的B液作冷底子,涂刷一遍;稍干,再将A、B液按1∶2比例配好的冷胶料倒在屋面基层上,由一端向另端用棕刷或刮板将其刮涂均匀;随涂刷随将无纺布铺贴上,用力滚铺、刷展、压实,用刷子排除气泡;然后再在其上涂刷一层A、B液按1∶1比例配制的冷胶料(以后各遍比例相同)。铺时,先立墙部分,后屋面。要求涂刷均匀一致,不得漏刷、流淌和堆积。每遍厚度以0.3~0.5mm为宜。

(5)涂刷第二遍冷胶料。待第一遍涂刷的冷胶料经24h实干后,开始涂刷第二遍冷胶料,铺贴方法同上。贴好的无纺布不得有皱折、翘边、空鼓等现象。

(6)涂刷第三遍冷胶料。在第二遍冷胶料实干后进行,仅在表面涂刮一遍冷胶料,方法同前。

(7)接槎处理。各层布之间搭接宽度长边不得小于50mm,短边不得小于70mn,上下各层不得相互垂直铺设,搭接缝须错开,其间距不应小于幅宽的1/3,并避免在屋脊处搭接。铺设附加层,在垂直面的长度不应小于250mm。水落口附加二层无纺布应剪成莲花瓣形,交错密实地贴在杯口下部直管内至少80mm,贴在水落口周围的水平面上至少150mm。

(8)机械铺设。面积大可采用机械铺设,将成卷的玻璃丝布直接挂在铺毡机的机架上,冷胶料倒入铺毡机料斗内,然后向前拉动铺毡机,一次铺成二道冷胶料一层玻璃丝布,待干后,在面层再涂刷一道1.5~2.0mm厚的冷胶料,随刷随撒细砂保护层。

(9)保护层施工。采用单道防水层设防,涂刷最后一遍冷胶料时,随即按设计要求抛撒细砂或云母粉或蛭石粉作保护层。要求抛撒均匀,并用木棍或胶辊滚压,待冷胶料干后,清除未黏牢的粉料。

(10)蓄水试验。待第三遍(涂面层)冷胶料实干后,即可进行蓄水试验。方法与第8.9.4节屋面氯丁胶乳改性沥青涂料防水层施工操作工艺相同。

8.11.5 质量标准

与第 8.9.5 节屋面氯丁胶乳改性沥青涂料防水层质量标准相同。

8.11.6 成品保护

与第 8.9.6 节屋面氯丁胶乳改性沥青涂料防水层成品保护相同。

8.11.7 安全措施

与第 8.9.7 节屋面氯丁胶乳改性沥青涂料防水层安全措施相同。

8.11.8 施工注意事项

(1)JG-2 冷胶料为水乳型,需密封储存,避免日晒雨淋,一般储存期:A 液为 6 个月,B 液为 3 个月。如冷胶料出现结膜、破乳、有絮状物等现象,不得使用。

(2)施工时,冷胶料要用多少倒多少,装冷胶料的容器要加盖密封。收工时应将剩料倒回桶内密封储存,以免水分蒸发变稠,影响操作使用。施工用毛刷用毕,要放在清水中浸泡待用,工具用肥皂水清洗备用。

(3)冷胶料的施工环境温度不得低于 5℃,不得在大风、雨天、下雪天气施工。

(4)冷胶料系水乳型,使用前应搅拌均匀,稀稠应保持一致,涂刷冷胶料时,涂层应均匀,不得漏刷,不得外露无纺布。

(5)防水冷胶料成膜厚对Ⅱ、Ⅲ级防水等级,不应小于 3mm;对Ⅳ级防水等级,不应小于 2mm。在满足厚度的前提下,涂刷的遍数越多越好,不得一次成膜,一次成膜厚度过厚,会引起表面干燥形成龟裂,而影响防水效果。

(6)做完的防水层厚薄要均匀一致,粘结牢固,不得出现起鼓、皱折、漏刷等情况;凡发现已做好的防水层有起鼓、皱折等缺陷,要用小刀将无纺布割开,展平后再加铺一层无纺布,重新涂刷防水冷胶料。

(7)冷胶料防水层施工最易出现粘结不牢现象。产生原因主要是:基层处理粗糙,表面平整及清洁程度未达到要求;砂浆找平层强度过低;成膜厚度不足;违反操作规程,如先铺布后涂冷胶料,即易造成粘结不牢,甚至发生渗漏;阴角处铺贴无纺布拉伸过大,干后收缩导致空鼓等。施工时应注意加强操作控制,避免以上情况的发生。

(8)二道及二道以上设防时,防水涂料与防水卷材应采用相容类材料;涂膜防水层与刚性防水层之间(如刚性防水层在其上)应设隔离层。

8.11.9 质量记录

与第 7.9.9 节屋面聚氨酯涂膜防水层质量记录相同。

8.12　细石混凝土屋面防水层施工工艺标准

细石混凝土刚性防水屋面,是依靠细石混凝土面层本身的憎水性和密实性来达到防水的目的。这种屋面防水层具有构造简单,受气候影响较小,取材容易,能够上人,经久耐用,节省防水材料,施工简便,维修较易,造价较低等优点。但适应温度变形能力较差,施工操作技术要求严格。本工艺标准适用于工业与民用建筑中的细石混凝土屋面防水工程。用于Ⅲ级防水屋面时,可单独采用一道防水设防,用于Ⅰ、Ⅱ级防水屋面时,采用多道防水设防中的一道防水层。不适用于设用松散材料保温层的屋面以及受较大振动或冲击的和坡度大于15%的建筑屋面。工程施工应以设计图纸和有关施工质量验收规范为依据。

8.12.1　材料要求

(1)水泥。宜用标号不低于32.5级的普通硅酸盐水泥或硅酸盐水泥,要求新鲜无结块。不得用火山灰质水泥;当采用矿渣硅酸盐水泥时,应采取减少泌水性的措施。

(2)砂。宜用中砂或粗砂,含泥量不大于2%。

(3)石子。应采用级配良好的坚硬碎石或卵石,粒径一般为5～15mm,含泥量不应大1%。

(4)钢丝。宜采用$\Phi^{b}4$冷拔低碳钢丝,应符合有关现行国家标准的规定,并应有出厂质量合格证。

(5)外加剂。常用UEA微膨胀剂、木质素磺酸钙减水剂,应符合有关现行国家标准的规定,并应有出厂质量合格证。

(6)嵌缝油膏。常用聚氯乙烯胶泥和建筑防水沥青油膏,其质量应符合有关现行国家标准的规定,并有出厂合格证。

(7)盖缝材料。宜用玛碲脂粘贴油毡条或防水冷胶料粘贴玻璃布,其质量应符合有关现行国家标准的规定。

(8)隔离层材料。一般采用干铺卷材,涂刷废机油加滑石粉、乳化沥青,抹纸筋灰、麻刀灰等。

8.12.2　主要机具设备

(1)机械设备。包括混凝土搅拌机、小型平板振动器、井架带卷扬机或塔吊等。

(2)主要工具。包括铁抹子、木抹子、木刮板、平锹、手推胶轮车、笤帚、水桶、斧子、锤子、铲刀、油刷、油镐、油桶及油壶、铁滚筒等。

8.12.3　作业条件

(1)屋面结构层及找平层已施工完毕,并办理交接验收手续。基层表面应平整坚实,不得有起砂、裂缝、松动等现象;平整度用2m直尺检查,最大空隙不大于5mm;突出部位应平滑过渡。

(2)施工气温宜在5～35℃,不得在温度到达零下时或烈日曝晒条件下施工。

(3)材料已运到现场，经检查质量符合要求，数量满足需要；试验室根据实际材料情况，通过试验提出细石混凝土施工配合比。

(4)备齐机械设备，并维修试运转，搭设好材料垂直运输井架，安装好卷扬提升系统设备。

8.12.4 施工操作工艺

(1)防水层构造。

1)防水层厚度应在设计图纸中确定，一般不宜小于 40mm，混凝土强度等级不应小于 C20，配置 Φ^b4 或 Φ^b3、间距 100～200mm 的双向钢丝网片，其保护层厚度不应小于 10mm，屋面排水坡度宜为 2%～3%。

2)防水层应留置分格缝，一般设在预制屋面板的支承端，屋面转折处，或现浇混凝土屋面板支座处、屋脊及防水层与突出屋面结构的交接处，并应与板缝对齐，每个分格板块以 20～30m² 为宜，纵横向分格缝构造如图 8.12.4-1 所示，缝内嵌聚氯乙烯胶泥或建筑防水沥青油膏等密封材料。

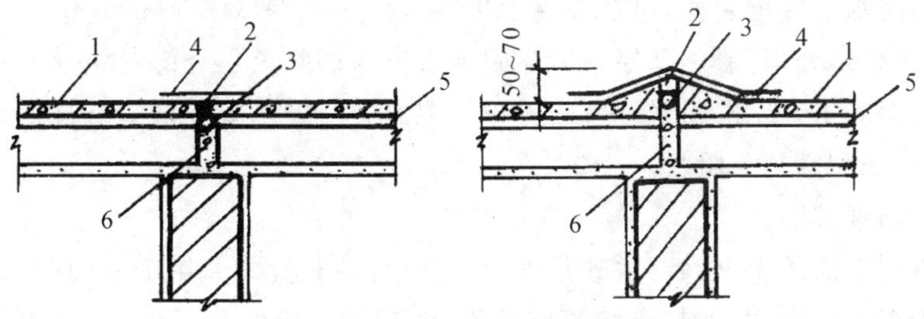

1—刚性防水层；2—密封材料；3—背衬材料；4—防水卷材；5—隔离层；6—细石混凝土

图 8.12.4-1 纵横向分格缝构造

3)为减少防水层的温度应力和变形，亦可在防水层与基层之间设置纸筋灰、麻刀灰、1∶4石灰砂浆或浇热沥青干铺卷材、塑料薄膜等作隔离层。

4)檐沟、女儿墙、变形缝、伸出屋面管道(穿通管)等节点处防水(泛水)构造如图 8.12.4-2 至图 8.12.4-5 所示。

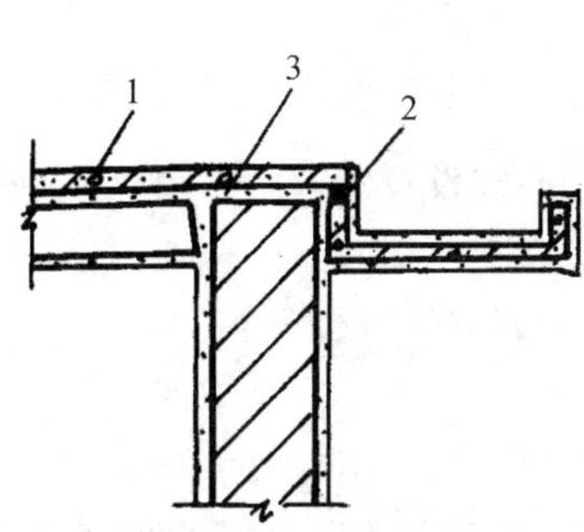

1—刚性防水层；2—密封材料；3—隔离层

图 8.12.4-2 檐沟滴水构造

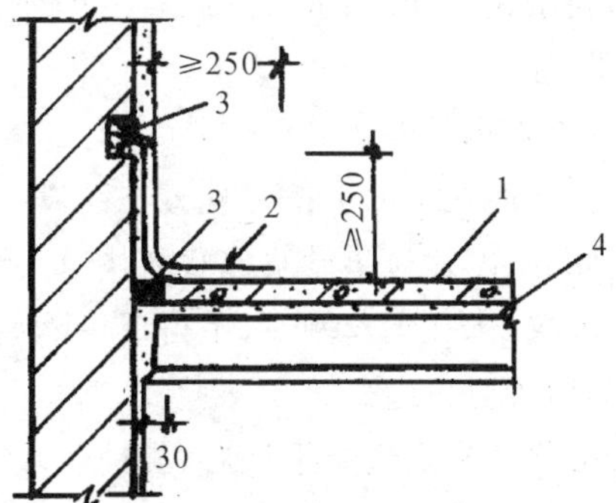

1—刚性防水层；2—防水卷材；
3—密封材料；4—隔离层

图 8.12.4-3 女儿墙泛水构造(单位：mm)

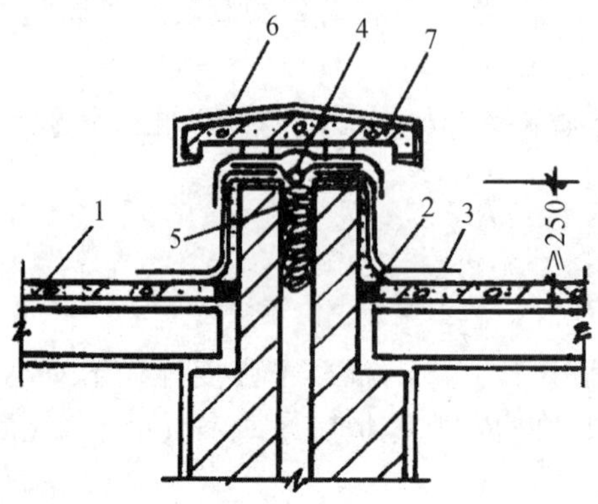

1—刚性防水层;2—密封材料;3—防水卷材;
4—衬垫材料;5—沥青麻丝;
6—水泥砂浆;7—混凝土盖板

图 8.12.4-4　变形缝防水构造(单位:mm)

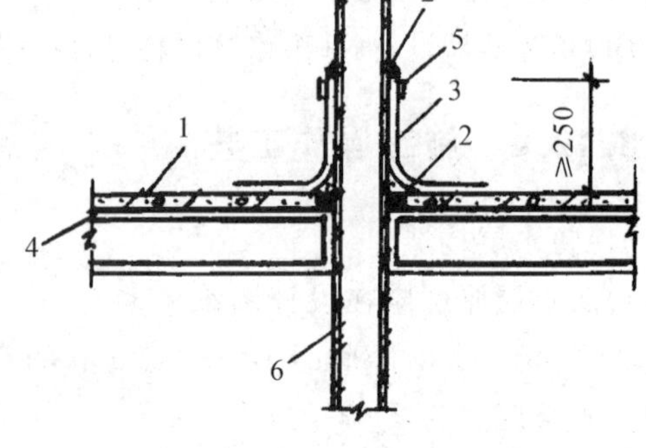

1—刚性防水层;2—密封材料;
3—卷材(涂膜)防水层;4—隔离层;
5—金属箍;6—管道

图 8.12.4-5　伸出屋面管道防水构造(单位:mm)

5)为提高防水层的抗裂性,可在混凝土中掺加微膨胀剂(UEA)。

(2)工艺流程。处理、清理基层→铺贴附加层→涂刷隔离层→绑扎钢丝→设置分格缝木条→浇筑细石混凝土→二次压光→覆盖养护→取出分格缝木条→清缝→嵌缝→铺贴板缝保护层→清扫、检查和修补→验收。

(3)处理、清理基层。

1)先将基层表面的尘土、砂粒、砂浆硬块等杂物清扫干净,并用干净的湿布擦一次。

2)基层表面的突出物、砂浆疙瘩等应铲除、清理掉。对凹凸不平处,应用高强度等级水泥砂浆修补或顺平,对阴阳角、管道根部、地漏和水落口等部位应认真修平,做成圆滑面。

(4)涂刷隔离层。

1)采用废机油、滑石粉作隔离层,板面应干燥,涂刷要均匀,不得漏涂。涂刷后随即撒滑石粉,总厚度不小于 1mm。

2)采用乳化沥青作隔离层时,可适量掺入滑石粉,拌合均匀后涂刷,或随涂刷随撒干粉料。

3)当采用纸筋灰、麻刀灰或石灰砂浆作隔离层时,基层可不作找平层,但厚度宜控制在 15mm 以内。

(5)绑扎钢丝网。

1)钢丝网在平面上按常规方法铺设。在立墙转角处亦宜设置钢丝网。钢丝网片在分格缝处应断开,网片应垫砂浆或塑料块,上部保护层厚度应为 10～15mm。

2)放置、绑扎钢丝网时,不得损坏隔离层,并不得使钢筋被隔离层污染。

(6)留置分格缝。

1)分格缝在隔离层干燥后、浇铺防水层前嵌好,其纵横向间距不宜大于 6m。

2)分格缝木条作成上口宽 20～40mm、下口宽 20mm,高度等于防水层厚度,木条埋入部分应涂刷隔离剂,除屋脊处设置纵向分格缝外,应尽量不设纵向缝。

(7)浇筑细石混凝土。

1)屋面防水用细石混凝土的水灰比不应大于0.55,每立方米混凝土水泥最小用量不应少于330kg;含砂率宜为35%~40%;灰砂比(水泥:砂)应为1:2~1:2.5。施工参考配合比见表8.12.4。

表8.12.4 屋面防水用细石混凝土施工参考配合比

混凝土强度等级	配合比/(kg·m⁻³)							坍落度/cm
	水泥	矾土水泥	石膏粉	砂	石子		水	
					粒径/mm	用量		
C20	380	—	—	653	5~15	1086	209	1~2
C20	420	—	—	630	5~15	1050	214	2~4
C20	301	20	29	710	5~15	951	197	1~2

注:水泥为32.5级普通硅酸盐水泥。

2)配制微膨胀混凝土投料顺序为石子、普通水泥、矾土水泥、石膏粉和砂,搅拌时间不少于2min。用膨胀剂拌制补偿收缩混凝土时,在细石混凝土中掺入水泥用量8%~12%的UEA微膨胀剂,应按配合比准确称量,搅拌投料时,膨胀剂应与水泥同时加入,混凝土连续搅拌时间不应少于3min。

3)混凝土应分板块浇筑,浇筑前先刷一遍素水泥浆,再将混凝土倒在板面上铺平,使其厚度一致,用平板振动器振实后,用铁辊筒(长74cm、直径25cm,重50kg)十字交叉地往复滚压5~6遍至密实,表面泛浆,用木抹抹平压实。待混凝土初凝前再进行二遍压浆抹光,最后一遍待水泥收干时进行。

4)每个分格板块的混凝土必须一次浇筑完成,不得留施工缝。

5)在混凝土抹压最后一遍时,取出分格木条,所留凹槽用1:2.5~1:3.0的水泥砂浆填灌,缝口留15~20mm深作嵌缝用。

(8)养护。混凝土浇筑后12h内,及时用草袋覆盖浇水养护,养护时间不少于14d。

(9)油膏嵌缝。

1)细石混凝土经养护并干燥后即可嵌缝。

2)嵌缝前应将分格缝中的杂质、污垢清理干挣,然后在缝内及两侧,刷或喷一遍冷底子油,待干燥后,用油膏嵌缝并压密实。

(10)铺贴板缝保护层。可采用卷材或玻璃布覆盖,铺贴前先将板缝两侧150mm宽的板面清扫干净底子油,然后用玛碲脂或冷胶料粘贴200~250mm宽卷材或玻璃布。

(11)淋水、蓄水检验。细石混凝土防水层(指单独设防)应在雨后、或在淋水2h后进行检查,或有条件时做蓄水检验,蓄水时间为24m,不渗不漏为合格。

8.12.5 质量标准

(1)主控项目。

1)细石混凝土的原材料及配合比必须符合设计要求。检验方法:检查出厂合格证、质量检验报告、计量措施和现场抽样复验报告。

2)细石混凝土防水层不得有渗漏或积水现象。检验方法:雨后或淋水、蓄水检验。

3)细石混凝土防水层在天沟、檐沟、檐口、水落口、泛水、变形缝和伸出屋面管道的防水构造,必须符合设计要求。检验方法:观察检查和检查隐蔽工程验收记录。

4)密封材料的质量必须符合设计要求。检验方法:检查产品出厂合格证、配合比和现场抽样复验报告。

5)密封材料嵌填必须密实、连续、饱满。粘结牢固,无气泡、开裂、脱落等缺陷。检验方法:观察检查。

(2)一般项目。

1)细石混凝土防水层应表面平整、压实抹光,不得有裂缝、起壳、起砂等缺陷。检验方法:观察检查。

2)细石混凝土防水层的厚度和钢筋位置应符合设计要求。检验方法:观察和尺量检查。

3)细石混凝土分格缝的位置和间距应符合设计要求。检验方法:观察和尺量检查。

4)细石混凝土防水层表面平整度的允许偏差为5mm。检验方法:用2m靠尺和楔形塞尺检查。

5)嵌填密封材料的基层应牢固、干净、干燥,表面应平整、密实。检验方法:观察检查。

6)密封防水接缝宽度的允许偏差为±10%,接缝深度为宽度的0.5～0.7倍。检验方法:尺量检查。

7)嵌填的密封材料表面应平滑,缝边应顺直,无凹凸不平现象。检验方法:观察检查。

8.12.6 成品保护

(1)为避免防水层受到损坏,细石混凝土养护初期不得上人,待强度达到1.2MPa以上时,才允许在其上行走,但只允许穿不带钉子的软底鞋。

(2)已施工的防水层上不得凿眼打洞或通过屋面运送重物。

(3)在细石混凝土防水层上进行其他作业,必须在混凝土达到设计强度的70%后进行,并应采取必要的保护措施。

8.12.7 安全措施

(1)浇筑屋面细石混凝土的马道应搭设牢固,铺板不得出现探头板。

(2)屋面四周应设防护栏杆高1.5m,并应挂安全网,以防高空坠落。

(3)油膏嵌缝操作人员应穿工作服,戴防护口罩、帆布手套等劳动保护用品。

(4)雨天、雪天和刮五级及五级以上大风时,应停止施工。

8.12.8　施工注意事项

(1)细石混凝土浇筑,应注意次序,宜采取先远后近,先高后低的原则逐格进行施工。运输宜搭设脚手马道,手推胶轮车不得直接在找平层、隔离层和已绑扎好的钢丝网片上行走,混凝土应先倒在铁板上,再用铁锹铺设;如用吊斗浇灌时,倾倒高度应不大于1m,且宜分散倒于屋面上,避免集中。

(2)铺混凝土应注意严格控制钢筋网位置,将钢筋网提至上半部,使钢筋网与基层的距离约为防水层厚的2/3。

(3)混凝土从搅拌出料至浇筑完毕的间隔时间不宜超过2h。

(4)混凝土压光应在混凝土终凝前进行,抹压时不得在表面洒水、加水泥浆或撒干水泥,以防起皮。

(5)刚性防水层施工气温宜为5～35℃,应避免在负温度或烈日曝晒下施工。

8.12.9　质量记录

(1)原材料出厂合格证、配合比和进场抽样复验报告。

(2)隐蔽工程验收记录。

(3)分项工程施工质量验收记录。

(4)施工日记。

8.13　压型钢板屋面防水层施工工艺标准

金属板材屋面按建筑设计要求,选用镀层钢板、涂层钢板、铝合金板、不锈钢板和钛锌板等金属板材。压型铝合金板基板厚度应不小于0.9mm;压型钢板基板厚度应不小于0.6mm,板面一般进行涂装。板的制作形式多样化,有的为复合板,有的为单板,可在生产厂加工好后现场组装,也可根据设计需要在现场加工。保温层有在工厂复合好的,也有在现场制作的。金属板形式多样,适用于Ⅰ、Ⅱ级防水等级的屋面。压型钢板屋面(又称薄钢板、波型薄钢板屋面)系由波形薄钢板、固定支架、钢檩条以及连接固定螺栓等组成。这种屋面具有建筑平面布置灵活,自重轻,抗压强度高,色彩鲜艳,施工快速、方便等优点。本工艺标准适用于工业厂房、仓库、车棚、展览馆、体育馆以及施工房、售货亭等组合式活动房屋的压型钢板屋面工程。工程施工应以设计图纸和有关施工质量验收规范为依据。

8.13.1　材料要求

(1)压型钢板。常用有镀锌波形薄钢板、彩色涂层压型钢板和铝合金压型板等。镀锌波形板(简称波瓦),要求镀锌量符合标准要求,表面呈锌皮结晶的花纹,平整光滑,无裂纹、锈斑、黑点;彩色压型钢板,表面被覆合成树脂,板厚0.6～1.6mm,有W形和V形,与其配套的有脊瓦、天沟、檐沟、泛水、包角、落水斗、落水管及挡风板等,其外观、尺寸、耐腐蚀性及力学性能均应符合设计要求和有关现行国家标准的规定,并有出厂质量合格证。

(2)辅助材料。包括压型板固定支架、固定螺栓、连接螺栓、堵头板、天窗压型板金属坐垫、橡胶堵头板、钩头螺栓、檐沟固定件、水落管固定件、锚固螺栓、自攻螺栓、圆头螺钉、铝合金铆钉、铝保护帽、带状及绳状密封材料、糊状密封材料、硅酮橡胶和被覆层修补材料等,规格、质量均应符合设计要求,并经检验合格。

8.13.2 主要机具设备

(1)机械设备。包括起重机、卷扬机、电焊机、电剪折板机、剪板机、拉铆机、手电钻、井架带卷扬机等。

(2)主要工具。包括电剪、自攻螺栓、扳手、铁扁担、尼龙绳、剪刀、手推胶轮车等。

8.13.3 作业条件

(1)屋面支承系统结构安装完毕,经检查符合设计要求,并办理交接验收手续。

(2)压型钢板及辅助材料已运进现场,经检查质量符合要求,数量可满足需要,并按施工平面图布置,按安装顺序分类整齐堆放,备用。

(3)用于连接固定支架、刷油及拧紧螺栓的操作台及移动脚手架,已搭设完毕。

(4)施工机械设备已经进场,并维修、试运转,处于完好状态,安装需用工具已经备齐。

(5)在钢屋架檩条等构件上,根据压型板安装需要,弹好压型板固定支架和压型板的安装位置线及安装中心线。

(6)固定支架等辅助材料刷好油漆。

8.13.4 施工操作工艺

(1)镀锌波形钢板屋面施工。

1)工艺流程。压型板固定支架弹线→固定支架安装→屋面檐沟及泛水安装→屋面压型板安装→天窗檐沟及泛水安装→天窗屋面压型板安装→天窗腰墙泛水及腰墙安装→屋面压型板檐口及屋脊处堵头板安装→屋面及天窗包角安装→檐沟挡水板、落水斗安装→屋面固定螺栓、连接螺栓、钩头螺栓切头后涂糊状密封材料,并盖铝保护帽→作淋水试验。

2)压型板固定支架安装。

①以厂房轴线为基准线,按压型板规格尺寸,在檐檩和脊檩上分别弹出安装固定支架的纵向中心线和横向中心线,形成固定支架安装网络。

②按弹出墨线准确放置固定支架,并用点焊临时固定后,由操作人员在已搭好的操作台(或移动式脚手架)上对支架进行焊接固定[见图 8.13.4-1(a)]。

③焊后应敲除焊渣,清理干净后补刷防护漆。

3)檐沟及檐沟泛水安装。

①以厂房轴线为基准拉线,按施工图的泛水线排列檐沟固定件,并将其焊在檐沟托架上。

②檐沟板安放在檐沟支架上，并用六角头自攻螺栓固定在檐沟托架上[见图 8.13.4-1(b)]，自攻螺栓头部应充填糊状密封材料。

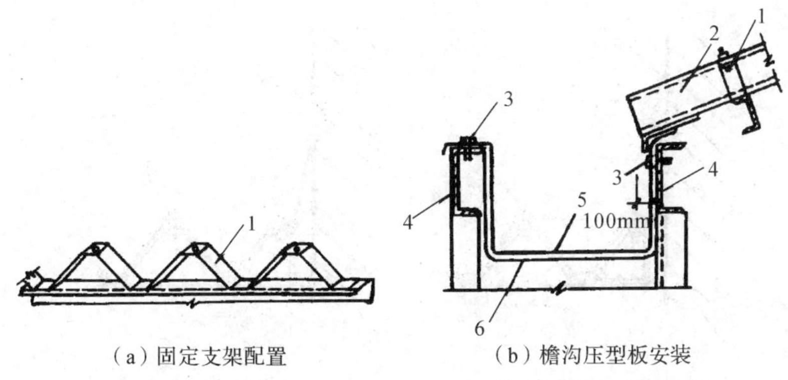

(a) 固定支架配置　　(b) 檐沟压型板安装

1—固定支架；2—压型板；3—自攻螺栓；4—托架；5—檐沟板；6—檐沟支架

图 8.13.4-1　固定支架配置和檐沟压型板安装

③檐沟板用镀锌薄钢板制作，应从低处开始向高处方向铺设，其纵向搭接长度不小于200mm。安装时先在下檐沟板搭接处敷 30mm×3mm 带状密封材料，放下上檐沟板，对准位置后，用 Φ4mm 铝铆钉连接固定。接头部位涂以硅酮橡胶或防水油膏保护。

④檐沟泛水安装前，应预先将泛水衬板固定在泛水端部。衬板与泛水连接时，在衬板上贴 30mm×3mm 的带状密封材料，下块泛水安放在此衬板上时，再贴一条 30mm×3mm 的带状密封材料，并用铝铆钉连接。压型板与泛水的搭接宽度不小于 200mm。

⑤檐沟板应伸入屋面压型钢板的下面，其长度应不小于 150mm。

4)屋面压型板安装。

①压型钢板应根据板型和设计的配板图铺设。压型板的横向搭接不小于一个波，纵向搭接(高波压型)不小于 350mm；低波压型金属板(坡度≤10%不小于 250mm、坡度≥10%不小于 200mm)。在已安装好的固定支架上，先从檐口开始向上铺设，铺钉前先在檐口挂线，有檐沟时，压型钢板应伸入檐沟应不小于 100mm；当没有檐沟时，挑出距墙面不小于200mm，距檐口不小于 120mm。

②压型钢板应预先钻四角钉孔，并应按此孔位置在檩条上定位钻孔，其孔径应比螺栓直径大 0.5mm。

③波瓦的横向搭接应顺主导风向搭接，搭接宽度一般为一个半波至两个波；纵向搭接，上下排波形薄钢板必须在檩条上搭接。应上排搭盖下排，长度根据板型和屋面坡度而定，一般不小于 200mm，并应搭接在檩条上。在板与板的搭接处均应贴上 Φ5mm 绳状密封材料。

④波瓦下有面板时，应沿两边折叠缝及上下接头处，用带防水垫圈的螺钉(或螺栓)对准凸垅与檩条(支架)连接固定。波瓦下无面板时，应用螺栓或弯钩螺栓固定，螺栓或弯钩螺栓必须镀锌并带防水垫圈。螺栓的数量，在波瓦四周的每一搭接边上，均不宜少于 3 个，波的中央必须设 1 个。

⑤靠山墙处，当山墙高出屋面时，应用镀锌薄钢板做泛水或使波瓦卷起最少 250mm，弯

成Z形伸入墙面预留的凹槽内作泛水(见图 8.13.4-2);当山墙不高出屋面时,波瓦至山墙部分剪齐,用砂浆封山抹檐。如有封檐板,则将波瓦直接钉在封檐板上,然后将伸出部分剪齐。

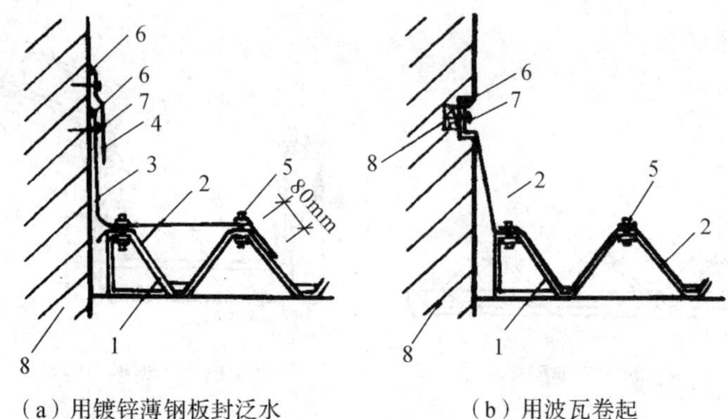

(a)用镀锌薄钢板封泛水　　(b)用波瓦卷起

1—檩条或固定支架;2—波形薄钢板;3—镀锌薄钢板泛水;4—盖板;5—螺钉;6—密封材料;7—水泥钉;8—山墙

图 8.13.4-2　波形薄钢板屋面与山墙交接

⑥屋脊、斜沟、天沟和屋面与突出屋面结构连接处的泛水板,均应用镀锌薄钢板制作,长度不宜大于 2m,与压型板的搭接宽度应不小于 250mm。泛水板的安装应平直,天沟板伸入压型钢板的下面,其长度应不小于 200mm。

⑦薄钢板安装前应预制成拼板,其长度根据屋面坡度和搬运条件而定。薄钢板拼缝类型见表 8.13.4-1。

表 8.13.4-1　薄钢板拼缝类型

咬口类型		图示	使用范围
立咬口	单立咬口	35mm　20mm	平行流水方向的薄钢板拼缝板,屋脊、斜脊的薄钢板拼缝
	双立咬口	70mm　40mm　20mm	
	双立咬口		平行流水方向的薄钢拼缝
平咬口	单平咬口		屋面坡度大于 30%的垂直流水方向的薄钢板拼缝
	双平咬口		屋面坡度等于或小于 30%的垂直流水方向的薄钢板拼缝,天沟、斜沟的薄钢板拼缝与坡面薄钢板的连接处

5)天窗檐沟及檐沟泛水的安装同屋面檐沟及檐沟泛水安装。

6)天窗屋面压型板安装。

①以厂房轴线为基准线,分别在檐檩和脊檩上作标志配置天窗压型板,并在檐口和屋脊处先用两个钩头螺栓固定。

②天窗屋面压型板在搭接处,将金属坐垫放入檩条与天窗板之间,穿钩头螺栓固定。

如天窗屋面压型板采用W形板时,纵向搭接处应贴Φ5mm绳状密封材料封严。

7)天窗腰墙板及腰墙泛水安装。

①安装前,应根据施工图尺寸在天窗架支柱上焊接腰墙板固定支架。

②先安装镀锌薄钢板制作的腰墙泛水,再按压型屋面板的安装方法安装固定墙板。

8)安装檐口及屋脊墙头板。安装时按施工图纸尺寸将檐口堵头板嵌入压型板下和檐口之间;屋脊堵板嵌放在屋面压型板表面的沟槽内,用铝铆钉与屋面压型板连接,嵌缝处充填硅酮橡胶或防水油膏。

9)屋面及天窗包角安装。外包角应用异型镀锌钢板的包角板和固定支架封严。安装顺序应由下往上,包角接头处设衬板,用铝铆钉连接,纵向间距不大于500mm。

10)檐沟挡水板、落水斗和落水管的安装。

①檐沟挡水板一般用铝铆钉固定在檐沟侧墙上。

②落水斗安装时应按设计位置在檐沟内钻一小孔,按实际落水斗大小剪出一个比其内直径小50～70mm的圆孔,再往下折出20～30mm的卷边,然后将落水斗套在外面并用铝铆钉连接。在落水斗内侧接口处及铆钉头上涂抹硅酮橡胶或防水油膏,外侧接头处涂糊状密封材料。

③落水斗安装前,先将固定铁件焊在墙筋上,待墙板安装后,在固定铁件上连接环箍,再由上而下安装水落管。

11)密封处理。屋面安装后,应将屋面压型板上的螺栓头剪短,并充填糊状密封材料,盖铝保护帽或塑料保护罩。所有外露的自攻螺栓头均需涂抹糊状密封材料。

12)淋水试验。压型钢板铺钉完毕,应进行淋水试验,整个屋面经淋水,无渗漏为合格。

(2)彩色压型钢板(铝板)屋面施工。

操作方法与镀锌波形钢板屋面基本相同。只横向接头用自粘性密封条[见图8.13.4-3(a)];纵向接头用软质泡沫嵌缝条加密封油膏[图8.13.4-3(b)]密封防水。屋脊板、泛水板、包角板等

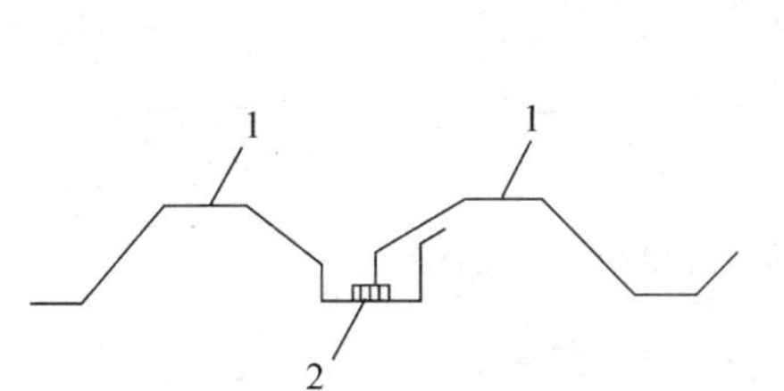

(a) V形压型板横向接头做法

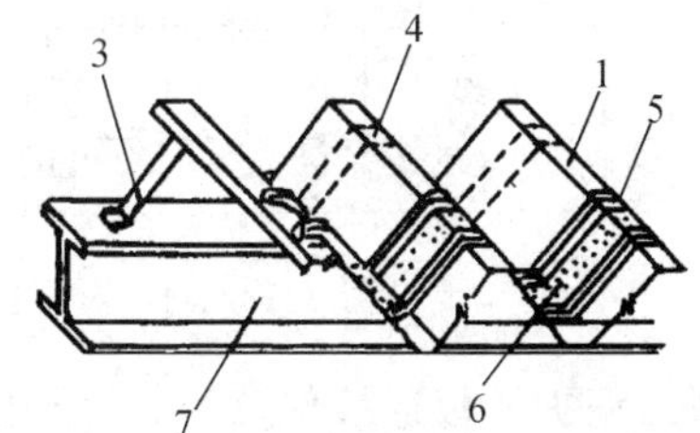

(b) W形压型板纵向接头做法

1—压型板;2—自粘性密封条3mm×20mm;3—固定支架;4—ML-850R单向固定螺栓;5—软质泡沫嵌缝条10mm×15mm;6—密封油膏填充;7—钢檩条

图8.13.4-3　彩色压型钢板屋面接头做法

应采用与屋面板相同材料的平板制成。压型钢板与固定支架应用螺栓固定;板与板之间连接用镀锌或不锈钢单向螺栓,屋面压型钢板与配套平板之间连接用铝质或不锈钢拉铆钉连接固定。

(3)金属压型夹心板屋面施工。

金属压型夹心板是由两层彩色涂层钢板、中间加硬质自熄性聚氨酯泡沫组成,通过辊轧、发泡、粘结一次成型。它适用于防水等级为Ⅰ级、Ⅱ级的屋面多道防水设防之一道,及Ⅲ级防水等级屋面的单道防水,尤其是工业与民用建筑轻型屋盖的保温防水屋面。

金属压型板屋面(包括瓦楞板)种类很多,本节主要介绍金属压型夹心板的屋面。

1)金属压型夹心屋面板的规格性能及断面参考表 8.13.4-2 和图 8.13.4-4。屋面板应边缘整齐、表面光滑,外形规则,不得有扭翘、锈蚀等缺陷。

表 8.13.4-2 金属压型夹心板的规格性能

项目	规格性能					
屋面板宽度/mm	1000					
屋面板每块长度/m	≤12					
屋面板厚度/mm	40		60		80	
钢板厚度/mm	0.5	0.6	0.5	0.6	0.5	0.6
传热系数 k/(W·m^{-2}·K^{-1})	0.582		0.407		0.302	
平均隔音量/dB	25		38		50	
适用温度范围/℃	−50~120					
耐火极限/h	0.6					
重量/(kg·m^{-2})	12	14	13	15	14	16
屋角板、泛水板、屋脊板厚度/mm	0.6~0.7					

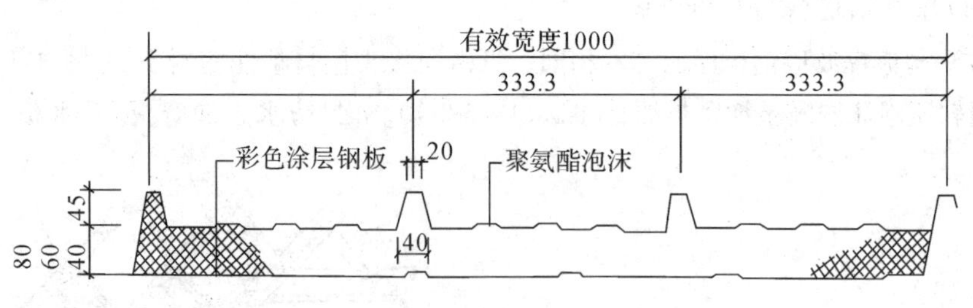

图 8.13.4-4 金属压型夹心板断面(单位:mm)

2)金属压型夹心板连接件及密封材料的材料要求,参见表 8.13.4-3。

表 8.13.4-3 金属压型夹心板连接件及密封材料的材料要求

材料名称	材料要求
自攻螺栓	6.3mm、45 号钢镀锌、塑料帽
拉铆钉	铝质抽蕊拉铆钉
压盖	不锈钢
密封垫圈	乙丙橡胶垫圈
密封膏	丙烯酸、硅酮密封膏

3)屋面板保管运输的要求。金属压型夹心板堆放场地应平坦、坚实,且便于排除地面水,堆放时应分层,并在每隔 3～5m 处加放垫木。人工搬运时,不得扳单层钢板处;机械运输时,应有专用吊具包装。

4)施工准备工作。

①檩条的规格和间距应根据结构计算确定,每块屋面板端应设置檩条支承外,中间也应设置一根或一根以上檩条。允许檩条间距参考见表 8.13.4-4。

②铺板前应先检查檩条坡度是否准确,安装是否牢固。

③铺板可采取切边铺法和不切边铺法,切边铺法应事先根据板的排列切割板块搭接处金属板,并将夹心泡沫清除干净。屋角板、包角板、泛水板均应事先切割好。

表 8.13.4-4 金属压型夹心板允许檩条间距 (单位:m)

板厚/mm	钢板厚/mm	荷载/(kg·m^{-2})														
		60			80			100			120			150		
		连续	简支	悬臂	连续	简支	悬臂	连续	简支	悬臂	连续	简支	悬臂	连续	简支	悬臂
40	0.5	4.0	3.4	0.9	3.5	3	0.8	3.1	2.7	0.7	2.8	2.4	0.6	2.3	2.0	0.5
	0.6	4.6	4.1	1.1	4.2	3.6	0.9	3.7	3.2	0.8	3.3	2.9	0.7	2.9	2.5	0.6
60	0.5	4.9	4.2	1.1	4.2	3.6	0.9	3.7	3.2	0.8	3.4	2.9	0.7	2.9	2.5	0.6
	0.6	5.7	4.9	1.3	5.0	4.3	1.1	4.5	3.9	1.0	4.0	3.5	0.9	3.7	3.2	0.8
80	0.5	5.9	5.0	1.3	5.0	4.3	1.1	4.5	3.9	1.0	4.0	3.5	0.9	3.7	3.2	0.8
	0.6	7.0	6.0	1.5	5.3	4.5	1.1	4.8	4.1	1.0	4.6	3.9	0.9	4.1	3.5	0.8

5)金属压型夹心板屋面施工。

①屋面坡度不应小于 1/20,亦不应大于 1/6;在腐蚀环境中屋面坡度不应小于 1/12。

②屋面板采取切边铺法时,上下两块板的板峰应对齐;采取不切边铺法时,上下两块板的板峰应错开一波(见图 8.13.4-5)。铺板应挂线铺设,使纵横对齐,长向(侧向)搭接,应顺年最大频率风向搭接,端部搭接应顺流水方向搭接,搭接长度应不小于 200mm。屋面板铺设从一端开始;往另一端同时向屋脊方向进行,铺设方向按图 8.13.4-6 进行。

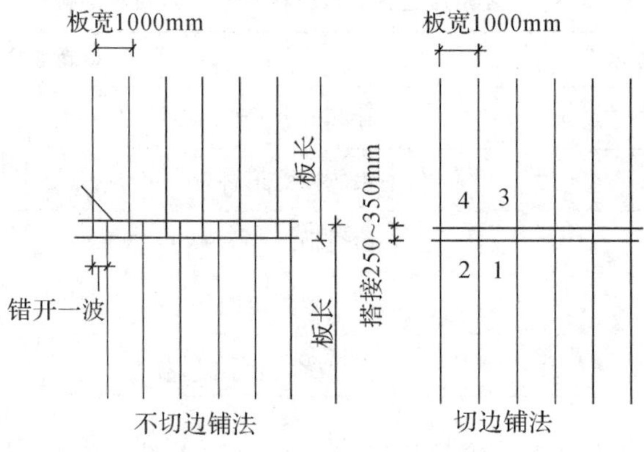

图 8.13.4-5　切边与不切边铺法

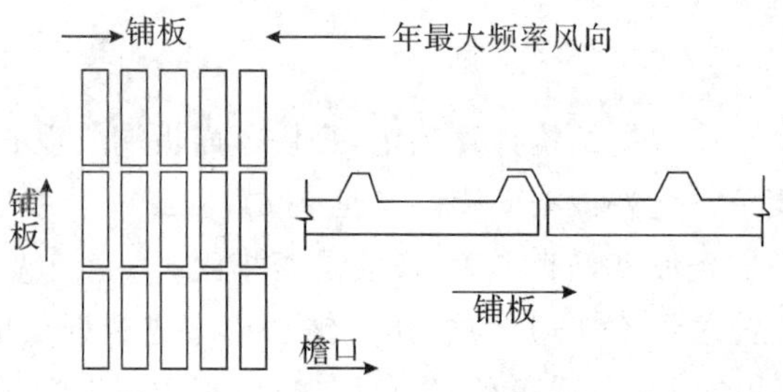

图 8.13.4-6　铺板方向

③每块屋面板两端的支承处的板缝均应用 M6.3 自攻螺栓与檩条固定，中间支承处应每隔一个板峰用 M6.3 自攻螺栓与檩条固定(见图 8.13.4-7)。钻孔时，应垂直不偏斜将板与檩条一起钻穿；螺栓固定时，先垫好密封带，套上橡胶垫板和不锈钢压盖一起拧紧。

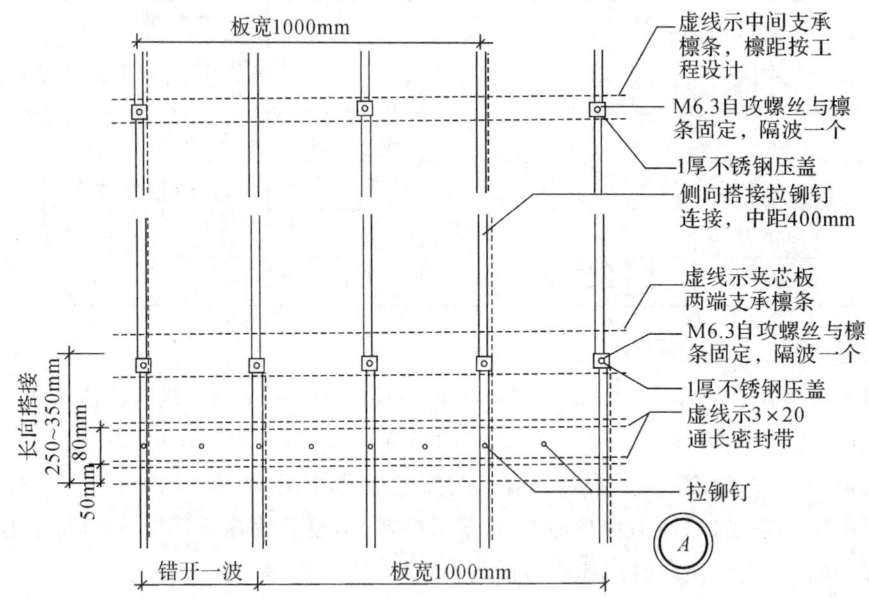

图 8.13.4-7　金属压型夹心板铺设檩条布置

④铺板时，两板长向搭接间应放置一条通长密封条，端头应放置二条密封条（包括屋脊板、泛水板、包角板等），密封条应连续不得间断。螺栓拧紧后，两板的搭接口处还应用丙烯酸或硅酮密封膏封严。

⑤两板铺设后，两板的侧向搭接处还得用拉铆钉联结，所以铆钉均应用丙烯酸或硅酮密封膏密封。

⑥屋脊、檐沟、雨水口、檐口、山墙泛水做法见图 8.13.4-8。

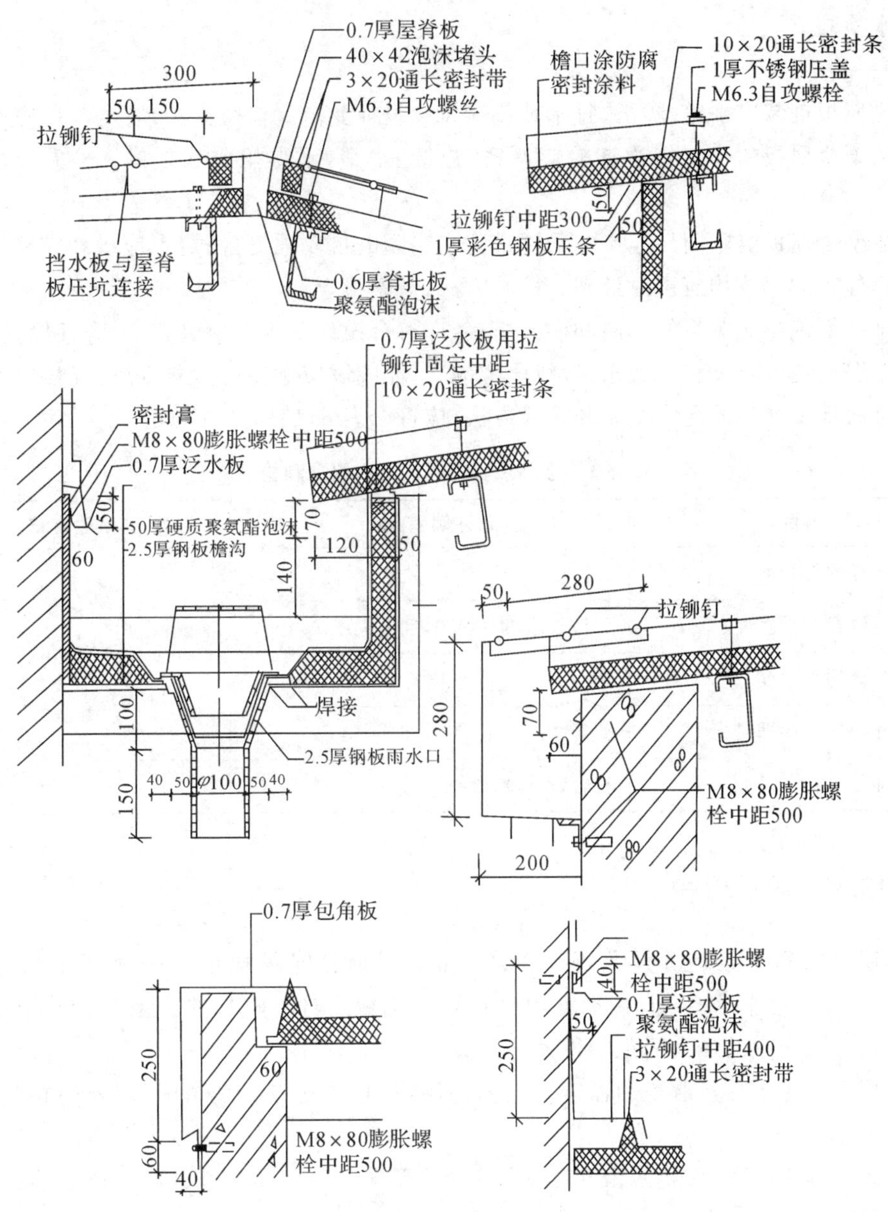

图 8.13.4-8 金属压型夹心板屋面节点做法（单位：mm）

8.13.5 质量标准

(1)主控项目。

1)金属板材及辅助材料的规格和质量,必须符合设计要求。检验方法:检查出厂合格证和质量检验报告和进场检验报告。

2)金属板材的连接和密封处理必须符合设计要求,不得有渗漏现象。检验方法:雨后观察或淋水检验。

(2)一般项目。

1)金属板铺装应平整、顺滑;排水坡度应符合设计要求。检验方法:坡度尺量检查。

2)压型金属板的咬口锁边连接应严密、连续、平整,不得扭曲和裂口。检验方法:观察检查。

3)压型金属板的坚固件连接应采用带防水垫圈的自攻螺钉,固定点应设在波峰上;所有自攻螺钉外露的部位均应密封处理。检验方法:观察检查。

4)金属面绝热夹芯板的纵向和横向搭接,应符合设计要求。检验方法:观察检查。

5)金属板的屋脊、檐口、泛水,直线段应顺直,曲线段应顺畅。检验方法:观察检查。

6)金属板材铺装的允许偏差和检验方法,应符合表8.13.5-1的规定。

表8.13.5-1 金属板材铺装的允许偏差和检验方法

项目	允许偏差/mm	检验方法
檐口与屋脊的平行度	15	拉线和尺量检查
金属板对屋脊的垂直度	单坡长度的1/800,且不大于25	
金属板咬缝的平整度	10	
檐口相邻两板的端部错位	6	
金属板铺装的有关尺寸	符合设计要求	尺量检查

8.13.6 成品保护

(1)屋面材料吊运应先用尼龙带兜紧,然后用钢丝绳吊挂尼龙带或用吊具起吊(见图8.13.6)。不允许钢丝绳直接捆扎而勒坏压型钢板。对于较长的压型板、檐沟板宜用铁扁担多点吊运,吊点的最大间距不得大于5m。

(2)屋面施工中尽量避免利器碰伤表面涂层,一旦划伤或有锈斑时,应采用相应涂料系列修补好。

(3)屋面施工完毕,应将残留在屋面及檐沟、天沟内的金属切屑、碎片、螺栓等杂物清理干净,不得散落在屋面上。

(4)在已铺好的屋面上行走必须穿软底鞋,不得直接在屋面上进行锤打和加工工作。

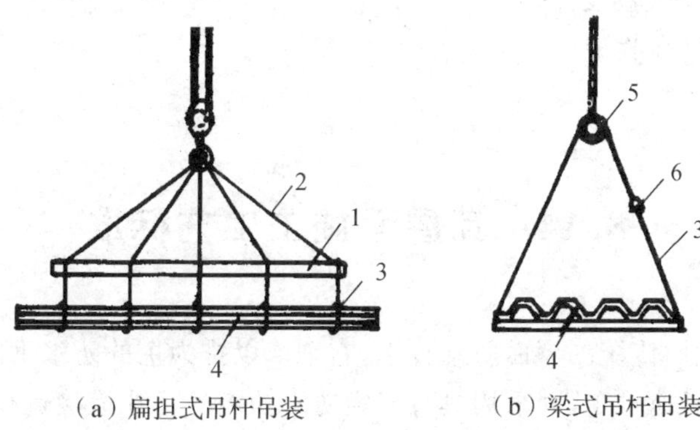

（a）扁担式吊杆吊装　　（b）梁式吊杆吊装

1—扁担式吊杆(平衡梁)；2—吊索；3—尼龙绳；4—成捆压型板；
5—Φ200mm×5mm 梁式吊杆；6—U 形卡环

图 8.13.6　压型板的吊装

(5)在已铺屋面上作水平运输时，必须铺放临时脚手板作运输道，用胶轮手推车运送；严禁直接在屋面上拖运材料。

(6)屋面上应避免集中上人、堆料，以免局部变形过大，撕裂密封材料而造成渗漏。

(7)使用密封胶时，其残余胶液应清除干净，以免污染屋面。

8.13.7　安全措施

(1)压型板等吊运时必须用尼龙绳捆牢，并按规定位置堆放，防止超载。

(2)电动机具必须按说明书及有关规程操作，并安有触电保安器，严防漏电、触电；操作人员必须穿绝缘鞋、戴绝缘手套。

(3)屋面周围无脚手架时，应设保护栏杆，操作部位屋架下部应挂安全绳网；操作人员应系安全带，防止高空坠落事故。

(4)遇五级及五级以上大风天或雨雪天应停止作业。

8.13.8　施工注意事项

(1)暴露在屋面的螺栓，须带防水垫圈。

(2)波形薄钢板搭接缝和其他可能渗水的部位，均应用防水密封胶封严，且密封胶必须挤入盖板内。

(3)以铅、铜和钢为基材的材料，应随施工随清除，不得与镀铝锌压型板接触，避免造成铝锌层的破坏，而导致钢板腐蚀。

(4)压型钢板铺设时，应防止碰撞或受重物砸伤变形。

(5)压型板的所有搭接缝内应用密封材料嵌填封严，防止渗漏。压型钢板铺钉完毕，应进行淋水试验，整个屋面淋水后无渗漏为合格。

8.13.9　质量记录

(1)金属板材料及制品构件的出厂合格证。

(2)现场抽样质量检验报告。

(3)分项工程质量验收记录。

(4)施工记录。

8.14 瓦屋面施工工艺标准

瓦屋面防水是我国传统的屋面防水技术，它采取以排为主的防水手段，在10%～50%的屋面坡度下，将雨水迅速排走，并采用具有一定防水功能的瓦片搭接进行防水。由于瓦片材料和形式繁多，所以瓦屋面的种类也很多，有平瓦屋面、青瓦屋面、筒瓦屋面、石板瓦屋面、石棉水泥瓦屋面、玻璃钢波形瓦屋面、瓦屋面等。有些只限地区使用，有些已被新的形式所代替。本标准重点介绍的是目前使用较多并有代表性的几种瓦屋面。它适用于民用住宅建筑防水等级为Ⅱ、Ⅲ级以及坡度不小于20%的平瓦屋面。工程施工应以设计图纸和有关施工质量验收规范为依据。

8.14.1 平瓦和脊瓦的规格

(1)平瓦规格。平瓦种类较多，主要为黏土平瓦和混凝土平瓦。其规格等见表8.14.1-1。

表7.15.1-1 两种平瓦的规格

序号	平瓦名称	规格/mm	每块重量/kg	每块有效面积/m²	每平方米块数/块
1	黏土平瓦	(360～400)×(220～240)×(14～16)	3.1	0.053～0.067	18.9～15.0
2	混凝土平瓦	(385～400)×(235～250)×(15～16)	3.3	0.062～0.070	16.1～14.3

注：表列重量、有效面积、每平方米块数供参考。

(2)黏土平瓦外形。黏土平瓦(模压成型)的形状见图8.14.1-1。

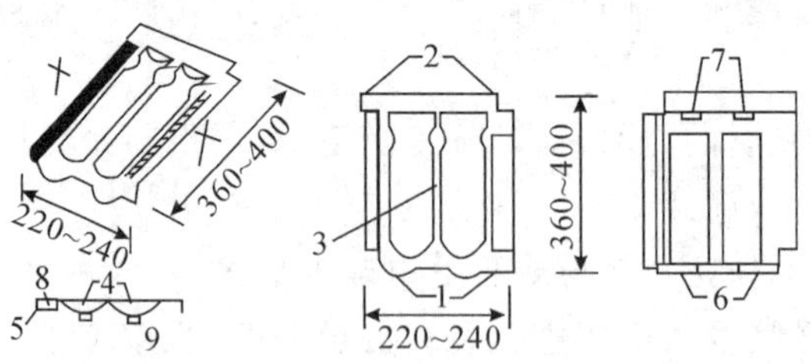

1—瓦头；2—瓦尾；3—瓦脊；4—瓦槽；5—边筋；6—前爪；7—后爪；8—外槽；9—内槽

图8.14.1-1 黏土平瓦(模压)的形状(单位:mm)

(3)脊瓦。脊瓦的其形状见图 8.14.1-2,规格见表 8.14.1-2。

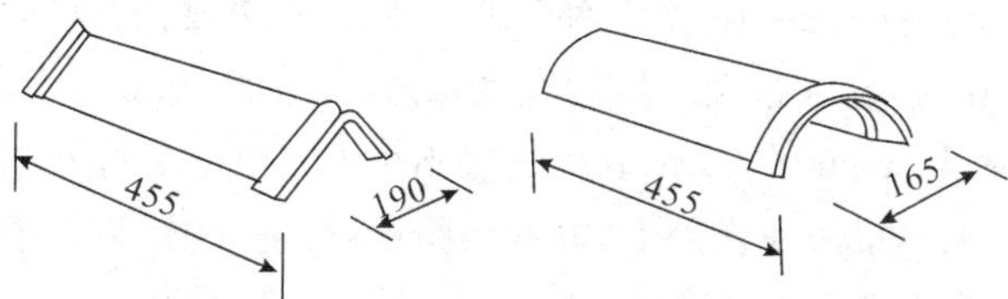

图 8.14.1-2　脊瓦的形状(单位:mm)

表 8.14.1-2　脊瓦的规格

名称	规格/mm	重量/kg	每米屋脊块数/块
黏土脊瓦	455×190×20	3.0	2.4
混凝土脊瓦	455×165×15 455×170×15 465×175×15	3.3	2.4

注:脊瓦各地生产规格不一致。

(4)平瓦运输时应轻拿轻放,不得抛扔、碰撞;进入现场后应堆放整齐,平瓦侧放靠紧,堆放高度不超过 5 层,脊瓦呈人字形堆放。

8.14.2　准备工作

(1)屋面木基层的施工要求。

1)檩条、椽条、封檐板等,其施工允许偏差及检验方法见表 8.14.2。

表 8.14.2　檩条、椽条、封檐板的施工允许偏差及检验方法

序号	项目		允许偏差/mm	检验方法
1	檩条椽条	方木截面	−2	钢尺量
		原木梢径	−5	钢尺量,椭圆时取大小径的平均值
		间距	−10	钢尺量
		方木上表面平直	4	沿坡拉线钢尺量
		原木上表面平直	7	沿坡拉线钢尺量
2	油毡搭接宽度		−10	钢尺量
3	挂瓦条间距		±5	钢尺量
4	封山、封檐板平直	下边缘	5	拉 10m 线,不足 10m 拉通线,钢尺量
		表面	8	拉 10m 线,不足 10m 拉通线,钢尺量

2)挂瓦条的施工要求。

①挂瓦条的间距要根据平瓦的尺寸和一个坡面的长度经计算后确定。黏土平瓦一般间距为 280～330mm。

②檐口第一根挂瓦条,要保证瓦头出檐(或出封檐板外)50～70mm;上下排平瓦的瓦头和瓦尾的搭扣长度为 50～70mm;屋脊处两个坡面上最上两根挂瓦条,要保证挂瓦后,两个瓦尾的间距在搭盖脊瓦时,脊瓦搭接瓦尾的宽度每边不小于 40mm。

③挂瓦条断面一般为 30mm×30mm,长度一般不小于三根椽条间距,挂瓦条必须平直(特别是保证瓦条上边口的平直),接头在椽条上,钉置牢固,不得漏钉,接头要错开,同一椽条上不得连续超过 3 个接头;钉置檐口条(或封檐板)时,要比挂瓦条高出 20～30mm,以保证檐口第一块瓦的平直;钉挂瓦条一般从檐口开始逐步向上至屋脊,钉置时,要随时校核瓦条间距尺寸的一致。为保证尺寸准确,可在一个坡面的两端,准确量出瓦条间距,要统长拉线钉挂瓦条。

3)木板基层上加铺油毡层的施工。油毡应平行屋脊自上而下的铺钉;檐口油毡应盖过封檐板上边口 10～20mm;油毡长边搭接不小于 100mm,短边搭接不小于 150mm,搭边要钉住,不得翘边;上下两层短边搭接缝要错开 500mm 以上;油毡用压毡条(可用灰板条)垂直屋脊方向钉住,间距不大于 500mm;要求油毡铺平铺直,压毡条钉置牢靠,钉子不得直接在油毡上随意乱钉;油毡的毡面必须完整,不得有缺边破洞。

(2)平瓦铺挂前的准备工作。

1)堆瓦。平瓦运输堆放应避免多次倒运。要求平瓦长边侧立堆放,最好一顺一倒合拢靠紧,堆放成长条形,高度以 5～6 层为宜,堆放、运瓦时,要稳拿轻放。

2)选瓦。可按平瓦质量等级要求挑选。有砂眼、裂缝、掉角、缺边、少爪等不符合质量要求规定的不应使用,但半边瓦和掉角、缺边的平瓦可用于山檐边、斜沟或斜脊处,其使用部分的表面不得有缺损或裂缝。

3)上瓦。待基层检验合格后,方可上瓦,上瓦时应特别注意安全;如在屋架承重的屋面上,上瓦必须前后两坡同时同一方向对称进行,以免屋架因受力不均匀而变形。

4)摆瓦。一般有"条摆"和"堆摆"两种,如图 8.14.2 所示。条摆要求隔 3 根挂瓦条摆 1 条瓦,每米约 22 块;堆摆要求一堆 9 块瓦,间距为左右隔 2 块瓦宽,上下隔 2 根挂瓦条,均匀错开,摆置稳妥。

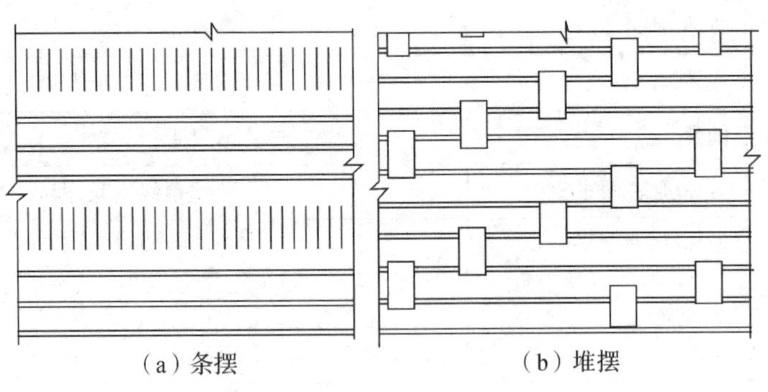

(a) 条摆　　(b) 堆摆

图 8.14.2　平瓦在屋面摆放示意

(3)在钢筋混凝土挂瓦板上,最好随运随铺,如需要先摆瓦时,要求均匀分散平摆在板上,不得在一块板上堆放过多,更不准在板的中间部位堆放过多,以免荷重集中而使板断裂。

8.14.3 施工操作工艺

(1)施工程序。基层清理→防水层施工→钉顺水条→钉挂瓦条→铺瓦→检查验收→淋水试验。

(2)平瓦屋面的施工一般要求。

1)平瓦屋面与立墙及突出屋面结构等交接处,均应做泛水处理。天沟、檐沟的防水层,应采用合成高分子防水卷材、高聚物改性沥青防水卷材、沥青防水卷材、金属板材或塑料板材等材料铺设。

2)平瓦屋面的有关尺寸应符合下列要求。

①脊瓦在两坡面瓦上的搭盖宽度,每边不小于40mm。

②瓦伸入天沟、檐沟的长度为50~70mm。

③天沟、檐沟的防水层伸入瓦内宽度不小于150mm。

④瓦头挑出封檐板的长度为50~70mm。

⑤突出屋面的墙或烟囱的侧面瓦伸入泛水宽度不小于50mm。

(3)平瓦屋面的铺设要求。

1)屋面、檐口瓦。挂瓦按檐口由下到上、自左至右的方向进行。檐口瓦要挑出檐口50~70mm;瓦后爪均应挂在挂瓦条上,与左边、下面两块瓦落槽密合,随时注意瓦面、瓦楞平直,不符合质量要求的瓦不能铺挂。为了保证挂瓦质量,应从屋脊拉一斜线到檐口,即斜线对准屋脊下第一张瓦的右下角,顺次与第二排的第二张瓦、第三排的第三张瓦等对准,直到檐口瓦的右下角,都在一直线上。然后由下到上依次逐张铺挂,可以达到瓦沟顺直,整齐美观。

2)斜脊、斜沟瓦。先将整瓦(或选择可用的缺边瓦)挂上,沟瓦要求搭盖泛水宽度不小于150mm,弹出墨线,编好号码,将多余的瓦面砍去(最好用钢锯锯掉,以保证锯边平直),然后按号码次序挂上;斜脊处的平瓦也按上述方法挂上,保证脊瓦搭盖平瓦每边不小于40mm,弹出墨线,编好号码,砍(或锯)去多余部分,再按次序挂好。斜脊、斜沟处的平瓦要保证使用部分的瓦面质量。

3)脊瓦。挂平脊、斜脊脊瓦时,应拉统长麻线,铺平挂直。扣脊瓦有1∶2.5石灰砂浆铺座平实,脊瓦接口和脊瓦平瓦间的缝隙处,要用掺抗裂纤维的灰浆封严刮平,脊瓦与平瓦的搭接每边不少于40mm;平脊的接头口要顺主导风向;斜脊的接头口向下(即由下向上铺设),平脊与斜脊的交接处要用麻刀灰封严。

(4)平瓦屋面几个节点泛水的施工要求。

1)山檐口和山墙边泛水做法如表8.14.3所示。

2)砖烟囱与屋面交接处构造及泛水做法如图8.14.3所示。

表 8.14.3　山檐口和山墙边泛水做法

部位	图示/mm	做法说明
山檐口	20　80	檐口砌砖一皮，再用水泥麻刀石灰砂浆分层抹出檐头，其配合比宜为 1：1：4，并加 1.5%的麻刀
山墙边	60　180	山墙挑出 1/4 砖，再用水泥麻刀石灰砂浆分层抹出泛水，其配合比宜为 1：1：4，并加 1.5%的麻刀

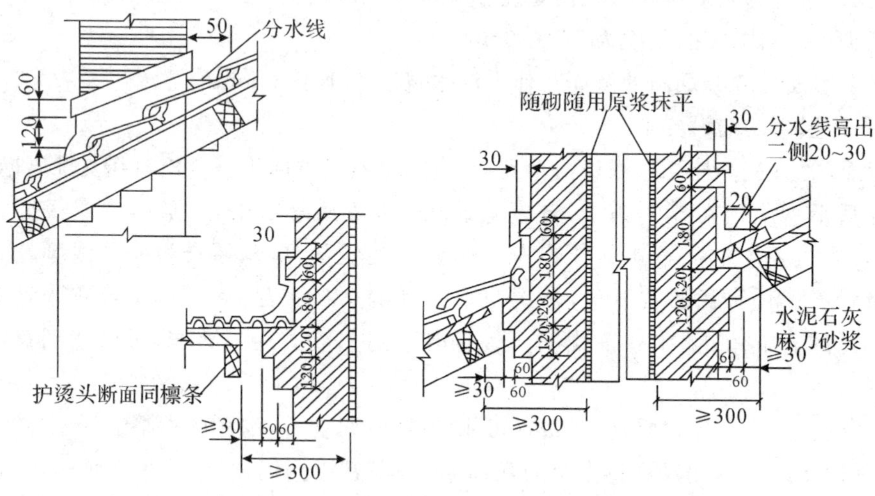

图 8.14.3　砖烟囱与屋面交接处构造及泛水做法(单位：mm)

3)天沟、檐沟的防水层宜采用 1.2mm 厚的合成高分子防水卷材、3mm 厚的高聚物改性沥青防水卷材铺设，或采用 1.2mm 厚合成高分子防水涂料涂刷设防，亦可用镀锌薄钢板铺设。

8.14.4　质量要求

(1)主控项目。

1)平瓦及其脊瓦的质量必须符合设计要求。检验方法：观察检查和检查出厂合格证或质量检验报告。

2)烧结瓦、混凝土瓦屋面不得有渗漏现象。检验方法：雨后观察或淋水试验。

3)平瓦必须铺置牢固。在大风及地震设防地区或坡度大于 50%的屋面，应采取固定加强措施，由设计给出具体规定。检验方法：观察和手扳检查。

(2)一般项目。

1)挂瓦条应分档均匀，铺钉平整、牢固；瓦面平整，行列整齐，搭接紧密，檐口平直。检验方法：观察检查。

2)脊瓦应搭盖正确,间距均匀,封固严密;屋脊和斜脊应顺直,无起伏现象。检验方法:观察或手扳检查。

3)泛水做法应符合设计要求,顺直整齐,结合严密。检验方法:观察检查。

(3)黏土瓦的技术要求。

1)尺寸允许偏差应符合表 8.14.4-1 的规定。

表 8.14.4-1 黏土瓦的尺寸允许偏差

外形尺寸范围/mm	优等品允许偏差/mm	合格品允许偏差/mm
$L(b) \geqslant 350$	±4	±6
$250 \leqslant L(b) < 350$	±3	±5
$200 \leqslant L(b) < 250$	±2	±4
$L(b) < 200$	±1	±3

注:本表摘自《烧结瓦》(GB/T 21149—2007)。

2)外观质量。

①表面质量应符合表 8.14.4-2 的规定。

表 8.14.4-2 黏土瓦的表面质量

缺陷项目		优等品	合格品
有釉类瓦	无釉类瓦		
缺釉、斑点、落脏、棕眼、熔洞、图案缺陷、烟熏、釉缕、釉泡、釉裂	斑点、起包、熔洞、麻面、图案缺陷、烟熏	距 1m 处目测不明显	距 2m 处目测不明显
色差、光泽差	色差	距 2m 处目测不明显	

注:本表摘自《烧结瓦》(GB/T 21149—2007)。

②最大允许变形应符合表 8.14.4-3 的规定。

表 8.14.4-3 黏土瓦的最大允许变形

产品类别			优等品最大允许变形/mm	合格品最大允许变形/mm
子瓦			3	4
三曲瓦,双筒瓦、鱼鳞瓦、牛舌瓦			2	3
脊瓦、板瓦、筒瓦、清水瓦、沟头瓦、J 形瓦、S 形瓦	最大外形尺寸/mm	$L(b) \geqslant 350$	5	7
		$250 < L(b) < 350$	4	6
		$L(b) \leqslant 250$	3	5

注:本表摘自《烧结瓦》(GB/T 21149—2007)。

③裂纹长度允许范围应符合表 8.14.4-4 的规定。

表 8.14.4-4　裂纹长度允许范围

<table>
<tr><th>产品类型</th><th>裂纹分类</th><th>优等品</th><th>合格品</th></tr>
<tr><td rowspan="4">平瓦</td><td>未搭接部分的贯穿裂纹</td><td colspan="2">不允许</td></tr>
<tr><td>边筋断裂</td><td colspan="2">不允许</td></tr>
<tr><td>搭接部分的贯穿裂纹</td><td>不允许</td><td>不得延伸至搭接部分的 1/2 处</td></tr>
<tr><td>非贯穿裂纹</td><td>不允许</td><td>≤30mm</td></tr>
<tr><td rowspan="3">脊瓦</td><td>未搭接部分的贯穿裂纹</td><td colspan="2">不允许</td></tr>
<tr><td>搭接部分的贯穿裂纹</td><td>不允许</td><td>不得延伸至搭接部分的 1/2 处</td></tr>
<tr><td>非贯穿裂纹</td><td>不允许</td><td>≤30mm</td></tr>
<tr><td rowspan="2">三曲瓦、双筒瓦、鱼鳞瓦、牛舌瓦</td><td>贯穿裂纹</td><td colspan="2">不允许</td></tr>
<tr><td>非贯穿裂纹</td><td>不允许</td><td>不得超过对应边长的 6%</td></tr>
<tr><td rowspan="3">板瓦、筒瓦、滴水瓦、沟头瓦、J 形瓦、S 形瓦</td><td>未搭接部分的贯穿裂纹</td><td colspan="2">不允许</td></tr>
<tr><td>搭接部分的贯穿裂纹</td><td colspan="2">不允许</td></tr>
<tr><td>非贯穿裂纹</td><td>不允许</td><td>≤30mm</td></tr>
</table>

注:本表摘自《烧结瓦》(GB/T 21149—2007)。

④磕碰、釉粘的允许范围应符合表 8.14.4-5 的规定。

表 8.14.4-5　黏土瓦的磕碰、釉粘的允许范围

<table>
<tr><th>产品类别</th><th>破坏部位</th><th>优等品</th><th>合格品</th></tr>
<tr><td rowspan="2">平瓦、脊瓦、板瓦、筒瓦、滴水瓦、沟头瓦、J 形瓦、S 形瓦</td><td>可见面</td><td>不允许</td><td>破坏尺寸不得同时大于 10mm×10mm</td></tr>
<tr><td>隐蔽面</td><td>破坏尺寸不得同时大于 12mm×12mm</td><td>破坏尺寸不得同时大于 18mm×18mm</td></tr>
<tr><td rowspan="2">三曲瓦、双筒瓦、鱼鳞瓦、牛舌瓦</td><td>正面</td><td colspan="2">不允许</td></tr>
<tr><td>背面</td><td>破坏尺寸不得同时大于 5mm×5mm</td><td>破坏尺寸不得同时大于 10mm×10mm</td></tr>
<tr><td rowspan="2">平瓦</td><td>边筋</td><td colspan="2">不允许</td></tr>
<tr><td>后爪</td><td colspan="2">不允许</td></tr>
</table>

注:本表摘自《烧结瓦》(GB/T 21149—2007)。

⑤石灰爆裂允许范围应符合表 8.14.4-6 的规定。

表 8.14.4-6　黏土瓦的石灰爆裂允许范围

项目	优等品	合格品
石灰爆裂	不允许	破坏尺寸不大于 5mm

注:本表摘自《烧结瓦》(GB/T 21149—2007)。

⑥欠火、分层均不允许存在。

3)物理力学性能。平瓦、脊瓦类的弯曲破坏荷载不小于 1020N;抗渗性能,无釉类瓦,经 3h 瓦背面无水滴产生。

(4)混凝土瓦技术要求。

1)尺寸偏差。

①长度偏差±4mm,宽度偏差±3mm。

②屋面瓦吊挂瓦爪的有效高度应不小于 10mm。

③对于有筋槽的瓦,其边肋高度不应低于 3mm。

2)外观质量。

①瓦型清楚、瓦面平整、边角整齐;屋面瓦瓦爪齐全;不允许有裂缝、裂纹(含龟裂)、孔洞、表面夹杂物;正表面不允许有高于 5mm 的突出料渣;

②外形缺陷允许范围。掉角≤10mm。允许一处瓦爪有缺,但不大于爪高 1/3。不允许边筋残缺。擦边(破坏宽度≥5mm 者)长度≤30mm。

3)物理力学性能。屋面瓦的承载力实测平均值不得小于承载力可验收值。经抗渗性能检验,背面不得出现水滴现象。

8.14.5 沥青瓦屋面

沥青瓦是一种新型屋面防水材料,除具有较好防水效果外,还对建筑物有很好的装饰效果,且施工简便、易于操作。油毡瓦是以玻璃纤维毡为胎基,经浸涂石油沥青后,一面覆盖彩砂矿物粒料,另一面撒以隔离材料,并经切割所制成的瓦片屋面防水材料。它适用于防水等级为Ⅱ、Ⅲ级以及坡度不小于 20%的民用住宅建筑屋面工程。工程施工应以设计图纸和有关施工质量验收规范为依据。

(1)材料要求。

1)规格。沥青瓦长为 1000mm,宽为 333mm,厚度为 3.5(4.5)mm,长度尺寸偏差为±3mm,宽度尺寸偏差为−3～5mm,其形状如图 8.14.5 所示。

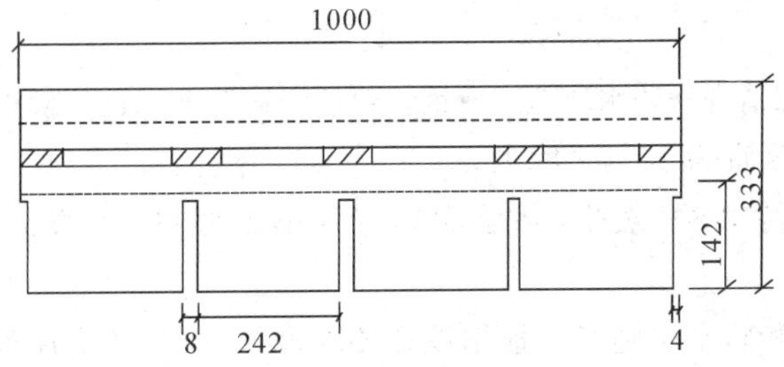

图 8.14.5 沥青瓦的形状(单位:mm)

2)外观质量要求

①在环境温度为 10～45℃时应易于打开,不得产生脆裂和黏连。

②玻纤毡必须完全用沥青浸透和涂盖。

③沥青瓦不应有孔洞和边缘切割不齐、裂缝、断裂等缺陷。

④矿物料应均匀、覆盖紧密。

⑤自粘结点距末端切槽的一端不大于 190mm,并与沥青瓦的防水黏纸对齐。

3)物理性能指标应符合表 8.14.5 的要求。

表 8.14.5　沥青瓦的物理性能指标

项目		指标
可溶物含量/(g·m^{-2})		平瓦≥1000mm;叠瓦≥1800mm
拉力/(N/50mm)	纵向	≥500mm
	横向	≥400mm
耐热度/℃		90mm,无流淌、滑动、滴落、气泡
柔度/℃		10mm,无裂缝
撕裂强度/N		≥9mm
不透水性(0.1MPa,30min)		不透水
人工气候老化(720h)	外观	无气泡、渗油、裂纹
	柔度	10℃无裂缝
自粘胶耐热度	50℃	发黏
	70℃	滑动≤2mm
叠层剥离强度/N		≥20mm

4)沥青瓦运输保管应符合如下要求。

①不同撒布料颜色、不同等级分别堆放。

②保管环境温度应不高于 45℃。

③储存运输时应平放,高度不得超过 15 捆,并应避免雨淋、日晒、受潮,注意通风和避免接近火源。

(2)沥青瓦施工。

1)施工程序。基层清理→防水层施工→铺钉垫毡→铺钉沥青瓦→检查验收→淋水试验。

2)沥青瓦屋面坡度宜为 20%～85%。

3)屋面基层应清除杂物、灰尘,基层应具有足够的强度、平整、干净,无起砂、起皮等缺陷。

4)细部节点处理和防水层施工。根据设计要求,对屋面与突出屋面结构的交接处、女儿墙泛水、檐沟部位,用涂料或卷材进行防水处理。验收合格后进行防水层施工。防水层的施工方法、要求及质量检验参见“卷材防水屋面 、涂抹防水屋面”的相关内容。

5)沥青瓦应自檐口向上铺设。第一层瓦应与檐口平行,切槽应向上指向屋脊,用油毡钉固定。第二层沥青瓦应与第一层叠合,但切槽应向下指向檐口。第三层沥青瓦应压在第二层上,并露出切槽 125mm,沥青瓦之间的对缝,上下层不应重合。每片沥青瓦不应少于 4 个油毡钉,当屋面坡度大于 80%时,应增加油毡钉固定数量。

6)沥青瓦铺设在木基层上时,可用油毡钉固定;沥青瓦铺设在混凝土基层上时,可用射钉固定;也可以采用玛碲脂或粘结胶粘结固定。

7)将沥青瓦切槽剪开分成4块即作为脊瓦,并搭盖两坡面沥青瓦1/3,脊瓦相互搭接面应不小于1/2。

8)屋面与突出屋面结构的连接处,沥青瓦应铺贴在立面上,高度不应小于250mm。

9)在女儿墙泛水处,油毡瓦可沿基层与女儿墙的八字坡铺贴,并用镀锌薄钢板覆盖,钉入墙内预埋木砖上;泛水上口与墙间的缝隙应用密封材料封严。

(3)沥青瓦施工质量要求。

1)主控项目。

①沥青瓦及防水垫层的质量,必须符合设计要求。检验方法:检查出厂合格证、质量检验报告和进场检验报告。

②沥青瓦屋面不得有渗漏现象。检验方法:雨后观察或淋水试验。

③沥青瓦铺设应搭接正确,瓦片外露部分不得超过切口长度。检验方法:观察检查。

2)一般项目。

①沥青瓦所用固定钉应垂直钉入持力层,钉帽不得外露。检验方法:观察检查。

②沥青瓦应与基层粘钉牢固,瓦面平整,檐口顺直。检验方法:观察检查。

③泛水做法应符合设计要求,顺直整齐,结合严密。检验方法:观察检查。

④沥青瓦铺装的有关尺寸,应符合设计要求。检验方法:尺量检查。

8.14.6 质量记录

(1)产品出厂合格证或质量检验报告。

(2)分项工程质量验收记录。

(3)施工记录。

主要参考标准名录

[1]《建筑工程施工质量验收统一标准》(GB 50300—2013)

[2]《屋面工程质量验收规范》(GB 50207—2012)

[3]《建筑抗震设计规范》(GB 50011—2010)

[4]《建筑地面工程施工质量验收规范》(GB 50209—2010)

[5]《建筑设计防火规范》(GB 50016—2014)

[6]《建筑物防雷设计规范》(GB 50057—2010)

[7]《屋面工程技术规范》(GB 50345—2012)

[8]《坡屋面工程技术规范》(GB 50693—2011)

[9]《混凝土结构工程施工质量验收规范》(GB 50204—2015)

[10]《工程测量规范》(GB 50026—2007)

[11]《种植屋面工程技术规程》(JGJ 155—2013)

[12]《倒置式屋面工程技术规程》(JGJ 230—2010)

[13]《采光顶与金属屋面技术规程》(JGJ 255—2012)

[14]《建筑机械使用安全技术规程》(JGJ 33—2012)

[15]《建筑工程施工质量检查与验收手册》,毛龙泉等,中国建筑工业出版社,2002

[16]《建筑分项施工工艺标准手册》,江正荣,中国建筑工业出版社,2009

[17]《建筑分项工程施工工艺标准》,北京建工集团有限责任公司,中国建筑工业出版社,2008

[18]《建筑施工手册》(第五版),中国建筑工业出版社,2013

[19]《屋面施工工艺标准》,中国建筑工程总公司,中国建筑工业出版社,2003

[20]《新型建筑材料施工手册》,中国新型建筑材料(集团)公司等,中国建筑工业出版社,2001

9 楼地面工程施工工艺标准

9.1 灰土垫层施工工艺标准

灰土垫层是建筑地面在地基土上为铺设面层所构筑的一层构造层，它承受并传递地面荷载于地基土上。它系按一定比例的熟石灰与土，充分拌和，分层回填和压夯实而成。这种垫层具有一定的强度和水稳性，取材容易，施工操作工艺简单，节省材料，费用较低等优点。本工艺标准适用于工业与民用建筑室内地坪、室外散水坡、道路的灰土垫层工程。工程施工应以设计图纸和施工质量验收规范为依据。

9.1.1 材料要求

(1)土料。应采用黏土、粉质黏土或粉土，不得含有有机杂质，严禁采用冻土、膨胀土、盐渍土。应先过筛后使用，其颗粒不应大于15mm，含水率应符合规定。

(2)石灰。应用Ⅲ级以上块状生石灰或磨细生石灰。块状生石灰使用前1～2d应用水充分熟化、过筛。熟化石灰颗粒粒径不大于5mm。熟石灰也可用磨细粉煤灰或电石渣代替，其放射性指标应符合有关规范规定。

9.1.2 主要机具设备

(1)机械设备。包括打夯机具、机械打夯机、手扶式振动压路机、机动翻斗车等。

(2)主要工具。包括铁锹、铁(木)耙、筛子(孔径6～10mm和16～20mm两种)、标准计量斗、胶皮管、小线、钢尺、楔尺、水桶、喷壶、手推胶轮车、靠尺等。

9.1.3 作业条件

(1)基土已整平或回填完毕，表面干净、无积水，密实度符合设计要求，并办理隐蔽工程验收手续。

(2)墙面、顶棚抹灰、上下水管道及地下埋设物已施工完成，门框等已安装，并办理中间交接验收手续。

(3)已选定土料，确定了土料含水量控制范围、铺土厚度、夯实或碾压遍数等参数。根据设计对垫层厚度、干密度要求及现场土料情况、施工条件，进行了必要的压实试验。

(4)在室内墙面已弹好控制地面垫层标高和排水坡度的水平基准线或标志，室外道路已设置控制线和基准点。

(5)施工机具设备已备齐,经维修试用,可满足施工要求,水、电已接通。

(6)施工环境温度应不低于5℃。

(7)施工前已有施工方案,并已经审批;并向施工操作人员进行了详细的技术交底。

9.1.4 施工操作工艺

(1)工艺流程。基层处理→检验土料和熟石灰的质量并过筛→灰土拌和→分层铺灰土→夯打密实→找平验收→防水浸泡覆盖。

(2)检验土料。对所需的土料和石灰质量进行进场检验。合格后分别进行过筛。土料使用孔径16～20mm的筛子过筛,对于熟化的块灰使用孔径6～10mm的筛子过筛。土料应控制含水率,工地的检验方法为:用手将灰土紧握成团,两指轻捏即碎为宜;或先称取适量的土料重量G_1,然后将土料充分烘干,再次称取土料重量G_2,求出土料的含水量。如土料水分过多应晾干,水分不足时应洒水润湿。

(3)灰土拌制。灰土配合比应符合设计要求,如设计无要求的一般采用3∶7(熟化石灰∶土,体积比)。所用土料和熟化石灰必须过标准斗,严格控制执行配合比,拌和料的体积比应通过试验确定。拌和时,用人工翻拌,不少于3遍,使达到均匀、颜色一致。当采用磨细生石灰和黏性土拌制灰土时,按体积比3∶7的比例拌制,并洒水堆放8h后可以使用。

(4)灰土铺设。灰土应分层铺摊,使用压路机作为夯具铺设时,每层的虚铺厚度为200～300mm;使用其他夯具铺设时,每层的虚铺厚度一般为200～250mm。夯实后约100～150mm厚,具体根据设计要求定。垫层厚度不应小于100mm,当超过150mm应由一端向另一端分段分层铺设,分层夯实。各层厚度钉标桩控制,夯打采用人工夯实或轻型机具夯实的方法,大面积宜采用小型手扶振动压路机,夯打遍数一般不少于3遍,碾压遍数不少于6遍,人工打夯应一夯压半夯,夯夯相接,行行相接,纵横交错。应根据设计要求的干密度,在现场试验确定。

(5)垫层接缝。灰土分段施工时,应预先确定接槎的位置,不得将接槎留置在墙角、柱基及承重窗间墙等在地面受荷重较大的部位。上下两层灰土的接缝距离不得小于500mm。相邻地段的灰土垫层厚度不一致时,采用不同的厚度,并做成阶梯形。接槎时应将槎子垂直切齐。在技术和经济条件合理,满足设计及施工要求时,也可采用同一厚度。

(6)雨期施工。灰土垫层的雨期施工方案应预先制订,并确定排水措施,施工灰土时应连续进行,尽快完成,施工中防止水流入施工面,以免基土遭到破坏。尚未夯实的灰土如遭受雨水浸泡,则应将积水及松软灰土清除,在施工条件满足时,再重新铺摊灰土,并夯实;已经夯实受浸泡的灰土,应换土后重新夯打密实。

(7)冬期施工。冬期温度低于－10℃时不宜施工灰土垫层,更不得在基土受冻的状态下铺设灰土,土料不得含有冻块,应覆盖保温。使用的土料,要随筛、随拌、随铺、随打、随保温,严格执行接槎、留槎和分层的规定。

(8)质量控制。灰土应逐层检验,用贯入仪检验,以达到控制压实系数所对应的贯入度为合格,或用环刀取样检验灰土干密度。灰土最小干密度(t/m^3):黏土1.45;粉质黏土

1.50;粉土 1.55。灰土夯实后,质量标准可按压实系数(λ_c)进行鉴定,一般为 0.93~0.95。

9.1.5 质量标准

(1)主控项目。灰土体积比应符合设计要求。检验方法:观察检查和检查配合比通知单记录。

(2)一般项目。

1)熟化石灰颗粒粒径不得大于 5mm;黏土(或粉质黏土、粉土)内不得含有有机物质,颗粒粒径不得大于 15mm。检验方法:观察检查和检查材质合格记录。

2)灰土垫层表面的允许偏差和检验方法见表 9.1.5。

表 9.1.5 灰土垫层表面的允许偏差和检验方法

序号	项目	允许偏差/mm	检验方法
1	表面平整度	10	用 2m 靠尺和楔形塞尺检查
2	标高	±10	用水准仪检查
3	坡度	不大于房间相应尺寸的 2/1000,且不大于 30	用坡度尺检查
4	厚度	在个别地方不大于设计厚度的 1/10	用钢尺检查

9.1.6 成品保护

(1)灰土垫层施工前,应在门口、垫层内埋设件和已施工完毕的装饰面层易被碰撞处做好保护措施。

(2)垫层铺设完毕,应尽快进行面层施工,防止长期曝晒。

(3)搞好垫层周围排水措施,刚施工完的垫层,雨天应做临时覆盖,3d 内不得受雨水浸泡。

(4)冬期应采取保温措施,防止受冻。

(5)已铺好的垫层不得随意挖掘,不得在其上行驶车辆或堆放重物。

(6)施工完的灰土垫层应注意保护,用水湿润,进行养护,晒干后方可进行下一道工序施工。

9.1.7 安全与环保措施

(1)灰土铺设、粉化石灰和石灰过筛,操作人员应戴口罩、风镜、手套、套袖等劳保防护用品,并站在上风向处作业。

(2)施工机械用电必须采用三级配电两级保护,使用三相五线制,严禁乱拉乱接。

(3)夯填灰土前,应先检查打夯机电线绝缘是否良好,接地线、开关是否符合要求;使用打夯机应由两人操作,其中一人负责移动胶皮电线。

(4)操作夯机人员,必须戴胶皮手套,两台打夯机在同一作业面夯实,前后距离不得小于 5m,夯打时严禁夯击电线,以防触电。

(5)配备洒水车,对干土、石灰粉等洒水或覆盖,防止扬尘。

(6)现场噪声控制应符合《建筑施工场界噪声限值》(GB 12523—2011)的规定:白天不超过 70dB,夜间不超过 55dB。

(7)车辆运输应加以覆盖,防止遗洒。

(8)开挖出的污泥等应排放至垃圾堆放点。

(9)防止机械漏油污染土地。

(10)夜间施工时,应安排施工顺序,设置充足的照明设施,并要采用定向灯罩防止光污染。

9.1.8 施工注意事项

(1)灰土垫层铺设,基土必须平整、坚实,并打底夯,局部松软土层或淤泥质土,应予挖除,填以灰土夯实;同时,避免受雨水浸泡,以防局部沉陷造成垫层破裂或下陷。

(2)灰土施工使用块灰必须充分熟化,按要求过筛,以免颗粒过大,熟化时体积膨胀将垫层胀裂,造成返工。

(3)灰土施工时,每层都应测定夯实后土的干密度,检验其压实系数和压实范围,符合设计要求后才能继续作业,避免出现干密度达不到设计要求的质量事故。

(4)室内地坪回填土必须注意找好标高,使表面平整,密实度均匀一致,以避免出现表面平整偏差过大,密度不匀,致使垫层过厚或过薄,造成开裂、空鼓返工。

(5)管道下部应注意按要求分层填土夯实,避免漏夯或夯填不实,造成管道下方空虚,垫层破坏,管道折断,引起渗漏塌陷事故。

(6)灰土垫层应铺设在不受地下水浸泡的基土上,施工后应有防止水浸泡的措施。

(7)雨、冬期不宜做灰土工程,否则应编好分项施工方案;施工时应严格执行技术措施,避免造成灰土水泡、冻胀等返工事故。

9.1.9 质量记录

(1)分项工程施工质量检验批验收记录。

(2)建筑地面工程设计图纸和变更文件等。

(3)施工配合比单及施工记录。

(4)各摊铺层的隐蔽验收及其他有关验收文件。

(5)各摊铺层的干密度或压实试验报告。

(6)土壤中氡浓度检测报告。

9.2 砂垫层和砂石垫层施工工艺标准

本工艺标准适用于工业和民用建筑的砂石地基、地基处理和地面垫层。工程施工应以设计图纸和施工质量验收规范为依据。

9.2.1 材料要求

(1)天然级配砂石或人工级配砂石宜采用质地坚硬的中砂、粗砂、砾砂、碎(卵)石、石屑或其他工业废料。在缺少中、粗砂和砾石的地区,可采用细砂,但宜同时掺入一定数量的碎石或卵石,其掺量应符合设计要求。颗粒级应良好。

(2)级配砂石材料,不得含有草根、树叶、塑料袋等有机杂物及垃圾。

(3)应采用天然级配材料,用强度均匀,未风化的砂石,粒径一般为 5～40mm,其中石子的最大粒径不得大于垫层厚度的 2/3,并不宜大于 50mm,含泥量不宜超过 3%。

9.2.2 主要机具设备

主要机具设备包括蛙式打夯机、手扶式振动压路机、机动翻斗车、人力夯、推土机、压路机(6～10t)、筛子、铁锹、铁耙、量斗、水桶、喷水用胶皮管、手推胶轮车、2m 靠尺、小线、钢尺、楔形尺、级配筛、振捣器等。

9.2.3 作业条件

(1)各种进场原材料规格、品种、材质等符合设计要求,进场后进行相应验收,并对砂石进行检验,级配和含泥量符合设计要求后方可使用;并有相应施工配合比通知单。

(2)基土表面干净、无积水。当地下水位高于垫层底面标高时,施工前,应采取排水和降水措施进行降水,达到垫层以下无积水。

(3)与垫层有关的电气管线、设备管线及埋件等已安装完毕,位置准确,固定可靠,并办理各种验收手续。

(4)根据设计要求,已经进行了必要的压实试验,已选定砂或砂石料,确定了铺设厚度、夯实和碾压遍数等参数。

(5)已经放好控制地面、标高水平线,在地面设标桩,找好标高、挂线,用作控制铺填厚度的标准。

(6)施工机具设备已备齐,经维修试用,可满足施工要求,水、电已接通。

(7)施工前应有施工方案,有详细的技术交底,并交至施工操作人员。

9.2.4 施工操作工艺

(1)工艺流程。基层清理→检查原材材质→分层铺筑→洒水→夯实或碾压→找平验收。

(2)操作工艺。

1)铺设砂或砂石垫层前先检验基土土质,清除松散土、积水、污泥、杂质,并打底夯两遍,使表土密实。

2)弹线、设标志。在墙面弹线,在地面设标桩,找好标高、挂线,用作控制铺填砂或砂石垫层厚度的标准。

3)分层铺筑。

①砂石垫层的厚度一般不宜小于100mm,铺时按线由一端向另一端分段铺设,摊铺均匀,不得有粗细颗粒分离现象。表面空隙应以粒径为5～25mm的细砂石填补。

②铺完一端,压实前应洒水使表面保持湿润。小面积房间采用木夯或蛙式打夯机夯实,不少于3遍;大面积宜采用压路机往复碾压,其轮距搭接不少于500mm,边缘和转角处应用人工或蛙式打夯机补夯密实,且碾压不少于4遍,夯实后的砂石垫层表面应平整密实且无松动石子。

③砂垫层厚度不应小于60mm,铺设同砂石垫层,亦应分层摊铺均匀,洒水湿润后,采用木夯或蛙式打夯机夯实,一夯压半夯。并达到表面平整、无松动为止,高低差不大于20mm,夯实后的厚度不应大于虚铺厚度的3/4。

④分段施工时,接槎处应做成斜坡,每层接槎处的水平距离应错开500～1000mm,并充分压(夯)实。

⑤铺筑厚度:采用压路机压实时为250～350mm,采用轻型机械压实时为150～200mm,采用振捣器振实时,以振捣深度为宜。

4)洒水。铺筑级配砂在夯实碾压前,应根据其干湿程度和气候条件,适当洒水湿润,以保持砂的最佳含水量,一般为8%～12%。

5)碾压或夯实。

①夯实或碾压的遍数,由现场试验确定,作业时应严格按照试验所确定的参数进行。用打夯机夯实时,一般不少于3遍,木夯应保持落距为400～500mm,要一夯压半夯,夯夯相接,行行相连,全面夯实。采用压路机碾压,一般不少于4遍,其轮距搭接不小于500mm。边缘和转角处应用人工或蛙式打夯机补夯密实,振实后的密实度应符合设计要求。

②当基土为非湿陷性土层时,砂垫层施工可随浇水随压(夯)实。每层虚铺厚度不应大于200mm。

6)找平和验收。施工时应分层找平,夯压密实,最后一层压(夯)完成后,表面应拉线找平,并且要符合设计规定的标高。

7)雨期施工。砂垫层施工应连续进行,尽快完成,施工中应有防雨排水措施,刚铺筑完或尚未夯实的砂,如遭受雨淋浸泡,应将积水排走,晾干后再夯打密实。

8)冬期施工。不得在基土受冻的状态下铺设砂,砂中不得含有冻块,夯完的砂表面应用塑料薄膜或草袋覆盖保温。砂石垫层冬期不宜施工。

9)质量控制。施工时应分层找平、夯压密实,采用环刀法取样,测定干密度,砂垫层干密度以不小于该砂料在中密度状态的干密度数值为合格(中砂在中密度状态的干密度,一般1.55～1.60g/cm^3),下层密实度合格后,方可进行上层施工。用贯入法测定质量时,用贯入仪、钢筋或钢叉等以贯入度进行检查,小于试验确定的贯入度为合格。

9.2.5 质量要求

(1)主控项目。

1)砂和砂石不得含有草根等有机杂质;砂应采用中砂;石子最大粒径不得大于垫层厚度

的2/3。检验方法:观察检查和检查材质合格证明文件及检测报告。

2)砂垫层和砂石垫层的干密度(或贯入度)应符合设计要求。检验方法:观察检查和检查试验记录。

(2)一般项目。

1)表面不应有砂窝、石堆等质量缺陷。检验方法:观察检查。

2)砂垫层和砂石垫层的允许偏差和检验方法见表9.2.5。

表9.2.5 砂垫层和砂石垫层表面的允许偏差和检验方法

序号	项目	允许偏差/mm	检验方法
1	表面平整度	15	用2m靠尺和楔形塞尺检查
2	标高	±20	用水准仪检查
3	坡度	不大于房间相应尺寸的2/1000,且不大于30	用坡度尺检查
4	厚度	在个别地方不大于设计厚度的1/10	用钢尺检查

9.2.6 成品保护

(1)垫层铺设完毕,应尽快进行上一层的施工,防止长期暴露;如长时间不进行上部作业应进行遮盖和拦挡,并经常洒水湿润。

(2)搞好垫层周围排水措施,刚施工完的垫层,雨天应做临时覆盖,不得受雨水浸泡。

(3)已铺好的垫层不得随意挖掘,不得在其上行驶车辆或堆放重物。

(4)冬期应采取保温措施,防止受冻。

9.2.7 安全与环保措施

(1)砂过筛时,操作人员应戴口罩、风镜、手套、套袖等劳动保护用品,并站在上风向作业。

(2)现场电气装置和机具应符合施工用电和机械设备安全管理规定。

(3)打夯机操作人员,必须戴绝缘手套和穿绝缘鞋,防止漏电伤人。两台打夯机在同一作业面夯实时,前后距离不得小于5m,夯时严禁夯打电线,以防触电。

(4)配备洒水车,对干砂石等洒水或覆盖,防止扬尘。

(5)现场噪声控制应符合国标《建筑施工场界噪声限值》(GB 12523—2011)的规定:白天不超过70dB,夜间不超过55dB。

(6)运输车辆应加以覆盖,防止撒落;出场车辆轮胎应经冲洗。

(7)夜间施工时,要采用定向灯罩防止光污染。

9.2.8 施工注意事项

(1)砂、砂石垫层施工,基土必须平整、坚实、均匀;局部松软土应清除,用同类土分层回填夯实;管道下部应按要求回填土夯实;基土表面应避免受水浸润,基土表面与砂、砂石之间应先铺一层 5～25mm 砂石或粗砂层作砂框,以防局部土下陷或软弱土层挤入砂或砂石空隙中而使垫层破坏。

(2)垫层铺设时每层厚度宜一次铺设,不得在夯压后再行补填或铲削。

(3)夯压完的垫层如遇雨水浸泡基土或行驶车辆振动造成松动,应在排除积水和整平后,重新夯压密实。

(4)垫层铺设使用的砂、砂石粒径、级配应符合要求,摊铺厚度必须均匀一致,以防止厚薄不均、密度不一致,而造成不均匀变形破坏。

9.2.9 质量记录

(1)砂垫层和砂石垫层分项工程施工质量检验批验收记录。

(2)材料进场检验报告。

(3)施工配合比单。

(4)各摊铺层的隐蔽验收及其他有关验收文件。

(5)砂垫层和砂石垫层的干密度(或贯入度)试验记录。

(6)《民用建筑工程室内环境污染控制规范》(GB 50325—2010)规定,对Ⅰ类民用建筑工程,当采用异地土作回填土时,应对该回填土进行放射性比活度测定,故应提供检测报告。当内照射指数 $I_{Ra} \leqslant 1.0$,外照射指数 $I_{\gamma} \leqslant 1.3$ 时,该回填土方可使用。

9.3 碎石垫层和碎砖垫层施工工艺标准

碎石垫层和碎砖垫层系用级配碎石和碎砖摊铺于基土上夯实而成。这种垫层变形模量大,稳定性好,可减少作用于在基土的附加应力,加速土层固结,且材料易得,施工简便快速,费用较低。本工艺标准适用于工业与民用建筑地面和路面采用碎石垫层和碎砖垫层工程。工程施工应以设计图纸和施工质量验收规范为依据。

9.3.1 材料要求

(1)碎石。用强度均匀、未风化的碎石,粒径一般为 5～40mm,且不大于垫层厚度的 2/3。

(2)碎砖。用废破断砖加工制成,粒径 20～60mm,不得夹有风化、酥松碎块、瓦片和有机杂质。

(3)砂。用一般中砂,不含草根等杂质。

9.3.2 主要机具设备

(1)机械设备。包括蛙式打夯机、手扶式振动压路机、机动翻斗车等。必要时,还有自卸汽车、推土机、压路机等。

(2)主要工具。包括铁锹、铁耙、筛子、喷壶、手推胶轮车、铁锤等

9.3.3　作业条件

与第 9.1.3 节灰土垫层作业条件相同。

9.3.4　施工操作工艺

(1)工艺流程。清理基土→检查原材材质→分层铺设→夯(压)实→验收。

(2)清理基土。铺设碎石(或碎砖,下同)垫层前,先检验基土土质,清除松散土、积水、污泥、杂质,并打底夯 2 遍,使表土密实。

(3)弹线、设标志。在墙面弹线,在地面设标桩,找好标高、挂线,用作控制铺填碎石或碎砖厚度的标准。

(4)铺设垫层。

1)碎石垫层和碎砖垫层的厚度一般不宜小于 100mm,垫层应分层压(夯)实,达到表面坚实、平整;

2)铺碎石时按线由一端向另一端分段铺设,摊铺均匀,不得有粗细颗粒分离现象。表面空隙应以粒径为 5～25mm 的细碎石填补。

3)铺完一段,压实前应洒水使表面保持湿润。小面积房间采用木夯或蛙式打夯机夯实,不少于 3 遍;大面积宜采用小型振动压路机压实,不少于 4 遍,均夯(压)至表面平整不松动为止。

4)碎砖垫层的铺设方法与碎石垫层相同,亦应分层摊铺均匀,洒水湿润后,采用木夯或蛙式打夯机夯实,并达到表面平整、无松动为止,高低差不大于 20mm,夯实后的厚度不应大于虚铺厚度的 3/4。

5)根据工程具体条件,需要时可在基土表面与碎石或碎砖之间先铺一层 5～25mm 厚碎石、粗砂层,以防局部土下陷或软弱土层挤入碎石或碎砖空隙中使垫层破坏。

9.3.5　质量标准

(1)主控项目。

1)碎石的强度应均匀,最大粒径不应大于垫层厚度的 2/3;碎砖不应采用风化、酥松、夹有有机杂质的砖料,颗粒粒径不应大于 60mm。检验方法:观察检查和检查材质合格证明文件及检测报告。

2)碎石、碎砖垫层的密实度应符合设计要求。检验方法:观察检查和检查试验记录。

(2)一般项目。

1)碎石、碎砖垫层的表面允许偏差和检验方法见表 9.3.5。

表 9.3.5　碎石、碎砖垫层表面的允许偏差和检验方法

序号	项目	允许偏差/mm	检验方法
1	表面平整度	15	用 2m 靠尺和楔形塞尺检查
2	标高	±20	用水准仪检查

续表

序号	项目	允许偏差/mm	检验方法
3	坡度	不大于房间相应尺寸的 2/1000,且不大于 30	用坡度尺检查
4	厚度	在个别地方不大于设计厚度的 1/10	用钢尺检查

9.3.6 成品保护

(1)在已铺设的垫层上,不得再用锤击的方法进行石料和砖料加工。不得洒水扰动。

(2)垫层铺设后应尽快进行面层施工,防止长期暴露、行车、走人,造成松动。

(3)做好垫层周围的排水措施,防止受雨水浸泡造成下陷。

(4)紧靠已铺好的垫层部位,不得随意挖坑进行其他作业。

(5)冬期施工,因垫层较薄,在做面层前,应有防止基土受冻措施。

9.3.7 安全与环保措施

(1)清理基土时,不得从窗口、留洞口直接向外抛掷废土、垃圾杂物。

(2)夯填碎石、碎砖垫层前,应检查电线绝缘、接地线、开关安装等情况,应符合用电安全要求。

(3)操作夯机人员必须戴胶皮手套,使用打夯机应由两人操作,其中一人负责看管移动胶皮电线;两台打夯机在同一作业面操作,应保持 5m 以上距离,夯打时严禁夯击电线,以防止发生触电事故。

(4)配备洒水车,对干砂石等洒水或覆盖,防止扬尘。

(5)现场噪声控制应符合国标《建筑施工场界噪声限值》(GB 12523—2011)的规定:白天不超过 70dB,夜间不超过 55dB。

(6)运输车辆应加以覆盖,防止遗洒;废弃物要及时清理,运至指定地点。

(7)夜间施工时,要采用定向灯罩防止光污染。

9.3.8 施工注意事项

(1)碎石、碎砖垫层施工,基土必须平整、坚实、均匀;局部松软土应清除,用同类土分层回填夯实;管道下部应按要求回填土夯实;基土表面应避免受水浸润。

(2)垫层铺设时每层厚度宜一次铺设,不得在夯压后再行补填或铲削。

(3)垫层分段铺设,应用挡板留直槎,不得留斜槎。

(4)夯压完的垫层如遇雨水浸泡基土或行驶车辆振动造成松动,应在排除积水和整平后,重新夯压密实。

(5)垫层铺设使用的碎石、碎砖粒径、级配应符合要求,摊铺厚度必须均匀一致,以防止厚薄不均、密实度不一致,而造成不均匀变形破坏。

9.3.9 质量记录

与第 9.1.9 节灰土垫层质量记录相同。

9.4 三合土垫层施工工艺标准

本工艺标准是适用于工业与民用建筑地面和道路的三合土垫层的施工。工程施工应以设计图纸和施工质量验收规范为依据。

9.4.1 材料要求

(1)石灰。石灰应用块灰,使用前应充分熟化过筛,不得含有粒径大于 5mm 的生石灰块,也不得含有过多的水分。也可采用磨细生石灰或粉煤灰代替。

(2)碎砖。用废砖、断砖加工而成,粒径 20～60mm,不得夹有风化、酥松碎块、瓦片和有机杂质。

(3)砂。采用中砂或中粗砂,并不得含有草根等有机杂质。

(4)黏土。土料宜优先选用黏土、粉质黏土或粉土,不得含有有机杂物,使用前应先过筛,其粒径不大于 15mm。

9.4.2 主要机具设备

主要机具设备包括铲土机、自卸汽车、推土机、蛙式打夯机、手扶式振动压路机、机动翻斗车、铁锹、铁耙、筛子、喷壶、手推胶轮车、铁锤等。

9.4.3 作业条件

(1)设置铺填厚度的标志,如水平木桩或标高桩,或固定在建筑物的墙上弹上水平标高线。

(2)基础墙体、垫层内暗管埋高完毕,并按设计要求予以稳固,检查合格,并办理中间交接验收手续。

(3)在室内墙面已弹好控制地面垫层标高和排水坡度的水平控制线或标志。

(4)施工机具设备已备齐,经维修试用,可满足施工要求,水、电已接通。

(5)基土上无浮土杂物和积水。

(6)施工前应有施工方案,并已审批,有详细的技术交底,并交至施工操作人员。

(7)各种进场原材料规格、品种、材质等符合设计要求,进场后进行相应验收,对材料进行检验,级配和含泥量符合设计要求后方可使用;并有相应施工配合比通知单。

9.4.4 施工操作工艺

(1)工艺流程。清理基土→检查原材材质→拌和料→分层铺设→铺平夯实→验收。

(2)清理基土。铺设前先检验基土土质,清除松散土、积水、污泥、杂质,并打底夯2遍,使表土密实。

(3)弹线、设标志。在墙面弹线,在地面设标桩,找好标高、挂线,用作控制铺填灰土厚度的标准。

(4)铺设垫层。

1)三合土垫层采用石灰、砂(可掺入少量黏土)与碎砖的拌和料铺设,其厚度不应小于100mm。三合土垫层应分层夯实,铺设方法可采用先拌和三和土后铺设,也可先铺设碎砖后灌浆,以采用前者为宜。

2)当三合土垫层采取先拌和后铺设的方法时,其采用石灰、砂和碎砖拌和料的体积比宜为1∶3∶6(熟化石灰∶砂∶碎砖),或按设计要求配料。加水拌和后,每层虚铺厚度为150mm;铺平夯实后每层的厚度宜为120mm。

3)三合土垫层采取先铺设碎砖后灌浆的方法时,碎砖先分层铺设,并洒水湿润。每层虚铺厚度不应大于120mm,并应铺平拍实,而后灌石灰砂浆,其体积比宜为1∶2～1∶4,灌浆后夯实。三合土垫层表面应平整,搭接处应夯实。

9.4.5 质量标准

(1)主控项目。

1)熟化石灰颗粒粒径不得大于5mm;砂应用中砂,并不得含有草根等有机物质;碎砖不应采用风化、酥松和含有机杂质的砖料,颗粒粒径不应大于60mm。检验方法:观察检查和检查材质合格证明文件及检测报告。

2)三合土的体积比应符合设计要求。检验方法:观察检查和检查配合比通知单记录。

(2)一般项目。

三合土垫层的允许偏差和检验方法见表9.4.5。

表9.4.5 三合土垫层表面的允许偏差和检验方法

序号	项目	允许偏差/mm	检验方法
1	表面平整度	10	用2m靠尺和楔形塞尺检查
2	标高	±10	用水准仪检查
3	坡度	不大于房间相应尺寸的2/1000,且不大于30	用坡度尺检查
4	厚度	在个别地方不大于设计厚度的1/10	用钢尺检查

9.4.6 成品保护

(1)基土施工完后,严禁洒水扰动。

(2)基土施工完后,应及时施工其上垫层或面层,防止基土被破坏。

(3)施工时,对标准水准点等,填运土时不得碰撞。并应定期复测和检查这些标准水准点是否正确。

9.4.7　安全与环保措施

(1)粉化石灰和黏土过筛、垫层铺设时,操作人员应戴口罩、风镜、手套、套袖等劳动保护用品,并站在上风向作业。

(2)施工机械用电必须采用三级配电两级保护,使用三相五线制,严禁乱拉乱接。

(3)夯填垫层前,应先检查打夯机电线绝缘是否完好,接地线、开关是否符合要求;使用打夯机应由两人操作,其中一人负责移动打夯机胶皮电线。

(4)打夯机操作人员,必须戴绝缘手套和穿绝缘鞋,防止漏电伤人。两台打夯机在同一作业面夯实时,前后距离不得小于5m,夯打时严禁夯打电线,以防触电。

(5)配备洒水车,对干土、石灰粉等洒水或覆盖,防止扬尘。

(6)注意对机械的噪声控制,噪声指标应符合国标《建筑施工场界噪声限值》(GB 12523—2011)的规定,在场界白天不超过70dB,夜间不超过55dB的规定。

(7)车辆运输应加以覆盖,防止撒落;出场车辆轮胎应经冲洗。

(8)开挖出的污泥等应排放至垃圾堆放点。

(9)防止机械漏油污染土地。

(10)夜间施工时,要采用定向灯罩防止光污染。

9.4.8　施工注意事项

(1)各种材料的材质符合设计要求,并经检验合格后方可使用。

(2)三合土的体积比、拌和料的体积比通过实验确定,符合设计要求。

(3)铺筑前,应通过配合比试验或根据设计要求确定石灰、砂、碎砖的配合比和虚铺厚度。

(4)管道下部应按要求回填夯实;基土表面应避免受水浸润。

(5)垫层铺设时每层厚度宜一次铺设,不得在夯压后再行补填或铲削。

(6)夯压完的垫层遇雨水浸泡基土或行驶车辆振动造成松动,应在排除积水和整平后,重新夯压密实。

9.4.9　质量记录

(1)三合土垫层分项工程施工质量检验批验收记录。

(2)施工配合比单、施工记录及检验抽样试验记录。

(3)原材料的出厂检验报告和质量合格保证文件、材料进场检(试)验报告(含抽样报告)。

(4)各摊铺层的隐蔽验收及其他有关验收文件。

(5)土壤中氡浓度检测报告。

9.5 炉渣垫层施工工艺标准

炉渣垫层,系采用炉渣或水泥与炉渣,或采用水泥、石灰与炉渣的拌和料铺设而成;这种垫层具有材料易得,利用废料,施工操作简单,造价较低等优点。本工艺标准适用于工业与民用建筑地面炉渣垫层工程。工程施工应以设计图纸和施工质量验收规范为依据。

9.5.1 材料要求

(1)炉渣。采用锅炉炉渣,密度在 800kg/m^3 以下,炉渣内不应含有机杂质和未燃尽的煤块,粒径不应大于 40mm,且不得大于垫层厚度的 1/2,同时在 5mm 及以下的体积不得超过总体积的 40%;筛余的大块炉渣用木槌砸碎后还可利用。炉渣在使用前应浇水闷透,闷透时间不得少于 5d,禁止使用新渣。

(2)水泥。宜用普通硅酸盐水泥或矿渣硅酸盐水泥,亦可用火山灰质硅酸盐水泥或粉煤灰质硅酸盐水泥。质量、品种应符合要求。

(3)石灰。块灰含量不小于 70%,使用前应充分熟化并过筛,其粒径不得大于 5mm,不得含有未烧透的块灰或其他杂质。

9.5.2 主要机具设备

(1)机械设备。包括蛙式打夯机、混凝土搅拌机、机动翻斗车等。

(2)主要工具。包括大小平锹、铁抹子、大杠尺、木拍板、木槌、石制或铁制压滚(直径 200mm,长 600mm)、手推胶轮车、计量器、筛子、喷壶、浆壶、钢丝刷等。

9.5.3 作业条件

(1)主体结构工程已经检查验收,地坪回填土已经施工完,质量符合要求。

(2)门框、铁件、各种管道及地漏等安装完并固定牢靠,埋于垫层内的管道周围用细石混凝土予以稳固,经检查合格,地漏口已遮盖。

(3)顶棚、墙面抹灰施工完毕;已弹好控制地面垫层标高和排水坡度的水平基准线或标志。

(4)施工前已有施工方案,并已经审批;并向施工操作人员进行了详细的技术交底。

9.5.4 施工操作工艺

(1)工艺流程。基底处理→配制炉渣→找标高、弹线、做找平墩→基层洒水湿润→铺炉渣垫层→刮平、滚压(振实)→养护。

(2)清理基层。基土上做垫层,应将杂物、松土清理干净,并打底夯 2 遍;混凝土基层上做垫层,应将松动颗粒及杂物清除掉。清理后表面洒水湿润。

(3)炉渣过筛和水焖。炉渣使用前过2遍筛,第1遍过40mm筛孔或按垫层厚度确定筛孔;第2遍过5mm筛孔,去除杂质和粉渣,控制粒径5mm以下颗粒不超过总体积的40%。配制炉渣或水泥炉渣拌和物时,炉渣使用前应浇水闷透;配制水泥石灰炉渣拌和物时,炉渣使用前应用石灰浆或熟化石灰浇水拌和闷透。闷透时间均不得少于5d。

(4)拌制。水泥炉渣配合比宜采用1∶6(体积比);水泥、白灰、炉渣宜采用1∶1∶8(体积比)。人工拌制,先按比例计量将水泥和焖好的炉渣倒在拌板上干拌均匀,再用喷壶徐徐加水湿拌,使水泥浆分布均匀,颜色一致。机械拌制系先将按比例计量的干料倒入混凝土搅拌机中干搅拌1min,再加入适量的水,搅拌1.5～2.0min即可。其干湿程度,以便于滚压密实,含少量浆而不出现泌水现象为合适。

(5)定标高线。按已弹好的控制地面垫层标高和厚度的水平线或标志,拉线做好找平墩,间距为2m左右,有排水坡的房间按坡度要求找出最高点和最低点的标高,亦拉线做好找平墩,用以控制垫层表面的标高。

(6)铺设与压实。炉渣垫层厚度不应小于80mm,虚铺厚度约为压实厚度的1.3倍,当厚度为80mm,则虚铺厚度为104mm。当为土基层时,直接铺设;当为混凝土基层,先洒水湿润,在表面均匀涂刷水泥浆一层,然后由室内向室外依次铺设炉渣熟料,按找平墩先用平锹粗略找平,再后用大杠细找平,分段或全部铺好后,用铁辊滚压(或木夯夯实),局部凹陷可撒填拌和料找平,至表面平整出浆,厚度符合设计要求为止。对墙根、边缘、管根等滚压不到之处,应用木拍打平整、密实至出浆为止。当垫层厚度大于120mm时,应分层铺设,并滚压密实;每层压实后的厚度不应大于虚铺厚度的3/4。亦可不分层而采用平板振动器振平捣实。水泥炉渣垫层施工应随拌、随铺、随压实,全部操作过程应在2h内完成。

(7)施工缝处理。炉渣垫层一般不宜留施工缝,如因故必须留设时,应用木方挡好接槎处,继续施工时在接槎处涂刷水泥浆(水灰比为0.4～0.5)一层,再浇筑,以利结合良好。

(8)养护。炉渣垫层施工完毕后,应适当护盖洒水养护,常温下,水泥炉渣垫层至少养护2d,水泥石灰炉渣垫层至少养护7d。待其凝固后方可进行下道工序施工。

9.5.5　质量标准

(1)主控项目。

1)炉渣内不应含有机杂质和未燃尽的煤块,颗粒粒径不应大于40mm,且颗粒粒径在5mm及其以下的颗粒,不得超过总体积的40%;熟化石灰颗粒粒径不得大于5mm。检验方法:观察检查和检查材质合格证明文件及检测报告。

2)炉渣垫层的体积比应符合设计要求。检验方法:观察检查和检查配合比通知单。

(2)一般项目。

1)炉渣垫层与其下一层结合牢固,不得有空鼓和松散炉渣颗粒。检验方法:观察检查和用小锤轻击检查。

2)炉渣垫层表面的允许偏差和检验方法见表9.5.5。

表 9.5.5 炉渣垫层表面的允许偏差和检验方法

序号	项目	允许偏差/mm	检验方法
1	表面平整度	10	用 2m 靠尺和楔形塞尺检查
2	标高	±10	用水准仪检查
3	坡度	不大于房间相应尺寸的 2/1000,且不大于 30	用坡度尺检查
4	厚度	在个别地方不大于设计厚度的 1/10	用钢尺检查

9.5.6 成品保护

(1)垫层铺设与滚压时,不得碰坏门框和垫层内埋设的管线、埋设件及已完的墙面、抹灰层。

(2)施工完的垫层应注意保养,避免立即在其上运输、堆放材料、施工面层。不得在垫层上存放油漆桶、拌和砂浆等,以免影响与面层的黏结力。

(3)冬期施工应采取保暖措施,防止受冻。

9.5.7 安全与环保措施

(1)清理基层时,不得从窗口、留洞口等处直接向外抛掷垃圾杂物。

(2)炉渣、石灰过筛、焖水时,操作人员应戴手套、穿胶鞋、戴防护眼镜等劳动保护用品,并站在上风向作业。

(3)夯填垫层前,应先检查打夯机电线绝缘是否完好,接地线、开关是否符合要求;使用打夯机应由两人操作,其中一人负责移动打夯机胶皮电线。

(4)打夯机操作人员,必须戴绝缘手套和穿绝缘鞋,防止漏电伤人。两台打夯机在同一作业面夯实时,前后距离不得小于 5m,夯打时严禁夯打电线,以防触电。

(5)配备洒水车,对干炉渣等洒水或覆盖,防止扬尘。

(6)注意对机械的噪声控制,噪声指标应符合国标《建筑施工场界噪声限值》(GB 12523—2011)的规定,白天不超过 70dB,夜间不超过 55dB 的规定。

(7)车辆运输应加以覆盖,防止撒落;出场车辆轮胎应经冲洗。

(8)开挖出的污泥等应排放至垃圾堆放点。

(9)防止机械漏油污染土地。

(10)夜间施工时,要采用定向灯罩防止光污染。

9.5.8 施工注意事项

(1)炉渣垫层冬期施工,水闷炉渣表面应加保温材料覆盖,防止受冻。做炉渣垫层前 3d 做好房间保暖措施,保持铺设和养护温度不低于 5℃。已铺好的垫层应适当护盖,防止受冻。

(2)当天拌和的水泥炉渣或水泥白灰炉渣,必须在当天规定的时间内用完,以避免硬化,影响垫层强度。

(3)底层铺筑炉渣垫层前,必须先打底夯,将地基找平夯实,以避免垫层出现厚薄不均或基土不均匀下沉,造成垫层破坏。

(4)垫层施工常易出现开裂、空鼓现象。主要是材料未严加选用,炉渣内含有较多的杂质、未燃尽的煤和遇水能膨胀分解的颗粒,或含较多微细颗粒;或闷水时未闷透,铺料时基层清理不净,与结合层黏结不好等原因造成的。施工时应注意材料按要求选用,基层清理应认真,黏结层应随刷随铺炉渣,并加强成品的养护。

(5)当施工中发现炉渣垫层强度不够,主要原因是配合比不准,施工时间过长,滚压不实,养护不好造成的。施工时应注意严格控制各道工序的操作质量,掌握配合比,配料应准确,搅拌要均匀,并严格控制加水量;铺设炉渣时加强厚度和平整度的检查,滚压密实均匀,加强成品的养护等,以确保达到要求的强度。

9.5.9 质量记录

(1)分项工程施工质量检验批验收记录。

(2)施工配合比单、施工记录及检验抽样试验记录。

(3)原材料的出厂检验报告和质量合格保证文件、材料进场检(试)验报告(含抽样报告)。

(4)各摊铺层的隐蔽验收及其他有关验收文件。

9.6 混凝土垫层施工工艺标准

混凝土为地面与楼面工程最广泛应用的垫层材料,其厚度和强度等级由设计决定,但厚度不应小于60mm,强度等级可采用C10。这种垫层施工的特点是:整体性较好,有一定强度,易于找平,材料易得,施工操作简便、快速等。本工艺标准适用于工业与民用建筑地面及室外散水等混凝土垫层工程。工程施工应以设计图纸和施工质量验收规范为依据。

9.6.1 材料要求

(1)水泥。采用硅酸盐水泥、普通硅酸盐水泥或矿渣水泥,强度等级不低于32.5级,要求新鲜无结块。

(2)砂。采用中砂或粗砂,含泥量不大于3%。

(3)石子。采用卵石或碎石,最大粒径不应大于垫层厚度的2/3,含泥量不大于2%。

(4)工程中所采用的砂、石必须有放射性指标检测报告。

(5)砂、石使用前应按规定取样进行项目试验,石子试验必须做压碎指标值测定。

(6)按规定应预防碱集料反应的工程或结构部位所使用的砂、石供应单位应提供砂、石的碱活性检查报告。

9.6.2 主要机具设备

混凝土输送泵、泵管、混凝土搅拌机、磅秤、手推车或翻斗车、尖铁锹、平铁锹、平板振捣器、串桶、溜管、刮杠、木抹子、胶皮水管、铁錾子、钢丝刷、钢卷尺、扫帚等。

9.6.3 作业条件

(1)主体结构工程质量已办完验收手续。墙、柱四周已弹好+500mm水平标高线。

(2)垫层基底检验合格,表面湿润,方可施工混凝土垫层。

(3)设置变形缝:室内外地面混凝土垫层宜设置纵向、横向缩缝;室外混凝土垫层还应设置伸缝。

(4)穿过楼板的暖、卫管线已安装完毕,管洞已浇筑细石混凝土,并已填塞密实。

(5)埋设在垫层中的暖卫、电气等各种管线、地漏等已安装完毕,并固定牢靠,进行交接检验,经有关方面检查、验收合格并做隐蔽记录。

(6)顶棚、墙面装饰抹灰已经完毕;门框等已安装完;已弹好控制地面垫层标高和排水坡度的水平基准线或标志。大面积地面垫层,采取分段施工时,应在分缝处钉上水平桩。

(7)首层地面浇筑混凝土前,穿过室内的暖气沟管线已做完,排水管道做完,并办完验收手续。室内回填土已进行分项质量验收。

(8)试验室根据设计要求和现场材料确定混凝土的配合比,搅拌计量设备已经校核,对操作人员进行技术交底,准备好混凝土试模。

(9)当采用商品混凝土时,混凝土供应商和供应计划已落实,混凝土质量和性能符合设计要求。

(10)冬期施工,必须按冬施方案采取保温防冻措施。

9.6.4 施工操作工艺

(1)工艺流程。清理基底→找标高、弹水平控制线、湿润→拌制混凝土→混凝土浇筑→振捣→找平→养护。

(2)基底表面清理。把基底表面用扫帚扫净,并洒水湿润,但表面不得留有积水。

(3)混凝土拌制。根据配合比计算出每罐混凝土的用料。后台要认真按每罐的配合比用量称量、投料,每罐投料顺序为:石子→水泥→砂→水。严格控制加水量,搅拌要均匀,搅拌时间一般不少于90s。

(4)混凝土浇筑。

1)浇筑混凝土一般从一端开始,并应连续浇筑。如连续进行面积较大时,采用跳仓法施工,并根据规范规定留置变形缝。

2)大面积混凝土垫层应分区段进行浇筑,分区段应结合变形缝位置、不同类型的建筑地面连接处和设备基础的位置进行划分,并应与设置的纵向、横向缩缝的间距相一致。混凝土垫层设置纵向缩缝间距不得大于6m,横向缩缝不得大于12m。

3)泵送过程中,进料斗内应有足够量的混凝土,严防吸入空气阻塞泵管,并随时观察泵管内混凝土的质量情况。如遇到泵送无法达到的部位或不适合泵送施工时，混凝土应用手推车或机动翻斗车运至浇筑地点。运送时防止离析或水泥浆流失。如有离析，应进行二次拌和。

4)混凝土浇筑后，应及时振捣，做到不漏振，确保混凝土密实度。振捣采用平板式振动器振捣。如垫层厚度超过 200mm 时，应使用插入式振动器，其移动间距不大于 500mm。

5)混凝土的铺设应连续进行，一般间歇不得超过 2h。如停歇时间过长应按施工缝处理。

6)混凝土浇筑高度超过 2m 时，应使用串筒或溜槽下料，以防止发生离析现象。

7)垫层的纵向缩缝应做平头缝或加肋板平头缝。当垫层厚度大于 150mm 时，可做企口缝。横向缩缝应做假缝。

平头缝和企口缝的缝间不得放置隔离材料，浇筑时应互相紧贴。企口缝的尺寸应符合设计要求，假缝宽度为 5～20mm，深度为垫层厚度的 1/3，缝内填水泥砂浆。

8)找平：混凝土振捣密实后，按标杆检查一下上平，然后用大杠刮平，表面应用木抹子搓平。如垫层的厚度较薄，应严格控制摊铺厚度。有坡度要求的地面，应按设计要求找出坡度，一般对设计坡度允许偏差不应大于 0.2%，最大偏差不应大于 10mm，最后应做泼水试验。

(5)混凝土试验。检验混凝土强度试块的组数，按每一层(或检验批)不应小于 1 组。当每一层(或检验批)面积大于 $1000m^2$ 时，每增加 $1000m^2$ 应曾做 1 组试块；小于 $1000m^2$ 按 $1000m^2$ 计算。当改变配合比时，亦应相应地制作试块组数。

(6)混凝土养护。垫层浇筑完后，应在 12h 内覆盖、浇水，养护时间一般不少于 7d。

(7)冬、雨期施工。凡遇冬、雨期施工时，露天建筑的混凝土垫层均应另行编制季节性施工方案，制定有效的技术措施，以确保混凝土的质量。

9.6.5 质量标准

(1)主控项目。

1)水泥混凝土垫层采用的粗骨料，其最大粒径不应大于垫层厚度的 2/3；含泥量不应大于 2%；砂为中粗砂，其含泥量不应大于 3%。检验方法：观察检查和检查材质合格证明文件及检测报告。

2)混凝土的强度等级应符合设计要求，且不应小于 C10。评定混凝土强度等级的试块，必须按《混凝土强度检验评定标准》的规定取样、制作、养护和试验，其强度必须符合设计要求和验收规范的要求。检验方法：观察检查和检查配合比通知单及检测报告。

3)带有坡度的垫层、散水，坡度应正确，无倒坡现象。检验方法：观察检查和蓄水、泼水检验及坡度尺检查。一般蓄水深度为 20～30mm，24h 内无渗漏为合格。

(2)一般项目。

1)混凝土垫层表面的允许偏差和检验方法见表 9.6.5。

表 9.6.5　混凝土垫层表面的允许偏差和检验方法

序号	项目	允许偏差/mm	检验方法
1	表面平整度	10	用 2m 靠尺和楔形塞尺检查
2	标高	±10	用水准仪检查
3	坡度	不大于房间相应尺寸的 2/1000,且不大于 30	用坡度尺检查
4	厚度	在个别地方不大于设计厚度的 1/10	用钢尺检查

9.6.6　成品保护

(1)已浇筑的垫层,混凝土强度达到 1.2MPa 后,始可在其上行人或进行下道工序施工。

(2)垫层施工时应防止碰撞、损坏门框,保护好暖卫设备暗管管线、预埋铁件及已完的装修面层。

(3)垫层内设计要求预留的孔洞和安置固定地面与楼面镶边连接件所用的锚栓(件)及木砖,均应事先留好和埋好,避免以后剔凿,损伤垫层。

(4)在有防水层的基层上施工时,应认真保护好防水层,严禁直接在其上行车或堆放材料,砸伤防水层,如发现有损坏情况,应立即修补好,始准在其上进行作业。

(5)其他工艺施工时,应避免在垫层上搅拌砂浆、存放油漆桶等污物以免污染垫层,影响面层与垫层的黏结力,从而造成面层空鼓。

9.6.7　安全与环保措施

(1)清理地面时,不得向窗外抛扔废土杂物。

(2)使用电动机具应设触电保护器,每机应单独设置,不得共用,以保用电安全。

9.6.8　施工注意事项

(1)雨、冬期施工,露天浇筑混凝土垫层,应编制季节性施工措施,制定有效的防雨措施,以确保垫层质量。

(2)混凝土浇筑时应注意配合比准确,基底在浇筑前必须浇水湿润,施工过程中应振捣密实,防止漏振、欠振,或操作不当,而造成混凝土不密实。

(3)操作时要认真找平或用大杠刮平,防止表面不平、标高不准。

(4)选用合格的原材料,准确的配合比,计量准确,搅拌均匀,保证混凝土强度。

(5)垫层面积过大会产生不规则裂缝,应分段断块。

9.6.9　质量记录

(1)进场原材料材质合格证明文件及检测报告。

(2)施工配合比单、施工日记及检验记录。

(3)分项工程施工质量检验记录。

主要参考标准名录

[1]《建筑工程施工质量验收统一标准》(GB 50300—2013)

[2]《建筑抗震设计规范》(GB 50011—2010)

[3]《混凝土结构工程施工质量验收规范》(GB 50204—2015)

[4]《工程测量规范》(GB 50026—2007)

[5]《建筑地面工程施工质量验收规范》(GB 50209—2010)

[6]《建筑设计防火规范》(GB 50016—2014)

[7]《建筑施工安全检查标准》(JGJ 59—2011)

[8]《建筑机械使用安全技术规程》(JGJ 33—2012)

[9]《建筑工程施工质量检查与验收手册》,毛龙泉等,中国建筑工业出版社,2002

[10]《建筑分项施工工艺标准手册》,江正荣,中国建筑工业出版社,2009

[11]《建筑分项工程施工工艺标准》,北京建工集团有限责任公司,中国建筑工业出版社,2008

[12]《建筑施工手册》(第五版),中国建筑工业出版社,2013

[13]中国建筑工程总公司编《建筑地面工程施工工艺标准》,中国建筑工业出版社,2003

10 混凝土工程施工工艺标准

10.1 普通混凝土现场拌制施工工艺标准

本工艺标准适用于工业与民用建筑的普通混凝土的现场拌制，高强混凝土应采用预拌混凝土。工程施工必须结合工程具体条件、设计要求和有关施工规范为依据。

10.1.1 材料要求

(1)水泥。水泥的品种、标号、厂别及牌号应符合混凝土配合比通知单的要求，其强度等级不应低于32.5MPa，不得使用过期或受潮结块的水泥，并不得将不同品种或不同强度等级的水泥混合使用；水泥应有出厂合格证及进场试验报告；对于一般建筑结构及预制构件的普通混凝土，宜采用通用硅酸盐水泥；水泥应符合现行国家标准《通用硅酸盐水泥》(GB 175—2007)和《中热硅酸盐水泥　低热硅酸盐水泥　低热矿渣硅酸盐水泥》(GB 200—2003)的有关规定。

(2)砂。砂的粒径及产地应符合混凝土配合比通知单的要求；宜采用中砂，砂中含泥量不得大于3%，泥块含量不得大于1%；不得使用碱活性骨料；砂应有试验报告单，应符合现行行业标准《普通混凝土用砂、石质量及检验方法标准》(JGJ 52—2006)的规定。

(3)石子(碎石或卵石)。石子的粒径、级配及产地应符合混凝土配合比通知单的要求；石子的针、片状颗粒含量不得大于15%；石子的含泥量不得大于1%，石子的泥块含量不得大于0.5%；粒径不得大于混凝土最小断面1/4，不得大于钢筋最小间距3/4，不得使用碱活性骨料；石子应有试验报告单，应符合现行行业标准《普通混凝土用砂、石质量及检验方法标准》(JGJ 52—2006)的规定。

(4)水。宜采用饮用水。海水不得用于拌制钢筋混凝土和预应力混凝土；其他水的水质必须符合《混凝土用水标准》(JGJ 63—2006)的规定。

(5)外加剂。所用混凝土外加剂的品种、生产厂家及牌号应符合配合比通知单的要求；外加剂应符合国家现行标准《混凝土外加剂》(GB 8076—2008)、《混凝土防冻剂》(JC 475—2004)和《混凝土膨胀剂》(GB 23439—2009)的有关规定；外加剂的应用除应符合现行国家标准标准《混凝土外加剂应用技术规范》(GB 50119—2013)的有关规定外，其外加剂中的氯离子含量和碱离子含量应满足混凝土设计要求；外加剂产品应提供使用说明书，外加剂必须有掺量试验。

(6)混合材料。目前，主要是掺粉煤灰，也有掺其他混合材料的，如UEA膨胀剂、沸石粉等。所用混合材料的品种、生产厂家及牌号应符合配合比通知单的要求。混合材料应有出厂质量证明书及使用说明,并应有进场试验报告。混合材料还必须有掺量试验。

10.1.2　主要机具设备

(1)机械设备。包括混凝土搅拌及上料设备:混凝土搅拌机(宜采用强制式搅拌机)、拉铲、抓斗、皮带输送机、推土机、装载机、散装水泥储存罐、振动筛和水泵等。运输设备:自卸翻斗车、机动翻斗车、手推车、提升机、卷扬机、塔式起重机或混凝土搅拌运输车、混凝土输送泵和布料机、客货两用电梯或龙门架(提升架)等。混凝土振捣设备:插入式振动器。

(2)主要工具。包括磅秤、水箱、胶皮管、手推车、串筒、溜槽、混凝土吊斗、贮料斗、大小平锹、铁板、铁钎、抹子、铁插尺、12～15 英寸(1 英寸≈25.4mm)活扳手电工常规工具、机械常规工具、对讲机等。

(3)主要试验检测工具。包括混凝土坍落度筒、混凝土标准试模、振动台、靠尺、塞尺、水准仪、经纬仪、混凝土结构实体检验工具等。

10.1.3　作业条件

(1)试验室已下达混凝土配合通知单,并将其转换为每盘实际使用的施工配合比,并公布于搅拌配料地点的标牌上。

(2)所有的原材料经检查,全部应符合配合比通知单所提出的要求。

(3)搅拌机及其配套的设备应运转灵活、安全可靠。电源及配电系统应符合要求,安全可靠。

(4)所有计量器具必须有检定的有效期标识。地磅下面及周围的砂、石清理干净,计量器具应灵敏可靠,并按施工配合比设专人定磅。

(5)混凝土生产施工之前,已制订完整的专项方案并完成审批动作,管理人员已经向作业班组进行配合比、操作规程和安全技术交底。

(6)需浇筑混凝土的工程部位已办理钢筋的隐检、钢筋模板的预检手续、混凝土浇筑的申请单已经有关管理人员批准。

(7)新下达的混凝土配合比,应进行开盘鉴定。已进行开盘鉴定工作并符合要求。

10.1.4　施工操作工艺

(1)基本工艺流程(见图 10.1.4)。

(2)每台班开始前,对搅拌机及上料设备进行检查并试运转;对所用计量器具进行检查并定磅;校对施工配合比;对所用原材料的规格、品种、、产地、牌号及质量进行检查,并与施工配合比进行核对;对砂、石的含水率进行检查,如有变化,及时通知试验人员调整用水量。一切检查符合要求后,方可开盘拌制混凝土。

(3)计量。

1)砂、石计量。用手推车上料时,必须车车过磅,卸多补少。有贮料斗及配套的计量设备,采用自动或半自动上料时,需调整好斗门关闭的提前量,以保证计量准确。砂、石计量的

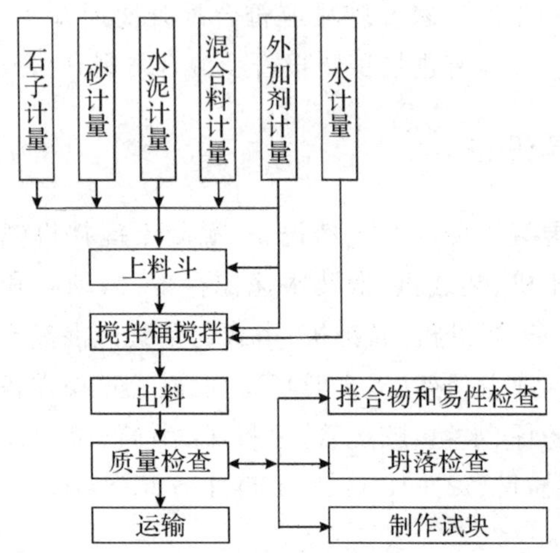

图 10.1.4　普通混凝土现场拌制施工的基本工艺流程

允许偏差应≤±3%。

2)水泥计量。搅拌时采用袋装水泥时，对每批进场的水泥应抽查 10 袋的重量，并计量每袋的平均实际重量。小于标定重量的要开袋补足，或以每袋的实际水泥重量为准，调整砂、石、水及其他材料用量，按配合比的比例重新确定每盘混凝土的施工配合比。搅拌时采用散装水泥的，应每盘精确计量。水泥计量的允许偏差应≤±2%。

3)外加剂及混合料计量。对于粉状的外加剂和混合料，应按施工配合比每盘的用料，预先在外加剂和混合料存放的仓库中进行计量，并以小包装运到搅拌地点备用。液态外加剂要随用随搅拌，并用比重计检查其浓度，用量桶计量。外加剂、混合料的计量允许偏差应≤±2%。

4)水计量。水必须盘盘计量，其允许偏差应≤±2%。

(4)上料。现场拌制混凝土，一般是计量好的原材料先汇集在上料斗中，经上料斗进入搅拌筒。水及液态外加剂经计量后，在往搅拌筒中进料的同时，直接进入搅拌筒。原材料汇集入上料斗的顺序如下。

1)当无外加剂、混合料时，依次进入上料斗的顺序为石子、水泥、砂。

2)当掺混合料时，其顺序为石子、水泥、混合料、砂。

3)当掺干粉状外加剂时，其顺序为石子、外加剂、水泥、砂或顺序为石子、水泥、砂子、外加剂。

(5)第一盘混凝土拌制的操作流程。每次拌制第一盘混凝土时，先加水使搅拌筒空转数分钟，搅拌筒被充分湿润后，将剩余积水倒净。搅拌第一盘时，由于砂浆粘筒壁而损失，因此，石子的用量应按配合比减半。从第二盘开始，按既定的配合比投料。

(6)搅拌时间控制。混凝土搅拌的最短时间应按表 10.1.4-1 控制。

表 10.1.4-1　混凝土搅拌的最短时间

混凝土坍落度/mm	搅拌机机型	搅拌机出料量/L	最短时间/s
≤40	强制式	＜250	60
		250～500	90
		＞500	120
＞40 且＜100	强制式	＜250	60
		250～500	
		＞500	90
≥100	强制式	＜250	60
		250～500	
		＞500	

注：混凝土搅拌的最短时间系指自全部材料装入搅拌筒中开始搅拌起，到开始卸料止的时间。

(7)出料。出料时，先少许出料，目测拌合物的外观质量，如目测合格方可出料。每盘混凝土拌合物必须出尽。

(8)混凝土拌制的质量检查。

1)检查拌制混凝土所用原材料的品种、规格和用量，每一工作班至少 2 次。

2)检查混凝土的坍落度及和易性，每一工作班至少 2 次。混凝土拌合物应搅拌均匀、颜色一致，具有良好的流动性、黏聚性和保水性，不泌水、不离析。不符合要求时，应查找原因，及时调整。

3)在每一工作班内，当混凝土配合比由于外界影响有变动时（如下雨或原材料有变化），应及时检查。

4)混凝土的搅拌时间应随时检查。

5)下列结构中严禁采用含有氯盐配制的早强剂及早强减水剂。

①预应力混凝土结构。

②相对湿度大于 80％环境中使用的结构、处于水位变化部位的结构、露天结构及经常受水淋、受水流冲刷的结构。

③大体积混凝土。

④直接接触酸、碱或其他侵蚀性介质的结构。

⑤经常处于温度为 60℃以上的结构，需经蒸养的钢筋混凝土预制构件。

⑥有装饰要求的混凝土，特别是要求色彩一致的或是表面有金属装饰的混凝土。

⑦薄壁混凝土结构，中级和重级工作制吊车的梁、屋架、落锤及锻锤混凝土基础等结构。

⑧使用冷拉钢筋或冷拔低碳钢丝的结构。

6)在下列混凝土结构中，严禁采用含有强电解质无机盐类的早强剂及早强减水剂。

①与镀锌钢材或铝铁相接触部位的结构，以及有外露钢筋预埋铁件而无防护措施的结构。

②使用直流电源的结构以及距高压直流电源 100m 以内的结构。

(9)冬期施工混凝土的搅拌。

1)室外日平均气温连续5d稳定低于5℃时,混凝土拌制应采取冬期施工措施,并应及时采取气温突然下降的防冻措施。

2)配制冬期施工的混凝土,应优先选用硅酸盐水泥或普通硅酸盐水泥,水泥强度等级不应低于32.5号,最小水泥用量不宜少于300kg/m³,水灰比不应大于0.6。有抗渗要求的混凝土,水灰比不应大于0.55。

3)冬期施工宜使用无氯盐类防冻剂,对抗冻性要求高的混凝土,宜使用引气剂或引气减水剂。如掺用氯盐类防冻剂,应严格控制掺量,严格执行有关掺用氯盐类防冻剂的规定,并应取得设计、监理单位的同意。

4)混凝土所用骨料必须清洁,不得含有冰、雪等冻结物及易冻裂的矿物质。

5)冬期拌制混凝土应优先采用加热水的方法。拌和水及骨料的加热温度应根据热工计算确定,但不得超过表10.1.4-2的规定。水泥不得直接加热,并宜在使用前运入暖棚内存放。当骨料不加热时,拌和用水可加热到60℃以上,但水泥不应与80℃以上的水直接接触。投料顺序为先投入骨料和已加热的水,然后再投入水泥。

表10.1.4-2　拌和水和骨料最高温度

项目	拌和水	骨料
硅酸盐水泥和普通硅酸盐水泥	60℃	40℃

6)混凝土拌制前,应用热水或蒸汽冲洗搅拌机,拌制时间应取常温的1.5倍。混凝土拌和物的出机温度不宜低于10℃;入模温度不得低于5℃,且不应高于35℃。

7)含亚硝酸盐、碳酸盐的防冻剂严禁用于预应力混凝土结构。

8)冬期混凝土拌制的质量检查除遵守以上规定外,尚应进行以下检查。

①检查外加剂的掺量。

②测量水和外加剂溶液以及骨料的加热温度和加入搅拌机的温度。

③测量混凝土自搅拌机中卸出时的温度和浇筑时的温度。

以上检查每一工作班至少应测量检查4次。

④混凝土试块的留置除应符合上一条规定外,尚应增设不少于两组与结构同条件养护的试件,分别用于检验受冻前的混凝土强度和转入常温养护28d的混凝土强度。

10.1.5　质量标准

(1)主控项目。

1)水泥进场时应对其品种、级别、包装或散装仓号、出厂日期等进行检查,并应对其强度、安定性及其他必要的性能指标进行复验,其质量必须符合现行国家标准的规定。当在使用中对水泥质量有怀疑或水泥出厂超过3个月(快硬硅酸盐水泥超过1个月)时,应进行复验,并按复验结果使用。钢筋混凝土结构、预应力混凝土结构中,严禁使用含氯化物的水泥。检查数量:按同一生产厂家、同一等级、同一品种、同一批号且连续进场的水泥,袋装不超过200t为一批,散装不超过500t为一批,每批抽样不少于1次。检验方法:检查产品合格证、出厂检验报告和进场复验报告。

2)混凝土中掺用外加剂的质量及应用技术应符合现行国家标准和有关环境保护的规定。检查数量:根据进场的批次按检验试验方案确定。检验方法:检查产品合格证、出厂检验报告和进场复验报告。

3)混凝土中氯化物和碱的总含量应符合现行国家标准《混凝土结构设计规范》(GB 50010—2010)和设计的要求。检验方法:检查原材料试验报告和氯化物、碱的总含量计算书。

4)混凝土应按国家现行标准《普通混凝土配合比设计规程》(JGJ 55—2011)的有关规定,根据混凝土强度等级、耐久性和工作性等要求进行配合比设计。对有特殊要求的混凝土,其配合比设计尚应符合国家现行有关标准的专门规定。检验方法:检查配合比设计资料。

5)结构混凝土的强度等级必须符合设计要求。用于检查结构构件混凝土强度的试件,应在混凝土的浇筑地点随机抽取。取样与试件留置应符合下列规定。

①每拌制 100 盘且不超过 $100m^3$ 的同配合比的混凝土,取样不得少于一次。

②每一工作班拌制的同一配合比的混凝土不足 100 盘时,取样不得少于一次。

③当一次连续浇筑超过 $1000m^3$ 时,同一配合比的混凝土每 $200m^3$ 取样不得少于一次。

④每一楼层、同一配合比的混凝土,取样不得少于一次。

⑤每次取样应至少留置一组标准养护试件,同条件养护试件的留置组数应根据实际需要确定。检验方法:检查施工记录及试件强度试验报告。

6)对有抗渗要求的混凝土结构,其混凝土试件应在浇筑地点随机取样。同一工程、同一配合比的混凝土,取样不应少于一次,留置组数可根据实际需要确定。检验方法:检查试件抗渗试验报告。

(2)一般项目。

1)混凝土中掺用矿物掺和料、粗、细骨料和水的质量应分别符合有关标准规定。

2)首次使用的混凝土配合比应进行开盘鉴定。其工作性质应符合设计要求。

3)混凝土拌制前应测定砂、石含水率,并以此调整用料,提出施工配合比。检验方法:分别检查出厂合格证、试验报告和施工日记。

10.1.6 施工注意事项

(1)混凝土强度不足或强度不均匀,强度离差大,是常发生的质量问题,是影响结构安全的质量问题。防止这一质量问题需要综合治理,除了在混凝土运输、浇筑、养护等各个环节要严格控制外,在混凝土拌制阶段要特别注意。要认真执行配合比,严格原材料的配料计量,原材料计量宜优先采用电子计量设备。计量设备的精度应符合现行国家标准的有关规定,应具有法定计量部门签发的有效检定证书,并应定期校验。混凝土生产单位每月应自检一次,每一工作班开始前,应对计量设备进行零点校准。

(2)混凝土裂缝是常发生的质量问题。造成混凝土裂缝的原因很多。如在拌制阶段,砂、石含泥量大、用水量大、使用过期水泥或水泥用量过多等,都可能造成混凝土收缩裂缝。

因此,在拌制阶段,仍要严格控制好原材料的质量。

(3)混凝土拌和物和易性差,坍落度不符合要求。造成这类质量问题原因是多方面的,其中水灰比的影响最大;其次是石子的级配差,针、片状颗粒含量过多;然后是搅拌时间过短或太长等。解决的办法也是从以上三方面着手。

(4)冬期施工混凝土易发生冻害。解决的办法是认真执行冬期施工的有关规定,在拌制阶段注意骨料及水的加热温度,保证混凝土的出机温度。

(5)要注意水泥、外加剂、混合料的存放保管。水泥应有水泥库,防止雨淋和受潮;出厂超过 3 个月的水泥应复试。外加剂、混合料要防止受潮和变质,要分规格、品种分别存放,以防止错用。

10.1.7 质量记录

(1)水泥出厂质量证明。

(2)水泥进场试验报告。

(3)外加剂出厂质量证明。

(4)外加剂进场试验报告及掺量试验报告。

(5)混合料出厂质量证明。

(6)混合料进场试验报告及掺量试验报告。

(7)砂子试验报告。

(8)石子试验报告。

(9)混凝土配合比通知单。

(10)混凝土试块强度试压报告。

(11)混凝土强度评定记录。

(12)混凝土施工日志(含冬期施工日志)。

(13)混凝土开盘鉴定。

10.2 基础混凝土浇筑施工工艺标准

基础混凝土浇筑包括有筋和无筋基础,形式有台阶式矩形基础、条形基础、杯形基础和锥形基础等。其施工特点是:基坑作业,施工条件差,工程较零星分散,对质量要求严格。本工艺标准适用于工业与民用建筑的一般混凝土基础工程。工程施工应以设计图纸和有关施工质量验收规范为依据。

10.2.1 材料要求

基础混凝土浇筑施工宜采用预拌混凝土,如采用现场拌制,则与第 10.1.1 节普通混凝土现场拌制材料要求相同。

10.2.2 主要机具设备

(1)机具设备。包括当混凝土采用现场拌制时,需用混凝土搅拌机(宜采用强制式搅拌机)、皮带输送机、推土机、散装水泥罐车、自卸翻斗汽车、机动翻斗车、插入式振动器等。

(2)主要工具。包括大小平锹、铁板、磅秤、水桶、胶皮管、手推车、串筒、溜槽、贮料斗、铁钎和抹子等。

10.2.3 作业条件

(1)基础模板、钢筋及预埋管线全部安装完毕,模板内的木屑、泥土、垃圾等已清理干净,钢筋上的油污已除净,经检查合格,并办完预、隐检手续。

(2)浇筑混凝土施工用的脚手架、马道等搭设完成,检查合格。

(3)水泥、砂、石及外加剂等材料已经备齐,经检查符合要求。试验室根据实际情况,已下达混凝土配合比,并进行开盘交底,准备好混凝土试模。

(4)混凝土搅拌、运输、浇灌和振捣机械设备经检修、试运转,情况良好,可满足连续浇筑要求。

(5)检查复核基础轴线、标高,在槽帮或模板上标好混凝土浇筑标高;大面积浇筑的基础,每隔3m左右钉上水平桩。

(6)当采用商品混凝土时,供应商和供应计划已落实,混凝土强度等级、配合比等符合设计要求。

(7)编制专项施工方案并经审批同意,根据施工方案中的技术要求,检查并确认施工现场具备实施条件,已对操作人员进行技术交底。

(8)项目部填报浇筑申请单,并经监理单位签认。

10.2.4 施工操作工艺

(1)混凝土拌制应认真计量,按配合比投料,每罐投料顺序为:石子→水泥→砂子→水。严格控制加水量,搅拌要均匀,宜采用强制式搅拌机搅拌。搅拌最短时间应根据混凝土坍落度、搅拌机型号、搅拌机出料量按表10.1.4-1条所规定的时间控制。

(2)混凝土搅拌完后,应及时用手推车、机动翻斗车或吊斗运至浇筑地点,当采用机动翻斗车运输混凝土时,道路应畅通,路面应平整、坚实,临时坡道或支架应牢固,铺板按头应平顺。运送时应防止出现离析或水泥浆流失;如有离析现象,应进行二次拌和。

(3)当采用预拌混凝土,用搅拌运输车运输混凝土时,施工现场车辆出入口处应设置交通安全指挥人员,施工现场道路应顺畅,有条件时宜设置循环车道,危险区域应设置警戒标志;夜间施工时,应有良好的照明。混凝土输送宜采用泵送方式,混凝土输送泵的选择及布置应符合专项施工方案的要求。

(4)浇筑时如高度超过2m,应使用串筒、溜槽下料,以防止混凝土发生离析现象。

(5)浇筑台阶式基础,应按每一台阶高度内分层一次连续浇筑完成,每层先浇边角,后浇中间,摊铺均匀,振捣密实。每一台阶浇完,台阶部分表面应随即原浆抹平。

(6)浇筑现浇柱基础应保证柱子插筋位置的准确，防止位移和倾斜。浇筑时，先满铺一层5～10cm厚的混凝土，并捣实，使柱子插筋下端与钢筋网片的位置基本固定，然后再继续对称浇筑，并避免碰撞钢筋。

(7)浇筑条形基础应分段分层连续进行，一般不留施工缝。各段各层间应互相衔接，每段长2～3m，使逐段逐层呈阶梯形推进，并注意先使混凝土充满模板边角，然后浇筑中间部分，以保证混凝土密实。

(8)混凝土捣固一般采用插入式振动器，其移动间距不大于作用半径的1.5倍。

(9)混凝土浇筑过程中，应有专人负责观察模板、支撑、管道和预留孔洞有无走动情况。一旦发现变形位移，应立即停止浇筑，并应在已浇筑的混凝土凝结前修整完好，再继续浇筑。

(10)混凝土浇筑应连续进行，一般接缝不应超过2h，如间歇时间超过水泥初凝时间，应按规范规定留置施工缝。

(11)在厚大无筋基础混凝土中，经设计同意，可填充部分大卵石或块石，但其数量一般不超过混凝土体积的25%，并应均匀分布，间距不小于10cm，最上层应有不小于10cm厚的混凝土覆盖层。

(12)超长结构混凝土浇筑应符合下列规定。

1)可留设施工缝分仓浇筑，分仓浇筑间隔时间不应少于7d。

2)当留设后浇带时，后浇带封闭时间不得少于14d。

3)超长整体基础中调节沉降的后浇带，混凝土封闭时间应通过监测确定，应在差异沉降稳定后封闭后浇带。

4)后浇带的封闭时间尚应经设计单位确认。

(13)混凝土浇筑完后，在混凝土初凝前和终凝前，宜分别对混凝土裸露表面应用木抹子压实搓平。

(14)混凝土运输、输送、浇筑过程中严禁加水；混凝土运输、输送、浇筑过程中散落的混凝土严禁用于混凝土结构构件的浇筑。

(15)混凝土浇筑完毕后，应按施工技术方案及时采取有效的养护措施，并应符合下列规定。

1)在浇筑完毕后的12h以内，对混凝土加以覆盖，并采取保湿养护。

2)混凝土浇水养护的时间：对采用硅酸盐水泥、普通硅酸盐水泥或矿渣硅酸盐水泥拌制的混凝土，养护时间不得少于7d；采用其他品种水泥时，养护时间应根据水泥性能确定；对掺用缓凝型外加剂、大掺量矿物掺和料配制的混凝土，有抗渗要求的混凝土或后浇带混凝土，养护时间不得少于14d。

3)浇水次数应能保持混凝土处于湿润状态；混凝土养护用水应与拌制用水相同。

4)采用塑料布覆盖养护的混凝土，其敞露的全部表面应覆盖严密，并应保持塑料布内有凝结水。

5)在混凝土强度达到1.2N/mm^{2}前，不得在其上踩踏或安装模板、支架。

注：当月平均气温低于5℃时，不得浇水；混凝土表面不便浇水或使用塑料布时，宜涂刷养护剂；对大体积混凝土的养护，应根据气候条件按施工技术方案采取控温措施。

检查数量：全数检查。

检验方法:观察,检查施工记录。

(16)冬期浇筑基础,可根据环境温度情况,采取冬期施工措施,参见第 10.3.4 节现浇框架混凝土浇筑施工操作工艺有关部分。

10.2.5 质量标准

除必须符合第 10.1.5 节普通混凝土现场拌制施工质量标准外,还须符合下列要求。

(1)主控项目。

1)现浇结构的外观质量不应有严重缺陷。对已经出现的严重缺陷,应由施工单位提出技术处理方案,并经监理(建设)单位认可后进行处理。对经处理的部位,应重新检查验收。检查数量:全数检查。检验方法:观察,检查技术处理方案。

2)现浇结构不应有影响结构性能和使用功能的尺寸偏差。混凝土设备基础不应有影响结构性能和设备安装的尺寸偏差。对超过尺寸允许的偏差且影响结构性能和安装、使用功能的部位,应由施工单位提出技术处理方案,并经监理(建设)单位认可后进行处理。对经处理的部位,应重新检查验收。检查数量:全数检查。检验方法:量测,检查技术处理方案。

(2)一般项目。

1)现浇结构的外观质量不宜有一般缺陷。如露筋、蜂窝、孔洞、夹渣、疏松、裂缝、连接部位缺陷、外形缺陷(缺楞掉角、棱角不直和飞边凸肋等)和外表缺陷(表面麻面、掉皮、起砂和沾污等)。对已经出现的一般缺陷,应由施工单位按技术处理方案进行处理,并重新检查验收。检查数量:全数检查。检验方法:观察,检查技术处理方案。

2)现浇结构和混凝土设备基础基础的尺寸允许偏差应符合表 10.2.5-1、表 10.2.5-2 的规定。检查数量:按结构缝或施工段划分检验批。在同一检验批内,对梁、柱和独立基础,应抽查构件数量的 10%,且不少于 3 件;对墙和板,应按有代表性的自然间抽查 10%,且不少于 3 间;对大空间结构,墙可按相邻轴线间高度 5m 左右划分检查面,板可按纵、横轴线划分检查面,抽查 10%,且均不少于 3 面;对电梯井,应全数检查;对设备基础,应全数检查。

表 10.2.5-1 现浇结构尺寸允许偏差和检验方法

项目			允许偏差/mm	检验方法
轴线位置	整体基础		15	经纬仪及尺量检查
	独立基础		10	
	墙、柱、梁		8	
垂直度	柱、墙层高	≤5m	8	经纬仪或吊线、尺量检查
		>5m	10	经纬仪或吊线、尺量检查
	全高		$H/1000$ 且≤30	经纬仪、尺量检查

续表

项目		允许偏差/mm	检验方法
标高	层高	±10	水准仪或拉线、尺量检查
	全高	±30	
截面尺寸		+8,−5	尺量检查
电梯井	中心位置	10	尺量检查
	长、宽尺寸	+25,0	尺量检查
	全高垂直度	H/1000 且≤30	经纬仪、尺量检查
表面平整度		8	2m 靠尺和塞尺检查
预埋设施中心线位置	预埋件	10	尺量检查
	预埋螺栓	5	
	预埋管	5	
	其他	10	尺量检查
预留洞中心线位置		15	尺量检查

注:1. 检查轴线、中心线时,应沿纵、横两个方向量测,并取其中的较大值。

2. H 为全高。

表 10.2.5-2 混凝土设备基础的尺寸允许偏差和检验方法

项目		允许偏差/mm	检验方法
坐标位置		20	经纬仪及尺量检查
不同平面的标高		0,−20	水准仪或拉线、尺量检查
平面外形尺寸		±20	尺量检查
凸台上平面外形尺寸		0,−20	尺量检查
凹槽尺寸		+20,0	尺量检查
平面水平度	每米	5	水平尺、塞尺检查
	全长	10	水准仪或拉线、尺量检查
垂直度	每米	5	经纬仪或吊线、尺量检查
	全高	10	
预埋地脚螺栓	中心位置	2	尺量检查
	标高(顶部)	+20,0	水准仪或拉线、尺量检查
	中心距	±2	尺量检查
	垂直度	5	吊线、尺量检查

续表

项目		允许偏差/mm	检验方法
预埋地脚螺栓孔	中心线位置	10	尺量检查
	断面尺寸	+20,0	尺量检查
	深度	+20,0	尺量检查
	孔垂直度	10	吊线、尺量检查
预埋活动地脚螺栓锚板	标高	+20,0	水准仪或拉线、尺量检查
	中心线位置	5	尺量检查
	带槽锚板平整度	5	钢尺、塞尺检查
	带螺纹孔锚板平整度	2	钢尺、塞尺检查

注:检查坐标、中心线位置时,应沿纵、横两个方向量测,并取其中的较大值。

10.2.6　成品保护

(1)施工中,不得用重物冲击模板,不准在吊帮的模板和支撑上搭脚手板,以保证模板牢固、不变形。

(2)基础侧模板,应在混凝土强度能保证其棱角和表面不受损伤时,方可拆模。

(3)混凝土浇筑完后,待其强度达到 1.2MPa 以上,方可在其上进行下一道工序施工。

(4)基础中预留的暖卫、电气暗管,地脚螺栓及插筋,在浇筑混凝土过程中,不得碰撞,或使产生位移。

(5)基础内应按设计要求预留孔洞或埋设螺栓和预埋铁件,不得以后凿洞埋设。

10.2.7　安全措施

(1)基础混凝土浇筑之前和浇筑过程应检查基坑、槽四周土质边坡变化,如有裂缝、滑移等情况,应及时加固;堆放材料和停放机具设备应离开坑边 1m 以上,深基坑上下应设坡道,不得踩踏模板支撑。

(2)其他有关安全措施与第 10.3.7 节现浇框架混凝土浇筑安全措施相同。

10.2.8　施工注意事项

(1)浇筑台阶式基础,施工时应注意防止上下台阶交接处混凝土出现脱空和蜂窝(即吊脚和“烂脖子”)现象,预防措施是:待第一台阶浇筑完后稍停 0.5～1.0h,待下部沉实,再浇上一台阶;或待第一台阶捣实后,继续浇筑第二台阶前,先沿第二台阶模板底圈做成内外坡度,待第二台阶混凝土浇筑完成后,再将第一台阶混凝土铲平、拍实、拍平。

(2)浇筑杯形基础,应注意杯底标高和杯口模的位置,防止杯口模上浮和倾斜。浇筑时,先将杯口底混凝土振实并稍停片刻,待其沉实,再对称均衡浇筑杯口模四周混凝土。

(3)浇筑锥形基础,如斜坡较陡,斜坡部分宜支模浇筑,或随浇随安装模板,并应压紧,注意防止模板上浮。如斜坡较平坦时,可不支模,但应注意斜坡部位及边角部位混凝土的捣固密实,振捣完后,再用人工将斜坡表面修正、拍平、拍实。

(4)基础混凝土浇筑如基坑地下水位较高,应采取降低地下水措施,直到基坑回填土完成,方可停止降水,以防浸泡地基,造成基础不均匀沉降或倾斜、裂缝。

(5)基础拆模后应及时回填土,回填时要在相对的两侧或四周同时均匀进行,分层夯实,以保护基础并有利于进行下一道工序。

10.2.9 质量记录

(1)材料(水泥、砂、石、外加剂等)出厂合格证、试验报告。

(2)混凝土试配记录、施工配合比通知单。

(3)混凝土试块试验报告及强度评定。

(4)分项工程质量检验评定。

(5)隐检、预检记录。

(6)混凝土施工记录;冬期施工记录。

(7)设计变更、洽商记录。

(8)其他技术文件。

10.3 现浇框架混凝土浇筑施工工艺标准

现浇混凝土框架结构包括柱、主梁、次梁、楼板、屋盖等。其混凝土浇筑的特点是:构件种类数量较多,连接节点复杂,钢筋较密集,操作面狭小,施工难度较大。本工艺标准适用于工业与民用多层及高层建筑框架结构的混凝土浇筑工程。工程施工应以设计图纸及有关施工质量验收规范为依据。

10.3.1 材料要求

现浇框架混凝土浇筑施工宜采用预拌混凝土,如采用现场拌制,则与第10.1.1节普通混凝土现场拌制材料要求相同。

10.3.2 主要机具设备

(1)机械设备。混凝土现场搅拌上料设备有混凝土搅拌机(宜采用强制式搅拌机)、拉铲、抓斗、皮带输送机、推土机、装载机、散泥罐车、振动筛和水泵等;混凝土运输设备有自卸翻斗汽车、机动翻斗车、提升架、卷扬机、塔式起重机或混凝土搅拌运输车、混凝土泵和布料杆等;混凝土振捣设备有插入式振和平板式振动器等。

(2)主要工具。磅秤、水箱、胶皮管、手推车、串筒、溜槽、混凝土吊斗、贮料斗、大小平锹、铁板、铁钎等。

10.3.3　作业条件

(1)根据工程对象、结构特点制订混凝土浇灌方案,混凝土浇灌申请书已报请监理单位批准,并向参加施工人员进行细致的技术交底。

(2)根据现场实际使用材料,由试验室经试验提出设计、施工要求的混凝土配合比。

(3)各种机械设备经安装、就位、维修保养和试运转,处于完好状态;电源可满足需要。

(4)现场准备足够数量的砂、石、水泥、掺和料以及外加剂等材料,可满足混凝土连续浇筑的要求。

(5)模板内的垃圾、木屑、泥土和钢筋上的油污等已清除干净;木模在浇灌混凝土前水湿润,但不许留有积水;钢模板内侧已涂刷隔离剂。

(6)浇筑混凝土层段的模板支设、钢筋绑扎、预埋铁件及管道埋设等工序全部施工完成,经检查符合设计和验收规范的要求,并办完隐蔽和预检手续。

(7)混凝土搅拌站至浇筑地点间的道路已经修筑,能确保运输道路畅通。

(8)浇筑混凝土用架子及走道已搭设完毕,并经检查符合施工和安全要求。

(9)当采用商品混凝土时,供应商和供应计划已落实,混凝土强度等级、配合比等符合设计要求。

10.3.4　施工操作工艺

(1)混凝土拌制根据配合比确定每罐各种材料用量,要认真按每罐的配合比用量投料。投料顺序为:先倒石子,再装水泥,最后倒砂子、加水及外加剂;如需掺加粉煤灰掺和时,应与水泥一并加入。严格控制用水量,搅拌时间应符合表 10.1.4-1 的要求,要求搅拌均匀,颜色一致。

(2)混凝土自搅拌机中卸出后,应及时用翻斗自卸汽车、机动翻斗车或泵送到浇灌地点。在运输过程中,要防止出现混凝土离析、水泥浆流失、坍落度降低以及初凝等现象。如运到浇灌地点产生离析现象,应在浇筑前进行二次拌和。混凝土从搅拌机中卸出后到浇筑完毕的延续时间:当混凝土强度等级为 C30 及其以下,气温高于 25℃时,时间不得超过 90min;C30 以上时,时间不得超过 60min。泵送混凝土时必须保证混凝土泵连续浇筑,如出现故障,停歇时间超过 45min 或混凝土产生离析现象,应立即停止浇筑,要用压力水冲洗清除管内残留的混凝土。

(3)混凝土浇筑和振捣的一般要求如下。

1)浇筑混凝土应分段分层进行,每层浇筑厚度,应根据结构特点、钢筋疏密而定,一般为振动器作用部分长度的 1.25 倍,最厚不超过 50cm。

2)采用插入式振动器振捣应快插慢拔,插点应均匀排列,逐点移动,顺序进行,均匀振实,不得遗漏或过振。移动间距不大于振捣棒作用半径的 1.5 倍,一般为 30～40cm。振捣上一层时应插入下层 50mm,以消除两层间的接槎;平板振动器的移动距离,应能保证振动器的平板覆盖已振实部分的边缘。

3)浇筑应连续进行,如有间歇应在混凝土初凝前接缝,一般不超过 2h,否则应按施工缝处理。

4)浇筑混凝土时,应经常观察模板、钢筋、预留孔洞、预埋件和插筋等,有无移动、变形或堵塞情况,发现问题应立即处理,并应在已浇筑的混凝土初凝前修正完好。

5)混凝土浇筑的布料点宜接近浇筑位置,应采取减少混凝土下料冲击的措施。

6)混凝土自吊斗口下落的自由倾落高度不应超过 2m,浇筑高度超过 2m 时,应采取用串筒、溜槽等措施。

(4)框架结构混凝土浇筑,应按结构层次和结构平面采用分层分段的方法施工,一般水平方向以伸缩缝或沉降缝分段,垂直方向以按层次分层。框架结构的浇筑顺序是先浇筑柱子,再浇筑梁、板。一排柱子的浇筑顺序是从两端向中间推进,以防止横向推力使柱子发生倾斜。浇筑区域结构平面有高差时,宜先浇筑低区部分,再浇筑高区部分。

(5)柱的混凝土浇筑。

1)柱浇筑前底部应先填以 5～10cm 厚与混凝土配合比相同的减石子砂浆,柱混凝土应分层浇筑振捣,使用插入式振捣器时应严格按分层尺杆均匀下混凝土,每层厚度不大于 50cm,振捣时振动棒不得碰动钢筋和预埋件。

2)柱高在 3m 以内时,可在柱顶直接下灰浇筑;柱高超过 3m 时,应用串筒或在模板侧面开门子洞装斜溜槽分段浇筑,每段高度不得超过 2m,每段浇筑后将门子洞封严并箍牢。

3)柱子混凝土应一次浇筑完毕,如有间歇,施工缝应留在主梁下面;无梁楼板应留在柱帽下面。柱浇筑完后,应停歇 1.0～1.5h,使混凝土获得初步沉实,再继续浇筑上部梁、板。

4)混凝土浇筑完成后,应根据钢筋定距框,随时将混凝土项面伸出的甩槎钢筋整理到位。

5)为保证钢筋混凝土的质量,施工方案尽量按竖向结构和水平结构分开施工来编制。

(6)梁、板混凝土的浇筑。

1)梁、板应同时浇筑,浇筑时应顺次梁方向,先将梁的混凝土分层浇筑,用赶浆法由梁一端向另一端做成阶梯形向前推进,当起始点的混凝土达到板底位置时,再与板的混凝土一起浇筑,随着阶梯的不断延伸,梁、板混凝土连续向前推进直至完成。

2)与板连成整体的高度不大于 1m 的梁,亦可将梁单独浇筑,其施工缝应留在板底以下 2～3cm 处。浇筑与振捣应紧密配合,第一层下料宜慢,梁底充分振实后再下二层料。用赶浆法保持水泥浆沿梁底包裹石子向前推进,每层都应先振实后下料,梁底与梁帮部位要充分振实,并避免碰动钢筋和预埋件。

3)浇筑板混凝土的虚铺厚度应略大于板厚,用平板振捣器垂直浇筑方向来回振捣,当板厚度较大时,亦可用插入式振动器顺浇筑方向拖拉振捣,并用铁插尺随时检查混凝土厚度。振捣完毕后拉标高线上 3m 铝合金大杠刮平,待混凝土收水时,用木抹子压实,一般压三遍,将表面裂缝压回,且用 2m 靠尺检查平整。浇筑悬臂板时,应注意不使上部负弯矩筋下移,当铺完底层混凝土后,应随即将钢筋调整到设计位置,再继续浇筑。浇筑板混凝土时,不得用振动棒铺摊混凝土。

(7)浇筑柱梁交叉处的混凝土时,一般钢筋较密集,宜用小直径振动棒从梁的上部钢筋较稀处插入梁端振捣,必要时,可辅以用细石子同强度等级混凝土浇筑,并用人工配合捣固。

(8)楼梯混凝土浇筑。楼梯混凝土应从楼梯段下部向上浇筑,先振实底板混凝土,至达到踏步位置时，再与踏步混凝土一起浇筑，不断连续向上推进，并随时用木抹子将踏步上表面压实抹平。

(9)剪力墙混凝土的浇筑。

1)对于墙、柱连成一体的混凝土结构，如柱墙混凝土强度等级相同时，可以同时浇筑混凝土。

2)当柱子混凝土强度高于墙体时，宜先浇筑柱混凝土，预埋剪力墙锚固钢筋，待拆柱模后，再绑扎剪力墙钢筋，支模浇筑墙混凝土。或者采取先浇高标号混凝土柱子，后浇低标号的剪力墙，保持柱混凝土高出墙混凝土 0.5m，至剪力墙浇最上部时与柱子浇齐，即始终保持高标号混凝土侵入低标号混凝土 0.5m 的要求。

3)其他浇筑要求参照第 10.6.4 节剪力墙结构混凝土浇筑施工操作工艺相关部分执行。

(10)柱、墙混凝土设计强度等级高于梁、板混凝土设计强度等级时，混凝土浇筑应符合下列规定。

1)柱、墙混凝土设计强度比梁、板混凝土设计强度高一个等级时，柱、墙位置梁、板高度范围内的混凝土经设计单位确认，可采用与梁、板混凝土设计强度等级相同的混凝土进行浇筑。

2)柱、墙混凝土设计强度比梁、板混凝土设计强度高两个等级及以上时，应在交界区域采取分隔措施；分隔位置应在低强度等级的构件中，且距离高强度等级构件边缘不应小于 500mm。

3)宜先浇筑强度等级高的混凝土，后浇筑强度等级低的混凝土。

(11)框架结构混凝土施工缝与后浇带。

1)施工缝和后浇带的留设位置应在混凝土浇筑前确定。施工缝和后浇带宜留设在结构受剪力较小且便于施工的位置。复杂的结构构件或有防水抗渗要求的结构构件，施工缝留设位置应经设计单位确认。

2)柱、墙施工缝可留设在基础、楼层结构顶面，柱施工缝与结构上表面的距离宜为 0～100mm，墙施工缝与结构上表面的距离宜为 0～300mm。柱、墙施工缝也可贸设在楼层结构底面，施工缝与结构下表面的距离宜为 0～50mm；当板下有托梁时，可留设在梁托下 0～20mm。

3)梁、板施工缝位置的留设，当沿次梁方向浇筑楼板时，施工缝应留置在次梁跨度中间 1/3 范围内。施工缝的表面应与梁轴线或板面垂直，不得留斜槎，施工缝宜用齿形模板挡牢。

4)楼梯段混凝土宜连续浇筑完成，多层楼梯的施工缝应留在楼梯段 1/3 的部位。

5)墙的施工缝宜设置在门洞口过梁跨中 1/3 范围内，也可留设在纵横墙交接处。

6)后浇带留设位置应符合设计要求。

7)特殊结构部位留设水平施工缝或竖向施工缝都应经设计单位确认。

(12)施工缝处已浇筑混凝土的抗压强度达到 1.2MPa 以上时，才允许继续浇筑。在浇筑前应将施工缝混凝土表面凿毛，清除松动石子，用水冲洗干净，继续浇筑混凝土前，先浇一层水泥浆，然后正常浇筑混凝土，仔细振捣密实，使其结合良好。

(13)混凝土浇筑完后，其养护措施与第 10.10.4 节后张法无粘结预应力混凝土结构施工操作工艺第11条相同。

(14)冬期浇筑混凝土,当气温在5℃以下时,一般可采用综合蓄热法,用32.5级以上普通硅酸盐水泥配制混凝土,水灰比控制在0.60以内,适当掺加早强抗冻剂,掺量应经试验确定。当气温在5℃以下时,混凝土搅拌用水应适当加热,并掺加适量的早强抗冻剂,使混凝土浇灌入模温度不低于5℃,但也不应高于35℃,模板及混凝土表面应用塑料薄膜和草袋、草垫进行严密覆盖保温,不得浇水养护。混凝土应待达到规范要求抗冻强度(硅酸盐水泥或普通硅酸盐配制的混凝土,为设计的混凝土强度标准值的30%;矿渣硅酸盐水泥配制的混凝土,为设计的混凝土强度标准值的40%),且温度冷却到5℃,保温层,模板始可拆除。当混凝土与外界温差大于20℃时,拆模后的混凝土表面应适当作临时性覆盖,使其缓慢冷却,避免出现裂缝。框架结构长度大于30m时,应与设计单位商议,宜在中间适当位置留设后浇带,后浇带浇筑时间也同时商定,以防止出现温度收缩性裂缝。

(15)冬期混凝土试块除制作正常规定组数外,还应增做二组试块与结构同条件养护,一组用于检验混凝土受冻前的强度;另一组用于检验转入常温养护28d的强度。冬期施工过程中所有各项测温记录,均应填写"混凝土工程施工记录"和"冬期施工混凝土日志"。

10.3.5 质量标准

与第10.2.5节基础混凝土浇筑质量标准相同。

10.3.6 成品保护

(1)浇筑混凝土时,防止踩踏楼板、楼梯弯起负筋、碰动插筋和预埋铁件,保证钢筋和预埋铁件位置正确。

(2)不得用重物冲击模板;过道应搭设跳板,不得在梁和楼梯踏步模板吊帮上行走或蹬踩,保证模板牢固和严密。

(3)混凝土浇筑完毕,强度达到1.2MPa以上,方可在其上进行下一工序操作和堆放少量物品。

(4)冬期施工,在楼板上铺设保温材料覆盖时,要铺设脚手板,避免直接踩踏出现较深脚印或凹陷。

10.3.7 安全措施

(1)混凝土搅拌开始前,应对搅拌机及配套机械进行无负荷试运转,检查运转正常,运输道路畅通,然后始可开机工作。

(2)搅拌机运转时,严禁将锹、耙等工具伸入罐内,必须进罐扒混凝土时,要停机进行。工作完毕,应将拌筒清洗干净。搅拌机应有专用开关箱,并应装有漏电保护器,停机时应拉断电闸,下班时电闸箱应上锁。

(3)搅拌机上料斗提升后,斗下禁止人员通行。如必须在斗下清渣时,须将升降料斗用保险链条挂牢或用木杠架住,并停机,以免落下伤人。

(4)采用手推车运输混凝土时,不得争先抢道,装车不应过满;卸车时应有挡车措施,不得用力过猛或撒把，以防车把伤人。

(5)使用井架提升混凝土时，应设制动安全装置，升降应有明确信号，操作人员未离开提升台时，不得发升降信号。提升台内停放手推车要平稳，车把不得伸出台外，车轮前后应挡牢。

(6)使用溜槽及串筒下料时，溜槽与串筒必须牢固地固定，人员不得直接站在溜槽帮上操作。

(7)浇筑单梁、柱混凝土时，应设操作台，操作人员不得直接站在模板或支撑上操作，以免踩滑或踏断支撑而坠落。

(8)混凝土浇筑前，应对振动器进行试运转，振动器操作人员应穿胶靴、戴绝缘手套；振动器不能挂在钢筋上，湿手不能接触电源开关。

(9)浇筑无板框架结构的梁或墙上的圈梁时，应有可靠的脚手架，严禁站在模板上操作。浇筑挑檐、阳台、雨篷等混凝土时，外部应设脚手架，其外侧应挂安全网和安全栏杆。

(10)楼面上的预留孔洞应根据《建筑施工高处作业安全技术规范》(JGJ 80—2016)要求设盖板或围栏。所有操作人员应戴安全帽；高空作业应系安全带，夜间作业应有足够的照明。

10.3.8 施工注意事项

(1)框架的浇筑应注意施工缝的留设，避免留在受力最大和钢筋密集处。

(2)在浇筑深梁、剪力墙、薄墙等深而狭的结构时，为避免结构上部大量泌水，造成混凝土强度降低，宜在浇筑到一定高度后适当调整混凝土水灰比。

(3)浇筑肋形楼板时，要注意倾倒混凝土的方向应与浇筑方向相反，不得顺着浇筑方向浇筑，以免发生混凝土离析。

(4)框架混凝土浇筑，操作控制不严，常易出现一些质量通病，一旦发生，应分析原因，及时采取有效的措施加以消除，以确保混凝土质量。应针对原因，精心操作，加以控制和防止。

1)出现蜂窝的主要原因是混凝土一次下料过厚，振捣不实或漏振；模板缝隙未堵严，水泥浆流失；钢筋过密而混凝土石子过大，坍落度过小；基础、柱、墙根部下层台阶浇筑未停歇就继续浇筑上层混凝土，致使上层混凝土根部砂浆从下部挤出。

2)出现露筋的主要原因是钢筋垫块产生位移、间距过大或漏放，钢筋紧贴模板或混凝土振捣不实。

3)出现麻面的主要原因是拆模过早或模板表面漏刷隔离剂，或模板表面湿润不够，构件表面混凝土易黏附在模板上造成麻面脱皮。

4)出现孔洞的主要原因是在钢筋较密的部位混凝土被卡，或未经振捣就继续浇筑上层混凝土。

5)出现缝隙与夹渣的主要原因是施工缝处杂物未清理干净，未浇底浆；

6)梁、柱结点处截面尺寸偏差过大的主要原因是柱接头模板刚度不够，变形。

7)楼板和楼梯上表面平整度偏差太大的主要原因是混凝土浇筑后表面未用抹子压实抹平，或冬期施工在覆盖保温层时，操作人员在其垫板上行走等。

应针对原因，精心操作，加以控制和防止。

(5)雨期施工应有防雨措施,及时对已浇筑混凝土的部位进行遮盖,避免因淋雨或雨水冲刷而降低强度;下大雨时应停止露天作业。

10.3.9 质量记录

与第 10.2.9 节基础混凝土浇筑质量记录相同。

10.4 地下室混凝土浇筑施工工艺标准

地下室结构包括基础底板、墙柱和顶板等。其混凝土浇筑特点是深坑作业,结构尺寸体积较大,钢筋较密,质量要求高,防水要求严,施工难度较大。本工艺标准适用于地下室的现浇混凝土底板、墙柱和顶板的混凝土浇筑工程。工程施工应以设计图纸和有关施工质量验收规范为依据。

10.4.1 材料要求

所用的水泥、砂、石子、外加剂和掺和料的质量要求与“普通混凝土现场拌制施工工艺标准”相同。

10.4.2 主要机具设备

与第 10.3.2 节现浇框架混凝土浇筑主要机具设备相同。

10.4.3 作业条件

(1)清理地下室垫层上、模板内的泥土、垃圾、木屑、积水和钢筋上的油污等杂物;修补嵌填模板缝隙,加固好模板支撑,以防漏浆。

(2)对钢筋模板进行总检查,办理隐检、预检手续;并在模板上弹好混凝土浇筑标高线。

(3)各种混凝土搅拌、运输和浇灌、振捣机具经维修、试运转,处于良好状态;电源、道路等满足浇灌要求。

(4)防水混凝土施工前应做好降排水工作,不得在有积水的环境中浇筑砼,如地下水位较高,应采取排水、降水位措施,将地下水位降至基底 0.5m 以下。

(5)搭设好必要的进入基坑的通道和浇筑脚手平台,以及铺设底板上操作用马凳、跳板等,并经检查合格。

(6)砼依据《地下工程防水技术规范》(GB 50108—2008)第 4.1 节防水混凝土相关要求并备足可满足混凝土连续浇灌需要的数量;试验室根据现场实际材料,下达混凝土配合比通知单。

10.4.4 施工操作工艺

(1)地下室混凝土浇筑一般采取分块进行，浇筑顺序为先基础底板(包括导墙)，后墙、柱、顶部梁板，其施工缝的留设见《地下工程防水技术规范》(GB 50108—2008)，外墙水平施工缝应在底板面上部 300～500mm 和无梁顶板下部 150～300mm 处，施工缝防水构造形式(见图 10.4.4)，有严格防水要求，可采用 2 种以上构造措施进行有效组合，内墙与外墙之间可留垂直缝。

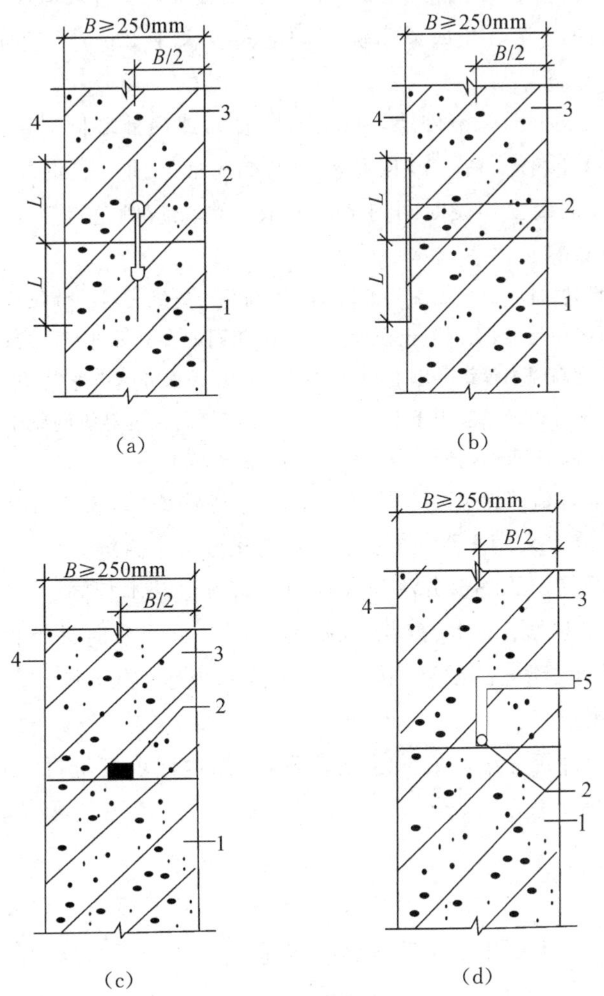

外贴止水带 $L \geqslant 150$mm，外涂防水涂料 $L \geqslant 200$mm，外抹防水砂浆 $L \geqslant 200$mm

1—先浇混凝土；2—预埋注浆管；3—后浇混凝土；4—结构迎水面；5—注浆导管

图 10.4.4 地下室外墙水平施工缝构造

(2)长度超过 30m 的大型地下室，为避免出现温度裂缝、收缩裂缝，应按设计图或征得设计同意采取分段(块)进行，在中间留 700～1000mm 宽的后浇缝带，主筋按原设计不切断，后浇带保留时间通常在 2 个月以上，视设计要求与工程具体情况而定。后浇带需用高一强度等级的微膨胀混凝土(如掺水泥用量 12%的 U 型膨胀剂)灌筑密实。

(3)混凝土配料、拌制、运输、浇筑和振捣的一般要求与第10.3.4节现浇框架混凝土浇筑施工施工操作工艺相同。

(4)底板混凝土浇筑区域结构平面有高差时,宜先浇筑低区部分再浇筑高区部分,一般由一端向另一端分层推进,分层均匀下料。可采用斜面分层浇筑方法,也可采用全面分层、分块分层浇筑方法,层与层之间浇筑的间歇时间长短应能保证整个混凝土浇筑过程的连续;当底板厚度小于50cm,可不分层,采用斜向赶浆法浇筑,表面及时平整;当底板厚大于50cm,宜分层浇筑,每层厚25~30cm,分层用插入式振动器捣固密实,防止漏振,应按分层浇筑厚度分别进行振捣,振动棒的前端应插入前一层混凝土中,插入深度不应小于50mm;每层应在混凝土初凝时间内浇筑完成。当浇筑倾落高度大于2m时,应加设串筒、溜管、溜槽等装置送料。

(5)墙体混凝土浇筑一般先浇外墙,后浇内墙(柱),或内外墙同时浇筑,应按分层浇筑厚度(每层不大于50cm)分别进行振捣,振动棒的前端应插入前一层混凝土中,插入深度不应小于50mm;每层应在混凝土初凝时间内浇筑完成。当浇筑倾落高度大于2m时,应加设串筒、溜管、溜槽等装置送料。

注:①柱、墙混凝土设计强度比梁、板混凝土设计强度高一个等级时,柱、墙位置梁、板高度范围内的混凝土经设计单位同意,可采用与梁、板混凝土设计强度等级相同的混凝土进行浇筑;②柱、墙混凝土设计强度比梁、板混凝土设计强度高两个等级及以上时,应在交界区域采取分隔措施,分隔位置应在低强度等级的构件中,且距高强度等级构件边缘不应小于500mm;③宜先浇筑高强度等级混凝土,后浇筑低强度等级混凝土,先浇筑掺外加剂或特殊要求的混凝土,后浇筑普通混凝土。

(6)施工过程中不宜留置施工缝,如遇堵泵管等特殊原因,按图10.4.4-1节点处理;内墙的水平和垂直施工缝多采用平缝;内墙与外墙之间可留垂直缝。

(7)地下室顶板混凝土的浇筑方法与底板的浇筑方法基本相同。

(8)混凝土浇筑后应采用洒水、覆盖、喷涂养护剂等方式及时进行保湿养护。选择养护方式时应考虑现场条件、环境温湿度、构件特点、技术要求、施工操作等因素。冬期还要保温,防止温差过大出现裂缝。

(9)地下室混凝土浇筑完毕应防止长期暴露,要抓紧回填基坑,回填土要在相对的两侧或四周同时均匀进行,分层夯实。

10.4.5 质量标准

与第10.2.5节基础混凝土浇筑质量标准相同。

10.4.6 成品保护

(1)地下室浇筑完成后,应及时回填四周基坑土方,避免长期暴露出现干缩裂缝。

(2)其他与第10.3.6节现浇框架混凝土浇筑成品保护相同。

10.4.7 安全措施

与第10.3.7节现浇框架混凝土浇筑安全措施相同。

10.4.8 施工注意事项

(1)地下室混凝土浇筑留设后浇缝带,必须是在底板、墙壁和顶板的同一位置上部留设,使形成环形,以利于释放混凝土干缩应力。若只在底板和墙壁上留后浇缝带,而在顶板上不留,则顶板会因产力集中出现裂缝,且会传递到墙壁,引起墙壁裂缝。

(2)混凝土浇筑要根据施工条件、设计要求合理选择浇筑方案,根据每次浇筑量,确定搅拌、运输、振捣能力,配备机械人员,确保均匀、连续浇筑,避免出现过多的施工缝和薄弱层面,影响结构的抗渗性和耐久性。

(3)底板、墙壁、顶板混凝土浇筑均应在全部钢筋绑扎,包括插筋、预埋铁件、各种预埋穿墙管道铺设完毕,模板尺寸正确,支撑牢固安全,经全面细致检查无误,各专业汇签办理预检后进行,避免错误和遗漏。

(4)地下室施工基坑降水必须根据设计要求持续到全部混凝土浇筑完成,基坑四周回填土完毕后,始可停止排降水,以避免地基浸泡,造成不均匀沉陷。

(5)其他与第 10.3.8 节现浇框架混凝土浇筑施工注意事项有关部分相同。

10.4.9 质量记录

与第 10.2.9 节基础混凝土浇筑质量记录相同。

10.5 底板大体积混凝土施工工艺标准

大体积混凝土是指混凝土结构物实体最小几何尺寸不小于 1m 的大体积混凝土,或预计会因混凝土中胶凝材料水化引起的温度变化和收缩而导致有害裂缝产生的混凝土。本工艺标准适用于建筑工程底板大体积混凝土和大体积防水混凝土的施工。工程施工应以设计图纸和有关施工质量验收规范为依据。

10.5.1 施工准备

(1)熟悉设计图纸。

1)了解混凝土的类型、强度、抗渗等级和允许利用后期强度的龄期。

2)了解底板的平面尺寸、各部位厚度、设计预留的结构缝和后浇带的位置、构造和技术要求。

3)了解消除或减少混凝土变形外约束措施和超长结构一次施工或分块施工所采取的措施。

4)了解使用条件对混凝土结构的特殊要求和采取的措施。

(2)落实施工必需的外部条件。

1)大体积混凝土施工前,应做好各项施工准备工作,并与当地气象台、气象站联系,掌握近期气象情况。必要时,应增添相应的技术措施。在冬期施工时,尚应符合国家现行有关混凝土冬期施工标准。

2)采用商品混凝土施工时,只有在交通管制方面提供连续施工可能性,才能满足大方量一次浇筑的要求。否则,宜分块施工。

3)为保证工程质量和进度,建议采取重大技术措施时事先报请监理、设计和业主的同意。

(3)施工方案编制要点。

1)施工方案的主要内容。

①建筑结构和大体积混凝土的特点、平面尺寸与划分、底板厚度、强度、抗渗等级等。

②大体积混凝土施工必须进行混凝土绝热温升和外约束条件下的综合温差与应力的计算;对混凝土入模温度、原材料温度调整,保温隔热与养护,温度测量;温度控制、降温速率提出明确要求;可按《大体积混凝土施工规范》(GB 50496—2009)附录B计算。

③施工阶段主要抗裂构造措施和温控指标的确定。

④原材料优选、配合比设计、制备与运输。

⑤混凝土主要施工设备和现场总平面布置。

⑥温控监测设备和测试布置图。

⑦混凝土浇筑运输顺序和施工进度计划。

⑧混凝土保温和保湿养护方法,其中保温覆盖层的厚度可根据温控指标的要求按《大体积混凝土施工规范》(GB 50496—2009)附录C计算。

⑨主要应急保障措施及特殊部位和特殊气候条件下的施工措施。

2)技术要点。

①大体积混凝土施工前,应进行图纸会审,提出施工阶段的综合抗裂措施,制定关键部位的施工作业指导书。

②大体积混凝土施工应在混凝土的模板和支架、钢筋工程、预埋管件等工作完成并验收合格的基础上进行。

③施工现场设施应按施工总平面布置图的要求按时完成,场区内道路应坚实平坦,必要时,应与市政、交管等部门协调,制订场外交通临时疏导方案。

④施工现场的供水、供电应满足混凝土连续施工的需要,当有断电可能时,应有双路供电或自备电源等措施。

⑤大体积混凝土的供应能力应满足混凝土连续施工的需要,不宜低于单位时间所需量的1.2倍。

⑥用于大体积混凝土施工的设备,在浇筑混凝土前应进行全面的检修和试运转,其性能和数量应满足大体积混凝土连续浇筑的需要。

⑦混凝土的测温监控设备宜按本规范的有关规定配置和布设,标定调试应正常,保温用材料应齐备,并应派专人负责测温作业管理。

⑧大体积混凝土施工前,应对工人进行专业培训,并应逐级进行技术交底,同时应建立严格的岗位责任制度和交接班制度。

⑨所选用预拌混凝土搅拌站,必须具有相应资质;对预拌混凝土搅拌站所使用的膨胀剂,施工单位或工程监理应派驻专人监督其质量、数量和投料计量;最后复核掺入量应符合要求。

10.5.2　材料选择及配合比设计

(1)原材料。

1)配制大体积混凝土所用水泥的选择及其质量,应符合下列规定。

①所用水泥应符合现行国家标准《硅酸盐水泥、普通硅酸盐水泥》(GB 175—2007)的有关规定。当采用其他品种时,其性能指标必须符合国家现行有关标准的规定。

②应选用中、低热硅酸盐水泥或低热矿渣硅酸盐水泥,大体积混凝土施工所用水泥3d的水化热不宜大于240kJ/kg,7d的水化热不宜大于270kJ/kg。

③当混凝土有抗渗指标要求时,所用水泥的铝酸三钙含量不宜大于8%。

④所用水泥在搅拌站的入机温度不应大于60℃。

⑤水泥进场时,应对水泥品种、强度等级、包装或散装仓号、出厂日期等进行检查,并对其强度、安定性、凝结时间、水化热等性能指标及其他必要的性能指标进行复检。

2)骨料的选择,除应符合国家现行标准《普通混凝土用砂、石质量及检验方法标准》(JGJ 52—2006)的有关规定外,尚应符合下列规定。

①细骨料宜采用中砂,其细度模数宜大于2.3,含泥量不大于3%。

②粗骨料宜选用粒径为5.0～31.5mm的,并连续级配,含泥量不大于1%。

③应选用非碱活性的粗骨料。

④当采用非泵送施工时,粗骨料的粒径可适当增大。

3)粉煤灰和粒化高炉矿渣粉,其质量应符合现行国家标准《用于水泥和混凝土中的粉煤灰》(GB 1596—2005)和《用于水泥和混凝土中的粒化高炉矿渣粉》(GB/T 18046—2008)的有关规定。

4)所用外加剂的质量及应用技术,应符合现行国家标准《混凝土外加剂》(GB 8076—2008)、《混凝土外加剂应用技术规范》(GB 50119—2013)和有关环境保护的规定。且尚应符合下列要求。

①外加剂的品种、掺量应根据工程所用胶凝材料经试验确定。

②应提供外加剂影响硬化混凝土收缩等性能的数据。

③对耐久性要求较高或寒冷地区的大体积混凝土,宜采用引气剂或引气减水剂。

5)拌和用水的质量应符合国家现行标准《混凝土用水标准》(JGJ 63—2006)的有关规定。

(2)混凝土配合比设计。

1)大体积混凝土配合比设计,除应符合国家现行标准《普通混凝土配合比设计规范》(JGJ 55—2011)外,尚应符合下列规定。

①采用混凝土60d或90d强度作为指标时,应将其作为混凝土配合比的设计依据。

②所配制的混凝土拌和物,到浇筑工作面的坍落度不宜低于160mm。

③拌和水用量不宜大于175kg/m^3。

④粉煤灰掺量不宜超过胶凝材料用量的40%;矿渣粉的掺量不宜超过胶凝材料用量的50%;粉煤灰和矿渣粉掺和料的总量不宜大于混凝土中胶凝材料用量的50%。

⑤水胶比不宜大于0.55。

⑥砂率宜为38%～42%。

⑦拌合物泌水量宜小于10L/m³。

2)在混凝土制备前,应进行常规配合比试验,并应进行水化热、泌水率、可泵性等对大体积混凝土控制裂缝所需技术参数的试验;必要时其配合比设计应当通过试泵送。

3)在确定混凝土配合比时,应根据混凝土的绝热温升、温控施工方案的要求等,提出混凝土制备时,粗细骨料、拌和用水及入模温度控制的技术措施。

10.5.3 主要机具设备

(1)机械设备、仪表。现场输送混凝土设备、仪表:泵车、混凝土泵及钢、软泵管。混凝土浇筑设备、仪表:流动电箱、插入式、平板式振动器、抹平机、小型水泵等。专用设备、仪表:空压机、制冷机、电子测温仪和测温元件或温度计和测温埋管。

(2)工具。手推车、串筒、溜槽、吊斗、胶管、铁锹、钢钎、铝合金刮杠、抹子等。

10.5.4 作业条件

(1)施工方案已经公司批准,所确定的施工工艺流程,流水作业段的划分,浇筑程序与方法,混凝土运输与布料方式、方法,质量标准等已交底。

(2)施工道路和施工场地的水、电、照明已布设。

(3)施工脚手架、安全防护措施已搭设完毕。

(4)输送泵及泵管已布设并试车。

(5)钢筋、模板、预埋件,伸缩缝、沉降缝,后浇带支挡,测温元件或测温埋管,标高线等已检验合格。

(6)模内清理干净,模板及垫层或防水保护层已于前一天喷水润湿并排除积水。

(7)保湿保温材料已备齐。

(8)工具备齐,振动器试运合格。

(9)现场调整坍落度的外加剂或水泥、砂等原材已备齐,专业人员已到位。

(10)防水混凝土的抗压、抗渗试模已备齐。

(11)钢、木侧模已涂隔离剂。

(12)现场搅拌混凝土的搅拌站已试车正常,材料已备齐。

(13)联络、指挥器具,已准备就绪。

(14)需持证上岗人员业经培训,证件完备。

(15)与社区、城管、交通、环境监管部门已协调并已办理必要的手续。

10.5.5 施工操作工艺

(1)工艺流程(见图10.5.5-1)。

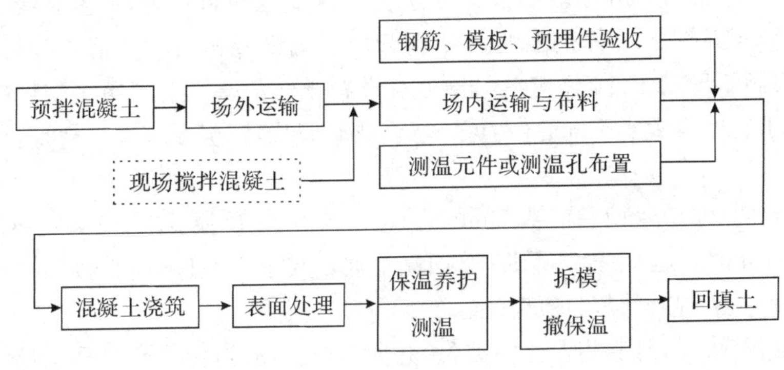

图10.5.5-1 工艺流程

(2)混凝土搅拌。

1)根据施工方案的规定对原材进行温度调节。

2)搅拌采用二次投料工艺,加料顺序为,先将水和水泥、掺和料、外加剂搅拌约1min成水泥浆,然后投入粗、细骨料拌匀。

3)计量精度每班至少检查2次,计量控制参数:外加剂±0.5%,水泥、掺和料、膨胀剂、水±1%,砂石±2%以内。其中,加水量应扣除骨料含水量及冰屑重量。

4)搅拌应符合所用机械说明中所规定的时间,一般不少于90s;加膨胀剂的混凝土搅拌时间延长30s,以搅拌均匀为准,时间不宜过长。

5)出罐混凝土应随时测定坍落度,与要求不符时应由专业技术人员及时调整。

(3)混凝土的场外运输。

1)预拌混凝土的远距离运输应使用滚筒式罐车。

2)运送混凝土的车辆应满足均匀、连续供应混凝土的需要。

3)必须有完善的调度系统和装备,根据施工情况指挥混凝土的搅拌与运送,减少停滞时间。

4)在盛夏和冬季均罐车应覆盖隔热。

5)混凝土搅拌运输车,第一次装料时,应多加2袋水泥。运送过程中筒体应保持慢速转动;卸料前,筒体应加快运转20～30s后方可卸料。

6)应随时检验送到现场混凝土的坍落度,需调整坍落度或分次加入减水剂时,均应由搅拌站派驻现场的专业技术人员执行。

(4)混凝土的场内运输与布料。

1)固定泵(地泵)场内运输与布料。

①受料斗必须配备孔径为50mm×50mm的振动筛,防止个别大颗粒骨料流入泵管,料斗内混凝土上表面距离上口宜为200mm左右,以防止泵入空气。

②泵送混凝土前,先将储料斗内清水从管道泵出,以湿润和清洁管道,然后压入纯水泥浆或1∶1～1∶2水泥砂浆滑润管道后,再泵送混凝土。

③开始压送混凝土时,速度宜慢;待混凝土送出管子端部时,速度可逐渐加快,并转入用正常速度进行连续泵送。遇到运转不正常时,可放慢泵送速度。进行抽吸往复推动数次,以防堵管。

④泵送混凝土浇筑入模时,端部软管均匀移动,使每层布料均匀,不应成堆浇筑。

⑤泵管向下倾斜输送混凝土时,应在下斜管的下端设置相当于5倍落差长度的水平配管,与上水平线倾斜度大于7°时,应在斜管上端设置排气活塞。若因施工长度有限,下斜管无法按上述要求长度设置水平配管时,可用弯管或软管代替,但换算长度仍应满足5倍落差的要求。

⑥沿地面铺管,每节管两端应垫50mm×100mm方木,以便拆装;向下倾斜输送时,应搭设宽度不小于1m的斜道,上铺脚手板,管两端垫方木支承,泵管不应直接铺设在模板、钢筋上,而应搁置在马凳或临时搭设的架子上。

⑦泵送即将结束时,计算混凝土需要量,并通知搅拌站,避免剩余混凝土过多。

⑧混凝土泵送完毕,混凝土泵及管道可采用压缩空气推动清洗球清洗,压力不超过0.7MPa。方法是先安好专用清洗管,再启动空压机,渐渐加压。清洗过程中随时敲击输送管料判断混凝土是否接近排空。管道拆卸后按不同规格分类堆放备用。

⑨泵送中途停歇时间不应多于60min,如超过60min则应清管。

⑩泵管混凝土出口处,管端距模板应大于500mm。

⑪盛夏施工,泵管应覆盖隔热。

⑫只允许使用软管布料,不允许使用振动器推赶混凝土。

⑬在预留凹坛模板或预埋件处,应沿其四周均匀布料。

⑭加强对混凝土泵及管道巡回检查,发现声音异常或泵管跳动应及时停泵排除故障。

2)汽车泵布料。

①汽车泵行走或作业时应有足够的场地,汽车泵应靠近浇筑区并应具备两台罐车能同时就位卸混凝土的条件。

②汽车泵就位后应按要求撑开支腿,加垫枕木,汽车泵稳固后方准开始工作。

③汽车泵就位与基坑上口的距离视基坑护坡情况而定,一般应取得现场技术主管的同意。

3)混凝土的自由落距不得大于2m。

4)混凝土在浇筑地点的坍落度,每工作班至少检查4次。混凝土的坍落度试验应符合现行《普通混凝土拌合物性能试验方法标准》(GB/T 50080—2002)的有关规定。混凝土实测的坍落度与要求坍落度之间的偏差应不超过±20mm。

(5)混凝土浇筑。

1)混凝土浇筑可根据面积大小和混凝土供应能力,采取分段分层、全面分层或斜面分层连续浇筑方式(见图10.5.5-2),分层厚度为300～500mm且不大于震动棒长度的1.25倍。分段分层多采取踏步式分层推进,一般踏步宽为1.5～2.5m。斜面分层浇灌每层厚30～35cm,坡度一般取1∶6～1∶7。

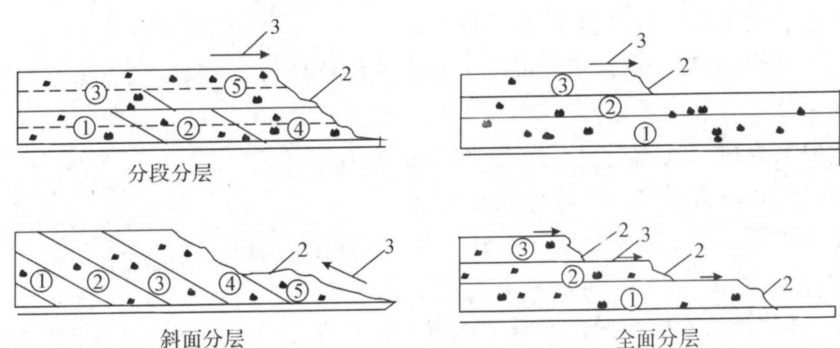

1—分层线；2—新浇灌的混凝土；3—浇灌方向

图 10.5.5-2 混凝土浇筑方式

2)浇筑混凝土时间应按表 10.5.5 控制。掺外加剂时间由试验确定，但最长不得大于初凝时间 90min。

表 10.5.5 混凝土搅拌至浇筑完的最长延续时间

混凝土强度	气温/℃	最长延续时间/min
≤C30	≤25	120
	>25	90
>C30	≤25	90
	>25	60

3)混凝土浇筑宜从低处开始，沿长边方向自一端向另一端推进，逐层上升。亦可采取中间向两边推进，保持混凝土沿基础全高均匀上升。浇筑时，要在下一层混凝土初凝之前浇筑上一层混凝土，避免产生冷缝，并需将表面泌水及时排走。

4)局部厚度较大时，先浇深部混凝土，2～4h 后再浇上部混凝土。

5)振捣混凝土应使用高频振动器，振动器的插点间距为振动器作用半径的 1.5 倍，防止漏振。斜面推进时，振动棒应在坡脚与坡顶处插振。

6)振动混凝土时，振动器应均匀地插拔，插入下层混凝土 50mm 左右，每点振动时间 10～15s以混凝土泛浆不再溢出气泡为准，不可过振。

7)混凝土浇筑终了以后 3～4h，在混凝土接近初凝之前进行二次振捣，然后按标高线用刮尺刮平并轻轻抹压。

8)混凝土的浇筑温度按施工方案控制，以低于 25℃为宜，最高不得超过 28℃。

9)间断施工超过混凝土的初凝时，应待先浇混凝土具有 1.2N/mm^2 以上的强度时才允许后续浇筑混凝土。

10)后续混凝土浇筑前应对混凝土接触面先行湿润，对补偿收缩混凝土下的垫层或相邻其他已浇筑的混凝土应在浇筑前 24h 即大量洒水浇湿。

(6)混凝土的表面处理。

1)处理程序。初凝前一次抹压→临时覆盖塑料膜→混凝土终凝前 1～2h 掀膜二次抹压→覆膜。

2)混凝土表面泌水应及时引导,集中排除。

3)混凝土表面浮浆较厚时,应在混凝土初凝前加粒径为2～4cm的石子浆,均匀撒布在混凝土表面用抹子轻轻拍平。

4)四级以上大风天气或烈日下施工应有遮阳挡风措施。

5)当施工面积较大时可分段进行表面处理。

6)混凝土硬化后的表面塑性收缩裂缝可灌注水泥素浆刮平。

(7)混凝土的养护与温控。

1)混凝土侧面钢、木模板在任何季节施工均应设保温层。采用砖侧模时在混凝土浇筑前宜回填完毕。

2)蓄水养护混凝土。混凝土表面在初凝后覆盖塑料薄膜,终凝后注水,蓄水深度通过计算得出,但不少于80mm。当混凝土表面温度与养护水的温差超过20℃时,应注入热水令温差降到10℃左右。非高温雨季施工事先应采取防暴雨降低养护水温的挡雨措施。

3)蓄热法养护混凝土。盛夏采用降温搅拌混凝土施工时,混凝土终凝后立即覆盖塑料膜和保温层。保温层厚度及保温层外是否再加一层塑料膜,通过计算决定。

4)混凝土养护期间需进行其他作业时,应掀开保温层尽快完成,完成后随即恢复保温层。

5)当设计无特殊要求时,混凝土硬化期的实测温度应符合下列规定。

①混凝土内部温差(中心与表面下100或50mm处)不大于20℃。

②混凝土表面温度(表面以下100或50mm)与混凝土表面外50mm处的温度差不大于25℃;对补偿收缩混凝土,允许介于30～35℃。

③混凝土降温速度不大于1.5℃/d。

④撤除保温层时,混凝土表面与大气温差不大于20℃。

当实测温度不符合上述规定时,应及时调整保温层或采取其他措施使其满足温度及温差的规定。

6)混凝土的养护期限。除满足上条规定外,混凝土的养护时间自混凝土浇筑开始计算,使用普通硅酸盐水泥不少于14d,使用其他水泥不少于21d,炎热天气适当延长。

7)养护期内(含撤除保温层后)混凝土表面应始终保持温热潮湿状态(塑料膜内应有凝结水),对掺有膨胀剂的混凝土尤应富水养护;但气温低于5℃时,不得浇水养护。

(8)温控施工的现场监测与试验。

1)大体积混凝土浇筑体里表温差、降温速率及环境温度及温度应变的测试,在混凝土浇筑后,每昼夜不应少于4次;入模温度的测量,每班不少于2次。测温延续时间自混凝土浇筑始至撤保温后为止,同时应不少于20d。

2)大体积混凝土浇筑体内监测点的布置,应真实地反映出混凝土浇筑体内最高温升、里表温差、降温速率及环境温度,可按下列方式布置。

①监测点的布置范围应以所选混凝土浇筑体平面图对称轴线的半条轴线为测试区,在测试区内监测点按平面分层布置。

②在测试区内,监测点的位置与数量可根据混凝土浇筑体内温度场分布情况及温控的要求确定。

③在每条测试轴线上，监测点位宜不少于4处，应根据结构的几何尺寸布置。

④沿混凝土浇筑体厚度方向，必须布置外面、底面和中凡温度测点，其余监测点宜按间距不大于600mm布置。

⑤保温养护效果及环境温度监测点数量应根据具体需要确定。

⑥混凝土浇筑体的外表温度，宜为混凝土外表以内50mm处的温度；混凝土浇筑体底面的温度，宜为混凝土浇筑体底面上50mm处的温度。

3)测温元件的选择应符合以下列规定。

①测温元件的测温误差不应大于0.3℃(环境温度为25℃时)。

②测试范围：－30～150℃。

③绝缘电阻应大于500MW。

4)使用普通玻璃温度计测温：测温管端应用软木塞封堵，只允许在放置或取出温度计时打开。温度计应系线绳垂吊到管底，停留不少于3min后取出迅速查看温度。

5)使用建筑电子测温仪测温。附着于钢筋上的半导体传感器应与钢筋隔离，保护测温探头的插头不受污染，不受水浸，插入测温仪前应擦拭干净，保持干燥以防短路。也可事先埋管，管内插入可周转使用的传感器测温。

6)温度和应变测试元件的安装及保护，应符合下列规定。

①测试元件安装前，必须在水下1m处经过浸泡24h不损坏。

②测试元件接头安装位置应准确，固定应牢固，并与结构钢筋及固定架金属体绝热。

③测试元件的引出线宜集中布置，并应加以保护。

④测试元件周围应进行保护，混凝土浇筑过程中，下料时不得直接冲击测温元件及其引出线；振捣时，振捣器不得触及测温元件及其引出线。

7)测试过程中宜及时描绘出各点的温度变化曲线和断面的温度分布曲线。

8)发现温控数值异常应及时报警，并应采取本应的措施。

(9)拆模与回填。底板侧模的拆除应符合本节第(7)条中第5)项的温度条件，侧模拆除后宜尽快回填，否则应与底板面层在养护期内同样予以养护。

(10)施工缝、后浇带。

1)大体积混凝土施工除预留后浇带外，尽可能不再设施工缝，遇有特殊情况必须设施工缝时，应取得监理同意后按后浇缝处理。

2)施工缝、后浇带均应用钢板网或钢丝网支挡。如支模时，在后浇混凝土之前应凿毛清洗。

3)后浇缝使用的遇水膨胀止水条必须具有缓涨性能，7d膨胀率不应大于最终膨胀率的60％。

4)膨胀止水条应安放牢固，自粘型止水条也应使用间隔为500mm的水泥钉固定。

5)后浇带和施工缝在混凝土浇筑前应清除杂物、润湿，水平缝刷净浆后再铺10～20mm厚的1∶1水泥砂浆或涂刷界面剂并随即浇筑混凝土。

6)后浇缝混凝土的膨胀率应高于底板混凝土的膨胀率0.02％以上或按设计或产品说明书确定。

(11)冬期施工。

1)冬期施工的期限:室外日平均气温连续5d稳定低于5℃起至高于5℃为止。大体积混凝土应尽量避免在日平均气温在0℃以下寒冷或严寒时节施工。

2)混凝土的受冻临界强度:使用硅酸盐或普通硅酸盐水泥的混凝土应为混凝土强度标准值的30%,使用矿渣硅酸盐水泥,应为混凝土强度标准值的40%。掺用防冻剂的混凝土,当气温不低于-15℃时不得小于4N/mm²;当气温不低于-30℃时不得小于5N/mm²。

3)冬期施工的大体积混凝土应优先使用硅酸盐水泥和普通硅酸盐水泥,水泥强度等级宜为42.5。

4)大体积混凝土底板冬期施工,当气温在-15℃以上时应优先选用蓄热法,当蓄热法不能满足要求时应采用综合蓄热法施工。

5)蓄热法施工应进行混凝土的热工计算,决定原材料加热及搅拌温度和浇筑温度,确定保温层的种类、厚度等。保温层外应覆盖防风材料封闭。

6)采用综合蓄热法可在混凝土中加少量抗冻剂或掺少量早强剂。搅拌混凝土用粉剂防冻剂可与水泥同时投入。液体防冻剂应先配制成需要的浓度;各溶液分别置于有明显标志的容器内备用,并随时用比重计检验其浓度。

7)混凝土浇筑后应尽早覆盖塑料膜和保温层且应始终保持保温层的干燥。侧模及平面边角应加厚保温层。

8)混凝土冬期施工所用外加剂应具有适应低温的施工性能,不准使用缓凝剂和缓凝型减水剂,不准使用可挥发氯气的防冻剂。不准使用含氯盐的早强剂和早强减水剂。

9)混凝土的浇筑温度应为10℃左右,分层浇筑时,已浇混凝土被上层混凝土覆盖时不应低于2℃。

10)原材的加热,应优先采用水加热,当气温低于-8℃时再考虑加热骨料,依次为砂,再次为石子。加热温度限制见表10.5.5-1。

表10.5.5-1 拌和水及骨料加热最高温度

水泥	拌和水最高温度/℃	骨料最高温度/℃
≤52.5级的普通硅酸盐水泥、矿渣硅酸盐水泥	80	60
>52.5级的硅酸盐水泥、普通硅酸盐水泥	60	40

当水及骨料加热到上表温度仍不能满足要求时水可加热到100℃,但水泥不得与80℃以上的水直接接触。水宜使用蒸汽加热或用热交换罐加热,在容器中调至要求温度后使用。砂可利用火坑或加热料斗升温。水泥、掺和料应提前运入暖棚或罐保温。

11)混凝土的搅拌。

①骨料中不得带有冰雪及冻团。

②搅拌机应设置于保温棚内,棚温不低于5℃。

③使用热水搅拌应先投入骨料、加水,待水温降到40℃左右时再投入水泥和掺和料等。

12)混凝土运送应尽量缩短耗时,罐车应有保温被罩。

13)混凝土泵应设于挡风棚内,泵管应保温。

14)测温项目和次数见表 10.5.5-2。

表 10.5.5-2 混凝土冬期施工测温项目和次数

测温项目	测温次数
室外气温及环境温度	每昼夜不少于 4 次,此外还需测最高、最低气温
搅拌机棚温度	每一工作班不少于 4 次
水、水泥、砂、石及外加剂溶液温度	每一工作班不少于 4 次
混凝土出罐、浇筑及入模温度	每一工作班不少于 4 次

注:室外最高最低气温测量起、止日期为本地区冬期施工起始至终了时止。

15)混凝土浇筑后的测温同常温大体积混凝土的施工要求。

16)混凝土拆模和保温层应在混凝土冷却到 5℃以后,如拆模时混凝土与环境温差大于 20℃则拆模后的混凝土表面仍应覆盖使其缓慢冷却。

10.5.6 质量标准

(1)主控项目。

1)大体积防水混凝土的原材料、配合比及坍落度必须符合设计要求。检验方法:检查出厂合格证、质量检验报告、计量措施和现场抽样试验报告。

2)大体积防水混凝土的抗压强度和抗渗压力必须符合设计要求。检验方法:检查混凝土抗压、抗渗试验报告。

3)大体积防水混凝土的变形缝、施工缝、后浇带、穿墙管道、埋设件等设置和构造,均须符合设计要求,严禁有渗漏。检验方法:观察检查和检查隐蔽工程验收记录。

(2)一般项目。

1)大体积防水混凝土结构表面应坚实、平整,不得有露筋、蜂窝等缺陷;埋设件位置应正确。检验方法:观察和尺量检查。

2)防水混凝土结构表面的裂缝宽度不应大于 0.2mm,并不得贯通。检验方法:用刻度放大镜检查。

3)防水混凝土结构厚度,其允许偏差为 15mm、−10mm;迎水面钢筋保护层厚度不应小于 50mm,其允许偏差为±10mm。检验方法:尺量检查和检查隐蔽工程验收记录。

4)底板结构允许偏差,见第 10.2.5 节基础混凝土浇筑施工质量标准相关部分。

(3)检验数量。

1)防水混凝土抗渗性能,应采用标准条件下养护混凝土抗渗试件的试验结果评定。试件应在浇筑地点制作。连续浇筑混凝土每 500m^3 应留置一组抗渗试件(一组为 6 个抗渗试件),且每项工程不得少于两组。采用预拌混凝土的抗渗试件,留置组数应视结构的规模和要求而定。抗渗性能试验应符合现行《普通混凝土长期性能和耐久性能试验方法》(GBJ 82—2009)的有关规定。

2)用于检查混凝土强度的试件,应在混凝土的浇筑地点随机抽取。取样与试件留置应符合下列规定。

①每拌制100盘且不超过100m³的同配合比的混凝土,取样不得少于一次。

②每工作班拌制的同一配合比的混凝土不足100盘时,取样不得少于一次。

③当一次连续浇筑超过1000m³时,同一配合比的混凝土每200m³取样不得少于一次。

④每次取样应至少留置一组标准养护试件,同条件养护试件的留置组数应根据实际需要确定。

3)底板混凝土外观质量检验数量,应按混凝土外露面积每100m²抽查1处,每处10m²,且不得少于3处;细部构造应按全数检查。

10.5.7 成品保护

(1)跨越模板及钢筋应搭设马道。

(2)泵管下应设置管架,不准直接摆放在钢筋上。

(3)混凝土浇筑振动棒不准触及钢筋、埋件和测温元件。

(4)测温元件导线或测温管应妥为维护,防止损坏。

(5)混凝土强度达到1.2N/mm²之前不准踩踏。

(6)拆模后应快速安排回填土。

(7)混凝土表面裂缝处理。将裂缝宽度>0.2mm的非贯穿裂缝表面凿开30～50mm三角凹槽,用掺有膨胀剂的水泥浆或水泥砂浆修补。贯穿性或深裂缝,在分析出现裂缝原因基础上,宜用化学浆或粘贴碳纤维等办法修补。修补方案应经公司审查后报监理与业主批准。

10.5.8 安全与环保措施

(1)所有机械设备均需有漏电保护。

(2)所有机电设备均需按规定进行试运转正常后再投入使用。

(3)基坑周围设围护栏杆。

(4)现场应有足够的照明,动力、照明线需埋地或设专用电杆架空敷设。

(5)马道应牢固、稳定,具有足够承载力。

(6)振动器操作人员应着绝缘靴和手套。

(7)使用泵车浇筑混凝土。

1)泵车外伸支腿底部应设木板或钢板支垫,泵车离未护壁基坑的安全距离应为基坑深度再加1m;布料杆伸长时,其端头到高压电缆之间的最小安全距离应不小于8m。

2)泵车布料杆采取侧向伸出布料时,应进行稳定性验算,使倾覆力矩小于稳定力矩。严禁利用布料杆作起重使用。

3)泵送混凝土作业过程中,软管末端出口与浇筑面应保持0.5～1m的距离,防止埋入混凝土内,造成管内瞬时压力增高爆管伤人。

4)泵车应避免经常处于高压下工作,泵车停歇后再启动时,要注意表压是否正常,预防堵管和爆管。

(8)使用地泵浇筑混凝土。

1)泵管应敷设在牢固的专用支架上,转弯处设有支撑的井式架固定。

2)泵受料斗的高度应保证混凝土压力,防止吸入空气发生气锤现象。

3)发生堵管现象应将泵机反转使混凝土退回料斗后再正转小行程泵送。无效时,需拆管排堵。

4)拆除管道接头应先行多次反抽卸除管内压力。

5)清洗管道不准压力水与压缩空气同时使用,水洗中可改气洗,但气洗中途严禁改用水洗,在最后10m应缓慢减压。

6)清管时,管端应设安全挡板并严禁管端前方站人,以防射伤。

(9)环保措施。

1)禁止混凝土罐车高速运行,停车待卸料时应熄火。

2)混凝土泵应设于隔音棚内。

3)使用低噪声振动器。

4)夜间使用聚光灯照射施工点以防对环境造成光污染。

5)汽车出场需经冲洗,冲洗水澄清再用或排除。

10.5.9　质量记录

(1)测温记录。混凝土温度测量曲线坐标见图10.5.9。

(2)其他施工质量记录。与第10.2.9节现浇框架混凝土浇筑施工质量记录相同。

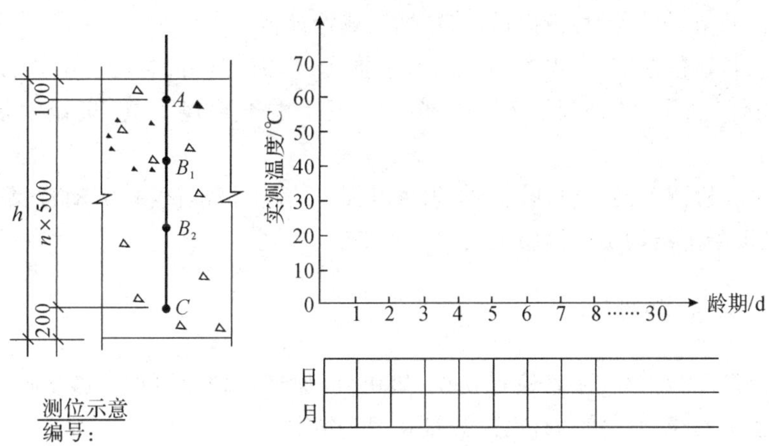

图10.5.9　混凝土温度测量曲线坐标(单位:mm)

10.6　剪力墙结构混凝土浇筑施工工艺标准

本工艺标准适用于多层、高层建筑剪力墙结构大模板混凝土浇筑工艺。工程施工应以设计图纸和有关施工规范为依据。

10.6.1 材料要求

(1)水泥。用普通硅酸盐水泥或矿渣硅酸盐水泥。当使用矿渣硅酸盐水泥时,应视具体情况采取早强措施,确保墙体拆模及扣板强度。水泥应有出厂合格证及进场试验报告,其材质应符合国家标准。

(2)砂。粗砂或中砂,当混凝土为C30以下时,含泥量应不大于5%。混凝土等于及高于C30时,含泥量应不大于3%。

(3)石子。卵石或碎石,粒径为0.5～3.2cm,当混凝土为C30以下时,含泥量应不大于2%,混凝土等于及高于C30时,含泥量应不大于1%。

(4)水。不含杂质的洁净水、饮用水。

(5)外加剂。应有出厂质量证明和使用说明,应符合相应标准的技术要求,其掺量应根据施工要求,由试验室确定。

10.6.2 主要机具设备

(1)机械设备。包括混凝土搅拌上料设备:混凝土搅拌机、拉铲、抓斗、皮带输送机、推土机、装载机、散装水泥储存罐、振动筛和水泵等。运输设备:自卸翻斗车、机动翻斗车、手推车、提升机、卷扬机、塔式起重机或混凝土搅拌运输车、混凝土输送泵和布料机、客货两用电梯或龙门架(提升架)等。混凝土振捣设备:插入式振动器。

(2)主要工具。包括磅秤、水箱、胶皮管、手推车、串筒、溜槽、混凝土吊斗、贮料斗、大小平锹、铁板、铁钎、抹子、铁插尺、12～15英寸活扳手电工常规工具、机械常规工具、对讲机等。

(3)主要试验检测工具。包括混凝土坍落度筒、混凝土标准试模、振动台、靠尺、塞尺、水准仪、经纬仪、混凝土结构实体检验工具等。

10.6.3 作业条件

(1)办完钢筋隐检手续,注意检查支铁、垫块,以保证保护层厚度。核实墙内预埋件、预留孔洞、水电预埋管线、盒(槽)的位置、数量及固定情况。

(2)检查模板下口、洞口及角模处拼接是否严密,边角柱加固是否可靠,各种连接件是否牢固。

(3)检查并清理模板内残留杂物,用水冲净。

(4)混凝土搅拌机、振捣器、磅秤等,已经检查、维修。计量器具已定期校核。

(5)检查电源、线路,并做好夜间施工照明的准备。

(6)由试验室进行试配,确定混凝土配合比及外加剂用量,注意节约水泥,方便施工,满足混凝土早期强度要求,拆模后墙面平整,达到不抹灰的要求。

(7)当采用商品混凝土时,供应商和供应计划需已落实,混凝土强度等级、配合比等需符合设计要求。

10.6.4　施工操作工艺

(1)工艺流程。作业准备→混凝土搅拌→混凝土运输→混凝土浇筑、振捣→拆模、养护。

(2)混凝土搅拌:采用自落式搅拌机,加料顺序宜为,先加用水量的1/2,然后加石子、水泥、砂搅拌1min,再加剩余1/2用水量继续搅拌,搅拌时间不少于1.5min,掺外加剂时搅拌时间应适当延长。各种材料计量准确,计量精度:水泥、水、外加剂为±2%,骨料为±3%。雨期应经常测定砂、石含水率,以保证水灰比准确。采用商品混凝土时,应按要求提供混凝土配合比、合格证,做好混凝土的进场检验和试验工作,并应每车测定混凝土的坍落度,做好记录。

(3)混凝土运输:混凝土从搅拌地点运至浇筑地点,延续时间尽量缩短,根据气温与混凝土强度等级宜控制在1～2h。当采用商品混凝土时,应充分搅拌后再卸车,不允许任意加水,混凝土发生离析时,浇筑前应二次搅拌,不应使用已初凝的混凝土。

(4)混凝土浇筑、振捣。

1)墙体浇筑混凝土前,在底部接槎处先浇筑5cm厚与墙体混凝土成分相同的水泥砂浆或减石子混凝土。墙体浇筑混凝土时,应用铁锹或用混凝土输送泵管均匀入模,不应用吊斗直接灌入模内。浇筑高度控制在50cm左右,分层浇筑、振捣。混凝土下料点应分散布置。墙体连续进行浇筑,间隔时间不超过2h。墙体混凝土的施工缝宜设在门洞过梁跨中1/3区段。当采用平模时或留在内纵横墙的交界处,墙应留垂直缝。接槎处应振捣密实。浇筑时随时清理落地灰。墙、柱连成一体的混凝土浇筑当柱子混凝土强度高于墙体时,应采取先浇高标号混凝土柱子,后浇低标号的剪力墙,保持柱混凝土高出墙混凝土0.5m,即始终保持高标号混凝土侵入低标号混凝土0.5m的要求。

2)洞口浇筑时,使洞口两侧浇筑高度对称均匀,振捣棒距洞边30cm以上,宜从两侧同时振捣,防止洞口变形。大洞口下部模板应开口,并补充混凝土及振捣。

3)外砖内模、外板内模大角及山墙构造柱应分层浇筑,每层不超过50cm,内外墙交界处加强振捣,保证密实。外砖内模应采取措施,防止外墙鼓胀。

4)振捣。使用插入式振捣器应快插慢拔、插点要均匀排列,逐点移动,循序进行。插入式振捣器移动间距不宜大于振捣器作用半径的1.25倍,一般应小于50cm,振捣上一层时应插入下层50～100mm。门洞口两侧构造柱要振捣密实,不得漏振。每一振点的延续时间,以表面呈现浮浆和不再沉落为达到要求,避免碰撞钢筋、模板、预埋件、预埋管,外墙板空腔、防水构造等,发现有变形、移位,各有关工种相互配合进行处理。

5)墙上口找平。混凝土浇筑振捣完毕,将上口甩出的钢筋加以整理,用木抹子按预定标高线,将表面找平。

6)拆模。常温时混凝土强度大于1MPa,冬期时掺防冻剂,使混凝土强度达到4MPa时拆模,保证拆模时,墙体不黏模、不掉角、不裂缝,及时修整墙面、边角。

7)养护。混凝土养护工艺应根据《混凝土结构工程施工质量验收规范》(GB 50204—2015)的有关规定,制定科学的组织和操作方法。常温养护时,应在混凝土浇筑完毕后12h以内加以覆盖和浇水,浇水次数应能保持混凝土有足够的润湿状态。对采用硅酸盐水泥、普通硅酸盐水泥或矿渣硅酸盐水泥拌制的混凝土,不得少于7d;对掺用缓凝型外加剂或有抗渗要求的混凝土,不得少于14d;对于竖向混凝土结构,养护时间宜适当延长;当采用其他品种水泥时,混凝土的养护应根据所采用水泥的技术性能确定。当温度低于5℃时,不得浇水养护混凝土,应采取加热保温养护或延长混凝土养护时间。

正温下施工几种常用的养护方法如下。

①覆盖浇水养护。利用平均气温高于5℃的自然条件,用适当的材料对混凝土表面加以覆盖并浇水,使混凝土在一定的时间内保持水泥水化作用所需要的适当温度和湿度条件。

②薄膜布养护。在有条件的情况下,可采用不透水、气的薄膜布(如塑料薄膜布)养护。采用塑料薄膜覆盖养护时,混凝土全部表面应覆盖严密,并应保持膜内有凝结水。

③喷涂薄膜养生液。混凝土的表面不便浇水或使用塑料薄膜布养护时,可采用喷涂薄膜养生液,防止混凝土内部水分蒸发的方法进行养护。薄膜养生液养护是将可成膜的溶液喷洒在混凝土表面上,溶液挥发后在混凝土表面凝结成一层薄膜,使混凝土表面与空气隔绝,封闭混凝土中的水分不再被蒸发,而完成水化作用。这种养护方法一般适用于表面积大的混凝土施工和缺水的施工地区。

④覆盖式养护。在混凝土柱或墙体拆除模板后,在其上覆盖塑料薄膜进行封闭养护,有2种做法。

a. 在构件上,覆盖一层黑色塑料薄膜(厚0.12～0.14mm),在冬季再盖一层气被薄膜。

b. 在混凝土构件上,先覆盖一层透明的或黑色塑料薄膜,再盖一层气垫薄膜(气泡朝下)。塑料薄膜应采用耐老化的,接缝应采用热黏合。覆盖时应紧贴四周,用砂袋或其他重物压紧盖严,防止被风吹开,影响养护效果。塑料薄膜采用搭接时,其搭接长度应大于30cm。

⑤养护剂养护。采用养护剂养护时,应通过试验检验养护剂的保温效果。

(5)冬期施工。

1)室外日平均气温连续5d稳定低于5℃,即进入冬期施工。

2)原材料的加热、搅拌、运输、浇筑和养护等,应根据冬期施工方案施工。掺防冻剂混凝土出机温度不得低于10℃,入模温度不得低于5℃。

3)冬期注意检查外加剂掺量,测量水及骨料的加热温度,以及混凝土的出机温度、入模温度,骨料必须清洁,不含有冰雪等冻结物,混凝土搅拌时间比常温延长50%。

4)混凝土养护做好测温记录,初期养护温度不得低于防冻剂的规定温度,当温度降低到防冻剂的规定温度以下时,强度不应小于4MPa。

5)拆除模板及保温层,应在混凝土冷却至15℃以后;拆模后混凝土表面温度与环境温度差大于15℃时,表面应覆盖养护,使其缓慢冷却。

10.6.5 质量标准

与第10.2.5节基础混凝土浇筑质量标准相同。

10.6.6 成品保护

(1)不得任意拆改大模板的连接件及螺栓,以保证大模板的外形尺寸准确。

(2)混凝土浇筑、振捣至最后完工时,要保持甩出钢筋的位置正确。

(3)应保护好预留洞口,预埋件及水电预埋管、盒等。

10.6.7　施工注意事项

(1)墙体烂根。墙体混凝土浇筑前,先均匀浇筑5cm厚砂浆或减石子混凝土。混凝土坍落度要严格控制,防止混凝土离析,底部振捣应认真操作。

(2)洞口移位变形。浇筑时,为防止混凝土冲击洞口模板,洞口两侧混凝土应对称、均匀进行浇筑、振捣。模板穿墙螺栓应紧固可靠。

(3)外砖墙歪闪。外砖内模墙体施工时,砖墙预留洞,用方木、花篮螺栓将砖墙从外面与大模板拉牢,振捣时振捣棒不碰砖墙。洞口模应有足够刚度。

(4)墙面气泡过多。采用高频振捣棒,每层混凝土均要振捣至气泡排除为止。

(5)混凝土与模板黏连。注意清理模板,拆模不能过早,隔离剂涂刷均匀。

10.6.8　安全措施

与第10.3.7节现浇框架混凝土浇筑安全措施相同。

10.6.9　质量记录

(1)材料(水泥、砂、石、外加剂等)出厂合格证、试验报告。

(2)混凝土试块试验报告及强度评定。

(3)分项工程质量检验评定。

(4)隐检、预检记录。

(5)混凝土施工记录;冬期施工记录。

(6)设计变更、洽商记录。

(7)其他技术文件。

10.7　构造柱、圈梁混凝土浇筑施工工艺标准

构造柱、圈梁为砖混结构中的主要连接构件。具有提高整体性、抗震性、强度和耐久性的作用。本工艺标准适用于砖混结构、外砖内模和全现浇大模结构的构造柱、圈梁现浇混凝土工程,工程施工应以设计图纸和有关施工质量验收规范为依据。

10.7.1　材料要求

与第10.1.1节普通混凝土现场拌制材料要求相同。

10.7.2 主要机具设备

(1)机械设备。包括混凝土搅拌机、洗石机、皮带输送机、回转振动筛、机动翻斗车、提升井架、卷扬机、插入式振动器等。

(2)主要工具。包括大小平锹、铁板、磅秤、胶皮管、手推车、串桶、溜槽、混凝土吊斗、贮料斗、铁钎、抹子等。

10.7.3 作业条件

(1)应根据现场使用材料,由试验室提出满足设计要求的混凝土配合比。

(2)现场准备足够的砂、石、水泥等材料,以满足连续浇筑的需要。

(3)各种机具设备经检修、维护保养、试运转,处于良好状态;电源可满足施工要求。

(4)模板已支设完毕,标高、尺寸及稳定性符合要求。

(5)钢筋已绑扎完成,并经检查办完隐检手续。

(6)搭设好必要的浇筑脚手架,并备好适当的垂直运输设备和机具。

(7)构造柱、圈梁施工缝接槎处的松散混凝土和砂浆残渣剔除、清理干净,模板内的垃圾、木屑、泥土和钢筋上的油污、杂物已清除干净。

(8)常温施工时,在混凝土浇筑前适当浇水湿润,但不得留有积水,钢模板应涂刷隔离剂。

(9)当采用商品混凝土时,供应商和供应计划已落实,混凝土强度等级、配合比等符合设计要求。

10.7.4 施工操作工艺

(1)混凝土配制应用磅秤计量,按配合比由专人进行配料,在搅拌地点设置混凝土配合比指示牌。

(2)混凝土正式搅拌前,搅拌机应先加水空转湿润后再行加料搅拌,开始搅拌第一罐混凝土时,一般宜按配合比少加一半石子,以后各罐均按规定下料。加料程序是:一般先加石子,再倒水泥,后倒砂子,最后加水。如掺入粉煤灰等掺和料,应在倒水泥时一并倒入;如掺加外加剂,应按定量与水同时加入。

(3)搅拌混凝土应使砂、石、水泥、外加剂等完全拌和均匀,颜色一致为止。混凝土搅拌时间,400L 自落式搅拌机一般不应少于 1.5min。混凝土坍落度一般控制在 5～7cm,每台班应做两次试验。

(4)混凝土搅拌完后,应及时用机动翻斗车、手推车或吊斗运至现场浇灌地点。运送混凝土应防止离析或水泥浆流失。如有离析现象,应在浇灌前进行二次搅拌或拌和。混凝土从搅拌机中卸出后到浇灌完毕的延续时间,当混凝土强度等级在 C30 及其以下时,气温高于 25℃的时间不得超过 90min;强度等级在 C30 以上时,气温高于 25℃的时间不得超过 60min。

(5)构造柱混凝土浇灌前,宜先浇灌 5cm 厚减半石子混凝土。混凝土供料可用塔吊吊斗或手推车，宜先将混凝土卸在铁板上，再用铁锹灌入模内，不应用吊斗或手推车直接将混凝土卸入模内。混凝土应分层浇筑，每层厚不超过50cm。先将振动棒插入柱底部，使其振动，再灌入混凝土，边下料边振捣，振动棒尽量靠近墙体，但应避免触碰墙体，严禁通过墙体传振。并应连续作业直到顶部，用木抹子压实压平。

(6)圈梁混凝土应分段浇筑，由一端开始向另一端进行，用赶浆法呈阶梯形向前推进，与另一段合拢。一般成斜向分层浇灌，分层用插入式振动棒与混凝土面成斜角斜向插入振捣，直至上表面泛浆，用木抹子压实、抹平，表面不得有松散混凝土。

(7)浇灌混凝土时应注意保护钢筋位置，随时检查模板是否变形移位，螺栓、拉线是否存在松动、脱落或出现胀模、漏浆等现象，并有专人修理。

(8)在混凝土浇筑完12h内，应对混凝土表面进行适当护盖并洒水养护，浇水次数应能保持混凝土处于湿润状态，养护时间不少于7d。

(9)冬期施工参见第10.3.4节现浇框架混凝土浇筑施工操作工艺。

10.7.5　质量标准

(1)主控项目。

1)钢筋的品种、规格和数量应符合设计要求。检验方法：检查钢筋的合格证书、钢筋性能试验报告、隐蔽工程记录。

2)构造柱的混凝土或砂浆的强度等级应符合设计要求。抽检数量：各类构件每检一验批砌体至少应做一组试块。检验方法：检查混凝土或砂浆试块试验报告。

3)构造柱与墙体的连接处应砌成马牙槎，并应沿墙高每隔500mm设2Φ6拉结钢筋，且每边伸入墙内不宜小于600mm。马牙槎应先退后进，预留的拉结钢筋应位置正确，施工中不得任意弯折。抽检数量：每检验批抽20%构造柱，且不少于3处。检验方法：观察检查。合格标准：钢筋竖向移位不应超过100mm，每一马牙槎沿高度方向尺寸不应超过300mm。钢筋竖向位移和马牙槎尺寸偏差每一构造柱不应超过2处。

4)构造柱位置及垂直度的允许偏差应符合表10.7.5的规定。

表10.7.5　构造柱尺寸允许偏差

<table>
<tr><th>序号</th><th colspan="3">项目</th><th>允许偏差/mm</th><th>抽检方法</th></tr>
<tr><td>1</td><td colspan="3">柱中心线位置</td><td>10</td><td>用经纬仪和尺检查或用其他测量仪器检查</td></tr>
<tr><td>2</td><td colspan="3">柱层间错位</td><td>8</td><td>用经纬仪和尺检查或用其他测量仪器检查</td></tr>
<tr><td rowspan="3">3</td><td rowspan="3">柱垂直度</td><td colspan="2">每层</td><td>10</td><td>用2m托线板检查</td></tr>
<tr><td rowspan="2">全高</td><td>≤10m</td><td>15</td><td rowspan="2">用经纬仪、吊线和尺检查，或用其他测量仪器检查</td></tr>
<tr><td>>10m</td><td>20</td></tr>
</table>

注：抽检数量为每检验批抽10%，且不应少于5处。

(2)一般项目。

1)设置在砌体水平灰缝内的钢筋,应居中置于灰缝中。水平灰缝厚度应大于钢筋直径4mm以上。砌体外露面砂浆保护层的厚度不应小于15mm。抽检数量:每检验批抽检3个构件,每个构件检查3处。检验方法:观察检查,辅以钢尺检测。

2)构造柱竖向受力钢筋保护层应符合设计要求,距砖砌体表面距离不应小于5mm;拉结筋两端应设弯钩,拉结筋及箍筋的位置应正确。抽检数量:每检验批抽检10%,且不应少于5处。检验方法:支模前观察与尺量检查。合格标准:钢筋保护层符合设计要求;拉结筋位置及弯钩设置80%及以上符合要求,箍筋间距超过规定者,每件不得多于2处,且每处不得超过一匹砖。

10.7.6 成品保护

(1)浇筑混凝土时,防止漏浆掉灰污染清水墙面。

(2)混凝土振捣时,避免振动或踩碰模板、钢筋及预埋件埋件脱落。以防模板变形,钢筋位移或预埋件脱落。

(3)混凝土浇筑完后,强度未达到1.2MPa,不准在其上进行下一工序操作或堆置重物。

(4)撒落在楼板和墙面上的混凝土应及时清理干净。

10.7.7 安全措施

与第10.7.7节现浇框架混凝土浇筑安全措施相同。

10.7.8 施工注意事项

(1)构造柱浇筑应注意加强对砖直槎砌筑定位的检查,保持进出齿垂直,以防止出现柱截面尺寸不足和轴线位移超差。

(2)混凝土浇筑应注意振捣密实,防止漏振或振捣使钢筋产生位移,特别是避免出现蜂窝、孔洞、露筋、夹渣等瑕疵。

(3)每根构造柱应连续浇筑,避免留施工缝;圈梁应分段浇筑,施工缝宜避免留在内、外墙交接、外墙转角及门窗洞口处。

10.7.9 质量记录

与第10.2.9节基础混凝土浇筑质量记录相同。

10.8 应用混凝土输送泵车浇筑混凝土施工工艺标准

本标准系用一台或多台混凝土输送泵车(简称泵车),通过全液压布料杆或连接管,将混凝土压送到基础或结构模板内浇筑。本工艺具有机械化程度高,准备工作少,操作灵活,机动性强，浇筑方便，工效高，能大量节省搭设脚手架的人力和机具，质量好，施工速度快，施工费用较低等优点。但需一定数量的专用机械设备，一次性投资较高。本工艺标准适用于工业与民用建筑现浇结构应用泵车进行混凝土浇筑工程。工程施工应紧密结合工程具体条件并根据有关施工规范进行。

10.8.1 材料要求

(1)水泥。根据设计要求混凝土强度等级及配合比要求，选用42.5及以上级别普通硅酸盐水泥、矿渣硅酸盐水泥和粉煤灰水泥，不宜采用火山灰质硅酸盐水泥。其水泥质量应符合现行国家标准《通用硅酸盐水泥》(GB 175—2007)和《矿渣硅酸盐水泥、火山灰质硅酸盐水泥及粉煤灰硅酸盐水泥》(GB 1344—1999)的规定。

(2)砂。细骨料应符合国家现行行业标准《普通混凝土用砂质量及检验方法标准》(JGJ 52—2006)的规定。细骨料宜采用中砂，其通过0.315mm筛孔的颗粒不应少于15%。

(3)石子。应符合国家现行行业标准《普通混凝土用碎石或卵石质量标准及检验方法》(JGJ/T 53—2011)的规定，宜采用连续级配，针片状颗粒含量不宜大于10%。粗骨料最大粒径与输送管径之比宜符合表10.8.1-1的规定。

表 10.8.1-1 粗骨料最大粒径与输送管径之比

粗骨料品种	泵送高度/m	粗骨料最大粒径与输送管径之比
碎石	<50	≤1∶3.0
	50～100	≤1∶4.0
	>100	≤1∶5.0
卵石	<50	≤1∶2.5
	50～100	≤1∶3.0
	>100	≤1∶4.0

(4)粉煤灰。宜掺用适量粉煤灰或其他活性矿物掺和料，其质量应符合国家现行标准《用于水泥和混凝土中的粉煤灰》(GB/T 1596—2005)、《预拌混凝土》(GB/T 14902—2012)和国家现行行业标准《粉煤灰在混凝土和砂浆中应用技术规程》(JGJ 28—86)的有关规定。

(5)外加剂。质量应符合国家现行标准《混凝土外加剂》(GB 8076—2008)、《混凝土外加剂应用技术规程》(GB 50119—2013)、《预拌混凝土》(GB/T 14902—2012)和国家现行行业标准《混凝土泵送剂》(JC 473—2001)的有关规定。

10.8.2 主要机具设备

主要机具设备包括混凝土输送泵车(带360°全回转三段液压折叠式布料杆)、混凝土搅拌运输车、空气压缩机、插入式混凝土振动器、12″～15″活扳手、电工常规工具、机械常规工具、对讲机、铁锹、铁钎等。

10.8.3 作业条件

(1)编制泵送浇筑作业方案,确定泵车型号、使用数量;配备搅拌运输车数量、行走路线、布置方式、浇筑程序、布料方法。

(2)灌注混凝土前的各道工序,经隐、预检合格并办理验收手续。

(3)全套混凝土搅拌、运输、浇筑机械设备经试车运转均处于良好工作状态,并配备足够的泵机易损零件,以便出现意外损坏时,能及时检修;电源能满足连续施工的需要。

(4)现场已准备足够的砂、石子、水泥、掺和料以及外加剂等材料,能满足混凝土连续浇筑的要求。

(5)模板内的垃圾、木屑、泥土、积水和钢筋上的油污等已清理干净;木模在混凝土浇筑前洒水湿润,钢模板内侧刷隔离剂。

(6)根据现场实际使用材料和含水量及设计要求,经试验测定,试验室已开具泵送混凝土配合比。

(7)浇筑混凝土必需的脚手架和马道已经搭设,经检查符合施工需要和安全要求。混凝土搅拌站至浇筑地点的临时道路已经修筑,能确保运输道路畅通。

(8)泵送操作人员经培训、考核合格,可持证上岗;对全体施工人员进行细致的技术交底。

10.8.4 施工操作工艺

(1)混凝土泵启动后,应先泵送适量水以湿润混凝土泵的料斗、活塞及输送管的内壁等直接与混凝土接触部位。经泵送清水检查,确认混凝土泵和输送管中无异物后,应选用水泥净浆或1∶2水泥砂浆浆液中的一种润滑混凝土泵和输送管内壁。润滑用浆料泵出后应分散布料,不得集中浇筑在同一处。

(2)混凝土搅拌运输车装料前,必须排净拌筒内积水。混凝土运输和周转过程中,不应往拌筒内加水。混凝土搅拌运输车在装载混凝土后,拌筒应保持3~6r/min的慢速转动。

(3)混凝土搅拌运输车给混凝土泵喂料时,应符合下列要求。

1)喂料前,应高速旋转拌筒,20s以上及总转数不少于100,使混凝土拌和均匀。

2)喂料时,反转卸料应配合泵送均匀进行,且应使混凝土保持在集料斗内高度标志线以上。

3)中断喂料作业时,应保持拌筒低速转动。

4)泵送混凝土喂料作业应由具备相应能力的专职人员操作,严禁非专职人员操作。

5)混凝土泵进料斗上,应安置网筛并设专人监视喂料,以防粒径过大骨料或异物入泵造成堵塞。

(4)开始泵送时,混凝土泵应处于匀速缓慢运行并随时可反泵的状态。泵送速度应先慢后快,逐步加速。同时,应观察混凝土泵的压力和各系统的工作情况,待各系统运转正常后,方可以正常速度进行泵送。混凝土泵送应连续进行,如因故必须中断时,其中断时间不得超过混凝土从搅拌至浇筑完毕所允许的延续时间。在混凝土泵送过程中,有计划中断时,应在预先确定的中断浇筑部位,停止泵送,且中断时间不宜超过1h。

(5)泵送混凝土浇筑入模时，浇筑顺序有分层浇筑法和侧堆浇筑法两种，要将端部软管均匀移动，使每层布料厚度控制在20～30cm，不应成堆浇筑。当用水平管浇筑时，随着混凝土浇筑方向的移动，每台泵车浇筑区应考虑1～2人看管布料杆并指挥布料，6～8名工人拆装管子，逐步接长或逐渐拆短，以适应浇筑部位的移动。

(6)混凝土分层铺设后，应随即用插入式振动器振捣密实。1台泵车应配备3～4台振动器(其中1～2台备用)。当混凝土坍落度大于15cm时，振捣一遍即可；当坍落度小于15cm时，应与普通混凝土一样振捣，以机械振捣为主，人工捣固为辅，捣固时间以15～30s为宜。

(7)泵送混凝土入模用水平管或布料杆时，要经常将端部软管均匀地移动，以防混凝土堆积，增加压送阻力而引起爆管。当浇筑壁板、沟槽部位时，管口应放在沟、槽模板中间，并采用引浆法浇捣。当混凝土浇到最后阶段，对泵车采取"分段停泵"的办法。

(8)泵车铺管向下倾斜输送混凝土时，若倾斜度为4°～7°，应在下斜管的下端设置相当于$5H$(H为落差)长度的水平配管[见图10.8.4(a)]，若倾斜度大于7°，还应在下斜管的上端设置排气活塞，以便放气[见图10.8.4(b)]，如因施工长度有限，下斜管无法按上述要求长度设置水平配管时，可用弯管或软管代替，但换算长度仍应满足$5H$的要求。

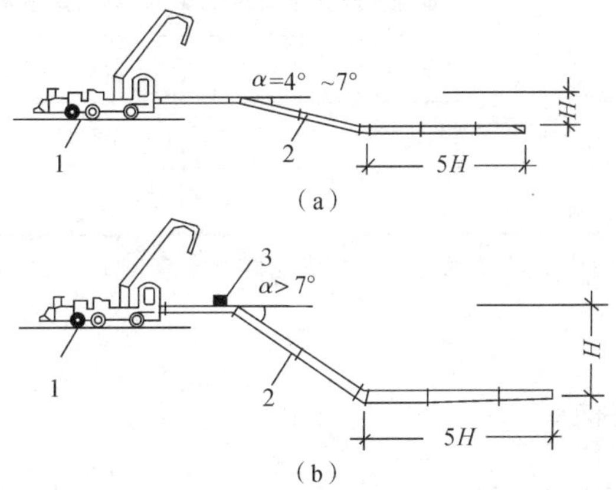

1—泵车；2—输送管道；3—放气阀

图10.8.4 配管布置 (a)倾斜度为4°～7°；(b)倾斜度大于7°

(9)沿地面铺管，每节管两端应垫50mm×100mm方木，以便拆装；向下倾斜输送时，应搭设宽度不小于1m的斜道，上铺脚手板，管两端垫方木支承，因压送时输送管会产生较大的振动，管子不应直接铺设在模板、钢筋上，而应搁置在马凳或临时搭设的架子上。

(10)泵送将结束时，应计算好混凝土需要量，以便决定拌制混凝土量，避免剩余混凝土过多。

(11)混凝土泵送完毕，应进行混凝土泵、布料杆及管路清洗。管道清理可采用空气压缩机推动清洗球清洗。方法是先安好专用清洗管，再启动空压机，渐渐加压。清洗过程中，应随时敲击输送管，了解混凝土是否接近排空。管道拆卸后按不同规格分类堆放备用。

10.8.5 质量标准

(1)泵送混凝土必须计量准确并用机械搅拌，搅拌时间要符合施工规范的规定。

(2)混凝土的坍落度宜为 8～18cm,对不同泵送高度,入泵时混凝土的坍落度,可按表 10.8.5-1选用;混凝土坍落度经时损失值,可按表 10.8.5-2 确定。各罐拌和物的坍落度应均匀。

表 10.8.5-1　不同泵送高度入泵时混凝土坍落度选用值

入泵坍落度/cm	最大泵送高度/m
10～14	30
14～16	60
16～18	100
18～20	400
20～22	400 以上

表 10.8.5-2　混凝土坍落度经时损失值

大气温度/℃	混凝土经时坍落度损失值(掺粉煤灰和木钙,经时 1h)
10～20	5～25
20～30	25～35
30～35	35～50

注:掺粉煤灰与其他外加剂时,坍落度经时损失值可根据施工经验确定。无施工经验时,应通过试验确定。

10.8.6　成品保护

(1)应排除混凝土表面泌水和浮浆,待表面无积水时,宜进行二次压实抹光。

(2)泵送混凝土一般掺有缓凝剂,宜在混凝土终凝后才浇水养护,并应加强早期养护。

(3)泵送混凝土水泥用量较大,对厚大体积混凝土,应进行保湿保温养护,以控制温度与收缩裂缝的出现。

10.8.7　安全措施

(1)泵车浇筑混凝土,泵车外伸支腿底部应设木板或钢板支垫,以保稳定;泵车离未护壁基坑的安全距离应经过分析计算,并不小于基坑深再加 1m;布料杆伸长时,其端头到高压电缆之间的最小安全距离应不小于 8.5m。

(2)布料设备在出现雷雨、暴风雨、风力大于 6 级(13.8m/s)等恶劣天气时,不得作业。

(3)泵车布料杆采取侧向伸出布料时,应进行稳定性验算,使倾覆力矩小于反倾覆力矩。严禁利用布料杆作起重使用。

(4)泵送混凝土作业过程中,软管末端出口与浇筑面应保持一定距离,防止埋入混凝土内,造成管内瞬时压力增高,引起爆管伤人。

(5)泵车应避免经常处于高压下工作，泵车停歇后再启动时，要注意表压是否正常，预防堵管和爆管。

(6)拆除管道接头时，应先进行多次反抽，卸除管道内混凝土压力，以防混凝土喷出伤人。

(7)清管时，管端应设安全挡板，并严禁在前方站人，以防喷射伤人。

(8)清洗管道可用压力水冲洗或压缩空气冲洗，但二者不得同时使用。在水洗时，可中途改用气洗，但气洗中途严禁转换为水洗。在最后 10m 应将泵压或压缩机压力缓慢减压，防止出现大喷爆伤人。严禁用压缩空气清洗布料杆。

(9)炎热季节施工，宜将混凝土输送管妥善遮盖，避免阳光照射。严寒季节施工，宜用保温材料包裹混凝土输送管，防止管内混凝土受冻，并保证混凝土的入模温度。

10.8.8 施工注意事项

(1)泵送混凝土强度等级应不低于 C25，除满足一般混凝土要求外，还必须满足可泵性要求，即有良好的和易性、合适的坍落度，以避免堵管。为提高和易性和配制大坍落度(大于15cm)的混凝土，一般在混凝土中掺加粉煤灰和减水剂。泵送混凝土的最小水泥用量宜为 300kg/m^3，水泥用量低于下限应掺加适量粉煤灰来改善和易性；水灰比应限制在 0.4～0.6，砂率控制在 38%～45%；混凝土的坍落度一般要求为 10～20cm，常用为 8～15cm，以9～13cm为佳。

(2)泵送混凝土在运输、卸料过程中如发现坍落度损失过大(超过 2cm)，严禁向搅拌车或储料斗内任意加水，但可在搅拌车内加入与混凝土相同水灰比的水泥浆或混凝土配比相同的水泥砂浆，经充分搅拌后才能喂泵。

(3)在泵车受料斗上应装孔径为 50mm×50mm 的振动筛，防止超规格骨料混入，以加快卸料和防止堵管。当气温高时，在管上遮盖草包，泡水润湿。

(4)泵送混凝土时，输送管内有压力或成弱喷射状态，易造成混凝土出现分离现象；浇灌时，要避免对侧模板直接喷射，混凝土输送管口应保持距模板 50～100cm 的距离，以免分离骨料堆在模板边角，导致出现蜂窝等质量问题。

(5)泵送中途停歇时间，一般不应超过 60min，如超过，应予清管或添加自拌混凝土，以保证泵机连续工作。

(6)泵送为多机连动作业，距离较远，应配有远距离控制机构和通讯联络设施，以保证畅通可靠，浇筑连续作业。

(7)泵送混凝土应搞好现场组织工作，配备精干劳动力，每台泵车需配备的劳力，视浇筑速度和结构复杂程度而定，一般每台泵车配备 7～10 人(其中混凝土工 4～5 人，辅助工 2～3 人，表面抹平 1～2 人)；使用输送管时，要增加辅助工 4～6 人，负表装拆、洗管子。

10.8.9 质量记录

泵送过程，要做好各项记录，如开泵记录、机械运行记录、压力表压力记录、塞管及处理记录、泵送混凝土记录、清洗记录、检修记录以及混凝土坍落度抽查记录等，以备作为评定质量、交接验收的资料。

10.9 应用固定式混凝土泵浇筑混凝土施工工艺标准

应用固定式混凝土泵浇筑混凝土系用固定式混凝土输送泵通过管道直接将混凝土送入基础或结构模板内浇筑。本工艺具有机械化程度高,效率高,用工少,劳动强度低,施工速度快,设备投资较泵车输送浇筑工艺少,所需的支承结构简单,节省材料,可降低施工成本等优点。本工艺标准适用于工业与民用建筑现浇结构应用固定式混凝土泵浇筑工程。工程施工应紧密结合工程具体条件并根据有关施工规范进行。

10.9.1 材料要求

对水泥、砂、石子、粉煤灰和外加剂的要求与第 10.8.1 节应用混凝土输送泵车浇筑混凝土材料要求相同。

10.9.2 主要机具设备

主要机具设备包括 HB 型混凝土输送泵、自卸翻斗汽车、空气压缩机、插入式混凝土振动器、12″～15″活扳手、电工常规工具、机械维修常规工具、对讲机、铁锹、铁钎等。

10.9.3 作业条件

与第 10.8.3 节应用混凝土输送泵车浇筑混凝土作业条件相同。

10.9.4 施工操作工艺

(1)用固定式混凝土输送泵泵送混凝土前,应先选好泵机位置,使泵机距浇筑地点最近,附近有水源和电源,无障碍物,以便于运送混凝土的汽车行走喂料。混凝土由设在工程附近的集中搅拌站直接供应,或用搅拌运输车从较远的集中搅拌站将混凝土运到泵机处供应。

(2)泵送管道的铺设应注意以下几点。

1)管道的配置应最短,尽量少用弯管和软管,避免使用弯度过大的弯头,管道末端活动软管不得超过 180°。

2)混凝土泵出口应有一定长度的水平管,然后再接弯管。

3)管路布置应使泵送的方向与混凝土浇筑方向相反,使在浇筑过程中容易拆除管段而不需增设管段。

4)输送管道不得放在模板、钢筋上,以避免振动产生变形,应用支架、台垫或吊具等支承并固定牢固。

5)当管路向下配管时,应在转弯处设置气门。

(3)泵送前要对泵机进行全面检查,进行试运转及泵送系统各部位的调试,检查输送管道铺设是否合理、牢固,以保证泵送期间运转正常。

(4)泵送混凝土的性能要求与混凝土泵车输送工艺相同。刚开始泵送混凝土时,应缓慢压送入模,同时应检查泵机是否运转正常,管道接头是否严密,有无漏气、漏浆、漏水,如有异常情况,应停泵检查,修理好后再工作。

(5)泵送浇筑大体积基础,应分块分层进行,用钢管退缩布料,每层高 400～500mm,每次浇筑宽 1.5m 左右,以一定的坡度循序推进,每层保持盖住下层混凝土不超过初凝。

(6)浇筑混凝土落灰高度不宜超过 2m,如超过 2m,应先铺一层 10cm 厚的原混凝土配合比无石子的砂浆。

(7)泵送混凝土应连续浇筑,如混凝土供应不上,暂时中断泵送时,应每隔 10min 反泵一次,使管中混凝土形成前后往复运动,保持良好的可泵性,以免混凝土发生沉淀堵塞管道。

(8)泵机作业完成,应立即将泵罐和管道清洗干净。清洗管道可用压缩空气输入管道清洗,其压力不应超过 0.7MPa。

(9)当出现混凝土泵送困难时,可用木槌敲击输送管弯管、锥形管等部位,并进行慢速泵送或反泵,以消除故障,防止堵塞。用木槌敲击输送管的弯管、锥形管的目的:①混凝土通过这些部位比通过直管难;②用木槌将这些部位的混凝土敲击松散,便于通过管道恢复正常泵送,避免堵塞。

(10)向下泵送混凝土时,由于混凝土自由下落,压缩管内混凝土下面的空气,形成气柱阻碍混凝土下落也会使混凝土产生离析。因此,开始向下泵送混凝土时,要先打开输送管上的气阀,使管内混凝土下面的空气不能形成气柱,从而使混凝土能正常自由下落。待输送管下段的混凝土有了一定压力时,关闭气阀进入正常泵送。国外有关设备要求向下泵送混凝土前;先在管中放入海棉球。

(11)当多台混凝土泵同时泵送时,因受现场道路和场地条件等影响,其实际泵送能力不会相同。当混凝土泵与其他输送设备组合施工时,每台塔吊或履带吊等设备的吊运混凝土的能力与混凝土泵的泵送能力更是相差较大,但现场各台输送混凝土设备所承担的浇筑区间之间的混凝土必须在初凝时间内相结合。一般都要求多台混凝土输送设备能同时充分发挥输送混凝土的能力,以便尽量缩短浇筑时间。因此,预先规定各台设备的输送能力、浇筑区域和浇筑顺序,并在施工中统一指挥,及时协调各台设备的施工进度,对于保证混凝土的浇筑质量和进度都是十分重要的。

(12)其他与第 10.8.4 节应用混凝土输送泵车浇筑混凝土施工操作工艺相同。

10.9.5 质量标准

与第 10.8.5 节应用混凝土输送泵车浇筑混凝土质量标准相同。

10.9.6 成品保护

与第 10.8.6 节应用混凝土输送泵车浇筑混凝土成品保护相同。

10.9.7 安全措施

与第 10.8.7 节应用混凝土输送泵车浇筑混凝土安全措施相同。

10.9.8 施工注意事项

(1)泵送混凝土采取在现场外运送混凝土时,要组织好混凝土汽车输送,保持优先让混凝土汽车,交通畅通无阻,同时运距不宜过长,以免混凝土离析影响泵送。如运输过长,最好能进行二次搅拌。

(2)搅拌站混凝土生产能力与泵的输送能力要相适应,以保证连续浇筑,避免间歇。

(3)泵机料斗前应设专人值班,拾出拌和物中的大石子和杂物。在泵送过程中,料斗中混凝土的量保持不低于上口 20cm,以免泵机吸入率低,以至吸入空气,形成阻塞。

(4)由于泵送混凝土一次浇灌量大,速度快,混凝土流动性高,再加上振动混凝土产生较大的水平推力,故对模板的支设,钢筋的绑扎、架立要求应比通常更牢固。

(5)夏季施工时,对曝晒管道应采取覆盖、淋水降温等措施,防止混凝土坍落度损失过大;冬期施工要有防冻措施,如用 3～4 层草袋包扎管道等。

(6)混凝土在输送过程中,常会发生管道堵塞事故,主要原因如下。

①骨料级配不合理,混有超径石子;细骨料用量太少。

②混凝土配合比不合理,水泥用量过多,水灰比太大,或坍落度太小。

③管道敷设不合理,管道弯头过多,水平管长度太短,管道过长或固定不牢。

④泵送停歇时间过长,管道中混凝土发生离析。

防治管道堵塞措施一般如下。

①选用可泵性的材料和级配,严格控制混凝土配合比计量准确,严禁在料斗内加水,使混凝土坍落度不发生较大的变化。

②在料斗上加装金属滤网,不使过大的石子和异物进入料斗;压送前用砂浆润滑管道。

③用翻斗车运输时,运输速度要使混凝土在搅拌 1.5h 内泵送完毕,最好经二次搅拌后再喂入料斗内。

④泵机操作时,如发现泵压升高,管路发生抖动,应用木槌敲击管路中的弯管、锥形管等易堵塞部位;或放慢压送速度,使泵进行逆转(反泵)将混凝土抽回料斗,搅拌后再压送;如多次反泵无效,则应停止泵送,拆卸堵塞管道,取出管内混凝土,清洗干净后再重新开始压送。

⑤如发生堵塞,可采取侧车回流与缩短活塞行程强力压送的办法;同时对丫形管、弯管或变径管、软管等进行检查,迅速排除故障。

(7)在泵送过程中有时会发生爆管,其防治措施是:混凝土坍落度应符合泵送要求;避免使用有裂缝或表面凹陷的管子,加强输送管的管理,定期更换;配管连接必须符合规定。

10.9.9 质量记录

与第 10.8.9 节应用混凝土输送泵车浇筑混凝土质量记录相同。

10.10 后张法无粘结预应力混凝土结构施工工艺标准

本工艺标准适用于一般工业与民用建筑和一般构筑物，如多层、高层建筑结构中的楼板、梁、墙体、多层大开间民用建筑中的楼板、梁以及无腐蚀介质的筒仓及其他适用配置无粘结预应力筋混凝土的工程。工程施工应以设计图纸和施工规范为依据。

10.10.1 材料要求

(1)无粘结预应力筋。

1)无粘结预应力筋是带有专用防腐油脂涂料层和外包层的预应力筋，有钢绞线和钢丝束两种，其构造见图 10.10.1。常用钢丝、钢绞线的规格和力学性能详见表 10.10.1-1、表 10.10.1-2。

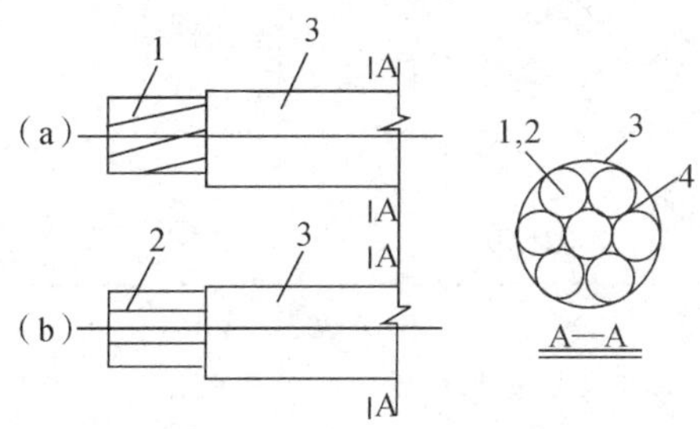

1—钢绞线；2—平行钢丝；3—塑料护套；4—油脂

图 10.10.1 无粘结预应力筋的构造

(a)无粘结钢绞线；(b)无粘结钢丝束

表 10.10.1-1 低松弛光圆钢丝和螺旋肋钢丝的规格和力性能

公称直径/mm	直径允许偏差/mm	公称截面积/mm^2	每米参考重量/($g \cdot m^{-1}$)	抗拉强度不小于/MPa	规定非比例伸长应力$\sigma_{p0.2}$不小于/MPa		最大力总伸长率δ不小于/%	弯曲次数不小于/180°	弯曲半径/mm	应力松弛性能	
					WLR	WNR				初始应力相当于公称抗拉强度的百分比/%	1000h应力松弛率不大于/%
5.00	±0.05	19.63	154	1670 1770 1860	1470 1560 1640	1410 1500 1580	(L_0≥200mm) 3.5	4	15	60 70 80	1.0 2.5 4.5
6.00	±0.05	28.27	222	1570 1670 1770	1380 1470 1560	1330 1410 1500		4	15		
7.00	±0.05	38.48	302					4	20		

注：1. 本表摘自《预应力混凝土用钢丝》(GB/T 5223—2014)。

2. 规定非比例伸长应力 $\sigma_{p0.2}$ 值不小于公称抗拉强度 σ_b 的 88%。

3. 钢丝弹性模量为(2.05±0.1)×10^5 MPa。

表 10.10.1-2　1×7 低松弛钢绞线的规格和力学性能

公称直径/mm	直径允许偏差/mm	公称截面积/mm²	每米参考重量/(g·m⁻¹)	抗拉强度/MPa	整根钢绞线最大力 F_m/kN	规定非比例延伸力 $F_{p0.2}$/kN	最大力总伸长率 δ/%	应力松弛性能：初始负荷相当于公称最大力的百分比/%	应力松弛性能：1000h 应力松弛率不大于/%
				不小于					
12.7	+0.40 −0.20	98.7	775	1720	170	153	L_0≥150 3.53.5	60 70 80	1.0 2.5 4.5
				1860	184	166			
				1960	193	174			
15.2		140	1101	1720	241	217			
				1860	260	234			
				1960	274	247			
15.7		150	1178	1770	266	239			
				1860	279	251			
17.8		191	1500	1720	327	294			
				1860	353	318			

注：1. 本表摘自《预应力混凝土用钢绞线》(GB/T 5224—2014)。

2. 规定非比例伸力 $F_{p0.2}$ 值不小于整根钢绞线公称最大力 F_m 的 90%。

3. 钢丝弹性模量为(1.95±0.1)×10^5 MPa。

2)制作无粘结预应力筋用的钢丝束、钢绞线必须符合国家标准《预应力混凝土用钢丝》(GB/T 5223—2014)、《预应力混凝土用钢绞线》(GB/T 5224—2014)的规定。检查数量：每60t 为一批，每批抽取一组试件作力学性能检验(任取 10%盘，不少于 6 盘)。检查方法：出厂合格证、出厂检验报告和进场复验报告。

3)无粘结预应力筋的涂料层采用专用防腐油脂，其性能应符合《无粘结预应力筋专用防腐润滑脂》(JG 3007—1993)的规定，其塑料外套宜采用高密度聚乙烯，护套厚度应均匀，不得过松或过紧、破损。检查数量：每 60t 为一批，每批抽取一组试件(任取 10%盘，不少于 6 盘)。检验方法：产品合格证、出厂检验报告和进场复验报告。

注：当有工程经验时，并经观察认为质量有保证时，可不作油脂用量和护套厚度的进场复验。

4)无粘结预应力筋所用的钢绞线和钢丝不应有死弯，如有死弯时必须切断。

(2)锚具、夹具、连接器。

1)锚具。无粘结预应力筋锚具的选用，应根据无粘结预应力筋的品种、设计要求确定，对常用直径为 15mm、12mm 的单根钢绞线和 7Φ5 钢丝束无粘结预应力筋，宜采用单孔锚具，也可采用不同规格的群锚锚具，固定端采用挤压锚或镦头锚板。常用无粘结预应力筋锚具见表 10.10.1-3。

表 10.10.1-3 常用无粘结预应力筋锚具

无粘结预应力筋品种	张拉端	固定端
钢绞线	夹片锚具	挤压锚
7Φ5 钢丝束	镦头锚具 夹片锚具	镦头锚

2)无粘结预应力筋所使用的锚具、夹具、连接器按设计规定采用。其性能和应用应符合国家现行标准《预应力筋用锚具、夹具、连接器》(GB/T 14370—2007)和《预应力筋用锚具、夹具、连接器应用技术规程》(JGJ 85—2010)的规定。外观检验:从每批中抽取10%且不应小于10套锚具,检查外观质量和外形尺寸;锚具表面应无污物、锈蚀、机械损伤和裂纹。当有一套表面有裂纹时,应逐套检查。

3)硬度检查。对硬度有严格要求的锚具零件,应进行硬度检验。对新型锚具应从每批中抽取5%且不少于5套,对常用锚具每批中抽取2%且不少于3套,按产品标准规定的表面位置和硬度范围做硬度检验。当有一个零件硬度不合格时,应另取双倍数量的零件重做试验,如仍有一个零件不合格,则应对该批零件逐个检验。

4)静载锚固性能试验。应从同一批中抽取6套锚具,与符合试验要求的预应力筋组装成3束预应力筋-锚具组装件,每束组装件试验结果必须符合本标准第10.1.3条的规定。当有一束组装件不符合要求时,应取双倍数量的锚具重做试验,如仍有一束组装件不符合要求,则该批锚具判为不合格品。

注:①对静载锚固性能试验,多孔锚具不应超过1000套(单孔锚具为2000套)、连接器不宜超过500套为一个检验批。

②钢丝束镦头锚具组装件试验前,应抽取6个试件进行镦头强度试验。镦头强度不应低于母材抗拉强度的98%。

③对锚具用量较少的一般工程,如供货方提供有效的试验报告,可不做静载锚固性能试验。

(3)波纹管进场时每一合同批应附有质量证明书,并做进场复验。

1)波纹管的内径、波高和壁厚等尺寸偏差不应超过允许值。

2)金属波纹管的内外表面应清洁、无油污、无锈蚀、无孔洞、无不规则的褶皱,咬口不应有开裂或脱扣。

3)塑料波纹管的外观应光滑、色泽均匀,内外壁不允许有隔体破裂、气泡、裂口、硬块和影响使用的划伤。

注:对波纹管用量较少的一般工程,当有可靠依据时,可不做刚度、抗渗漏性能或密封性的进场复验。

10.10.2 主要机具设备

(1)主要机具规格及性能见表10.10.2。

(2)预应力筋成型制作用普通机具。

1)380V 电焊机、焊把线等。

2)380V/220V 二级配电箱、屯线若干。

表 10.10.2 主要机具规格、性能

序号	名称	型号	性能
1	高压电动油泵	ZB4/500	与千斤顶、镦头器、压花机、挤压机配套使用
2	张拉千斤顶	YCW 系列	用于夹片锚
3	钢绞线挤压机	JY45	用于 Φ^{j}12、Φ^{j}15 挤压锚
4	钢绞线压花机	YH30	用于 Φ^{j}12、Φ^{j}15 压花

3)Φ400 砂轮切割机。

4)常用工具:绑钩、卷尺若干,扳手等。

5)50m 尺。

10.10.3 作业条件

(1)预应力筋下料、铺设的作业条件。

1)螺旋筋、承压板、锚板等配套件合格。

2)确认施工技术资料齐备。

3)施工现场已具备铺设条件。

(2)预应力筋张拉的作业条件。

1)承受预应力的结构混凝土强度达到设计要求,并附有试验报告单;如设计无要求时,一般不得低于设计强度的 75%。

2)张拉设备已经过配套标定并有标定报告。

3)具备预应力筋的张拉顺序、初始拉力、超张拉控制拉力及其对应的施工油压值、预应力筋相对张拉伸长值允许范围的通知。

4)承受预应力的结构混凝土质量检验完好。重点检查锚具承压板下的混凝土质量,如有缺陷,应事先修补好。

5)操作人员经过培训、持证上岗。

6)通知监理工程师、质检员现场监督检查。

10.10.4 施工操作工艺

(1)工艺流程混凝土试块强度试压。

(2)预应力筋的加工制作

1)所加工的预应力筋必须具有产品合格证,经过复验合格并具有报告或具有施工现场会同监理抽取的力学性能试验报告。

2)无粘结筋塑料外套目测合格。

3)具备书面下料单。

4)预应力筋的吊运应运用软起吊,吊点应衬垫软垫层。

5)下料过程中应随时检查无粘结筋外套管有无破裂,如发现破裂应立即用水密性胶带缠绕修补。胶带搭接宽度不小于带宽的一半,缠绕长度应超过破裂长度。严重破损者,切除不用。

6)下料宜与工程进度相协调,不宜太多。

7)挤压锚的制作。剥去套管,套上弹簧圈,端头与钢绞线齐平并不得乱圈、重叠。套上挤压套,钢绞线端头外露 10mm 左右。利用挤压机挤压成型,每次挤压均须清理挤压模并涂以润滑剂。挤压成型的挤压锚、钢绞线端头露出挤压套的长度不应小于 1mm,在挤压套全长内均应有弹簧圈均布。每工作班应抽取三套挤压锚做挤压前和挤压后的外径、内径、全长以及外观检查记录。

8)钢丝镦头。采用 LD－10 型镦头器镦制钢丝,控制油压为 32～36MPa 先行试镦,外形稳定后,取 6 个镦头作强度试验,试验合格后再批量生产。批量生产中,目测外观,外形不良者应随时切除重镦。

9)制成的预应力筋应分类码放,设置标牌,标注明显。应有防雨、防潮、防污染措施。

10)下料宜用砂轮锯切割。

(3)模板支搭。

(4)下层非预应力钢筋绑扎。

(5)布设无粘结预应力筋。

1)梁结构可采用钢筋井字架固定,板结构可采用铁马凳固定,定位点必须用钢丝绑扎,马凳高度根据设计要求确定,在最高点和最低点处可直接绑扎在非预应力筋上,但必须与设计高度相符。

2)定位支撑点:支撑平板中单根无粘结预应力筋的支撑钢筋,间距不宜大于 2m;对于支撑 2～4 根无粘结预应力束,支撑钢筋直径不宜小于 10mm,间距不宜大于 1.5m;对于更多束的预应力筋集束,支撑钢筋直径不宜小于 12mm,支撑间距不宜大于 1.2m。

3)多根无粘结预应力筋集束的铺设应相互平行,走向平顺,不得相互扭绞。铺设时可单根顺次铺设,最后以间距为 1.0～1.5m 铁丝绑扎、并束。

4)为保证无粘结预应力筋曲线矢高的要求,无粘结筋应和同方向非预应力筋配置在同一水平位置(跨中或最高点处)。

5)双向配置时,还应注意筋的铺放顺序。施工前进行人工或电算编序,以确定预应力筋的铺放顺序。铺放时,按号顺次交错铺设,以免相互穿插造成施工困难。

6)平板结构开洞处,其预应力筋应予避让,布置见图 10.10.4-1。

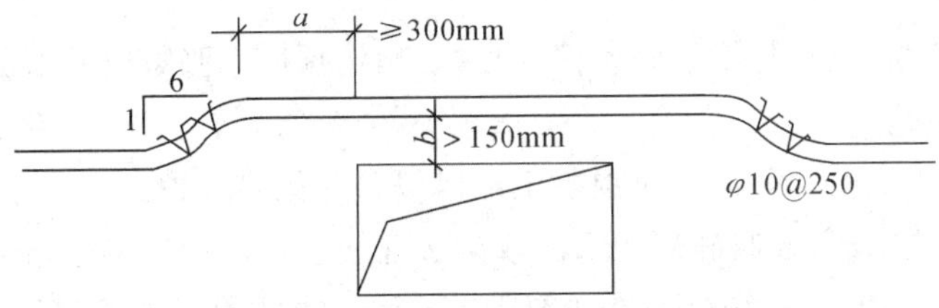

图 10.10.4-1　开洞处预应力筋避让布置

如不能满足上述布置要求时,可与设计单位协商解决。措施办法如下。

①无粘结预应力筋平面布置改变以避让洞口,如并束等。

②将洞口无粘结筋断开、各设张拉端和固定端。但对于梁板内的管线,安装预留孔等预应力筋不得避让。

(6)端部节点安装。

1)张拉端的安装。安装时将无粘结预应力筋从承压板的预留孔中穿出,其与承压板垂直区段用钢丝绑实。当安装锚具凹进混凝土的张拉端时,应安装穴模,同时在浇筑混凝土前,宜在承压板内表面位置将预应力筋外包塑料管沿周边切断,张拉时再将穴模拿掉。

2)固定端的安装。按设计要求固定在模板内,并配置螺旋筋。固定端安装示意见图 10.10.4-2(挤压锚)和图 10.10.4-3(镦头锚具)。

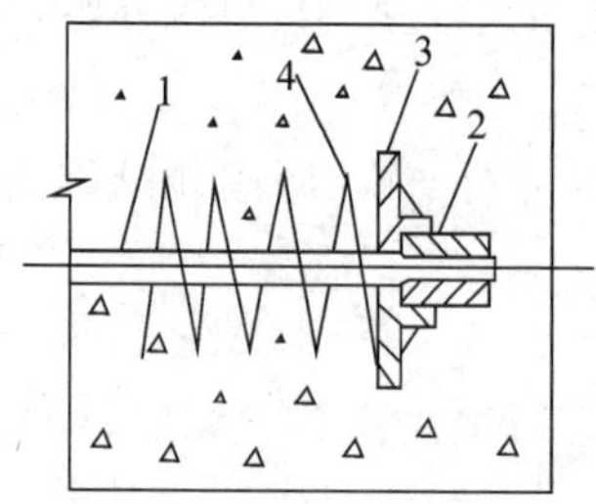

1—无粘结预应力筋;2—挤压锚;
3—承压板;4—螺旋筋

图 10.10.4-2　固定端挤压锚安装示意

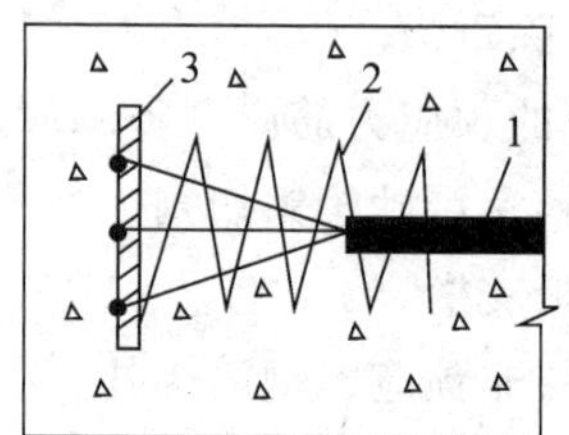

1—无粘结预应力筋;2—螺旋筋;
3—镦头锚板

图 10.10.4-3　固定端镦头锚具安装示意

(7)上层非预应力钢筋绑扎。

(8)无粘结预应力筋的定位高度绑扎。根据设计要求,对无粘结预应力筋各定位高度进行检查,并用钢丝进行固定,同时调直预应力筋,并修补局部外皮破损。

(9)隐蔽验收。会同监理进行隐蔽验收工作。需提供自检,预应力筋及其组装件的原材料合格证及复验报告。检验合格后,方可进行混凝土浇筑。

(10)混凝土浇筑及振捣。

1)混凝土浇筑前,应清除模板内的积水和杂物,并对木模进行湿润,如模板有缝隙,应填塞密实。

2)浇筑混凝土时,宜用插入式、附着式及平板式等振捣器进行振动。预应力筋锚固端及其他钢筋密集部位应振捣密实,并避免振动器直接触碰预应力管道、无粘结预应力筋及锚具预埋件。

3)应多留 1～2 组试块,与梁板同条件养护,以确定预应力张拉时的混凝土强度。

(11)混凝土养护。

1)应在浇筑完毕后的 12h 以内对混凝土加以覆盖并保湿养护。

2)对采用硅酸盐水泥、普通硅酸盐水泥或矿渣硅酸盐水泥拌制的混凝土,混凝土浇水养护的时间不得少于 7d;对掺用缓凝型外加剂或有抗渗要求的混凝土,混凝土浇水养护的时间不得少于 14d。

3)浇水次数应能保持混凝土处于湿润状态;混凝土养护用水应与拌制用水相同。

4)采用塑料布覆盖养护的混凝土，其敞露的全部表面应覆盖严密，并应保持塑料布内有凝结水。

5)混凝土强度达到 1.5N/mm^2 前，不得在其上踩踏或安装模板及支架。

注：①当日平均气温低于 5℃时，不得浇水。

②当采用其他品种水泥时，混凝土的养护时间应根据所采用水泥的技术性能确定。

③混凝土表面不便浇水或使用塑料布时，宜涂刷养护剂。

④对大体积混凝土的养护，应根据气候条件按施工技术方案采取控温措施。

(12)预应力筋张拉。

1)作业条件具备见第 10.10.3 节第 2 条。

2)逐根测量无粘结预应力筋的外露长度，记录下来作为张拉的原始长度，并做好顺序记录。

注：量测时，应注意预应力钢绞线的端头不一定很整齐，所以应以最长或最短根为准，并在张拉完成后测量时遵循同一标准。

3)接通油泵加压至控制张拉力，而后进行锚固。当千斤顶行程不能满足张拉所需伸长时，中途可停止张拉，作临时锚固，再进行第二次张拉。

4)当预应力筋规定为两端张拉，两端同时张拉时，宜先在一端锚固后，再在另一端补足张拉力再行锚固。也可一端先张拉并锚固，再在另一端张拉后锚固。

5)预应力筋的锚固。应在规定油压下锚固。当采用液压顶压时，宜对夹片施加 10%～20%的顶压力，预应力筋回缩值不得大于 5mm。若采用夹片限位器，可不对夹片顶压，但预应力筋回缩值不得大于 8mm。

6)张拉后再次测量无粘结预应力筋的外露长度，减去张拉前的长度，所得之差为实际伸长值。实际伸长值与理论伸长值的误差为±6%，如不符，须查明原因，作出调整之后重新张拉。

7)控制油压正确。当油表指针摆动时，必须停止油泵供油，以指针稳定时的读数为准。

8)张拉过程中如发现以下情况必须重新标定张拉设备。

①张拉过程中千斤顶漏油。

②张拉伸长跳动不均匀。

③油压表无压时，指针不回零。

④多束相对伸长值超过限制或预应力筋出现颈缩破坏时。

9)变角张拉。当张拉空间受到限制或为特殊工程(如隧道、环向筋)时，可采用变角张拉。由于变角张拉会产生较大的应力损失，故一定要经设计同意。

10)张拉完成后，应认真填写施加应力表格，由施工人员签名备查。

(13)切除端部多余预应力筋。

1)核查张拉时预应力筋的实际伸长值，应会同建设单位、监理确认在规定范围内后，方能进行端部多余预应力筋的切除。

2)切除预应力筋在锚具外的多余部分。预应力筋切断后，其露出锚具外的长度不宜小于 30mm。宜采用砂轮锯切割，严禁使用电弧切割。

(14)锚具防护。锚固区的防护必须有充分的防锈和防火的保护措施，严防水气进入，锈蚀锚具或预应力筋。锚具防护按设计要求,如无要求时,通常有以下两种形式。

1)将锚固区设置在后浇的混凝土圈梁内。

2)设有后浇带的锚固区锚具防护见图 10.10.4-4。在锚固区先用穴模留出防护空间,在预应力筋张拉后,切去多余钢丝,在金属部位涂防腐材料,在混凝土表面涂粘结剂,而后进行封闭。

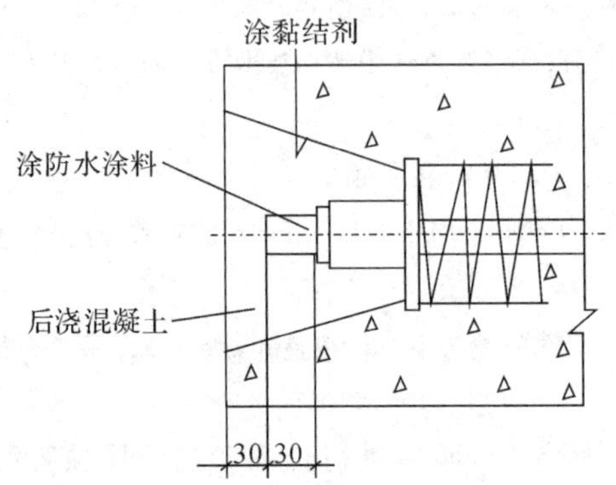

图 10.10.4-4　锚固区锚具防护示意(单位:mm)

10.10.5　质量标准

(1)主控项目。

1)预应力筋进场时,应按现行国家标准《预应力混凝土用钢绞线》(GB/T 5224—2014)等的规定抽取试件作力学性能检验,其质量必须符合有关标准的规定。检查数量:按进场的批次和产品的抽样检验方案确定。检验方法:检查产品合格证、出厂检验报告和进场复验报告。

2)无粘结筋的涂料层、包裹层的材料质量必须符合无粘结预应力钢绞线标准的规定。

3)预应力筋用锚具、夹具、连接器性能必须符合国家现行标准《预应力筋锚具、夹具和连接器》(GB/T 14370—2010)等的规定。

4)预应力筋安装时,其品种、级别、规格、数量必须符合设计要求。

5)施工过程中,应避免电火花损伤预应力筋,已损伤的预应力筋必须予以更换。

6)预应力筋张拉时,混凝土强度应符合设计要求;当设计无具体要求时,不应低于 75%的设计强度。

7)预应力筋的张拉力、张拉或放张顺序及张拉工艺应符合设计及施工技术方案的要求,并应符合下列规定。

①当施工需要超张拉时,最大张拉力不应大于现行国家标准《混凝土结构设计规范》(GB 50010—2011)的规定。

②张拉工艺应能保证同一束中各根预应力筋的应力均匀一致。

③预应力筋逐束或逐根张拉时,应保证各阶段不出现对结构不利的应力状态。同时宜考虑后批张拉预应力筋所产生的结构构件的弹性压缩对先批张拉预应力筋的影响,确定张拉力。

④当采用控制应力张拉时，应核校预应力筋的伸长值。实际伸长值与设计计算理论伸长值的相对允许偏差为±6%。

8)张拉过程中，应避免预应力筋断裂或滑脱。当发生断裂或滑脱时，其断裂或滑脱的数量严禁超过同一截面预应力筋总根数的3%，且每束钢丝或每根钢绞线不得超过一丝；对多跨双向连续板，其同一截面应按每跨计算。

9)锚具的封闭保护应符合设计要求；当设计无要求时，应符合下列规定。

①应采取防止锚具腐蚀和遭受机械损伤的有效措施。

②凸出式锚固端锚具的保护层厚度不应小于50mm。

③外露预应力筋的保护层厚度，在处于正常环境时，不应小于20mm；在处于易受腐蚀的环境时，不应小于50mm。

(2)一般项目。

1)无粘结预应力筋护套应光滑、无裂缝、无明显褶皱。如有轻微破损者，应外包塑料防水胶带修补。严重破损者不得使用。

2)预应力筋用锚具、夹具和连接器在使用前应进行外观检查，其表面应无污物、锈蚀、机械损伤和裂纹。

3)无粘结预应力筋下料应采用砂轮锯或切割机切割，不得采用电弧切。

4)预应力筋端部锚具制作的质量，应符合下列要求。

①挤压锚具制作时压力表油压应符合操作说明书的规定，挤压后预应力筋外端应露出挤压套筒1～5mm；

②钢绞线压花锚成形时，表面应清洁、无油污。梨形头尺寸和直线段长度应符合设计要求。

5)预应力筋束形控制点的竖向位置允许偏差应符合表10.10.5-1的规定。检查数量：在同一检验批内，抽查各类型构件中预应力筋总数的5%，且对各类型构件均不少于5束，每束不应少于5处。检验方法：钢尺检查。

表10.10.5-1 预应力筋束形控制点的竖向位置允许偏差

参数	截面高(厚)度/mm		
	$h \leqslant 300$	$300 < h \leqslant 1500$	$h > 1500$
允许偏差/mm	±5	±10	±15

注：束形控制点的竖向位置偏差合格点率应达到90%及以上，且不得有超过表中数值1.5倍的尺寸偏差。

6)无粘结预应力筋的铺设除应符合上一条的规定外，尚应符合下列要求。

①无粘结预应力筋的定位应牢固，浇筑混凝土时不应出现移位和变形。

②端部的预埋锚垫板应垂直于预应力筋。

③内埋式固定端垫板不应重叠，锚具与垫板应贴紧。

④无粘结预应力筋成束布置时应能保证混凝土密实并能裹住预应力筋。

⑤无粘结预应力筋的护套应完整，局部破损处应采用防水胶带缠绕紧密。检查数量：全数检查。检验方法：观察。

7)锚固阶段张拉端预应力筋的内缩量应符合设计要求;当设计无具体要求时,应符合表10.10.5-2的规定。检查数量:每工作班预应力筋总数的3%,且不少于3束。检验方法:钢尺检查。

表10.10.5-2 锚固阶断张拉端预应力筋的内缩量限值

锚具类别		内缩量限值/mm
支承式锚具(镦头锚具等)	螺帽缝隙	1
	每块后加垫板的缝隙	1
锥塞式锚具		5
夹片式锚具	有顶压	5
	无顶压	6~8

8)后张法预应力筋锚固后的外露部分宜采用机械方法切割,其外露长度不宜小于预应力筋直径的1.5倍,且不宜小于30mm。检查数量:在同一检验批内,抽查预应力筋总数的3%,且不少于5束。检验方法:观察,钢尺检查。

10.10.6 成品保护

(1)在储存、运输和安装过程中,预应力筋、锚具、夹具、连接器等应采取防锈、防损坏措施。

(2)混凝土浇筑时,严禁踏压马凳,确保无粘结预应力束型及锚具位置。

(3)张拉端及锚固端混凝土应振捣密实。同时,严禁触碰张拉端穴模,避免由于穴模脱落而影响预应力筋的张拉进行。

(4)整个施工过程中,电气焊不得烧伤预应力筋。

(5)预应力筋张拉锚固后,及时对锚固区进行防护处理。

(6)应注意对无粘结预应力筋的保护,禁止在楼板上拖动非预应力钢筋,严禁踩、踏预应力筋及预应力筋专用马凳。

10.10.7 安全与环保措施

(1)预应力筋加工布设、施工安全。

1)现场放线和断料的预应力钢丝或钢绞线,应设置专用场地和放线架,避免放线时钢丝或钢绞线跳弹伤人。

2)预应力筋断料应采用砂轮锯切割,切割机时应戴防护眼镜。

3)高空进行预应力制作安装时,应搭设安全可靠的脚手架、马道和防护栏,不得在钢筋骨架上进行攀登和预应力施工作业。

(2)无粘结预应力筋张拉施工安全。

1)在预应力筋张拉轴线的前方和高处作业时,结构边缘与设备之间不得站人。

2)油泵使用前应进行常规检查,重点是安全阀在设定油压下不能自动开通。

3)输油路做到"三不用",即输油管破损不用,接口损伤不用,接口螺母不扭紧、不到位不用。不准带压检修油路。

4)使用油泵不得超过额定油压,千斤顶不得超过规定张拉最大行程。油泵和千斤顶的连接必须到位。

5)电气应做到接地良好、电源不裸露,不带电检修,检修工作由电工操作。

6)切筋时,应防止断筋飞出伤人。

(3)预应力施工除遵守上述规定外,还必须遵守建筑工地施工安全的有关规定。

(4)环保措施。

1)在施工过程中,自觉地形成环保意识,最大限度地减少施工产生的噪声和环境污染。

2)张拉设备定期保养、维护,避免油管漏油污染作业面。

3)严格按照当地有关环保规定执行。

10.10.8　质量记录

(1)预应力筋出厂检验报告或质量证明书和复检报告。

(2)预应力筋用锚具、夹具和连接器的合格证、出厂检验报告和有效的试验报告。

(3)预应力张拉设备标定报告。

(4)自检记录、隐检记录。

(5)张拉记录。

(6)张拉时混凝土强度报告。

(7)预应力设计变更及重大问题处理文件。

10.11　后张法有粘结预应力混凝土结构施工工艺标准

本工艺标准适用于一般工业与民用建筑现浇混凝土结构及桥梁、水池、筒仓、抗震加固等其他构筑物中的后张法有粘结预应力混凝土施工,工程施工应以设计图纸和施工规范为依据。

10.11.1　材料要求

(1)预应力筋。预应力筋应按设计要求采用,应符合现行国家标准《预应力混凝土用钢丝》(GB/T 5223—2014)、《预应力混凝土用钢绞线》(GB/T 5224—2014)等的规定。

(2)钢丝进场验收应符合下列规定。

1)钢丝的外观质量应逐盘(卷)检查,钢丝表面不得有油污、氧化铁皮、裂纹和机械损伤,表面允许有回火色和轻微浮锈。

2)钢丝的力学性能应按批抽样试验,每一检验批重量不应大于60t;从同一批中任取10%盘(不少于6盘),在每盘中任意一端截取2根试件,分别做拉伸试验和弯曲试验;拉伸或弯曲试件每6根为一组，当有一项试验结果不符合现行国家标准《预应力混凝土用钢丝》(GB/T 5223—2014)的规定时，则该盘钢丝为不合格品；再从同一批未经试验的钢丝盘中取双倍数量的试件重做试验，如仍有一项试验结果不合格，则该批钢丝判为不合格品，也可逐盘检验取用合格品；在钢丝的拉伸试验中，同时测定弹性模量，但不作为交货条件。

对设计文件中指定要求的钢丝应力松弛性能、疲劳性能、扭转性能、镦头性能等，应在订货合同中注明交货条件和验收要求。

(3)钢绞线进场验收应符合下列规定。

1)钢绞线的外观质量应逐盘检查，钢绞线表面不得有油污、锈斑和机械损伤，允许有轻微浮锈；钢绞线的捻距应均匀，切断后不松散。

2)钢绞线的力学性能应按批抽样检验，每一检验批重量不应大于60t；从同一批中任取3盘，在每盘中任意一端截取1根试件进行拉伸试验；拉伸试验、结果判别和复验方法等应符合规程规定，试验结果应符合现行国家标准《预应力混凝土用钢绞线》(GB/T 5224—2014)的规定。

对设计文件中指定要求的钢绞线应力松弛性能、疲劳性能和偏斜拉伸性能等，应在订货合同中注明交货条件和验收要求。

(4)高强钢筋进场验收应符合下列规定。

1)精轧螺纹钢筋的外观质量应逐根检查，钢筋表面不得有裂纹、起皮或局部缩颈，其螺纹制作面不得有凹凸、擦伤或裂痕，端部应切割平整。

2)精轧螺纹钢筋的力学性能应按批抽样试验，每一检验批重量不应大于60t；从同一批中任取2根，每根取2个试件分别进行拉伸和冷弯试验；当有一项试验结果不符合有关标准的规定时，应取双倍数量试件重做试验，如仍有一项复验结果不合格，则该批高强钢筋判为不合格品。

(5)常用预应力筋的规格、性能见表10.11.1-1至表10.11.1-4。

表10.11.1-1　钢丝尺寸及允许偏差

钢丝公称直径/mm	直径允许偏差/mm	横截面积/mm²	理论质量/(kg·m⁻¹)
3.00	±0.04	7.07	0.058
4.00		12.57	0.099
5.00	±0.05	19.63	0.154
6.00		28.27	0.222
7.00	0.05	38.47	0.302
8.00		50.24	0.394
9.00		63.62	0.499

表 10.11.1-2 钢丝(Φ^s)的力学性能

<table>
<tr><th rowspan="3">公称直径/mm</th><th>抗拉强度 δ_b/MPa</th><th>抗拉强度 $\delta_{0.2}$/MPa</th><th>伸长率%（L=100）</th><th colspan="2">弯曲次数</th><th colspan="3">松弛率</th></tr>
<tr><th colspan="3"></th><th>次数/180°</th><th rowspan="2">弯曲半径/mm</th><th rowspan="2">初始应力相当于公称抗拉强度的百分数/%</th><th colspan="2">1000h应力损失不大于/%</th></tr>
<tr><th colspan="4">不小于</th><th>Ⅰ级松弛</th><th>Ⅱ级松弛</th></tr>
<tr><td>4.00</td><td rowspan="2">1470
1570
1670
1770</td><td rowspan="2">1250
1330
1420
1500</td><td rowspan="6">4</td><td>3</td><td>10</td><td rowspan="6">60
70
80</td><td rowspan="6">4.5
8.0
12.0</td><td rowspan="6">1.0
2.5
4.5</td></tr>
<tr><td>5.00</td><td rowspan="5">4</td><td rowspan="2">15</td></tr>
<tr><td>6.00</td><td>1570
1670</td><td>1330
1420</td></tr>
<tr><td>7.00</td><td rowspan="3">1470
1570</td><td rowspan="3">1250
1330</td><td rowspan="2">20</td></tr>
<tr><td>8.00</td></tr>
<tr><td>9.00</td><td>25</td></tr>
</table>

表 10.11.1-3 1×7 结构钢绞线尺寸及允许偏差

<table>
<tr><th>钢绞线结构</th><th>公称直径/mm</th><th>直径允许偏差/mm</th><th>钢绞线公称截面积/mm²</th><th>理论质量/kg·m⁻¹</th><th>中心钢丝直径加大不小于/%</th></tr>
<tr><td rowspan="4">1×7 标准型</td><td>9.50</td><td rowspan="2">+0.30
−0.15</td><td>54.8</td><td>0.432</td><td rowspan="6">2.0</td></tr>
<tr><td>11.10</td><td>74.2</td><td>0.580</td></tr>
<tr><td>12.70</td><td rowspan="4">+0.40
−0.20</td><td>98.7</td><td>0.774</td></tr>
<tr><td>15.20</td><td>139.0</td><td>1.101</td></tr>
<tr><td rowspan="2">1×7 模拔型</td><td>12.70</td><td>112.0</td><td>0.890</td></tr>
<tr><td>15.20</td><td>165.0</td><td>1.295</td></tr>
</table>

表 10.11.1-4　预应力钢绞线(Φ^{j})的力学性能

<table>
<tr><th rowspan="4">钢绞线结构</th><th rowspan="4">钢绞线公称直径/mm</th><th rowspan="4">强度等级/MPa</th><th rowspan="3">整根钢绞线的最大荷载/kN</th><th rowspan="3">屈服负荷/kN</th><th rowspan="3">伸长率/%</th><th colspan="4">1000h 松弛率不大于/%</th></tr>
<tr><th colspan="2">Ⅰ级松弛</th><th colspan="2">Ⅱ级松弛</th></tr>
<tr><th colspan="4">初始负荷</th></tr>
<tr><th colspan="3">不小于</th><th>70%公称最大负荷</th><th>80%公称最大负荷</th><th>70%公称最大负荷</th><th>80%公称最大负荷</th></tr>
<tr><td rowspan="5">1×7
标准型</td><td>9.50</td><td>1860</td><td>102</td><td>86.6</td><td rowspan="7">3.5</td><td rowspan="7">8.0</td><td rowspan="7">12</td><td rowspan="7">2.5</td><td rowspan="7">4.5</td></tr>
<tr><td>11.10</td><td>1860</td><td>138</td><td>117</td></tr>
<tr><td>12.70</td><td>1860</td><td>184</td><td>156</td></tr>
<tr><td rowspan="2">15.20</td><td>1720</td><td>239</td><td>203</td></tr>
<tr><td>1860</td><td>259</td><td>220</td></tr>
<tr><td rowspan="2">1×7
模拔型</td><td>12.70</td><td>1860</td><td>209</td><td>178</td></tr>
<tr><td>15.20</td><td>1820</td><td>300</td><td>255</td></tr>
</table>

(6)预应力筋的锚具、夹具和连接器。

1)应按设计要求采用,其性能应符合国家标准《预应力筋用锚具、夹具和连接器》(GB/T 14370—2007)等的规定。

2)外观检验。从每批中抽取 10%且不应小于 10 套锚具,检查外观质量和外形尺寸;锚具表面应无污物、锈蚀、机械损伤和裂纹。当有一套表面有裂纹时,应逐套检查。

3)硬度检查。对硬度有严格要求的锚具零件,应进行硬度检验。对新型锚具应从每批中抽取 5%且不少于 5 套,对常用锚具每批中抽取 2%且不少于 3 套,按产品标准规定的表面位置和硬度范围做硬度检验。当有一个零件硬度不合格时,应另取双倍数量的零件重做试验,如仍有一个零件不合格,则应对该批零件进行逐个检验。

4)静载锚固能力检验。应从同一批中抽取 6 套锚具,与符合试验要求的预应力筋组装成 3 束预应力筋一锚具组装件。当有一束组装件不符合要求时,应取双倍数量的锚具重做试验,如仍有一束组装件不符合要求,则该批锚具判为不合格品。

注:①对静载锚固性能试验,多孔锚具不应超过 1000 套(单孔锚具为 2000 套)、连接器不宜超过 500 套为一个检验批。

②钢丝束镦头锚具组装件试验前,应抽取 6 个试件进行镦头强度试验。镦头强度不应低于母材抗拉强度的 98%。

③对锚具用量较少的一般工程,如供货方提供有效的试验报告,可不做静载锚固性能试验。

5)常用预应力筋锚具、夹具和连接器见表 10.11.1-5。

表 10.11.1-5　常用预应力筋锚具、夹具和连接器

预应力筋	组件	张拉端	锚固端
钢丝	夹具 连接器	镦头锚、夹片锚、锥形锚、镦头螺杆锚	镦头锚板、锥形锚、镦头螺杆锚
钢绞线	锚具 夹具 连接器	夹片锚	压花锚、挤压锚、夹片锚、夹片锚、挤压锚

(7)灌浆用水泥及外加剂。

1)孔道灌浆用水泥应采用普通硅酸盐水泥,其质量应符合现行国家标准《硅酸盐水泥、普通硅酸盐水泥》(GB 175—2007)的规定。

2)孔道灌浆用外加剂的质量及应用技术应符合现行国家标准《混凝土外加剂》(GB 8076—2008)和《混凝土外加剂应用技术规范》(GB 50119—2013)的规定。

3)孔道灌浆用水泥和外加剂进场时应附质量证明书,并做进场复验。

注:对孔道灌浆用水泥和外加剂用量较少的一般工程,当有可靠依据时,可不做材料性能的进场复验。

(8)预应力用螺旋管。其规格应按设计图纸要求采用,其尺寸和性能应符合国家现行标准《预应力混凝土用金属螺旋管》(JG 225—2007)等的规定。外观检查:其内外表面应清洁,无锈蚀,不应有油污、孔洞或不规则的褶皱,咬口不应有开裂或脱扣。检查数量:按进场批次和产品的抽样检验方案确定。检查内容:产品合格证、出厂检验报告和进场复验报告。

10.11.2　主要机具设备

(1)主要机具规格及性能见表 10.11.2。

表 10.11.2　主要机具规格及性能

序号	名称	型号	性能
1	高压电动油泵	ZB4/500	与千斤顶、镦头器、压花机、挤压机配套使用
2	张拉千斤顶	YCWB 系列 YC－60 YZ－38 YZ－85	用于夹片锚 用于螺丝杆镦头锚 用于 Φ^s5 锥形锚 用于 18～24Φ^s5 锥形锚
3	钢丝镦头器	LD10 LD20	用于 Φ^s5 镦粗头 用于 Φ^s7 镦粗头
4	钢绞线挤压机	JY45	用于 Φ^J12、Φ^J15 挤压锚
5	钢绞线压花机	YH30	用于 Φ^J12、Φ^J15 压花

(2)预应力筋成型制作用普通机具。

1)380V 电焊机、焊把线等。

2)380V/220V 二级配电箱、电线若干。

3)Φ400 砂轮切割机。

4)0.5t 手动葫芦。

5)常用工具:绑钩、卷尺若干,铁皮剪、扳手等。

6)50m 尺。

(3)张拉灌浆设备。

1)UB3 型灌浆泵、搅拌机、储浆桶。

2)螺杆式灌浆泵、压力灌浆管。

3)Φ100 手提切割机。

10.11.3 作业条件

(1)技术准备。

1)预应力施工前,按设计提供的施工图纸要求编制详细的预应力施工方案。

2)根据设计及施工方案要求,选定预应力筋、锚具、夹片、连接器、承压板等。

3)预应力筋、锚具、螺旋管、水泥等主材的验收及复验。

4)预应力设备标定。

(2)预应力筋下料、铺设。

1)预应力筋、螺旋管、压花锚、镦头锚制作。

2)预应力筋及挤压锚组装完毕。

3)现场安全防护到位。

4)监理工程师、质检员、安全员已到位。

(3)张拉、灌浆。

1)张拉前应检查张拉设备是否正常运行,千斤顶与压力表是否已配套标定。

2)锚夹具、连接器准备齐全,并经检查验收。

3)灌浆用水泥浆以及封端混凝土的配合比已经试验确定。

4)张拉通道畅通,搭设张拉操作平台。张拉端应有安全防护措施。

5)制备好预应力张拉锚固记录表。

6)监理工程师、质检员、安全员已到位。

10.11.4 施工操作工艺

(1)工艺流程(见图 10.11.4)。

(2)预应力筋下料编束。

1)由工长、技术负责人签发下料任务单。

2)钢绞线不能自由弹出时,须有专人放钢绞线。不要用猛力拉钢绞线,以防形成死弯。钢绞线每隔 1～2m 宜用木方做垫。

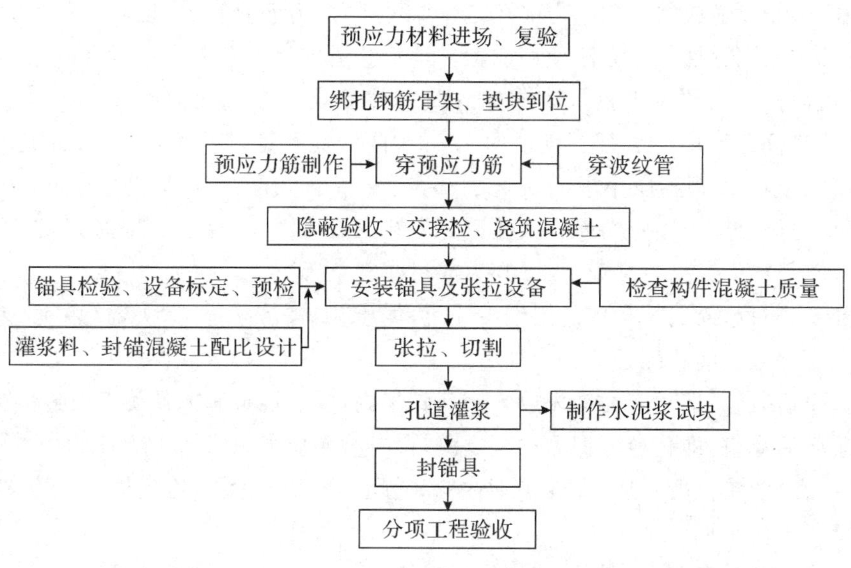

图 10.11.4 工艺流程

3)下料时应遵循先下长筋,后下短筋的原则。逐根对钢绞线进行编号,长度相同统一编号。

4)应按编号成束绑扎,每 2m 用钢丝绑扎一道,绑丝头扣向束里。

5)控制下料长度。钢绞线放线过程中应保证顺直,不与别的钢绞线重叠;钢丝可采用穿入钢管内下料。

6)镦头锚镦粗头 $\Phi^{s}5$ 钢丝用 LD10 型钢丝液压冷镦机制作。$\Phi^{s}7$ 钢丝用 LD20 型制作。正式镦头前,先用 10～20cm 的短钢丝 4～6 根进行试镦,头型合格后,确定油压。正式镦头过程中随时检查,发现不合格者及时剪除重镦。常用镦头压力与头型见表 10.11.4-1。

表 10.11.4-1 常用镦头压力与头型

钢丝直径/mm	镦头压力/($N \cdot mm^{-2}$)	头型直径/mm	头型高度/mm
$\Phi^{s}5$	32～36	7～7.5	4.7～5.2
$\Phi^{s}7$	40～43	10～11	6.7～7.3

7)钢绞线压花锚,用 YH 型钢绞线压花机成型。正式压花前先截取 1m 长钢绞线 4～6 根试压,确定花型合格后,正式压花。花型如灯泡型。各根钢丝散开、弯曲没有断筋现象为合格,钢绞线压花头型尺寸见表 10.11.4-2。

表 10.11.4-2 钢绞线压花头型尺寸

钢丝直径/mm	头型直径/mm	长度/mm
$\Phi^{J}12$	70～80	130
$\Phi^{J}15$	85～95	150

8)钢绞线挤压锚用 JY—45 型挤压机成型。操作挤压时,挤压模内应保持清洁。用异形钢丝衬套时,各卷钢丝并拢,其一端与钢绞线断面平齐。

(3)预应力筋孔道成型。预应力筋孔道,可根据预应力筋直径、长度和形状,选用预埋波纹管、胶管抽芯和钢管抽芯等方法预留成型。预留孔道内径和净距应按设计确定,当设计无规定时,孔道内径应比预应力钢丝束或钢绞线束外径及需穿过孔道的连接器外径大 10～15mm。孔道净间距不应小于石子直径的 4/3,对曲线筋孔道,竖直方向净距不应小于波纹管内径 d,水平方向净距不应小于 $1.5d$。

(4)预应力筋穿束。预应力筋穿入孔道分先穿束或后穿束(孔道成型前穿束或混凝土浇筑后穿束)、单根穿束或整束穿束、人工穿束或机械穿束等。

1)先穿束。对埋入混凝土中的固定端锚束,如压花锚、挤压锚、镦头锚,必须先穿束。按穿束与预埋螺旋管之间的配合又分为如下几种。

①先穿束后装管,即预应力筋先放入钢筋骨架内,然后逐节套入螺旋管及连接头。

②先装管后穿束,即孔道成型后混凝土浇筑前,将预应力束穿入。

2)后穿束。浇筑混凝土后,在养护期内穿入预应力筋,混凝土达到规定强度即可张拉。此方法穿束可不占工期。

3)单根穿束和整束穿束。钢绞线宜采用整体穿束,也可以采用单根穿束。

4)人工穿束。工人站在脚手架上,将预应力筋逐束穿入孔道内。束前端部用胶布包好裹成子弹头形。对于长度较长(>60m)的曲线束宜制作牵引头,前拉后推进行。

5)机械穿束。当超长、特重、多波曲线束整束穿时,需用特制网套或牵引头连接钢丝绳与预应力束,用卷扬机牵引穿束。

预应力束穿入后应采取措施,防止雨水锈蚀。防止电伤及机械损伤。

(5)预应力张拉锚固。

1)张拉前的准备工作。

①搭设张拉操作平台、吊架,平台尺寸 1.5～2.0m 见方。平台应低于锚垫板 0.8m,锚垫板两侧各有 0.75～1.00m 的空间。利用结构外脚手架时,特别要求垫板周围 1.0m 范围内不能有立杆和水平杆。

②制备好张拉锚固记录表。

③锚具、夹具、连接器已检验、进场。

④机具标定进场,并有张拉力与油压的对应关系图。

⑤制定出具体张拉锚固保证质量的安全措施和应急计划,进行安全质量技术交底。

⑥混凝土强度达到设计规定要求并有强度试验报告单。

⑦张拉前检查锚垫板下混凝土的密实情况。有不密实处(如孔洞、蜂窝等)用混凝土或环氧砂浆修补;清除锚垫板上的混凝土,安装锚具。

2)预应力筋张拉锚固。张拉顺序按设计要求或施工方案,如无具体要求时,一般分楼层、分部位、分段张拉。各楼层、部位应遵循对称、均匀原则,并尽量使设备少搬动。同时张拉两端宜分先后锚固。可采取分级张拉和分级锚固、分批张拉、分期张拉和补偿张拉。当设计无具体规定时,可采用以下两种方式(σ_{con}为预应力钢筋张拉控制应力)。

①0→初应力→σ_{con}→$1.05\sigma_{con}$(持荷 2min)→σ_{con}锚固。

②0→初应力→σ_{con}→$1.03\sigma_{con}$(持荷 2min)锚固。

3)张拉时量测预应力筋伸长。量测方法可采用量千斤顶缸体伸长或量外露预应力筋长度变化。实测预应力筋伸长与计算伸长值比较:误差在±6%以内为正常,否则应暂停张拉,查明原因,采取措施后方可继续张拉。

4)变角张拉。当遇到张拉作业受到空间限制或特殊情况时,可在张拉端锚具外安装变角块,使预应力筋改变一定角度后进行张拉作业。变角张拉一定要根据设计要求或设计同意后才能进行。

5)预应力筋连接、搭接张拉。当遇到预应力筋超长时,需采取互相搭接张拉或用连接器连续张拉工艺。连接张拉或搭接张拉要有施工方案,并应经设计同意。填写预应力张拉记录;钢绞线切割,封堵锚头。

(6)孔道灌浆及封锚。预应力筋张拉锚固后应及时灌水泥浆并做好锚具封堵工作。

1)水泥应采用强度等级不低于42.5的普通硅酸盐水泥和水拌制。在寒冷地区或低温施工时,宜采用早强型水泥。当孔道较大时,宜采用掺入适量细沙的水泥砂浆。水泥不得含有任何结块或水化作用。

2)灌浆设备有搅拌机、灌浆泵、贮浆桶、过滤器、胶管、连接头及控制阀等。

3)检查灌浆孔、排气孔应与预应力筋孔道连通,否则应事先处理。

4)制备灌浆料投料顺序:水→外加剂(搅拌)→水泥(搅拌)。

5)灌浆顺序应先下层,后上层。每根构件宜连续灌浆,每个孔道必须一次连续灌满,否则用水冲洗后,重新浇灌。从灌浆孔由近到远逐个检查出浆口(排气孔、泌水孔),待出浓浆后逐一封闭。待最后一个出浆孔出浓浆后,封闭出浆孔,继续加压(0.5~0.7MPa),保压1~2min,封闭进浆孔。每工作班留置一组边长为70.7mm的立方体试件。

6)填写灌浆记录;孔道灌浆应填写施工纪录,表明灌浆日期、环境温度、水泥品种、强度等级、配合比,同时,应填写水泥、水和外加剂每次投料数量。每一孔道灌浆压力情况。

7)按设计要求进行封锚;当设计无具体要求时,应符合规范及有关规定。封锚混凝土宜采用比构件设计强度高一等级的细石混凝土封堵,并应进行隐蔽验收。

(7)前面工序需做好检验批的验收工作,最后申请分项工程验收。

10.11.5 质量标准

(1)主控项目。

1)预应力筋进场时,应按现行国家标准《预应力混凝土用钢绞线》(GB/T 5224—2014)等的规定抽取试件作力学性能检验,其质量必须符合有关标准的规定。检查数量:按进场的批次和产品的抽样检验方案确定。检验方法:检查产品合格证、出厂检验报告和进场复验报告。

2)预应力筋用锚具、夹具和连接器应按设计要求采用,其性能应符合现行国家标准《预应力筋用锚具、夹具和连接器》(GB/T 14370—2007)等的规定。检查数量:按进场批次和产品的抽样检验方案确定。检验方法:检查产品合格证、出厂检验报告和进场复验报告。

注:对锚具用量较少的一般工程,如供货方提供有效的试验报告,可不作静载锚固性能试验。

3)孔道灌浆用水泥应采用普通硅酸盐水泥,其质量应符合现行国家标准《硅酸盐水泥、普通硅酸盐水泥》(GB 175—2007)的规定。孔道灌浆用外加剂的质量及应用技术应符合现行国家标准《混凝土外加剂》(GB 8076—2008)和《混凝土外加剂应用技术规范》(GB 50119—2013)的规定。检查数量:按进场批次和产品的抽样检验方案确定。检验方法:检查产品合格证、出厂检验报告和进场复验报告。

注:对孔道灌浆用水泥和外加剂用量较少的一般工程,当有可靠依据可不作材料性能的进场复验。

4)预应力筋安装时,其品种、级别、规格、数量必须符合设计要求。检查数量:全数检查。检验方法:观察,钢尺检查。

5)施工过程中应避免电火花损伤预应力筋;受损伤的预应力筋应予以更换。检查数量:全数检查。检验方法:观察。

6)预应力筋张拉时,混凝土强度应符合设计要求;当设计无具体要求时,不应低于设计的混凝土立方体抗压强度标准值的75%。检查数量:全数检查。检验方法:检查同条件养护试件试验报告。

7)预应力筋的张拉力、张拉顺序及张拉工艺应符合设计及施工技术方案的要求,并应符合下列规定。

①当施工需要超张拉时,最大张拉力不应大于国家现行标准《混凝土结构设计规范》(GB 50010—2011)的规定。

②张拉工艺应能保证同一束中各根预应力筋的应力均匀一致。

③当预应力筋是逐根或逐束张拉时,应保证各阶段不出现对结构不利的应力状态;同时宜考虑后批张拉预应力筋所产生的结构构件的弹性压缩对先批张拉预应力筋的影响,确定张拉力。

④当采用应力控制张拉方法时,应校核预应力筋的伸长值。实际伸长值与设计计算理论伸长值的相对允许偏差为±6%。检查数量:全数检查。检验方法:检查张拉记录。

8)张拉过程中,应避免预应力筋断裂或滑脱;当发生断裂或滑脱时,其断裂或滑脱的数量严禁超过同一截面预应力筋总根数的3%,且每束钢丝或每根钢绞线不得超过一丝;对多跨双向连续板,其同一截面应按每跨计算。检查数量:全数检查。检验方法:观察,检查张拉记录。

9)有粘结预应力筋张拉后应尽早进行孔道灌浆,孔道内水泥浆应饱满、密实。检查数量:全数检查。检验方法:观察,检查灌浆记录。

10)锚具的封闭保护应符合设计要求;当设计无具体要求时,应符合下列规定。

①应采取防止锚具腐蚀和遭受机械损伤的有效措施。

②凸出式锚固端锚具的保护层厚度不应小于50mm。

③外露预应力筋保护层厚度,在处于正常环境时,不应小于20mm;在处于易受腐蚀的环境时,不应小于50mm。

检查数量:在同一检验批内,抽查预应力筋总数的5%,且不少于5处。检验方法:观察,钢尺检查。

(2)一般项目。

1)有粘结预应力筋展开后应平顺,不得有弯折,表面不应有裂纹、小刺、机械损伤、氧化铁皮和油污等。

2)预应力筋用锚具、夹具和连接器使用前应进行外观检查,其表面应无污物、锈蚀、机械损伤和裂纹。检查数量:全数检查。检验方法:观察。

3)预应力混凝土用金属螺旋管的尺寸和性能应符合国家现行标准《预应力混凝土用金属螺旋管》(JG/T 3013)的规定。检查数量:按进场批次和产品的抽样检验方案确定。检验方法:检查产品合格证、出厂检验报告和进场复验报告。

注:对金属螺旋管用量较少的一般工程,当有可靠依据时,可不作径向刚度、抗渗漏性能的进场复验。

4)预应力混凝土用金属螺旋管在使用前应进行外观检查,其内外表面应清洁,无锈蚀,不应有油污、孔洞和不规则的褶皱,咬口不应有开裂或脱扣。检查数量:全数检查。检验方法:观察。

5)预应力筋下料应符合下列要求。

①预应力筋应采用砂轮锯或切断机切断,不得采用电弧切割。

②当钢丝束两端采用镦头锚具时,同一束中各根钢丝长度的极差不应大于钢丝长度的1/5000,且不应大于5mm。当成组张拉长度不大于10m的钢丝时,同组钢丝长度的极差不得大于2mm。

检查数量:每工作班抽查预应力筋总数的3%,且不少于3束。检验方法:观察,钢尺检查。

注:下料长度的极差指其最大值与最小值之差。

6)预应力筋端部锚具的制作质量应符合下列要求。

①挤压锚具制作时压力表油压应符合操作说明书的规定,挤压后预应力筋外端应露出挤压套筒1~5mm。

②钢绞线压花锚成形时,表面应清洁、无油污,梨形头尺寸和直线段长度应符合设计要求。

③钢丝镦头的强度不得低于钢丝强度标准值的98%。

检查数量:对挤压锚,每工作班抽查5%,且不应少于5件;对压花锚,每工作班抽查3件;对钢丝镦头强度,每批钢丝检查6个镦头试件。检验方法:观察,钢尺检查,检查镦头强度试验报告。

7)后张法有粘结预应力筋预留孔道的规格、数量、位置和形状除应符合设计要求外,尚应符合下列规定。

①预留孔道的定位应牢固,浇筑混凝土时不应出现移位和变形。

②孔道应平顺,端部的预埋锚垫板应垂直于孔道中心线。

③成孔用管道应密封良好,接头应严密且不得漏浆。

④预埋金属螺旋管灌浆孔的间距不宜大于30m;抽芯成形孔道灌浆孔的间距不宜大于12m。

⑤在曲线孔道的曲线波峰部位应设置排气兼泌水管,必要时可在最低点设置排水孔。

⑥灌浆孔及泌水管的孔径应能保证浆液畅通。

检查数量:全数检查。检验方法:观察,钢尺检查。

8)见第10.10.5节第2条第5款。

9)浇筑混凝土前穿入孔道的后张法有粘结预应力筋,宜采取防止锈蚀的措施。检查数量:全数检查。检验方法:观察。

10)见第10.10.5节第2条第7款。

11)见第10.10.5节第2条第8款。

12)灌浆用水泥浆的水灰比不应大于0.42,搅拌后3h泌水率不宜大于2%,且不应大于3%。泌水应能在24h内全部重新被水泥浆吸收。检查数量:同一配合比检查一次。检验方法:检查水泥浆性能试验报告。

13)灌浆用水泥浆强度按设计要求进行;若设计无具体要求时,浆体强度不宜低于构件混凝土立方体抗压强度标准值。检查数量:每工作班留置一组边长为70.7m的立方体试块。检验方法:检查水泥浆试块强度试验报告。

14)封锚混凝土强度应按设计要求进行;当设计无具体要求时,宜采用比构件设计强度高一等级的细石混凝土封堵。检查数量:同一配合比检查一次。检验方法:检查试块强度试验报告。

10.11.6 成品保护

(1)在储存、运输、安装过程中,预应力筋、锚夹具、螺旋管应采取防止锈蚀及损坏措施。

1)在现场存放和下料后,钢丝、钢绞线下面应有垫木,还应盖防雨布。

2)锚具、螺旋管应放在库房的架子上,并应有良好的通风。

(2)现场施工中,各工种应注意保护好螺旋管,不得在上面堆料、踩踏,以免碰破螺旋管。在整个预应力筋的铺设过程中,如周围有电焊施工,应用石棉板进行遮挡,防止焊渣飞溅损伤螺旋管。

(3)灌浆用水泥及外加剂应有防雨、防潮措施。

(4)整个预应力施工过程中,不得用预应力筋作电焊回路,严防烧伤预应力筋。

(5)预应力张拉锚固后,及时对锚具进行全封闭防护处理,严格按要求操作,保证封闭严密,防止水汽侵入,使锚具、预应力筋锈蚀。

10.11.7 安全与环保措施

(1)实行逐级安全技术交底制度。开工前,技术负责人应将工程概况、施工方法、安全技术措施等向全体施工人员进行详细交底;施工项目经理、安全员应按工程进度向有关班组进行作业的安全交底;班组长每天应向班组进行施工要求和作业环境的安全交底。

(2)配备符合规定的设备,并随时注意检查,及时更换不符合安全要求的设备。对电工、焊工、张拉工等特种作业工人必须经过培训考试合格取证,持证上岗。操作机械设备要严格遵守各机械的规程,严格按使用说明书操作,并按规定配备防护用具。

(3)现场放线和断料的预应力钢绞线或钢丝,应设置专用场地和放线架,避免放线时钢丝、钢绞线跳弹伤人。

(4)对张拉平台、脚手架、安全网、张拉设备等,现场施工负责人应组织技术人员、安全人员及施工班组共同检查,合格后方可使用。

(5)采用锥锚式千斤顶张拉钢丝束时,先使千斤顶张拉缸进油,压力表针有启动时再打楔块。

(6)镦头锚固体系在张拉过程中随时拧上螺母。

(7)两端张拉的预应力筋:两端正对预应力筋部位应采取措施进行防护。

(8)预应力筋张拉时,操作人员必须持证上岗,并应站在张拉设备的作用力方向的两侧,严禁站在建筑物边缘与张拉设备之间,以防在张拉过程中,有可能来不及躲避偶然发生的事故而造成伤亡。

(9)孔道灌浆时操作人员应配备口罩、防护手套和防护眼镜,防止水泥浆喷浆伤人。

(10)环保措施。

1)灌浆后清洗设备的余浆要排入沉淀池内,不得进入城市污水管网。

2)在千斤顶高压油泵、胶管更换检修时,减少机械油对周围环境的污染。

3)合理安排作业时间,夜间施工时,避免进行噪声较大的工作,严禁扰民。

10.11.8 质量记录

(1)预应力筋出厂检验报告或质量证明书和复验报告。

(2)预应力筋用锚具或连接器的合格证、出厂检验报告和试验报告。

(3)预应力孔道灌浆用水泥及外加剂的合格证、出厂检验报告、试验报告、水泥浆性能试验报告、水泥浆试块强度报告。

(4)螺旋管的合格证、出厂检验报告。

(5)预应力张拉设备标定报告。

(6)隐蔽工程验收记录。

(7)预应力筋安装、张拉记录,灌浆记录。

(8)分项工程验收记录。

(9)张拉前混凝土强度试验报告。

(10)预应力设计变更及重大问题处理文件。

(11)其他必要的文件和记录。

10.12 装配式结构施工工艺标准

装配式混凝土结构是由预制混凝土构件通过可靠连接方式装配而成的混凝土结构,包括装配整体式混凝土结构、全装配混凝土结构等。在建筑工程中,简称装配式建筑;在结构工程中,简称装配式结构。

目前装配式住宅的建设成本虽然高于传统建设方式的成本,但随着装配式建筑标准化进程的推进及装配式项目实施力度的加强,有望降低建造成本,减少建筑垃圾和废水排放,降低建筑噪音,降低有害气体及粉尘的排放,减少现场施工及管理人员。在住宅房屋建成使用过程中,装配式住宅更加绿色节能环保。

10.12.1 材料要求

(1)钢材选用标准:结合装配整体式结构的设计和施工要求,依据修订的国家标准《碳素结构钢》GB/T 700 和《低合金高强度结构钢》GB/T 1591 的规定。

(2)焊接材料、螺栓及其连接材料、构件连接填充材料的选用已有现行相关国家标准和地方标准,应对照执行。

(3)预制构件的混凝土强度等级不宜低于 C30;预应力提凝土预制构件的混凝土强度等级不宜低于 C40,且不应低于 C30,现浇混凝土的强度等级不应低于 C25。

(4)钢筋套筒及其灌浆料应符合下列规定。

①钢筋套筒应符合现行国家标准《钢筋连接用灌浆套筒》、《球墨铸铁件》(GB/T 1348)、《优质碳素结构钢》(GB/T 699)、《合金结构钢》(GB/T 3077)有关规定。

②灌浆料不应对钢筋产生锈蚀作用,结块灌浆料严禁使用。浆锚连接灌浆料应符合表 10.12.1 的规定。

表 10.12.1 浆锚连接灌浆料性能指标

项目		性能指标
泌水率/%		0
流动度	初始值	≥300mm
	30min 保留值	≥260mm
竖向膨胀率	3h	≥0.02%
	24h 和 3h 的膨胀值之差	0.02~0.5%
抗压强度	1d	≥35MPa
	3d	≥60MPa
	28d	≥85MPa
对钢筋锈蚀作用		无

(5)预制构件吊装吊环应采用 HPB300 级热轧钢筋,严禁使用冷加工钢筋制作。

(6)防水材料、保温材料应符合相关设计要求,并应符合现行国家和地方标准的有关规定。

10.12.2 技术准备

(1)优化场布,避免构件的二次搬运;堆放区位置需确保施工时吊装路径能避开人群密集区域,且需考虑塔吊吊载能力。

(2)构件的分类堆放与标识要方便现场作业与提高工效;构件的驳放要顾及吊车回转半径范围,避免起吊盲点;构件固定架要保护构件饰面、连接止水条、高低口、墙体转角等薄弱部位,避免成品的损坏。

(3)编制专项施工方案且报公司审批,应详细编制装配式结构类型、构件数量及重量、施工机具、施工部署等的施工方案。

(4)对于现浇与预制构件交接位置配模，需在标准尺寸的基础上减小 5mm，以便于现场施工。

(5)施工前对管理人员及吊装相关人员进行安全技术交底。

10.12.3　施工准备

(1)预制构件作为成品，进入装配整体式结构的施工现场时，按批检查质量证明文件(见表 10.12.3-1 至表 10.12.3-7)，并且核对构件上的标识，避免差错。检查外观质量和尺寸偏差，保证其符合现场装配要求。

表 10.12.3-1　预制墙板构件尺寸允许偏差及检查方法

项目		允许偏差/mm	检查方法
外墙板	高度	±3	钢尺检查
	宽度	±3	钢尺检查
	厚度	±3	钢尺检查
	对角线差	5	钢尺量两个对角线
	弯曲	L/1000 且≤20	拉线、钢尺量最大侧向弯曲处
	内表面平整	4	2m 靠尺和塞尺检查
	外表面平整	3	2m 靠尺和塞尺检查

注：L 为构件长边的长度。

表 10.12.3-2　预制柱、梁构件尺寸允许偏差及检查方法

项目		允许偏差/mm	检查方法
预制柱	长度	±5	钢尺检查
	宽度	±5	钢尺检查
	弯曲	L/750 且≤20	拉线、钢尺量最大侧向弯曲处
	表面平整	4	2m 靠尺和塞尺检查
预制梁	高度	±5	钢尺检查
	长度	±5	钢尺检查
	弯曲	L/750 且≤20	拉线、钢尺量最大侧向弯曲处
	表面平整	4	2m 靠尺和塞尺检查

注：L 为构件长度。

表 10.12.3-3 叠合板、阳台板、空调板、楼梯构件的尺寸变差和检查方法

项目		允许偏差/mm	检查方法
叠合板、阳台板、空调板、楼梯	长度	±5	钢尺检查
	宽度	±5	钢尺检查
	厚度	±3	钢尺检查
	弯曲	L/750 且≤20	拉线、钢尺量最大侧向弯曲处
	表面平整	4	2m 靠尺和塞尺检查

注:L 为构件长度。

表 10.12.3-4 预埋件和预留洞的允许偏差和检查办法

项目		允许偏差/mm	检查方法
预埋钢板	中心线位置	5	钢尺检查
	安装平整度	2	靠尺和塞尺检查
预埋管、预留孔	中心线位置	5	钢尺检查
预埋吊环	中心线位置	10	钢尺检查
	外露长度	+8.0	钢尺检查

表 10.12.3-5 预埋件和预留洞的允许偏差和检查办法

项目		允许偏差	检查方法
预留洞	中心线位置	5	钢尺检查
	尺寸	±3	钢尺检查
预埋螺栓	螺栓位置	5	钢尺检查
	螺栓外露长度	±5	钢尺检查

表 10.12.3-6 预制构件预留钢筋位置及尺寸允许偏差和检查方法

项目	允许偏差/mm	检查方法	
预制钢筋	间距	±10	钢尺量连续三挡,取最大值
	排距	±5	钢尺量连续三挡,取最大值
	弯起点位置	20	钢尺检查
	外露长度	+8.0	钢尺检查

表 10.12.3-7 预制构件饰面板(砖)的尺寸允许偏差和检查方法

项目	允许偏差/mm	检查方法
表面平整度	2	2m 靠尺和塞尺检查

续表

<table>
<tr><th>项目</th><th>允许偏差/mm</th><th>检查方法</th></tr>
<tr><td>阳角方正</td><td>2</td><td>2m 靠尺检查</td></tr>
<tr><td>上口平直</td><td>2</td><td>拉线，钢尺检查</td></tr>
<tr><td>接缝平直</td><td>3</td><td rowspan="2">钢直尺和塞尺检查</td></tr>
<tr><td>接缝深度</td><td>1</td></tr>
<tr><td>接缝宽度</td><td>1</td><td>钢直尺检查</td></tr>
</table>

(2)在水平和竖向构件上安装预制墙板时，标高控制宜采用放置垫块的方法或在构件上设置标高调节件。

(3)对施工楼层的构件装配位置测量放线，设置构件安装定位标识；复核垫块、螺栓、支撑(叠合板、阳台构件)等标高；复核节点连接构造及临时支撑位置等。

(4)构件单件有大小之分，对于过大、过宽、过重的构件，采用多点起吊方式，选用横吊梁应根据构件吊点布置吊环，吊绳与构件夹角应在60°到90°之间，防止引起非设计状态下的裂缝、其他缺陷或安全事故。

(5)竖向预制构件吊装顺序需考虑现浇位置的钢筋绑扎。

(6)吊装人员及吊装机具安排到位。

10.12.4 施工操作工艺

吊装前准备→竖向构件吊装(竖向钢筋穿插绑扎)→模板安装、支撑搭设→水平构件吊装→梁板钢筋帮扎→混凝土浇筑→循环。

(1)构件起吊前，应派专人检查吊点连接，起吊 50cm 后再行检查后方可吊至作业楼层。

(2)预制构件高空吊装，要避免小车由外向内水平靠放的作业方式和猛放、急刹等现象，以防构件碰撞破坏。

(3)为了保证预制构件的吊装安全，吊装时构件上应设置缆风绳来控制构件转动，保证构件平稳。现场作业时，一般在构件根部两侧设置两根对称缆风绳，接近安装位置，同时在两侧慢慢将构件拉至楼层，然后平稳就位。

(4)预制构件吊装时，应及时设置临时固定措施，临时固定措施应按施工方案设置，并在安放稳固后松开吊具。

(5)装配整体式混凝土构件安装过程的临时支撑和拉结，应具有足够的承载力和刚度。

(6)已安装竖向构件需在与后吊装位置间隔 2 块构件时再调节平整度，防止吊装时的扰动。

(7)对于较大、较重预制墙板，应设水平或转角连接，设置上、中、下三点连接，可避免连接点变形、跑位。

(8)钢筋绑扎前需保证预制构件连接件全部连接到位；如采用后置钢筋，需将预埋套筒清理干净，严禁后置钢筋有油渍。

(9)安装模板前，需检查所有预制构件的连接件是否稳固、可靠。安装模板时，现浇与预制构件交接处需用双面贴等材料封闭以防止漏浆。安装模板后,需对预制构件平整度重新复核。

(10)叠合梁、板吊装前,需复核支撑标高及控制线,防止翘板、大小头现象。

(11)混凝土浇筑过程中,振捣棒禁止触碰预制构件及其钢筋。

(12)防水施工前,应将板缝空腔清理干净,密封材料嵌填应饱满、密实、均匀、顺直、表面平滑,其厚度应符合设计要求,背衬填料宜选用直径为缝宽1.3~1.5倍的聚乙烯圆棒。打胶时胶缝两侧需粘贴美纹纸,注意成品保护。

(13)灌浆时,根据设计要求选择人工或机械灌浆,防止浆液漏至板缝内,避免造成漏水隐患。注浆过程需要进行严格的质量控制,并用形成完整的过程记录。

10.12.5 质量标准

(1)装配式结构尺寸允许偏差应符合设计要求,并应符合表10.12.5的规定。检查数量:按楼层、结构缝或施工段划分检验批。在同一检验批内,对梁、柱,应抽查构件数量的10%且不少于3件;对墙和板,应按有代表性的自然间抽查10%且不少于3间。

表10.12.5 预制构件安装质量要求

项目		允许偏差/mm	检验方法
柱、墙等竖向结构构件	标高	±5	水准仪和钢尺检查
	轴线位置	5	钢尺检查
	垂直度	5	靠尺和塞尺检查
	墙板两板对接缝	±3	钢尺检查
	构件单边尺寸	±3	钢尺量一端及中部,取其中较大值
梁、楼板等水平构件	轴线位置	5	钢尺检查
	标高	±5	水准仪和钢尺检查
	相邻两板表面高低差	2	靠尺和塞尺检查
外墙装饰面	板缝宽度	±5	钢直尺检查
	通长缝直线度	5	拉通线和钢直尺检查
	接缝高差	3	钢直尺和塞尺检查
连接件	临时斜撑杆	±20	钢尺检查
	固定连接件	±5	钢尺检查

(2)外墙板接缝的防水性能应符合设计要求。检查数量:按批检验。每1000m^{2}外墙面积划分为一个检验批,不足1000m^{2}时划分为一个检验批;每个检验批每100m^{2}应至少抽查一处,每处不得少于10m^2。检验方法:检查现场淋水试验报告。

10.12.6 安全措施

(1)对参与吊装施工的人员,必须交底到位,明确装配吊装的操作要点,杜绝施工过程中的危险操作。

(2)预制构件起吊前必须互检,确保各吊点紧固到位方可起吊。

(3)竖向预制构件安装过程中,禁止无关人员站在构件两侧,防止构件倾倒造成人员伤亡。

(4)严禁施工人员站在外架上推拉预制构件。

(5)严禁施工人员在安装过程中触碰构件底部。

(6)斜撑等加固件需加强日常养护,吊装配件需定时检查更换。

10.12.7 成品保护

(1)装配式混凝土结构施工完成后,竖向构件阳角、楼梯踏步口宜采用木条(板)包角保护。

(2)预制构件现场装配全过程中,宜对预制构件原有的门窗框、预埋件等产品进行保护,装配式混凝土结构质量验收前不得拆除或损坏。

(3)预制外墙板饰面砖、石材、涂刷等装饰材料表面可采用贴膜或用其他专业材料保护。

(4)预制楼梯饰面砖宜采用现场后贴施工,采用构件制作先贴法时,应采用铺设木板或其他覆盖形式的成品保护措施。

(5)预制构件暴露在空气中的预埋铁件应涂抹防锈漆。

(6)预制构件的预埋螺栓孔应填塞海绵棒。

10.12.8 环保措施

(1)进入现场的预制构件运输车辆和接驳车辆应保持整洁,防止对工地及现场道路的污染,减少现场道路的扬尘。

(2)施工现场废水、污水不得不经处理排放,避免影响正常生产、生活以及生态系统平衡。

(3)施工现场应设置废弃物临时置放点,并指定专人负责废弃物的分类、放置及管理工作。废弃物清运应符合有关规定。

(4)内保温材料,应无放射性物质。材料进场后,应取样送样检测,合格后方能使用。

(5)《中华人民共和国环境噪声污染防治法》指出,在城市市区范围内向周围生活环境排放建筑施工噪声的,应当符合国家规定的建筑施工场界环境噪声排放标准。

(6)建筑施工常见的光污染主要是可见光。夜间现场照明灯光、汽车前照灯光、电焊产生的强光等都是可见光污染。可见光的亮度过高或过低、对比过强或过弱时,都有损人体健康。

主要参考标准名录

[1]《建筑工程施工质量验收统一标准》(GB 50300—2013)
[2]《混凝土结构设计规范》(GB 50010—2010)
[3]《建筑抗震设计规范》(GB 50011—2010)
[4]《混凝土质量控制标准》(GB 50164—2011)
[5]《混凝土结构工程施工规范》(GB 50666—2011)
[6]《混凝土结构工程施工质量验收规范》(GB 50204—2015)
[7]《大体积混凝土施工规范》(GB 50496—2018)
[8]《工程测量规范》(GB 50026—2007)
[9]《预防混凝土碱骨料反应技术规范》(GB/T 50733—2011)
[10]《混凝土物理力学性能试验方法标准》(GB/T 50081—2019)
[11]《混凝土强度检验评定标准》(GB/T 50107—2010)
[12]《装配整体式住宅混凝土构件制作、施工及质量验收规程》[DG/T J08—2069—2010(J11578—2010)]
[13]《装配整体式混凝土结构施工及质量验收规范》[DG/T J08—2117—2012(J12259—2013)]
[14]《建筑机械使用安全技术规程》(JGJ 33—2012)
[15]《无粘结预应力混凝土结构技术规程》(JGJ 92—2016)
[16]《建筑施工安全检查标准》(JGJ 59—2011)
[17]《清水混凝土应用技术规程》(JGJ 169—2009)
[18]《混凝土冬季施工规程》(JGJ 104—2011)
[19]《装配式混凝土结构技术规程》(JGJ 1—2014)
[20]《混凝土泵送施工技术规程》(JGJ/T 10—2011)
[21]《混凝土结构工程无机材料后锚固技术规程》(JGJ/T 271—2012)
[22]《杭州市建筑工程装配整体式混凝土施工与质量验收规定》
[23]《建筑分项工程施工工艺标准手册》,江正荣,中国建筑工业出版社,2009
[24]《混凝土结构工程施工工艺标准》,中国建筑工程总公司,中国建筑工业出版社,2003
[25]《建筑施工手册》(第五版),中国建筑工业出版社,2013

11 钢结构工程施工工艺标准

11.1 普通钢结构加工制作施工工艺标准

本施工工艺标准适合于在常温下使用的一般建筑物和构筑物的钢结构加工制作，包括钢柱、钢梁、钢屋架、钢吊车梁、钢平台、钢梯、钢栏杆及其连接构件等的加工制作，不包括钢烟囱、钢水箱、各类钢制压力容器等有特殊使用功能要求的钢结构加工制作。工程施工应以设计图纸和有关施工质量验收规范为依据。

11.1.1 材料要求

(1)钢材。制作钢结构的钢材应符合设计要求和下列规定。

1)承重结构的钢材宜采用 Q235 钢、Q345 钢、Q390 钢和 Q420 钢，其质量应分别符合现行国家标准《碳素结构钢》(GB/T 700—2006)和《低合金高强度结构钢》(GB/T 1591—2008)的规定。当采用其他牌号的钢材时，也应符合相应有关规定和要求。

2)高层建筑钢结构的钢材，宜采用 Q235 等级 B、C、D 的碳素结构钢，以及 Q345 等级 B、C、D、E 的低合金高强度结构钢。当有可靠根据时，可采用其他牌号的钢材，但应符合相应有关规定的要求。

3)下列情况的承重结构和重要结构不应采用 Q235 沸腾钢。

①焊接结构。

a. 直接承受动力荷载或振动荷载且需要验算疲劳的结构。

b. 工作温度低于－20℃时，直接承受动力荷载或振动荷载但可不验算疲劳的结构以及承受静力荷载的受弯及受拉的重要承重结构。

c. 工作温度等于或低于－30℃的所有承重结构。

②非焊接结构。工作温度等于或低于－20℃直接承受动力荷载且需要验算疲劳的结构。

4)承重结构的钢材应具有抗拉强度、伸长率、屈服强度，以及硫、磷含量的合格保证，对焊接结构尚应具有碳含量的合格保证。焊接承重结构以及重要的非焊接承重结构的钢材还应具有冷弯试验的合格证。

5)对于需要验算疲劳的焊接结构的钢材，应具有常温冲击韧性的合格保证。当结构工作温度等于或低于 0℃，但高于－20℃时，Q235 钢和 Q345 钢应具有冲击韧性的合格保证；对 Q390 钢和 Q420 钢应具有－20℃冲击韧性的合格保证。当结构温度等于或低于－20℃时，对 Q235 钢和 Q345 钢应具有－20℃冲击韧性的合格保证；对 Q390 钢和 Q420 钢应具有

-40℃冲击韧性的合格保证。对需要验算疲劳的非焊接结构的钢材,亦应具有常温冲击韧性的合格保证;当结构工作温度等于或低于-20℃时,对Q235钢和Q345钢应具有0℃冲击韧性的合格保证;对Q390钢和Q420钢应具有-20℃冲击韧性的合格保证。

注:重要的受拉或受弯的焊接构件中,厚度≥16mm的钢材应具有常温冲击韧性的合格保证。

6)当焊接承重结构为防止钢材的层状撕裂而采用Z向钢时,其材质应符合现行国家标准《厚度方向性能钢板》(GB/T 5313—2010)的规定。

7)对处于外露环境,且对大气腐蚀有特殊要求的或在腐蚀性气态和固态介质作用于下的承重结构,宜采用耐候钢,其质量要求应符合现行国家标准《耐候结构钢》(GB/T 4171—2008)的规定。

8)钢铸件采用的铸钢材质应符合现行国家标准《一般工程用铸造碳素钢》(GB/T 11352—2009)的规定。

9)钢结构工程所采用的钢材、焊接材料、紧固件、涂装材料等应附有产品的质量证明文件、中文标志及检验报告,各项指标应符合现行国家产品标准和设计要求。

10)进场的原材料,除有出厂质量证明书外,还应按合同要求和有关现行标准在建设单位、监理的见证下,进行现场见证取样、送样、检验和验收,做好记录,并向建设单位和监理提供检验报告。

(2)焊接材料。

1)焊条应符合现行国家标准《非合金钢及细晶粒钢焊条》(GB/T 5117—2012)、《热强钢焊条》(GB/T 5118—2012)的有关规定。

2)焊丝应符合现行国家标准《熔化焊用钢丝》(GB/T 14957)、《气体保护电弧焊用碳钢、低合金钢焊丝》(GB/T 8110—2008)及《碳钢药芯焊丝》(GB/T 10045—2001)、《低合金钢药芯焊丝》(GB/T 17493—2008)的有关规定。

3)埋弧焊用焊丝和焊剂应符合现行国家标准《埋弧焊用碳钢焊丝和焊剂》(GB/T 5293—1999)、《埋弧焊用低合金钢焊丝和焊剂》(GB/T 12470—2003)的规定。

4)气体保护焊使用的氩气应符合现行国家标准《氩》(GB/T 4842—2006)的规定,其纯度不应低于99.95%。

5)气体保护焊使用的二氧化碳气体应符合现行国家标准《焊接用二氧化碳》(HG/T 2537—93)的规定。焊接难度为C、D级和特殊钢结构工程中主要构件的重要焊接节点,采用的二氧化碳气体质量应符合该标准中优等品的要求,即其二氧化碳含量(V/V)不得低于99.9%,水蒸气与乙醇总含量(m/m)不得高于0.005%,并不得检出液态水。

6)严禁使用药皮脱落或焊芯生锈的焊条、受潮结块或已熔烧过的焊剂以及生锈的焊丝。焊钉表面不得有影响使用的裂纹、条痕、凹痕和毛刺等缺陷。

(3)紧固件。

1)钢结构工程所用的紧固件(普通螺栓、高强度螺栓、焊钉),应有出厂质量证明书,其质量应符合设计要求和国家现行有关标准的规定。

2)普通螺栓可采用现行国家标准《碳素结构钢》(GB/T 700—2006)中规定的Q235钢制成。

3)高强度大六角头螺栓连接副包括一个螺栓、一个螺母和二个垫圈。对于性能等级为8.8级、10.9级的高强度大六角头螺栓连接副,应符合现行国家标准《钢结构用高强度大六角头螺栓》(GB/T 1228—2006)、《钢结构用高强度大六角螺母》(GB/T 1229—2006)、《钢结构用高强度垫圈》(GB/T 1230—2006)以及《钢结构用高强度大六角头螺栓、大六角头螺母、垫圈技术条件》(GB/T 1231—2006)的规定。

4)扭剪型高强度螺栓连接副包括一个螺栓、一个螺母和一个垫圈。对于性能等级为8.8级、10.9级的扭剪型高强度螺栓连接副,应符合现行国家标准《钢结构用扭剪型高强度螺栓连接副》(GB/T 3632—2008)的规定。

5)焊钉应符合现行国家标准《电弧螺柱焊用圆柱头焊钉》(GB/T 10433—2002)。

11.1.2 主要机具设备

主要机具设备包括桥式起重机、门式起重机、塔式起重机、汽车起重机、运输汽车、型钢带锯机、数控切割机、多头直条切割机、型钢切割机、半自动切割机、仿形切割机、圆孔切割机、数控三维钻床、摇臂钻床、磁轮切割机、车床、钻铣床、坐标镗床、相贯线切割机、刨床、立式压力机、卧式压力机、剪板机、端面铣床、滚剪倒角机、磁力电钻、直流焊机、交流焊机、CO_2焊机、埋弧焊机、焊条烘干箱、焊剂烘干箱、电动空压机、柴油发电机、喷砂机、喷漆机、叉车、卷板机、焊条滚轮架、翼缘矫正机、超声波探伤仪、数字温度仪、漆膜测厚仪、数字钳形电流表、温湿度仪、焊缝检验尺、磁粉探伤仪、手锯、锉刀、凿子、砂轮机、手锤、大锤、风铲、直角尺、卡钳、划线工具、中心冲、铁皮剪、游标卡尺、钢卷尺等。

11.1.3 作业条件

(1)钢结构的制作和安装必须根据施工图进行,并应符合《钢结构工程施工质量验收规范》(GB 50205—2001)。施工图应按设计单位提供的设计图及技术要求编制。如需修改设计图时,必须取得原设计单位同意,并签署设计更改文件。

(2)钢结构制作和安装单位在施工前,应按设计文件和施工图的要求编制工艺规程和安装的施工组织设计(或施工方案),并认真贯彻执行。

(3)在制作和安装过程中,应严格按工序检验,合格后,下道工序方能施工。

(4)制作和质量检查所用的钢尺,均应相同精度,并应定期送计量部门检定。

(5)普通碳素钢工作地点温度低于－20℃、低合金结构钢工作地点温度低于－15℃时,不得剪切和钻孔。

(6)主要材料已进场。

(7)各种工艺评定试验及工艺性能试验完成。

(8)各种机械设备调试验收合格。

(9)所有生产工人都应进行施工前培训,取得相应资格的上岗证书。电焊工应经考试,取得合格证书后方可施焊。

11.1.4 施工操作工艺

(1)工艺流程。材料检验→放样、切割→零件矫正→制孔→组装→检查→焊接→无损检验→外形尺寸检验→清理、编号→喷砂、油漆→验收。

(2)放样。

1)放样是整个钢结构制作工艺中的第一道工序,也是至关重要的一道工序。放样工作包括核对图纸的安装尺寸和孔距;以 1∶1 的大样放出节点;核对各部分的尺寸;制作样板和样杆作为下料、弯制、铣、刨、制孔等加工的依据。

2)放样号料用的工具及设备有划针、冲子、手锤、粉线、弯尺、直尺、钢卷尺、大钢卷尺、剪子、小型剪板机、折弯机。钢卷尺必须经过计量部门的校验复核,合格的方能使用。

3)放样时以 1∶1 的比例在样板台上弹出大样。当大样尺寸过大时,可分段弹出。对一些三角形的构件,如果只对其节点有要求,则可以缩小比例弹出样子,但应注意其精度。放样弹出的十字基准线,必须垂直。然后据此十字线逐一划出其他各个点和线,并在节点旁注上尺寸,以备复查和检验。

4)样板一般用 0.50~0.75mm 的铁皮或塑料板制作。样杆一般用钢皮或扁铁制作,当长度较短时可用木尺杆。

5)用作计量长度依据的钢盘尺,特别注意应经授权的计量单位计量,且附有偏差卡片,使用时按偏差卡片的记录数值校对其误差数。钢结构制作、安装、验收及土建施工用的量具,必须用同一标准进行鉴定,应具有相同的精度等级。

6)样板、样杆上应注明工号、图号、零件号、数量及加工边、坡口部位、弯折线和弯折方向、孔径和滚圆半径等。

7)由于生产需要,通常须制作适应于各种形状和尺寸的样板和样杆。样板一般分为 4 种类型。

①号孔样板。其是专用于号孔的样板。

②卡型样板。其是用于煨曲或检查构件弯曲形状的样板。卡型样板分为内卡型样板和外卡型样板。

③成型样板。其是用于煨曲或检查弯曲件平面形状的样板。此种样板不仅用于检查各部分的弧度,同时又可以作为端部割豁口的号料样板。

④号料样板。其是供号料或号料同时号孔的样板。

8)样板和样杆应妥善保存,直至工程结束后方可销毁。

9)放样所画的石笔线条粗细不得超过 0.5mm,粉线在弹线时的粗细不得超过 1mm。

10)剪切后的样板不应有锐口,直线与圆弧剪切时应保持平直和圆顺光滑。样板的允许偏差要求见表 11.1.4-1 和图 11.1.4-1。

表 11.1.4-1　样板的允许偏差

项目	允许偏差
平行线距离和分段尺寸	±0.5mm
样板对角线差(L_1)	1.0mm
样板宽度、长度(B、L)	±0.5mm
样杆长度	±1.0mm
样板的角度(C)	±20′

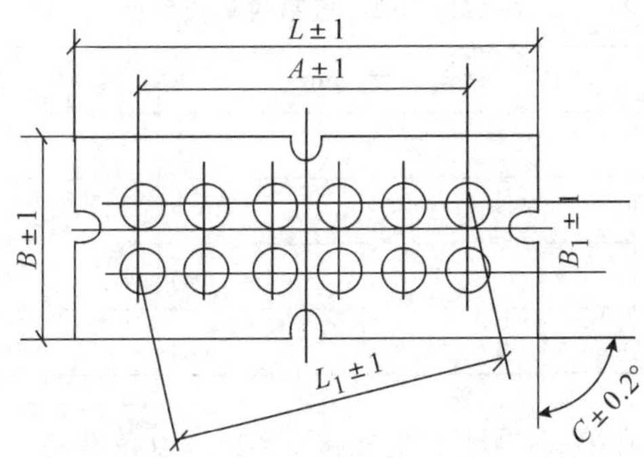

图 11.1.4-1 样板的允许偏差(单位:mm)

11)放样和号料应预留收缩量(包括现场焊接收缩量)及切割、铣端等需要的加工余量。铣端余量:剪切后加工的一般每边加 3～4mm。切割余量:自动气割割缝宽度为 3mm,手工气割割缝宽度为 4mm(与钢板厚度有关)。焊接收缩量根据构件的结构特点由工艺给出。

(3)号料是指利用样板、样板或根据图纸,在板料上及型钢上划出孔的位置和零件形状的加工界线。号料的一般工作内容包括检查核对材料;在材料上划出切割、铣、刨、弯曲、钻孔等加工位置;打冲孔;标注出零件的编号等。号料时应注意以下问题。

1)熟悉工作图,检查样板、样杆是否符合图纸要求。根据图纸直接在板料和型钢上号料时,应检查号料尺寸是否正确,以防产生错误,制成废品。

2)如材料上有裂缝、夹层或厚度不足等现象时,应及时研究处理。

3)钢材如有较大弯曲、凹凸不平等问题时,应先进行矫正。

4)号料时,对于较大型钢划线多的面应平放,以防止发生事故。

5)根据配料表和样板进行套裁,尽可能节约材料。

6)当工艺有规定时,应按规定的方向进行划线取料,以保证零件对材料轧制纹络所提出的要求。

7)需要剪切的零件,号料时应考虑剪切线是否合理,避免发生不适合剪切操作的情况。

8)不同规格、不同钢号的零件应分别号料,并根据先大后小的原则依次号料。

9)尽量使相等宽度或长度的零件放在一起号料。

10)需要拼接的同一构件必须同时号料,以利于拼接。

11)矩形样板号料,要检查原材料钢板两边是否垂直,如果不垂直则要划好垂直线后再进行号料。

12)带圆弧的零件,不论剪切还是气割,都不应紧靠在一起号料,必须留有间隙,以利于剪切或气割。

13)钢板长度不够需要焊接接长时,在接缝处必须注明坡口形状及大小,在焊接和矫正后再划线。

14)钢板或型钢采用气割切割时,要放出气割的割缝宽度,其宽度可按表 11.1.4-2 所给出的数值考虑。

表 11.1.4-2　气割的割缝宽度

切割方式	材料厚度/mm	割缝宽度留量/mm
气割下料	≤10	1～2
	10～20	2.5
	20～40	3.0
	40 以上	4.0

15)号料工作完成后,在零件的加工线和接缝线上,以及孔中心位置,应视具体情况打上錾印或样冲;同时应根据样板上的加工符号、孔位等,在零件上用白铅油标注清楚,为下道工序提供方便。

16)号料应有利于切割和保证零件质量。号料所画的石笔线条粗细以及粉线在弹线时的粗细均不得超过 1mm;号料敲凿子印间距,直线为 40～60mm,圆弧为 20～30mm。号料的允许偏差见表 11.1.4-3。

表 11.1.4-3　号料的允许偏差

项目	允许偏差/mm
零件外形尺寸	±1.0
孔距	±0.5

(4)切割。

1)下料划线以后的钢材,必须按其所需的形状和尺寸进行下料切割。常用的切割方法有以下几种。

①机械切割。使用剪切机、锯割机、砂轮切割机等机械设备,主要用于型材及薄钢板的切割。

②气割。利用氧气一乙炔、丙烷、液化石油气等热源进行,主要用于中厚钢板及较大断面型钢的切割。

③等离子切割。利用等离子弧焰流实现,主要用于不锈钢、铝、铜等金属的切割。

2)剪切时应注意以下工艺要点。

①剪刀口必须锋利,剪刀材料应为碳素工具钢和合金工具钢,发现损坏或者迟钝需及时检修、磨砺或调换。

②上下刀刃的间隙必须根据板厚调节适当。

③当一张钢板上排列许多个零件并有几条相交的剪切线时,应预先安排好合理的剪切程序后再进行剪切。

④剪切时,将剪切线对准下刃口,剪切的长度不能超过下刀刃长度。

⑤材料剪切后的弯扭变形,必须进行矫正;剪切面粗糙或带有毛刺,必须修磨光洁。

⑥剪切过程,切口附近的金属,因受剪力而发生挤压和弯曲,从而引起硬度提高,材料变脆冷作硬化现象,重要的结构件和焊缝的接口位置,一定要用铣、刨或砂轮磨削等方法将硬化表面加工清除。

3)锯切机械施工中应注意以下施工要点。

①型钢应经过校直后再进行锯切。

②所选用的设备和锯条规格,必须满足构件所要求的加工精度。

③单件锯切的构件,先划出号料线,然后对线锯切,号料时,需留出锯槽宽度(锯槽宽度为锯条厚度加0.5～1.0mm)。成批加工的构件,可预先安装定位挡板进行加工。

④加工精度要求较高的重要构件,应考虑预留适当的加工余量,以供锯切后进行端面精铣。

⑤锯切时,应注意切割断面垂直度的控制。

4)气割操作时应注意以下工艺要点。

①气割前必须检查确认整个气割系统的设备和工具全部运转正常,并确保安全。在气割过程中应注意以下要点。

a.气压稳定,不漏气。

b.压力表、速度计等正常无损。

c.机体行走平衡,使用轨道时要保持平直和无振动。

d.割嘴气流畅通,无污损。

e.割炬的角度和位置准确。

②气割时应选择正确的工艺参数(如割嘴型号、气体压力、气割速度和预热火焰能率等),工艺参数的选择主要是根据气割机械的类型和可切割的钢板厚度进行确定。

③切割时应调节好氧气射流(风线)的形状,使其达到并保持轮廓清晰、风线长和射力高。

④气割前,应去除钢材表面的污垢、油污及浮锈和其他杂物,并在下面留出一定的空间,以利于熔渣的吹出。气割时,割炬的移动应保持匀速,割件表面距离焰心尖端以2～5mm为宜。

⑤气割时,必须防止回火。

⑥为了防止气割变形,操作中应遵循下列程序。

a.大型工件的切割,应先从短边开始。

b.在钢板上切割不同尺寸的工件时,应靠边靠角,合理布置,先割大件,后割小件。

c.在钢板上切割不同开头的工件时,应先割较复杂的,后割较简单的。

d.窄长条形板的切割,采用两长边同时切割的方法,以防止产生旁弯(俗称马刀弯)。

5)机械切割和气割的允许偏差见表11.1.4-4、表11.1.4-5。

表11.1.4-4 机械切割的允许偏差

项目	允许偏差/mm
零件宽度、长度	±3.0
边缘缺棱	1.0
型钢端部垂直度	2.0

表 11.1.4-5 气割的允许偏差

项目	允许偏差/mm
零件的宽度、长度	±3.0
切割面平面度	0.05t,且不应大于 2.0mm
割纹深度	0.3
局部缺口深度	1.0

注:t 为切割面厚度。

(5)矫正和成型。

1)碳素结构钢在环境温度低于−16℃、低合金结构钢在环境温度低于−12℃时,不应进行冷矫正和冷弯曲。碳素结构钢和低合金结构钢在加热矫正时,加热温度应为 700~800℃,最高温度严禁超过 900℃,最低温度不得低于 600℃。低合金结构钢在加热矫正后应自然冷却。

2)当零件采用热加工成型时,可根据材料的含碳量,选择不同的加热温度,加热温度应控制在 900~1000℃,也可控制在 1100~1300℃;碳素结构钢和低合金结构钢分别下降到 700℃和 800℃之前,应结束加工。低合金钢应自然冷却。

3)矫正后的钢材表面,不应有明显的凹面或损伤,划痕深度不得大于 0.5mm,且不应大于该钢材厚度负允许偏差的 1/2。

4)冷矫正和冷弯曲的最小曲率半径和最大弯曲矢高应符合表 11.1.4-6 的要求。

表 11.1.4-6 冷矫正和冷弯曲的最小曲率半径和最大弯曲矢高

钢材类别	图例	对应轴	矫正		弯曲	
			r/mm	f/mm	r/mm	f/mm
钢板扁钢	y, x, t	$x-x$	$50t$	$L^2/400t$	$25t$	$L^2/200t$
		$y-y$(仅对扁钢轴线)	$100b$	$L^2/800b$	$50b$	$L^2/400b$
角钢	y, b, x	$x-x$	$90b$	$L^2/720b$	$45b$	$L^2/360b$
槽钢	y, b, h	$x-x$	$50h$	$L^2/400h$	$25h$	$L^2/200h$
		$y-y$	$90b$	$L^2/720b$	$45b$	$L^2/360b$

续表

钢材类别	图例	对应轴	矫正		弯曲	
			r/mm	f/mm	r/mm	f/mm
工字钢	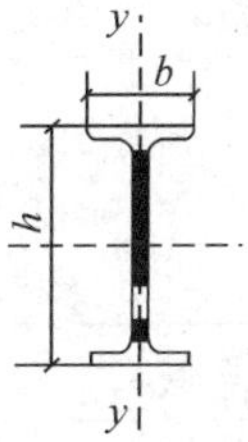	$x-x$	$50h$	$L^2/400h$	$25h$	$L^2/200h$
		$y-y$	$50b$	$L^2/400b$	$25b$	$L^2/200b$

注：r 为曲率半径，f 为弯曲矢高，L 为弯曲弦长，t 为钢板厚度。

5)钢材矫正后的允许偏差，应符合表 11.1.4-7 的要求。

表 11.1.4-7　钢材矫正后的允许偏差

项目		允许偏差/mm	图例
钢板的局部平面度	$6<t\leqslant14$	$\Delta\leqslant1.5$	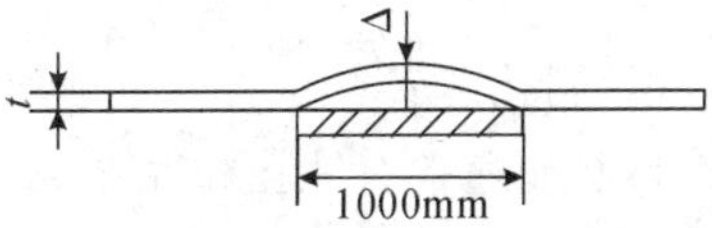
	$t>14$	$\Delta\leqslant1.0$	
型钢弯曲矢高		$L/1000$ 且不应大于 5.0	
角钢肢的垂直度		$\Delta\leqslant b/100$，双肢栓接角钢的角度不得大于 90°	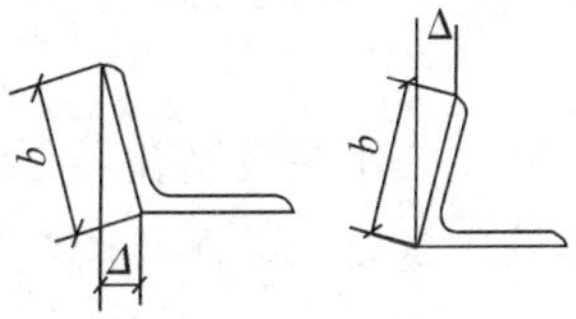
槽钢翼缘对腹板的垂直度		$\Delta\leqslant b/80$	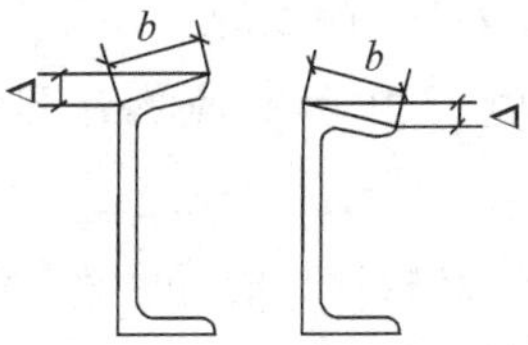
工字钢、H 形钢翼缘对腹板的垂直度		$\Delta\leqslant b/100$ 且不大于 2.0	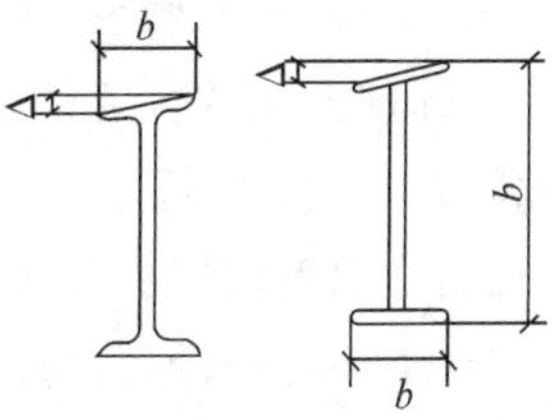

(6)边缘加工。

1)气割或机械剪切的零件,需要进行边缘加工时,其刨削量应不小于2.0mm。

2)焊接坡口加工宜采用自动切割、半自动切割、坡口机、刨边等方法进行。

3)边缘加工一般采用铣、刨等方式加工。边缘加工时应注意控制加工面的垂直度和表面粗糙度。

4)边缘加工允许偏差见表11.1.4-8。

表11.1.4-8　边缘加工允许偏差

项目	允许偏差
零件宽度、长度	±1.0mm
加工边直线度	L/3000,但不应大于2.0mm
相邻两边夹角	±6′
加工面垂直度	0.025t,且不应大于0.5mm
加工面粗糙度(B)	50

(7)制孔。

1)制孔通常有钻孔和冲孔两种方法。钻孔是钢结构制造中普遍采用的方法,能用于几乎任何规格的钢板、型钢的孔加工。钻孔的原理是切削,孔的精度高,对孔壁损伤较小。冲孔一般只用于较薄钢板和非圆孔的加工,而且要求孔径一般不小于钢材的厚度。冲孔生产效率高,但由于孔的周围产生冷作硬化,孔壁质量差等原因,在钢结构制造中已较少采用。

2)制孔采用钻模制孔和划线制孔两种方法。较多频率的孔组要设计钻模,以保证制孔过程中的质量要求。制孔前考虑焊接收缩余量及焊接变形的因素,将焊接变形均匀地分布在构件上。

3)精制螺栓孔的直径与允许偏差。精制螺栓孔(A、B级螺栓孔—Ⅰ类孔)的直径应与螺栓公称直径相等,孔应具有H12的精度,孔壁表面粗糙度$R_a \leqslant 12.5\mu m$,孔径的允许偏差应符合表11.1.5-6的规定。

4)普通螺栓孔的直径及允许偏差。普通螺栓孔(C级螺栓孔—Ⅱ类孔)包括高强度螺栓孔(大六角头螺栓孔、扭剪型螺栓孔等)、普通螺栓孔、半圆头铆钉孔等。其孔直径应比螺栓杆、钉杆公称直径大1.0~3.0mm,孔壁粗糙度$R_a \leqslant 25\mu m$孔径的允许偏差应符合表11.1.5-7的规定。

5)零、部件上孔的位置偏差。零、部件上孔的位置,成孔后任意两孔间距离的允许偏差应符合表11.1.5-8的规定。

6)孔超过偏差的解决办法。螺栓孔的偏差超过规定的允许值时,允许采用与母材材质相匹配的焊条补焊并经超声波探伤合格后重新制孔,严禁采用钢块填塞。

(8)摩擦面加工。

1)采用高强度螺栓连接时,应对构件摩擦面进行加工处理。处理后的抗滑移系数应符合设计要求。

2)高强度螺栓连接摩擦面的加工，可采用喷砂、抛丸和砂轮机打磨等方法。

注：砂轮机打磨方向应与构件受力方向垂直，且打磨范围不得小于螺栓直径的4倍。

3)经处理的摩擦面应采取防油污和损伤保护措施。

4)制造厂和安装单位应分别以钢结构制造批进行抗滑移系数试验。制造批可按分部(子分部)工程划分规定的工程量每2000t为一批，不足2000t的可视为一批。选用两种及两种以上表面处理工艺时，每种处理工艺应单独检验。每批三组试件。

5)抗滑移系数试验用的试件应由制造厂加工，试件与所代表的钢结构构件应为同一材质、同批制作、采用同一摩擦面处理工艺和具有相同的表面状态，并应用同批同一性能等级的高强度螺栓连接副，在同一环境条件下存放。

6)试件钢板的厚度，应根据钢结构工程中有代表性的板材厚度来确定。试件板面应平整，无油污，孔和板的边缘无飞边、毛刺。

7)制作厂应在钢结构制作的同时进行抗滑移系数试验，并出具报告。试验报告应写明试验方法和结果。

8)应根据国家标准《钢结构高强度螺栓连接技术规程》(JGJ 82—2011)的要求或设计文件的规定，制作材质和处理方法相同的复验抗滑移系数用的试件，并与构件同时移交。

(9)端部加工。

1)构件的端部加工应在矫正合格后进行。

2)应根据构件的形式采取必要的措施，保证铣平端面与轴线垂直。

3)端部铣平的允许偏差，应符合表11.1.4-9的要求。

表11.1.4-9　端部铣平的允许偏差

项目	允许偏差/mm
两端铣平时构件长度	±2.0
两端铣平时零件长度	±0.5
铣平面的平面度	0.3
铣平面对轴线的垂直度	$L/1500$

(10)型钢对接连接。

1)型钢直接对接连接.钢结构工程常用角钢和槽钢，在一般受力不大的钢结构工程上，它们各自的接头方式采用直缝相接，如图11.1.4-2(a)、(c)所示。特殊要求的钢结构工程，根据设计要求有时按45°～60°斜接，如图11.1.4-2(b)、(d)所示。

2)角钢加固连接。角钢用覆盖板的连接方法见图11.1.4-3，大多数用于强度要求比较高的角钢结构连接。连接方式有从角钢的里面和外面进行单面或双面连接。无论从角钢里面或外面，采用角钢覆盖重叠加固，都必须将靠角钢里面的覆盖角尖部用气割或铲头去掉，否则角尖部高出与另一角钢内角相顶，会出现缝隙不严现象。在双层角钢的中间，放有一定规格的夹板，拼装时应用U形卡具将缝隙压紧靠严，再进行焊接。

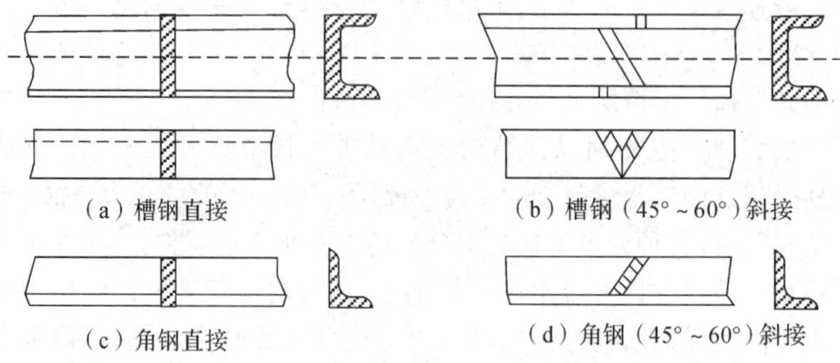

图 11.1.4-2　型钢接头示意

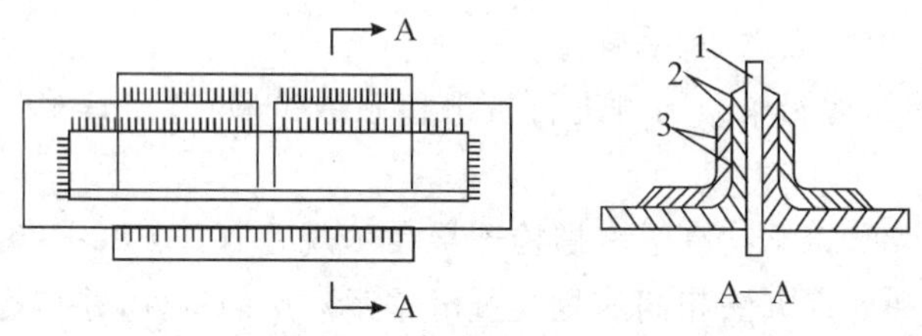

1—夹板;2—连接角钢;3—加固角钢

图 11.1.4-3　角钢覆板连接

3)工字钢、槽钢盖板连接。工字钢及槽钢的对接点处用盖板内外加固连接,如图 11.1.4-4 所示。

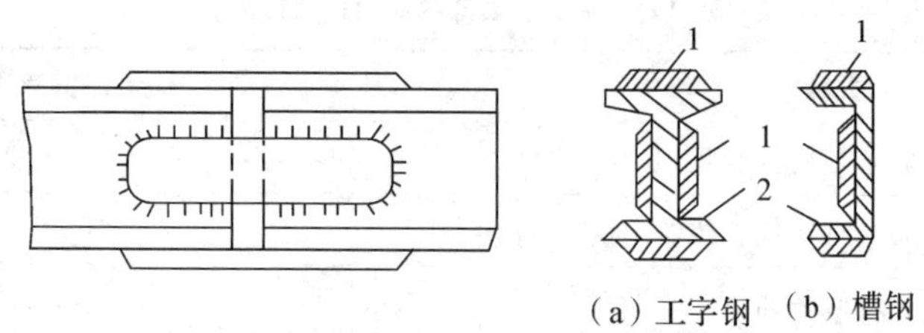

1—盖板;2—型钢

图 11.1.4-4　工字钢、槽钢接头加固连接

对于大型重要的钢结构工程,如桥梁和动力厂房等结构,要求具有较大的拉力、压力和冲击力。为增加结构强度起见,型钢接缝处的内外面上,可备加固盖板来提高结构强度。

加固板的形状有矩形和菱形两种。矩形板制作简单,但从受力、传力均匀程度和稳定性来说,还是属菱形板较好。因此多采用菱形板来连接。角钢、槽钢、工字钢对接接头标准见表 11.1.4-10 至表 11.1.4-13。

表 11.1.4-10　等边角钢对接接头标准

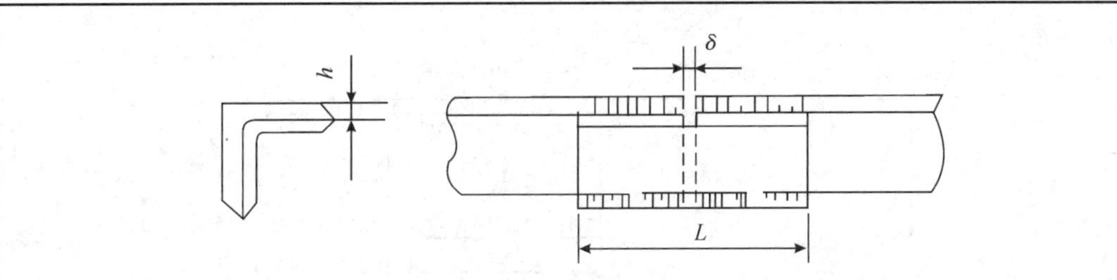

角钢尺寸/mm	对接接头角钢尺寸/mm	接头角钢长 L/mm	空隙 δ/mm	焊缝高 h/mm
50×50×5	50×50×5	210	8	5
50×50×6	50×50×6	220	10	6
60×60×5	60×60×5	230	10	6
60×60×6	60×60×6	250	10	6
65×65×6	65×65×6	300	10	6
65×65×8	65×65×8	330	10	6
75×75×6	75×75×6	330	10	6
75×75×8	75×75×8	440	10	6
80×80×6	80×80×6	370	10	6
80×80×8	80×80×8	370	10	8
90×90×8	90×90×8	410	12	8
90×90×10	90×90×10	500	12	8
100×100×8	100×100×8	450	12	8
100×100×10	100×100×10	540	12	8
100×100×12	100×100×12	520	14	10
120×120×10	120×120×10	540	14	10
120×120×12	120×120×12	640	14	10
130×130×10	130×130×10	570	14	10
130×130×12	130×130×12	680	14	10
150×150×12	150×150×12	640	14	12
150×150×14	150×150×14	750	16	12
150×150×16	150×150×16	850	16	12
180×180×14	180×180×14	770	18	14
180×180×16	180×180×16	890	18	14
200×200×16	200×200×16	970	20	16
200×200×18	200×200×18	970	18	14
200×200×20	200×200×20	1100	20	16
200×200×24	200×200×24	1270	20	16

表 11.1.4-11　不等边角钢对接接头标准

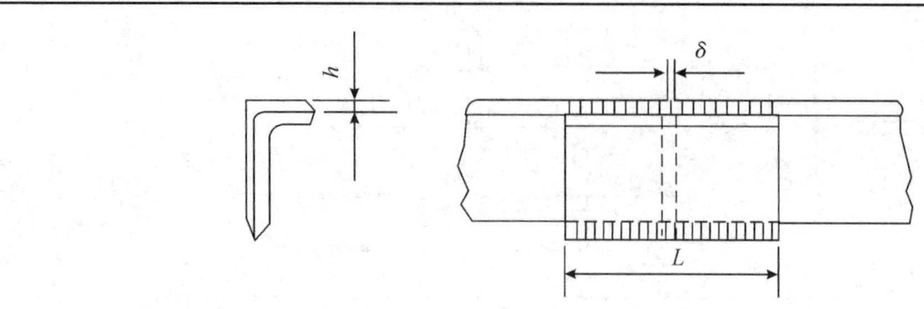

角钢尺寸/mm	对接接头角钢尺寸/mm	接头角钢长 L/mm	空隙 δ/mm	焊缝高 h/mm
60×40×5	60×40×5	240	8	5
60×40×6	60×40×6	240	10	6
75×50×6	75×50×6	280	10	6
75×50×8	75×50×8	360	10	6
85×55×6	85×55×6	300	10	6
85×55×8	85×55×8	380	10	6
90×60×8	90×60×8	340	10	6
90×60×10	90×60×10	440	10	6
100×75×8	100×75×8	380	12	8
100×75×10	100×75×10	460	12	8
120×80×8	120×80×8	440	12	8
120×80×10	120×80×10	520	12	8
130×90×8	130×90×8	480	12	8
130×90×10	130×90×10	580	12	8
150×100×10	150×100×10	640	12	8
150×100×12	150×100×12	760	12	8
180×120×12	180×120×12	750	14	10
180×120×14	180×120×14	860	14	10
200×120×12	200×120×12	800	14	10
200×120×14	200×120×14	900	14	10
200×120×16	200×120×16	1040	14	10
200×150×12	200×150×12	870	16	12
200×150×16	200×150×16	1150	16	12

表 11.1.4-12 槽钢对接接头标准

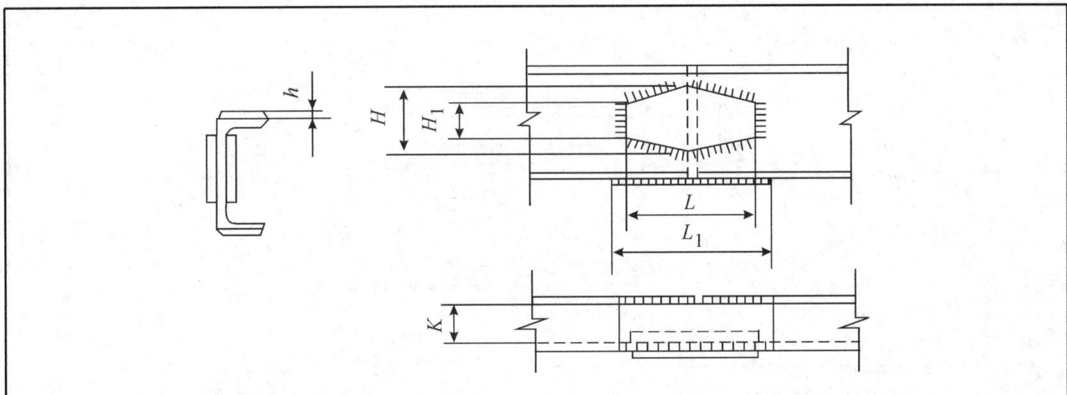

水平盖板参数					垂直盖板参数				
截面号数	盖板厚 /mm	宽度 K/mm	长度 L_1/mm	焊缝高 h/mm	盖板厚 /mm	宽度 H/mm	宽度 H_1/mm	长度 L/mm	焊缝高 h/mm
10	12	35	180	6	6	60	40	130	5
12	12	40	210	6	6	80	40	160	5
14	12	45	230	6	8	90	50	160	6
16	14	50	270	6	8	100	50	200	6
18	14	55	230	8	8	120	60	230	6
20	14	60	250	8	8	140	60	250	6
22	14	65	260	8	8	160	70	280	6
24	16	65	280	8	8	180	80	300	6
27	16	70	340	8	8	200	90	300	6
30	18	70	340	8	8	230	100	330	8
33	18	70	380	8	10	250	110	350	8
36	20	75	360	10	10	270	120	410	8
40	24	80	420	10	12	300	130	430	10

表 11.1.4-13　工字钢对接接头标准

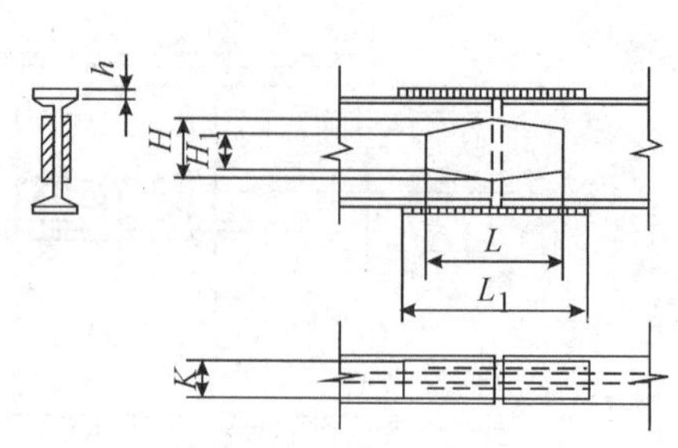

截面号数	水平盖板参数				垂直盖板参数				
	盖板厚/mm	宽度 K/mm	长度 L_1/mm	焊缝高 h/mm	盖板厚/mm	宽度 H/mm	宽度 H_1/mm	长度 L/mm	焊缝高 h/mm
10	10	55	260	5	6	60	40	120	5
12	12	60	310	5	6	80	40	150	5
14	14	60	320	6	8	90	50	160	6
16	14	65	350	6	8	100	50	190	6
18	14	75	400	6	8	120	60	220	6
20a	16	80	470	6	8	140	60	260	6
22a	16	90	520	6	8	160	70	290	6
24a	16	95	470	8	10	180	80	290	8
27a	18	100	480	8	10	200	90	300	8
30a	18	105	510	8	10	230	100	390	8
33a	18	110	570	8	10	250	110	410	8
36a	20	110	500	10	12	270	120	360	10
40a	22	110	540	10	12	300	130	440	10
45a	24	120	600	10	12	350	150	540	10
50a	30	125	620	12	14	380	170	480	12
55a	30	125	630	12	14	480	180	590	12
60a	30	135	710	12	14	480	200	660	12

4)盖板连接。在特殊钢结构工程的钢板连接中,在对接不能达到强度要求,搭接又不允许的情况下,常在同厚度两板对接处采用盖板连接,如图 11.1.4-5 所示。盖板连接形式有单面和双面连接。图 11.1.4-5 为单面加固连接,连接时,两板先加工成 V 形坡口进行焊接,焊肉不能超过钢板的上平面,焊后清除焊渣,焊上加固盖板。

图 11.1.4-5　钢板对接盖板加固

5)顶板连接。型钢顶板连接一般用在钢柱的顶端盖板、柱底座板和中间对接夹板结构上,如图 11.1.4-6 所示。拼装前,应将钢板连接处的型钢断面用砂轮或刨边机加工成平面,再焊接顶板、中间夹板或底座板,这样可减小变形,以保证受力均匀。

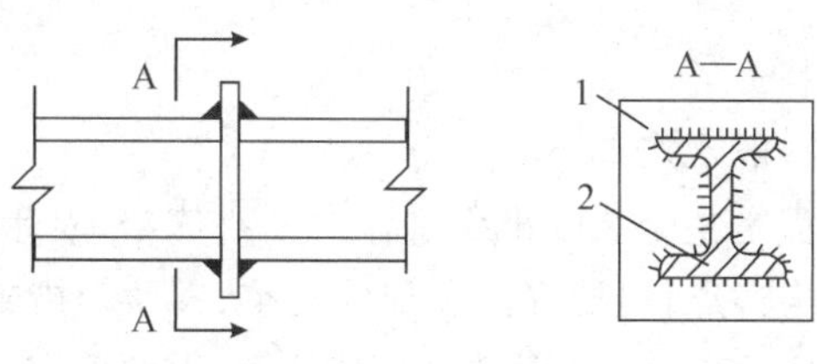

1—顶板;2—工字钢

图 11.1.4-6　型钢顶板连接

6)套管连接。套管连接如图 11.1.4-7 所示,它应用在管道工程和承架钢管的结构架上,套管结构的连接形式都有加强对接强度的作用。套管连接如用在承架结构时,内管对接处不需焊接,只将外管两端焊接即可。如果是管道工程,须将内管对接处先焊接。

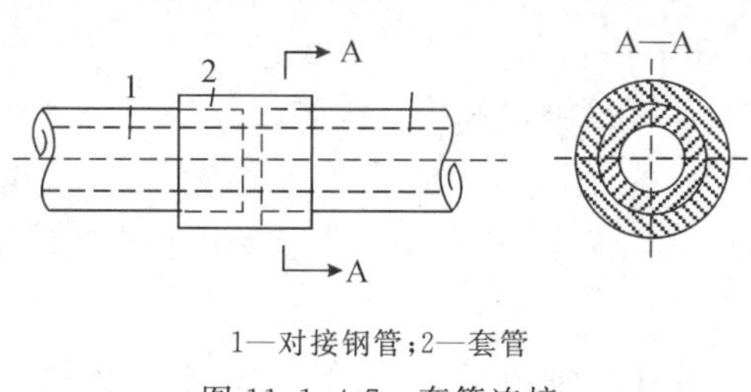

1—对接钢管;2—套管

图 11.1.4-7　套管连接

7)型钢标准接头。型钢结构接头的种类很多,为了保证工程质量要求,必须按工程设计图纸上技术规定进行施工。不同规格的型钢和不同位置的接头,要按标准规定正确处理覆板、盖板的连接和尺寸要求。等边角钢、不等边角钢、槽钢和工字钢的标准接头规定见表 11.1.4-10 至表 11.1.4-13。

8)各种型钢混合连接。在钢结构工程中,型钢结构连接形式多种多样,如角钢、槽钢、工字钢等互相连接。同规格型钢相同位置互相连接和不同位置两种型钢互相连接的形式,见图 11.1.4-8。

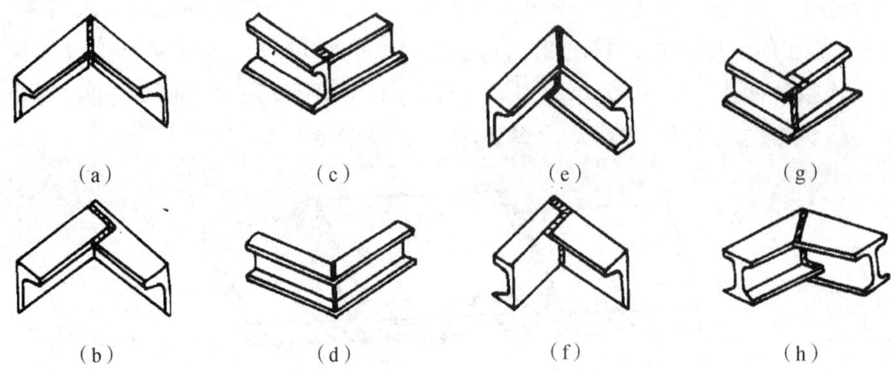

图 11.1.4-8　型钢连接形式示意

(a)为同规格角钢角接平面斜焊缝;(b)为同规格角钢角接平面直焊缝;
(c)为槽钢与工字钢不开口角接;(d)为槽钢上下翼板开斜口角接;
(e)为角钢与槽钢翼板开斜口角接;(f)为槽钢与角钢开直口角接;
(g)为同规格槽钢直口角接;(h)为不等高的工字钢综合焊缝角接

(11)钢结构构件的组装。

1)钢结构构件组装的一般规定如下。

①产品图纸和工艺规程是整个装配准备工作的主要依据,因此,首先要了解以下问题。

a.了解产品的用途结构特点,以便提出装配的支承、夹紧等措施。

b.了解各零件的相互配合关系,使用材料及其特性,以便确定装配方法。

c.了解装配工艺规程和技术要求,以便确定控制程序、控制基准及主要控制数值。

②拼装必须按工艺要求的次序进行,当有隐蔽焊缝时,必须先予施焊,经检验合格方可覆盖。当复杂部位不易施焊时,亦须按工艺规定先后进行拼装和施焊。

③布置拼装胎具时,其定位必须考虑预放出焊接收缩量及齐头、加工的余量。

④为减少变形,尽量采取小件组焊,经矫正后再大件组装。胎具及装出的首件必须经过严格检验,方可进行大批装配工作。

⑤组装前,零件、部件的连接接触面和沿焊缝边缘每边 30～50mm 范围内的铁锈、毛刺、污垢、冰雪等应清除干净。

⑥组装时的点固焊缝长度宜大于 40mm,间距宜为 500～600mm,点固焊缝高度不宜超过设计焊缝高度的 2/3。

⑦板材、型材的拼接,应在组装前进行;构件的组装应在部件组装、焊接、矫正后进行,以便减少构件的焊接残余应力,保证产品的制作质量。

⑧构件的隐蔽部位应提前进行涂装。

⑨桁架结构的杆件装配时要控制轴线交点,其允许偏差不得大于 3mm。

⑩装配时要求磨光顶紧的部位,其顶紧接触面应有 75%以上的面积紧贴,用 0.3mm 的塞尺检查,其塞入面积应小于 25%,边缘间隙不应大于 0.8mm。

⑪拼装好的构件应立即用油漆在明显部位编号,写明图号、构件号和件数,以便查找。

2)钢结构构件组装的方法。

①地样法。用1∶1的比例在装配平台上放出构件实样,然后根据零件在实样上的位置,分别组装起来成为构件。此装配方法适用于桁架、构架等小批量构件的组装。

②仿形复制装配法。先用地样法组装成单面(单片)的结构,然后定位点焊牢固,将其翻身,作为复制胎模,在其上面装配另一单面的结构,往返两次组装。此种装配方法适用于横断面互为对称的桁架结构。

③立装。立装是根据构件的特点,及其零件的稳定位置,选择自上而下或自下而上的装配。此法用于放置平稳,高度不高的结构或者大直径的圆筒。

④卧装。卧装是将构件放置卧的位置进行的装配。卧装适用于断面不大,但长度较长的细长的构件。

⑤胎模装配法。胎模装配法是将构件的零件用胎模定位在其装配位置上的组装方法。此种装配法适用于制造构件批量大、精度高的产品。在布置拼装胎模时,必须注意预留各种加工余量。

(12)焊接H形钢梁施工。

1)工艺流程。下料→拼装→焊接→矫正→二次下料→制孔→装焊其他零件→校正→打磨→打砂→油漆→搬运→贮存→运输→售后服务。

2)下料。

①下料前应将钢板上的铁锈、油污清除干净,以保证切割质量。

②钢板下料宜采用多头切割机几块板同时下料,以防止零件产生马刀弯。

③钢板下料应根据配料单规定的规格尺寸落料,并适当考虑构件加工时的焊接收缩余量。

④开坡口。采用坡口倒角机或半自动切割机,全熔透焊缝坡口角度如图11.1.4-9(a)所示,半熔透焊缝坡口角度如图11.1.4-9(b)所示。

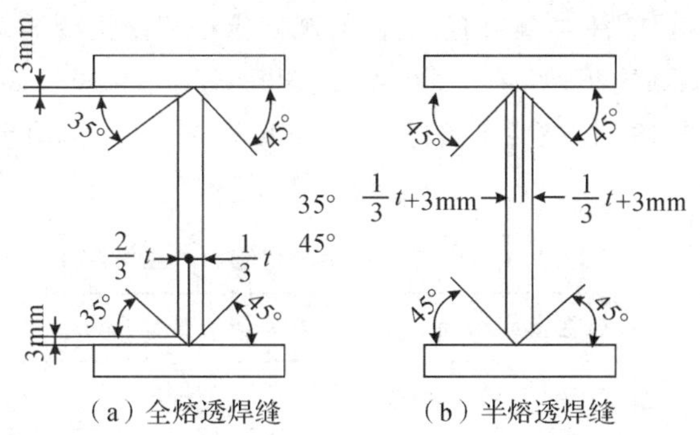

图11.1.4-9 焊接H形钢全熔透和半熔透焊缝坡口角度

⑤下料后,将割缝处的流渣清除干净,转入下道工序。

3)装配。H形钢梁装配在组装平台上进行,平台简图如图11.1.4-10所示。装配前,应先将焊接区域内的氧化皮、铁锈等杂物清除干净;然后用石笔在翼缘板上划线,标明腹板装配位置,将腹板、翼缘板置于平台上,用楔子、角尺调整H形钢梁截面尺寸及垂直度,装配间隙控制在2～4mm(半熔透焊缝、巾角焊不留间隙),点焊固定翼缘板,再用角钢点焊固定。

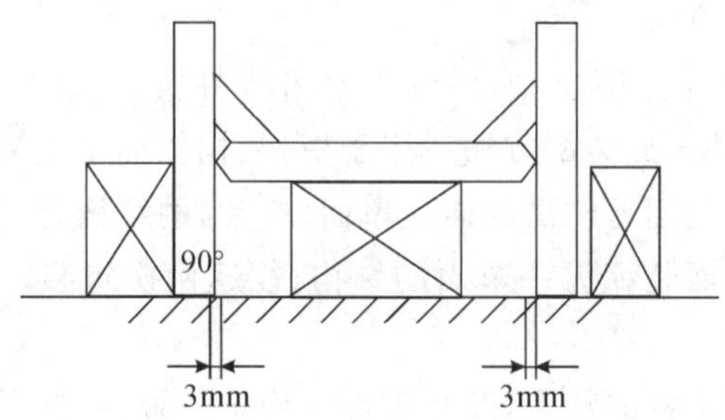

图 11.1.4-10　组装平台简图

点焊焊材材质应与主焊缝材质相同,长度 50mm 左右,间距 300mm,焊缝高度不得大于 6mm,且不超过设计高度的 2/3。

4)焊接。

①H 形钢梁焊接采用 CO_2 气体保护焊打底,埋弧自动焊填充、盖面施焊的方法。

②工艺参数应参照工艺评定确定的数据,不得随意更改。

③焊接顺序。打底焊一道→填充焊一道→碳弧气刨清根→反面打底、填充、盖面→正面填充、盖面焊。焊接简图如图 11.1.4-11 所示。具体施焊时还要根据实际焊缝高度,确定填充焊的次数,构件要勤翻身,防止构件产生扭曲变形。如果构件长度>4m,则采用分段施焊的方法。

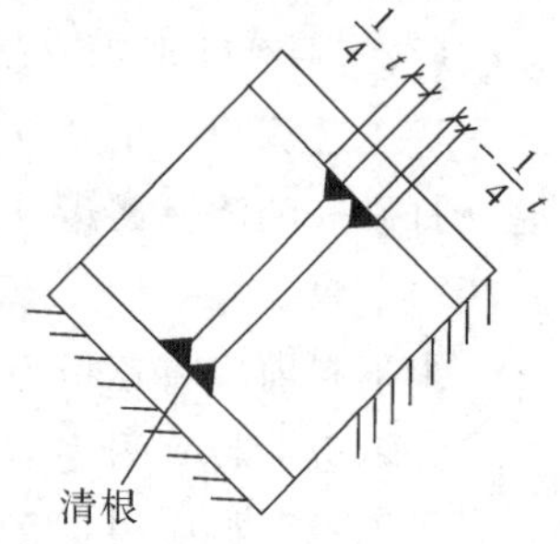

图 11.1.4-11　焊接简图

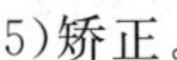

5)矫正。

①H 形钢梁焊接后容易产生挠曲变形、翼缘板与腹板不垂直、薄板焊接还会产生波浪形等焊接变形,因此一般采用机械矫正及火焰加热矫正的方法进行矫正。

②机械矫正。矫正前,应清扫构件上的一切杂物,与压辊接触的焊缝焊点修磨平整。使用机械矫正(翼缘矫正机)的注意事项有,构件的规格应在矫正机的矫正范围之内,即翼缘板最大厚度≤50mm,翼缘板宽度为 180～800mm,腹板≤50mm,腹板高度>350mm 以上,工件材质为 Q235(材质 Q345 时,被矫正板厚为 Q235R 70%),工件厚度与宽度的对应关系须符合表 11.1.4-14。

表 11.1.4-14　工件厚度与宽度的对应关系

翼板最大厚度/mm	翼板宽度/mm	翼板最大厚度/mm	翼板宽度/mm
10～15	150～800	30～35	350～800
15～25	200～800	35～40	400～800
25～30	300～800	40～50	500～800

当翼缘板厚度超过 30mm 时,一般要求往返几次矫正(每次矫正量为 1～2mm)。机械矫正时,还可以采用压力机根据构件实际变形情况直接矫正。

③火焰矫正注意事项。根据构件的变形情况，确定加热的位置及加热顺序；加热温度最好控制在 600～650℃。

6)二次下料。目的是确定构件基本尺寸及构件截面的垂直度，作为制孔、装焊其他零件的基准。当 H 形钢梁截面＜750mm×520mm 时，可采用锯切下料；当 H 形钢截面＞750mm×520mm 时，可采用铣端来确定构件长度。注意二次下料时根据工艺要求加焊接收缩余量。

7)制孔。

①构件小批量制孔，先在构件上划出孔的中心和直径，在孔的圆周上(90°位置)打 4 个冲眼，做钻孔后检查用，中心冲眼应大而深。

②当制孔量比较大时，即同一类孔超过 50 组、一组孔由 8 个以上孔组成及重要螺栓孔，要先制作钻模，再钻孔。

③钻孔时，摆放构件的平台要平整，以保证孔的垂直度。

8)装焊其他零件。

9)最后校正构件，将构件表面焊疤、焊瘤、飞溅等杂物清理干净，即可出车间。

(13)箱形截面构件的加工工艺。放样、下料→矫正→开坡口→铣端→组装槽形→焊接工艺隔板和加劲板→组装盖板→箱体焊接→钻孔→箱行梁电渣焊→矫正→装焊零件板→清理挂牌→构件的最终尺寸验收、出车间。

1)放样。应按照图纸尺寸及加工工艺要求增加加工余量(加工余量包含铣端余量和焊接收缩余量)。以下发的钢板配料表为依据，在板材上进行放样、划线。放样前应将钢材表面的尘土、锈皮等污物清除干净。

2)下料。箱体的四块主板(为了防止其马刀变形)采用多头自动切割机进行下料。箱体上其他零件，厚度＞12mm 以上者采用半自动切割机开料，≤12mm 以下者采用剪床下料。气割前应将钢材切割区域表面铁锈、污物等清除干净，气割后应清除熔渣和飞溅物。

3)开坡口。根据加工工艺卡的坡口形式，采用半自动切割机或倒边机进行开制。坡口一般分为全熔透和非全熔透两种形式。为了保证最终的焊接质量，对全熔透坡口的长度应在设计长度的基础上与非全熔透坡口相邻处适当加长。坡口切割后，所有熔渣和氧化皮等杂物应清除干净，并对坡口进行检查。如果切割后的沟痕超过了气割的允许偏差，应用规定的焊条进行修补，并与坡口面打磨平齐。

4)矫正。对所下的板件用立式液压机进行矫正，以保证其平整度。对钢板有马刀弯者应采用火焰矫正的方法进行矫正，火焰矫正的温度不得超过 650℃。

5)铣端、制孔。工艺隔板的制作。箱体在组装前应对工艺隔板进行铣端，目的是保证箱形的方正和定位以及防止焊接变形。

6)箱体组装。组装前应将焊接区域范围内的氧化皮、油污等杂物清理干净。箱体组装时，点焊工必须严格按照焊接工艺规程执行，不得随意在焊接区域以外的母材上引弧。

①箱体组装为槽形。先在装配平台上将工艺隔板和加劲板装配在一箱体主板上，工艺隔板一般距离主板两端头 200mm，工艺隔板之间的距离为 1000～1500mm，如图 11.1.4-12 所示。此时所选主板根据箱形截面大小不同而有选择性。当截面≥800mm×800mm 时，选择任意一块主板均可；当截面＜800mm×800mm 时，则只能选择与加劲板不焊一边相对的

主板。

组装槽形:在组装槽形前应将工艺隔板、加劲板与主板进行焊接。将另两相对的主板组装为槽形,如图 11.1.4-13 所示。

槽形内的工艺隔板、加劲板与主板的焊接:根据焊接工艺的要求用手工电弧焊或二氧化碳气体保护焊进行焊接。

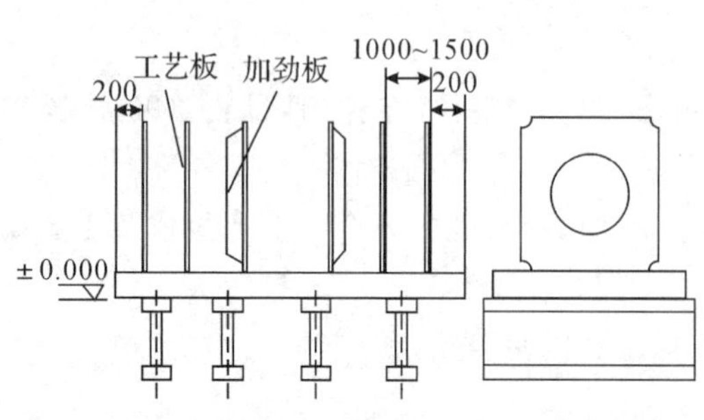

图 11.1.4-12 箱体组装 A(单位:mm)

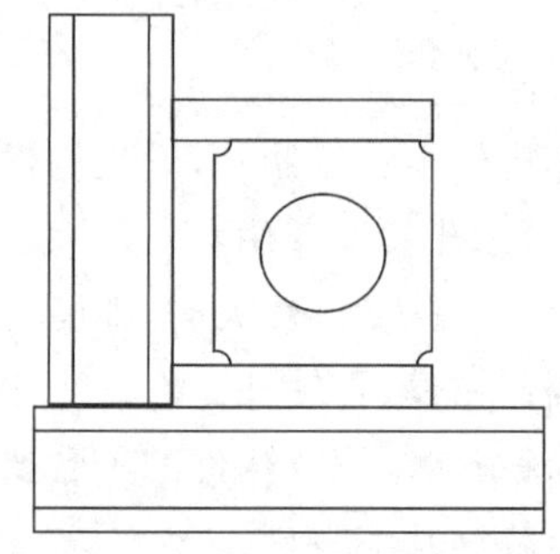

图 11.1.4-13 箱体组装 B

②组装箱体的盖板。在组装盖板前应对加劲板的三条焊缝进行无损检验,同时也应检查槽形是否扭曲,直至合格后方可组装盖板。

③箱体四条主焊缝的焊接。四条主焊缝的焊接应严格按照焊接工艺的要求施焊,焊接采用二氧化碳气体保护焊进行打底,埋弧自动焊填充盖面。在焊缝的两端应设置引弧和引出板,其材质和坡口形式应和焊件相同。埋弧焊的引弧和引出焊缝应大于 50mm。焊接完毕后应用气割切除引弧和引出板,并打磨平整,不得用锤击落。

对于板厚大于 50mm 的碳素钢和板厚大于 36mm 的低合金钢,焊接前应进行预热,焊后应进行后热。预热温度宜控制在 100~150℃,预热区在焊道两侧,每侧宽度均应大于焊件厚度的 2 倍,且不应小于 100mm。高层钢结构的箱形柱与横梁连接部位,因应力传递的要求,设计上在柱内设加劲板,箱形柱为全封闭形,在组装焊接过程中,每块加劲板四周只有三边能用手工焊或 CO_2 气体保护焊与柱面板焊接,在最后一块柱面板封焊后,加劲板周边缺一条焊缝,为此必须用熔嘴电渣焊补上。为了达到对称焊接控制变形的目的,一般留两条焊缝用电渣焊对称施焊。

7)矫正、开箱体端头坡口。箱体组焊完毕后,如有扭曲或马刀弯变形,应进行火焰矫正或机械矫正。箱体扭曲的机械矫正方法为:将箱体的一端固定而另一端施加反扭矩的方法进行矫正,如图 11.1.4-14 所示。对箱体端头要求开坡口者在矫正之后才进行坡口的开制。

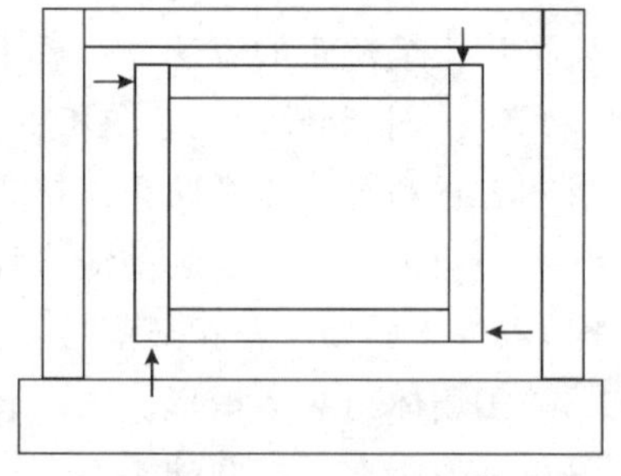

图 11.1.4-14 箱体组装 C

8)箱体其他零件组装焊接。

9)构件的清理、挂牌以及构件的最终尺寸验收、出车间。

(14)劲性十字形柱的加工工艺。

1)十字柱加工流程。放样、下料→组装 H 形钢、T 形钢→焊接H形钢、T形钢→矫正→H形钢、T形钢铣端、钻孔→组装十字柱及工艺隔板→焊接十字柱→矫正→十字柱铣端→组装柱上零件板→焊接零件板→清理。

2)下料。按照图纸尺寸及加工工艺要求增加的加工余量,采用多头切割机进行下料,以防止零件产生马刀弯。对于部分小块零件板则采用半自动切割机或手工切割下料。

3)开坡口。根据腹板厚度的不同,采用不同的坡口形式。具体坡口形式由技术部门编制相应的加工工艺卡来决定。坡口采用半自动切割机进行开制。切割后,所有的流挂、飞溅、棱边等杂物均要清除干净,方可进行下道工序。

4)H形钢的制作。

①组装。坡口开制完成,零件检查合格后,在专用胎具上组装H形钢。组装时,利用直角尺将翼缘的中心线和腹板的中心线重合,点焊固定。组装完成后,在H形钢内加一些临时固定板,以控制腹板和翼缘的相对位置及垂直度,并起到一定的防变形作用(见图11.1.4-15)。

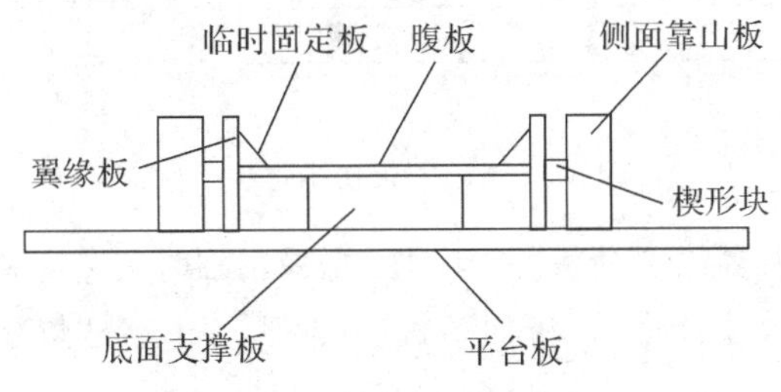

图11.1.4-15　H形钢的组装

②焊接。H形钢的焊接采用CO_2气体保护焊打底,埋弧自动焊填充、盖面的方式进行焊接。在焊接过程中要随时观察H形钢的变形情况,及时对焊接次序和参数进行调整。

③矫正。H形钢焊接完成后,采用翼缘矫正机对H形钢进行矫直及翼缘和腹板的垂直度。对于扭曲变形,则采用火焰加热和机械加压同时进行的方式进行矫正。火焰矫正时,其温度不得超过650℃。

5)T形钢的制作。T形钢的加工,根据板厚和截面的不同,可采用不同的方法进行。一般情况下采用先组焊H形钢,然后从中间割开,形成2个T形钢的方法加工。切割时,在中间和两端各预留50mm不割断,待部件冷却后再切割。切割后的T形钢进行矫直、矫平及坡口的开制见图11.1.4-16。

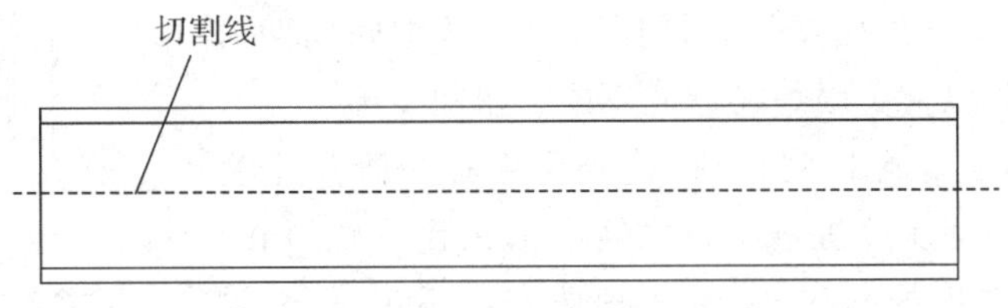

图11.1.4-16　T形钢的制作

6)H形钢、T形钢铣端。矫正完成后,对H形钢和T形钢进行铣端。

7)劲性十字柱的组装。

①工艺隔板的制作。在十字柱组装前,要先制作好工艺隔板,以方便十字柱的装配

和定位。工艺隔板与构件的接触面要求铣端,边与边之间必须保证成90°直角,以保证十字柱截面的垂直度,见图11.1.4-17。

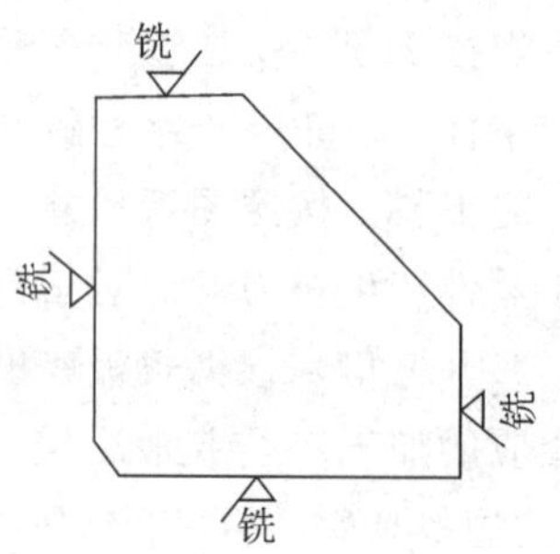

图11.1.4-17 工艺隔板的制作

②检查需装配用的H形钢和T形钢是否矫正合格,其外形尺寸是否达到要求,经检查合格,并将焊接区域内的所有铁锈、氧化皮、飞溅、毛边等杂物清除干净后,方可开始组装十字柱。

③将H形钢放到装配平台上,把工艺隔板装配到相应的位置。将T形钢放到H形钢上,利用工艺隔板进行初步定位,见图11.1.4-18。

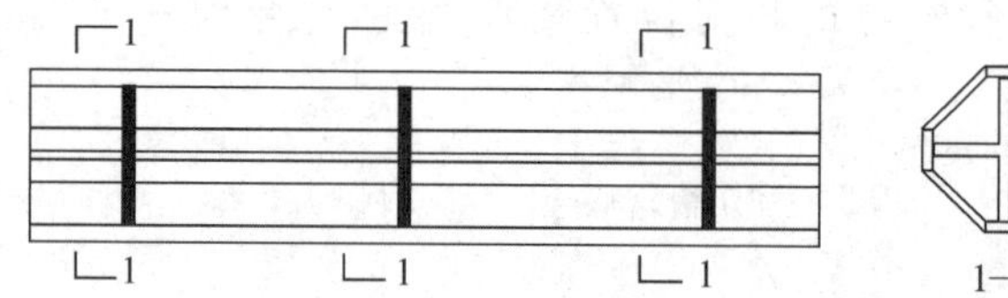

图11.1.4-18 工艺隔板初步定位劲性十字柱

对于无工艺隔板而有翼缘加劲板的十字柱,先采用临时工艺隔板进行初步定位,然后用直角尺和卷尺检查外形尺寸合格后,将加劲板装配好,待十字柱焊接完成后,将临时工艺隔板去除,见图11.1.4-19。

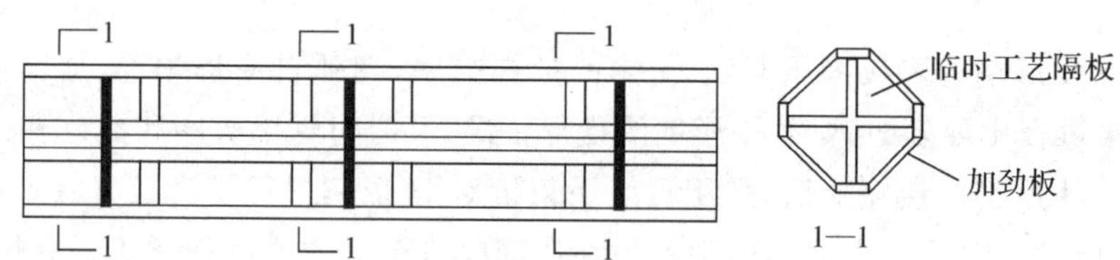

图11.1.4-19 临时工艺隔板初步定位劲性十字柱

④利用直角尺和卷尺检查十字柱端面的对角线尺寸和垂直度以及端面的平整度。对不满足要求的进行调整。

⑤经检查合格后,点焊固定。

8)劲性十字柱的焊接。采用CO_2气体保护焊进行焊接。焊接前应尽量将十字柱底面垫平。焊接时要求从中间向两边双面对称同时施焊,以避免因焊接造成弯曲或扭曲变形。

9)十字柱的矫正。焊接完成后,检查十字柱是否产生变形。如发生变形,则用压力机进行机械矫正或采用火焰矫正,火焰矫正时,加热温度控制在650℃。扭曲变形矫正时,一端固定,另一端采用液压千斤顶进行矫正,见图11.1.4-20。

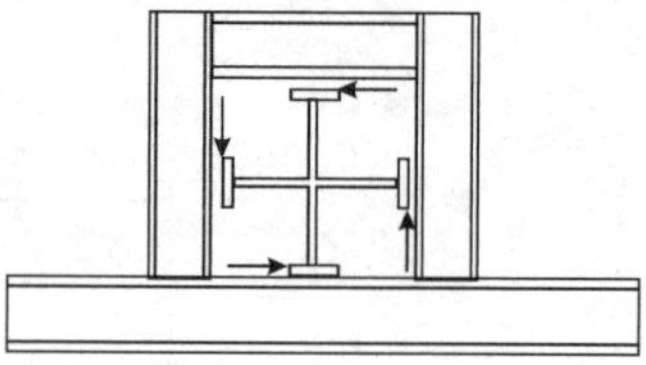

→液压千斤顶校正方向

图11.1.4-20 十字柱的矫正

10)十字柱的铣端。矫正完成后对十字柱的上端进行铣端,以控制柱身长度。

11)十字柱铣端完成后,将临时工艺隔板去除,并将点焊缝打磨平整。

12)清理。十字柱装配、焊接、矫正完成后,将构件上的飞溅、焊疤、焊瘤及其他杂物清理干净。

(15)圆管加工工艺。

1)卷管前应根据工艺要求对零件和部件进行检查,合格后方可进行卷管。卷管前将钢板上的毛刺、污垢、松动铁锈等杂物清除干净后方可卷管。

2)对于大于 30mm 的钢板在零件下料时根据具体情况,在零件的相关方向增加引板。其引板的长度一般为 50～100mm。

3)一般卷管加工工艺流程。材料检验→下料(编号)→开坡口→卷管(点焊)→焊接直缝→无损检验→矫圆→组焊钢管(环缝)→无损检验→外形尺寸检验→清理、编号→交验、运输。

4)下料。

①以管中径计算周长,下料时加 2mm 横缝焊接收缩余量。长度方向按每道环缝加 2mm 的焊接收缩余量。

②采用半自动节割机切割,严禁手工切割。

③气割后零件的允许偏差如表 11.1.4-15 所示。

表 11.1.4-15 气割后零件的允许偏差

项目	允许偏差
零件的宽度、长度	±3.0mm
切割面平面度	0.05t,且不应大于 2.0mm
割纹深度	0.2mm
局部缺口深度	1.0mm

5)开坡口。

①一般情况下,16mm 以下的钢板均采用单坡口的形式,外坡口和内坡口两种形式均可。出于焊接方便的考虑,一般开外坡口,内部清根后焊接。

②大于 16mm 的钢板(不含 16mm 的钢板)可开双坡口,也可根据设计要求开坡口。

③均采用半自动切割机切割坡口,严禁手工切割坡口。坡口切割完毕后要检查板材的对角线误差值是否在规定的允许范围内。如偏差过大,则要求进行修补。

④坡口的允许偏差要求如表 11.1.4-16 所示。

表 11.1.4-16 坡口的允许偏差

项目	允许偏差
钝边	±2mm
角度	±0.5°
间隙	±2mm
坡口面沟槽	≤1mm

⑤坡口加工方法可以采用磁力切割机沿管壁切割、采用半自动切割 机在钢板上切割、采用坡口机切割钢板坡口。

6)卷管。

①用 CDW11HNC－50×2500 型卷板机进行预弯和卷板。

②根据实际情况进行多次往复卷制,采用靠模反复进行检验,以达到卷管的精度。

③卷制成型后,进行点焊,点焊区域必须清除掉氧化铁等杂质,点焊高度不准超过坡口的 2/3 深度。点焊长度应为 80～100mm。点焊的材料必须与正式的焊接材料相一致。

④卷板接口处的错边量必须小于板厚的 10%,且不大于 2mm。如大于 2mm,则要求进行再次卷制处理。在卷制的过程中要严格控制错边量,以防止最后成型时出现错边量超差的现象。

⑤上述过程结束后,方可从卷板机上卸下卷制成形的钢管。

7)焊接。

①焊接材料必须按说明书中的要求进行烘干,焊条必须放置在焊条保温桶内,随用随取。

②焊接时,焊工应遵守焊接工艺规程,不得自由施焊,不得在焊道外的母材上引弧。

③焊接时,不得使用药皮脱落或焊芯生锈的焊条、受潮结块的焊剂及已熔烧过的渣壳。

④焊丝在使用前应清除油污、铁锈。

⑤焊条和焊剂,作用前应按产品说明书规定的烘焙时间和温度进行烘焙。保护气体的纯度应符合焊接工艺的评定的要求。低氢型焊条经烘焙后应放入保温筒内,随用随取。

⑥焊前必须按施工图和工艺文件检查坡口尺寸、根部间隙,焊接前必须清除焊接区的有害物。

⑦埋弧焊和用低氢焊条焊接的构件及两侧必须清除铁锈、氧化皮等影响焊接质量的脏物。清除定位焊的熔渣和飞溅;熔透焊缝背面必须清除影响焊透的焊瘤、熔渣,焊根。

⑧焊缝出现裂纹时,焊工不得擅自处理,应查出原因,制定出修补工艺后方可处理。

⑨焊缝同一部位的返修次数,不宜超过两次;当超过两次时,应按专门制定的返修工艺进行返修。

8)探伤检验。

①单节钢管卷制、焊接完成后要进行探伤检验。焊缝质量等级及缺陷分级应符合设计指导书中规定的《钢结构工程施工质量验收规范》(GB 50205—2001)的规定执行。

②要求局部探伤的焊缝,有不允许的缺陷时,应在该缺陷两端的延伸部位增加探伤长度,增加的长度不应小于该焊缝长度的 10%,且不应小于 200mm。当仍有不允许的缺陷时,应对该焊缝进行 100%探伤检查。

9)矫圆。

①由于焊接过程中可能会造成局部失圆,故焊接完毕后要进行圆度检验,不合格者要进行矫圆。

②将需矫圆者放入卷板机内重新矫圆,或采用矫圆器进行矫圆。矫圆器可以根据实际管径自制,采用丝杆顶弯。

10)组装和焊接环缝。

①根据构件要求的长度进行组装,先将两节组装成一大节,焊接环缝。

②环缝采用焊接中心来进行,卷好的钢管必须放置在焊接滚轮架上进行,滚轮架采用无级变速,以适应不同的板厚、坡口、管径所需的焊接速度。

③组装必须保证接口的错边量。一般情况下,组装安排在滚轮架上进行,以调节接口的错边量。

④接口的间隙控制在 2～3mm,然后点焊。

⑤环缝焊接时一般先焊接内坡口,在外部清根。采用自动焊接时,在外部用一段曲率等同外径的槽钢来容纳焊剂,以便形成焊剂垫。

⑥根据不同的板厚、速度来选择焊接参数。单面焊双面成型最关键是在打底焊接上。焊后从外部检验,如有个别成型不好或根部熔合不好,可采用碳弧气刨刨削,然后磨掉碳弧气刨形成的渗碳层,反面盖面焊接或埋弧焊(双坡口要进行外部埋弧焊)。

⑦焊接完毕后进行探伤检验,要求同前。

11)清理、编号。

①清理掉一切飞溅、杂物等。对临时性的工装点焊接疤痕等要彻底清除。

②在端部进行喷号,构件编号要清晰、位置要明确,以便进行成品管理。

③构件上要用红色油漆标注 $x-x$ 和 $y-y$ 两个方向的中心线标记。

④钢构件组装允许偏差应符合国家标准《钢结构工程施工质量验收规范》(GB 50205—2001)的要求。

(16)桁架拼装。

1)无论是弦杆,还是腹杆,应先单肢拼配焊接矫正,然后进行大拼装。

2)支座、与钢柱连接的节点板等,应先小件组焊,矫平后再定位大拼装,如图 11.1.4-21 所示。

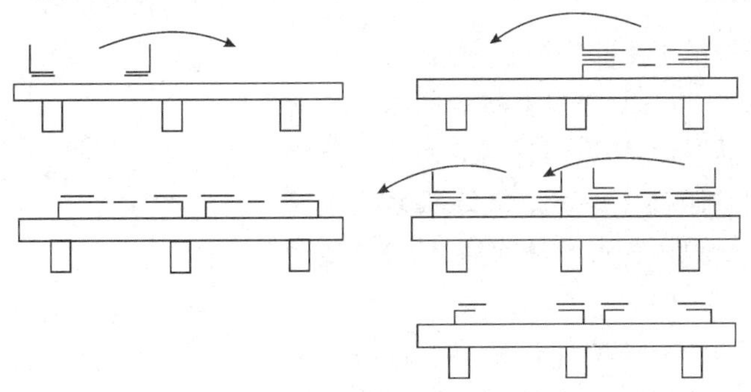

图 11.1.4-21　桁架装配复制法示意

3)放拼装胎时放出收缩量,一般放至上限($L\leqslant24$m 时,放 5mm;$L>24$m 时,放 8mm)。

4)按设计规定,三角形屋架跨度 15m 以上,梯形屋架和平行弦桁架跨度 24m 以上,当下弦无曲折时可起拱(1/500)。但小于上述跨度者,由于上弦焊缝较多,可以少量起拱(10mm 左右),以防下挠。

5)桁架的大拼装有胎模装配法和复制法两种。前者较为精确,后者则较快;前者适合大型桁架,后者适合一般中、小型桁架。用复制法时,支座部位如图 11.1.4-22 所示。

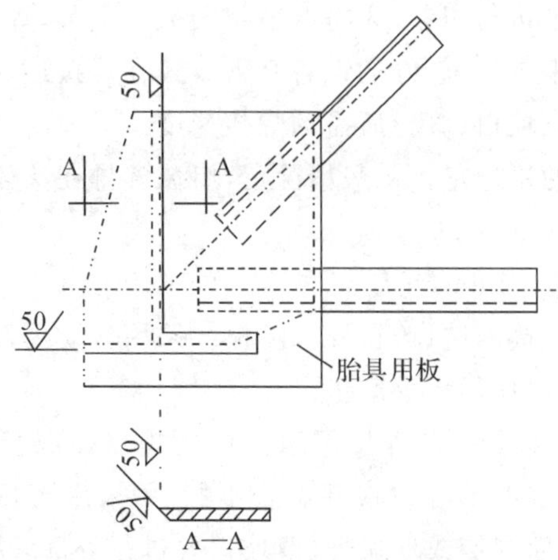

图 11.1.4-22 桁架支座部位的做法(单位:mm)

6)上翼缘节点板的槽焊深度与节点板的厚度有关,见表 11.1.4-17。如深度超过表 11.1.4-17 中的值,可与设计单位研究修改,否则不易保证焊接质量。装配时槽焊深度公差为±1。

表 11.1.4-17 槽焊深度值

节点厚度/mm	槽焊深度/mm
6	5
8	6
10	8
12	10
14	12

(17)实腹工字形吊车梁的拼装。

1)腹板应先刨边,以保证宽度和拼装间隙。

2)翼缘板进行反变形,装配时保持 $\alpha_1=\alpha_2$。翼缘板与腹板的中心偏移距离≤2mm。翼缘板装腹板面的主焊缝部位 50mm 以内先进行清除油、锈等杂质的处理。

3)点焊距离≤200mm,双面点焊,并加撑杆(见图 11.1.4-23),点焊高度为焊缝的 2/3,且不应大于 8mm,焊缝长度不宜小于 25mm。

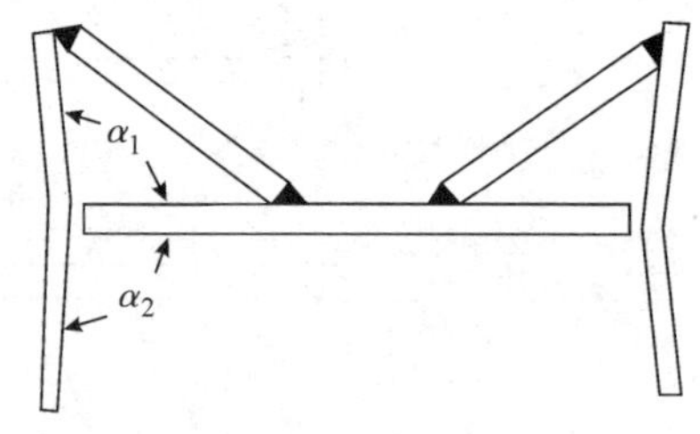

图 11.1.4-23 撑杆示意

4)根据设计规定,实腹式吊车梁的跨度超过 24m 时才起拱。跨度小于 24m 时,为防止下挠最好先焊下翼缘的主缝和横缝。焊完主缝,矫平翼缘,然后装加劲板和端板。工字形断面构件的组装胎如图 11.1.4-24 所示。

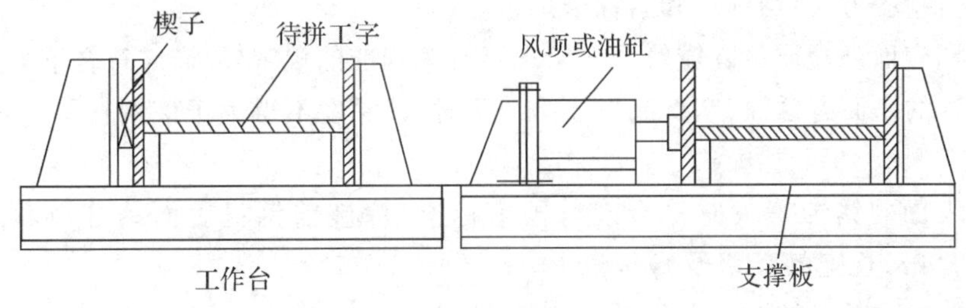

图 11.1.4-24 工字形断面构件的组装胎示意

5)对于磨光顶紧的端部加劲角钢(见图 11.1.4-25),最好在加工时把四支角钢夹在一起同时加工,使之等长。

6)用自动焊施焊时,在主缝两端都应当点焊引弧板,引弧板大小视板厚和焊缝高度而异,一般宽度为 60~100mm,长度为 80~100mm(见图 11.1.4-26)。

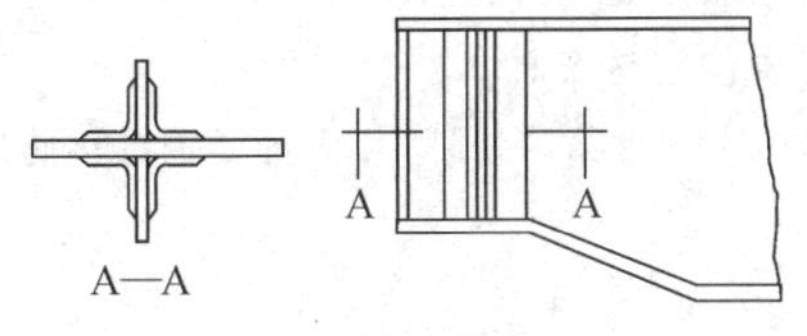

图 11.1.4-25 端部加劲角钢示意

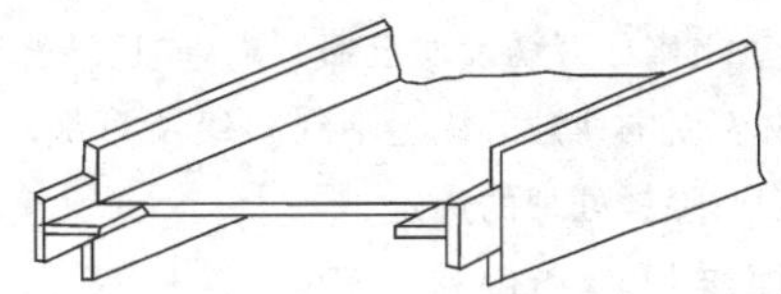

图 11.1.4-26 引弧板

11.1.5 质量标准

(1)钢材。

1)主控项目。

①钢材、钢铸件的品种、规格、性能等应符合现行国家产品标准和设计要求。进口钢材产品的质量应符合设计和合同规定标准的要求。检查数量:全数检查。检验方法:检查质量合格证明文件、中文标志及检验报告等。

②对属于下列情况之一的钢材,应进行抽样复验,其复验结果应符合现行国家产品标准和设计要求。

a. 国外进口钢材。

b. 钢材混批。

c. 板厚≥400mm,且设计有 Z 向性能要求的厚板。

d. 建筑结构安全等为一级,大跨度钢结构中主要受力构件所采用的钢材。

e. 设计有复验要求的钢材。

f. 对质量有疑义的钢材。

检查数量:全数检查。检验方法:检查复验报告。

2)一般项目。

①钢板厚度及允许偏差应符合其产品标准的要求。检查数量:每一品种、规格的钢板抽查 5 处。检验方法:用游标卡尺量测。

②型钢的规格尺寸及允许偏差符合其产品标准的要求。检查数量:每一品种、规格的钢

板抽查5处。检验方法:用标尺和游标卡尺量测。

③钢材和表面外观质量除应符合国家现行有关标准的规定外,尚应符合下列规定。

a.当钢材的表面有锈蚀、麻点或划痕等缺陷时,其深度不得大于该钢材厚度负允许偏差值的1/2。

b.钢材表面的锈蚀等级应符合现行国家标准《涂装前钢材表面锈等级和除锈等级》(GB 8923—2008)规定的C级及C级以上。

c.钢材端边或断口处不应有分层、夹渣等缺陷。

检查数量:全数检查。检验方法:观察检查。

注:《涂装前钢材表面锈等级和除锈等级》(GB 8923—2008)规定的钢材表面的四个锈蚀等级分别以A、B、C和D表示,这些锈蚀等级有典型样板照片,其文字叙述如下。

A级:全面地覆盖着氧化皮而几乎没有铁锈的钢材表面。

B级:已发生锈蚀,并且部分氧化皮已经剥落的钢材表面。

C级:氧化皮已因锈蚀而剥离或者可以利除,并且有少量点蚀的钢材表面。

D级:氧化皮已因锈蚀而全部剥离,并且已普遍发生点蚀的钢材表面。

当钢材表面的锈蚀等级达不到C级及C级以上要求时,应进行除锈处理,并应符合钢结构防腐涂料涂装中钢材表面除锈处理的规定。

(2)焊接材料和焊接工程。

1)主控项目。

①焊接材料的品种、规格、性能等应符合现行国家产品标准和设计要求。检查数量:全数检查。检验方法:检查焊接材料的质量合格证明文件、中文标志及检验报告。

②重要钢结构采用的焊接材料应进行抽样复验,复验结果应符合现行国家产品标准和设计要求。检查数量:全数检查。检验方法:检查复验报告。

注:本项中"重要的钢结构工程"是指建筑结构安全等级为一级的一、二级焊缝;建筑结构等级为二级的一级焊缝;大跨度结构中的一级焊缝;重级工作制吊车梁结构中一级焊缝。

③焊条、焊丝、焊剂、电渣焊熔嘴等焊接材料与母材的匹配应符合设计要求和国家现行行业标准《建筑钢结构焊接技术规程》(JGJ 81—2002)的规定。焊条、焊剂、药芯焊丝、熔嘴等在使用前,应按其产品说明书及焊接工艺文件的规定进行烘焙和存放。检查数量:全数检查。检验方法:检查质量证明书和烘焙记录。

④焊工必须经考试合格并取得合格证书。持证焊工必须在其考试合格项目及其认可范围内施焊。检查数量:全数检查。检验方法:检查焊工合格证及其认可范围、有效期。

⑤施工单位对其首次采用的钢材、焊接材料、焊接方法、焊后热处理等,应进行焊接工艺评定,并应根据评定报告确定焊接工艺。检查数量:全数检查。检验方法:检查焊接工艺评定报告。

⑥设计要求全焊透的一、二级焊缝应采用超声波探伤进行内部缺陷的检验,超声波探伤方法应符合现行国家标准《钢焊缝手工超声波探伤方法和探伤结果分级法》(GB 11345—2013)或《钢熔化焊对接接头射线照相和质量分级》(GB 3323—2005)的规定。

焊接球节点网架焊缝、螺栓球节点网架焊缝及圆管T、K、Y形节点相关线焊缝,其内部缺陷分级及探伤方法应分别符合国家现行标准《焊接球节点钢网架焊缝超声波探伤方法及质量分级法》(JBJ/T 3043.1)、《螺栓球节点钢网架焊缝超声波探伤方法及质量分级法》

(JBJ/T 3034.2)、《建筑钢结构焊接技术规程》(JGJ 81—2002)的规定。

一级、二级焊缝的质量等级及缺陷分级应符合表 11.1.5-1 的规定。

表 11.1.5-1　一级、二级焊缝的质量等级及缺陷分级

焊缝质量等级		一级	二级
内部缺陷 超声波探伤	评定等级	Ⅱ	Ⅲ
	检验等级	B级	B级
	探伤比例	100%	20%
内部缺陷 射线探伤	评定等级	Ⅱ	Ⅲ
	检验等级	AB级	AB级
	评定比例	100%	20%

检查数量：全数检查。检验方法：检查超声波或射线探伤报告。

注：探伤比例的计数方法应按以下原则确定：①对工厂制作焊缝，应按每条焊缝计算百分比，且探伤长度应不小于 200mm，当焊缝长度不足 200mm 时，应对整条焊缝进行探伤；②对现场安装焊缝，应按同一类型、同一施焊条件的焊缝条数计算百分比，探伤长度应不小于 200mm，并应不小于 1 条焊缝。

⑦焊缝表面不得有裂纹、焊瘤等缺陷。一级、二级焊缝不得有表面气孔、夹渣、弧坑裂纹、电弧擦伤等缺陷；且一级焊缝不得有咬边、未焊满、根部收缩等缺陷。检查数量：每批同类构件抽查 10%，且不应少于 3 件；被抽查构件中，每一类型焊缝按条数抽查 5%，且不应少于 1 条；每条检查 1 处，总抽查数不应少于 10 处。检验方法：观察检查或使用放大镜、焊缝量规和钢尺检查；当存在疑义时，采用渗透或磁粉探伤检查。

⑧T 形接头、十字接头、角接接头等要求熔透的对接和角对接组合焊缝，其焊脚尺寸不应小于 $t/4$，如图 11.1.5-1(a)、(b)、(c)所示；设计有疲劳验算要求的吊车梁或类似构件的腹板与上翼缘连接焊缝的焊脚尺寸为 $t/2$，如图 11.1.5-1(d)所示，且不应大于 10mm。焊脚尺寸的允许偏差为 0～4mm。检查数量：资料全数检查；同类焊缝抽查 10%，且不应少于 3 条。检验方法：观察检查，用焊缝量规抽查测量。

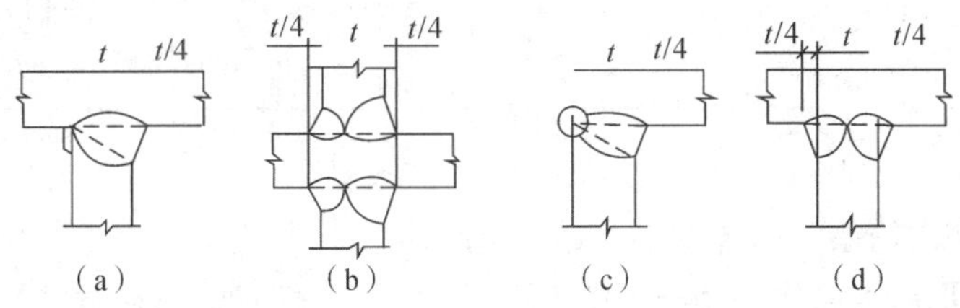

图 11.1.5-1　焊脚尺寸示意

2)一般项目。

①焊条外观不应有药皮脱落、焊芯生锈等缺陷；焊剂不应受潮结块。检查数量：按量抽查 1%，且不应少于 10 包。检验方法：观察检查。

②对于需要进行焊前预热或焊后热处理的焊缝，其预热温度或后热温度应符合国家现

行有关标准的规定或通过工艺试验确定。预热区在焊道两侧,每侧宽度均应大于焊件厚度的1.5倍以上,且不应小于100mm;后热处理应在焊后立即进行,保温时间应根据板厚按每25mm板厚1h确定。检查数量:全数检查。检验方法:检查预、后热施工记录和工艺试验报告。

③二级、三级焊缝外观质量标准应符合表11.1.5-2的规定。三级对接焊缝应按二级焊缝标准进行外观质量检验。检查数量:每批同类构件抽查10%,但不应少于3件;被抽查构件中,每一类型焊缝应按条数各抽查5%,但不应少于1条;每条检查1处,总抽查处不应少于10处。检验方法:观察检查或使用放大镜、钢尺和焊缝量规检查。

表11.1.5-2　二级、三级焊缝外观质量标准

<table>
<tr><th>项目</th><th colspan="2">允许偏差</th></tr>
<tr><td>缺陷类型</td><td>二级</td><td>三级</td></tr>
<tr><td rowspan="2">未焊满(指不足设计要求)</td><td>≤0.2mm+0.02t,且≤1.0mm</td><td>≤0.2mm+0.04t,且≤2.0mm</td></tr>
<tr><td colspan="2">每100.0mm焊缝内缺陷总长≤25.0mm</td></tr>
<tr><td rowspan="2">根部收缩</td><td>≤0.2mm+0.02t,且≤1.0mm</td><td>≤0.2mm+0.04t,且≤2.0mm</td></tr>
<tr><td colspan="2">长度不限</td></tr>
<tr><td>咬边</td><td>≤0.05t,且≤0.5mm;连续长度≤100mm,且两侧咬边总长度≤总抽查长度的10%</td><td>≤0.1t,且≤1.0mm,长度不限</td></tr>
<tr><td>弧坑裂纹</td><td>—</td><td>允许存在个别长度≤5.0mm的弧坑裂纹</td></tr>
<tr><td>电弧擦伤</td><td>—</td><td>允许存在个别电弧擦伤</td></tr>
<tr><td rowspan="2">接头不良</td><td>缺口深度0.05t,且≤0.5mm</td><td>缺口深度0.1t,且≤1.0mm</td></tr>
<tr><td colspan="2">每1000.0mm焊缝不应超过1处</td></tr>
<tr><td>表面夹渣</td><td>—</td><td>深≤0.2t,长≤0.5t,且≤20.0mm</td></tr>
<tr><td>表面气孔</td><td>—</td><td>每50.0mm焊缝长度内允许直径≤0.4t,且≤3.0mm的气孔2个,孔距≥6倍孔径</td></tr>
</table>

注:t为连接处较薄的板厚。

④焊缝尺寸允许偏差应符合表11.1.5-3的规定。

检查数量:每批同类的构件抽查10%,且不应少于3件;被抽查构件中,每一类型焊缝应按条数各抽查5%,但不应少于1条;每条抽查1处,总抽查处应少于10处。检验方法:用焊缝量规检查。

表 11.1.5-3　焊缝尺寸允许偏差

序号	项目	图例	允许偏差/mm	
			一、二级	三级
1	对接焊缝余高 C		$B<20$：0～3.0 $B\geqslant20$：0～4.0	$B<20$：0～4.0 $B\geqslant20$：0～5.0
2	对接焊缝错边 d		$d<0.15t$， 且≤2.0	$d<0.15t$， 且≤3.0
3	焊脚尺寸 h_f		$h_f\leqslant6$：0～1.5 $h_f>6$：0～3.0	
4	角焊缝余高 C		$h_f\leqslant6$：0～1.5 $h_f>6$：0～3.0	

注：1. $h_f>8.0$mm 的角焊缝其局部焊脚尺寸允许低于设计要求值 1.0mm，但总长度不得超过焊缝长度的 10%。

2. 焊接 H 形梁腹板与翼缘板的焊缝两端在其两倍翼缘板宽度范围内，焊缝的焊脚尺寸不得低于设计值。

⑤焊成凹形的角焊缝，焊缝金属与母材间应平缓过渡；加工成凹形的角焊缝，不得在其表面留下切痕。检查数量：每批同类构件抽查 10%，且不应少于 3 件。检验方法：观察检查。

⑥焊缝感观应达到：外形均匀，成型良好，焊道与焊道、焊道与基本金属间过渡平滑，焊渣和飞溅物清除干净。检查数量：每批同类构件抽查 10%，但不应少于 3 件；被抽查构件中，每种焊缝按数量各抽查 5%，总抽查处不应少不应少 5 处。检验方法：观察检查。

⑦焊钉及焊接瓷环的规格、尺寸及偏差及符合现行国家标准《圆柱头焊钉》(GB 10433—2002)中的规定。检查数量：按理抽查 1%，且不应少于 10 套。检验方法：用钢尺和游标尺量测。

(3)切割。

1)主控项目。

①钢材切割面或剪切面应无裂纺、夹渣、分层和大于 1mm 的缺棱。检查数量：全数检查。检验方法：观察或用放大镜及百分尺检查，有疑义时做渗透、磁粉或超声波探伤检查。

2)一般项目。

①气割的允许偏差应符合表 11.1.5-4 的规定。检查数量：按切割面数抽查 10%，且不应少于 3 个。检验方法：观察检查或用钢尺、塞尺检查。

表 11.1.5-4 气割的允许偏差

项目	允许偏差/mm
零件宽度、长度	±3.0
切割面平面度	0.05t,且不应大于 2.0
割纹深度	0.3
局部缺口深度	1.0

②机械剪切的允许偏差应符合表 11.1.5-5 的规定。检查数量:按切割面数抽查 10%,且不应少于 3 个。检验方法:观察方法:观察检查或用钢尺、塞尺检查。

表 11.1.5-5 机械剪切的允许偏差

项目	允许偏差/mm
零件宽度、长度	±3.0
边缘缺棱	1.0
型钢端部垂直度	2.0

(4)矫正和成型。

1)主控项目。

①碳素结构钢在环境温度低于-16℃、低合金结构钢在环境温度低于-12℃时,不应进行冷矫正和冷弯曲。碳素结构钢和低合金结构在加热矫正时,加热温度不应超过 900℃。低合金结构钢在加热矫正后自然冷却。检查数量:全数检查。检验方法:检查制作工艺报告和施工记录。

②当零件采用热加工成型晨,加热温度应控制在 900~1000℃;碳素结构钢和低合金结构钢在温度分别下降 700℃和 800℃之前,应结束加工;低合金结构应自然冷却。检查数量:全数检查。检验方法:检查制作工艺报告和施工记录。

2)一般项目。

①矫正后的钢材表面,不应有明显的凹面或损伤,划痕深度不得大于 0.5mm,且不应大于该钢材厚度负允许偏差的 1/2。检查数量:全数检查。检验方法:观察检查和实测检查。

②冷矫正和冷弯曲的最小曲率半径和最大弯曲矢高应符合表 11.1.4-6 的规定。检查数量:按冷矫正和冷弯曲的件数抽查 10%,且不应少于 3 个。检验方法:观察检查和实测检查。

③钢材矫正后的允许偏差,应符合表 11.1.4-7 的规定。检查数量:按矫正件数抽查 10%,且不应少于 3 件。检验方法:观察检查和实测检查。

(5)边缘加工。

1)主控项目。气割或机械剪切的零件,需要进行边缘加工时,其刨削量不应小于 2.0mm。检查数量:全数检查。检验方法:检查工艺报告和施工记录。

2)一般项目。边缘加工允许偏差应符合表 11.1.4-8 的规定。检查数量:按加工面数抽查 10%,且不应少于 3 件。检验方法:观察检查和实测检查。

(6)制孔。

1)主控项目。

①A、B级螺栓孔(Ⅰ类孔)应具有H12的精度,孔壁表面粗糙度 R_a 不应大于12.5μm。其孔径的允许偏差应符合表11.1.5-6的规定。C级螺栓孔(Ⅱ类孔),孔壁表面粗糙度 R_a 不应大于25μm,其允许偏差就符合表11.1.5-7的规定。检查数量:按钢构件数量抽查10%,且不应少于3件。检验方法:用游标卡尺或孔径量规检查。

表11.1.5-6　A、B级螺栓孔径的允许偏差

序号	螺栓公称直径、螺栓孔直径/mm	螺栓公称直径允许偏差/mm	螺栓孔直径允许偏差/mm
1	10～18	0.00～0.21	+0.18～0.00
2	18～30	0.00～0.21	+0.21～0.00
3	30～50	0.00～0.25	+0.25～0.00

表11.1.5-7　C级螺栓孔径的允许偏差

项目	允许偏差/mm
直径	+1.0～0.00
圆度	2.0
垂直度	0.03t,且不应大于2.0

注:t为板的厚度。

2)一般项目。

①螺栓孔孔距的允许偏差应符合表11.1.5-8的规定。检查数量:按钢材件数量抽查10%,且不应少于3件。检验方法:用钢尺检查。

表11.1.5-8　螺栓孔孔距的允许偏差

参数	螺栓孔孔距范围/mm			
	≤500	501～1200	1201～3000	>3000
同一组内任意两孔间距离/mm	±1.0	±1.5	—	—
相邻两组的端孔间距离/mm	±1.5	±2.0	±2.5	±3.0

注:1.在节点中连接板与一根据杆件相连的所有螺栓孔为一组。

2.对接接头在拼接板一侧的螺栓孔为一组。

3.在两相邻节点或接头间的螺栓孔为一组,但不包括上述两款所规定的螺栓孔。

4.受弯构件翼缘上的连接螺栓孔,每米长度范围内的螺栓孔为一组。

②螺栓孔孔距的允许偏差超过表11.1.5-8规定的允许偏差时,应采用与母材材质相匹配的焊条补焊后重新制孔。检查数量:全数检查。检验方法:观察检查。

(7)组装。

1)主控项目。吊车梁和吊车桁架不应下挠。检查数量:全数检查。检验方法:构件直立,在两端支承后,用水准仪和钢尺检查。

2)一般项目。

①焊接H形钢的翼缘板拼接缝和腹板拼接缝的间距不应少于200mm。翼缘板拼接长度不应小于2倍板宽;腹板拼接宽度不应小于300mm,长度不应小于600mm。检查数量:全数检查。检验方法:观察和用钢尺检查。

②焊接H形钢的允许偏差应符合《钢结构工程施工质量验收规范》(GB 50205—2001)附录C中表C.0.1的规定。检查数量:按钢构件数抽查10%,宜不应少于3件。检验方法:用钢尺、角尺、塞尺等检查。

③焊接连接组装的允许偏差应符合《钢结构工程施工质量验收规范》(GB 50205—2001)附录C中表C.0.2的规定。检查数量:按构件数抽查10%,且不应少于3个。检验方法:用钢尺检验。

④顶紧接触面应有75%以上的面积紧贴。检查数量:按接触面的数量抽查10%,且不应少于10个。检验方法:用0.3mm塞尺检查,其塞入面积应小于25%,边缘间隙不应大于0.8mm。

⑤桁架结构杆件轴线交点错位的允许偏差不得大于3.0mm,允许偏差不得大于4.0mm。检查数量:按构件数抽查10%,且不应少于3个,每个抽查构件按节点数量抽查10%,且不得少于3个节点。检验方法:尺量检查。

(8)端部铣平及安装焊缝坡口。

1)主控项目。端部铣平的允许偏差应符合表11.1.4-9的规定。检查数量:按铣平面数量抽查10%,且不应少于3个。检验方法:用钢尺、角尺、塞尺等检查。

2)一般项目。

①安装焊缝坡口的允许偏差应符合表11.1.5-9的规定。检查数量:按坡口数量抽查10%,且不应少于3条。检验方法:用焊缝量规检查。

表11.1.5-9 安装焊缝坡口的允许偏差

项目	允许偏差
坡口角度	±5°
钝边	±1.0mm

②外露铣平面应防锈保护。检查数量:全数检查。检验方法:观察检查。

(9)钢构件外形尺寸。

1)主控项目。钢构件外形尺寸主控项目的允许偏差应符合表11.1.5-10的规定。检查数量:全数检查。检验方法:用钢尺检查。

表 11.1.5-10 钢构件外形尺寸主控项目的允许偏差

项目	允许偏差/mm
单层柱、梁、桁架受力支托(支承面)表面至第一个安装孔距离	±1.0
多节柱铣平面至第一个安装孔距离	±1.0
实腹梁两端最外侧安装孔距离	±3.0
构件连接处的截面几何尺寸	±3.0
柱、梁连接处的腹板中心线偏移	2.0
受压构件(杆件)弯曲矢高	L/1000,且不应大于 10.0

2)一般项目。

①钢构件外形尺寸一般项目的允许偏差应符合《钢结构工程施工质量验收规范》(GB 50205—2001)附录 C 中表 C.0.3～表 C.0.9 的规定。

②单层钢柱外形尺寸的允许偏差应符合《钢结构工程施工质量验收规范》(GB 50205—2001)附录 C 中表 C.0.3 的规定。

③多节钢柱外形尺寸的允许偏差应符合《钢结构工程施工质量验收规范》(GB 50205—2001)附录 C 中表 C.0.4 的规定。

④焊接实腹钢梁外形尺寸的允许偏差应符合《钢结构工程施工质量验收规范》(GB 50205—2001)附录 C 中表 C.0.5 的规定。

⑤钢桁架外形尺寸的允许偏差应符合《钢结构工程施工质量验收规范》(GB 50205—2001)附录 C 中表 C.0.6 的规定。

⑥钢管构件外形尺寸的允许偏差应符合《钢结构工程施工质量验收规范》(GB 50205—2001)附录 C 中表 C.0.7 的规定。

⑦墙架、檩条、支撑系统钢构件外形尺寸的允许偏差应符合《钢结构工程施工质量验收规范》(GB 50205—2001)附录 C 中表 C.0.8 的规定。

⑧钢平台、钢梯和防护钢栏杆外形尺寸的允许偏差应符合《钢结构工程施工质量验收规范》(GB 50205—2001)附录 C 中表 C.0.9 的规定。

检查数量:按构件数量抽查 10%,且不应少于 3 件。检验方法:见《钢结构工程施工质量验收规范》(GB 50205—2001)附录 C 中表 C.0.3～表 C.0.9。

(10)预拼装。

1)主控项目。高强度螺栓和普通螺栓连接的多层板叠,应采用试孔器进行检查,并应符合下列规定。

①当采用比孔公称直径小 1.0mm 的试孔器检查时,每组孔的通过率不应小于 85%。

②当采用比螺栓公称直径大 0.3mm 的试孔器检查时,通过率应为 100%。

检查数量:按预拼装单元全数检查。检验方法:采用试孔器检查。

2)一般项目。预拼装的允许偏差应符合《钢结构工程施工质量验收规范》(GB 50205—2001)附录 D 表 D 的规定。检查数量:按预拼装单元全数检查。检验方法:见《钢结构工程施工质量验收规范》(GB 50205—2001)附录 D 表 D。

(11)连接用紧固标准件。

1)主控项目。

①钢结构连接用高强度大六角头螺栓连接副、扭剪型高强度螺栓连接副、钢网架用高强度螺栓、普通螺栓、铆钉、自攻钉、拉铆钉、射钉、锚栓(机械型和化学试剂),地脚锚栓等紧固标准件及螺母、垫圈等标准配件,其品种、规格、性能等应符合现行国家产品标准和设计要求。高强度大六角头螺栓连接副和扭剪型高强度螺栓连接副出厂时应分别随箱带有扭矩系数的紧固轴力(预拉力)的检验报告。检查数量:全数检查。检验方法:检查产品的质量合格证明文件、中文标志及检验的报告等。

②高强度大六角头螺连接副应按《钢结构工程施工质量验收规范》(GB 50205—2001)附录B的规定检验其扭矩系数,其检验结果应符合附录B的规定。检查数量:见《钢结构工程施工质量验收规范》(GB 50205—2001)附录B。检验方法:检查复验报告。

③扭剪型高强度螺栓连接副应按《钢结构工程施工质量验收规范》(GB 50205—2001)附录B的规定检验预拉力,其检验结果应符合附录B的规定。检查数量:见《钢结构工程施工质量验收规范》(GB 50205—2001)附录B。检验方法:检查复验报告。

2)一般项目。

①高强度螺栓连接副,应按包装箱配套供货,包装箱上应标明批号、规格、数量及生产日期。螺栓、螺母、垫圈外观表面应涂油保护,不应出现生锈和沾染赃物,螺纹不应损伤。检查数量:按包装箱数抽查5%,且不应少于3箱。检验方法:观察检查。

②对建筑结构安全等级为一级,跨度40m及以上的螺栓球节点钢网架结构,其连接高强度螺栓应进行表面硬度试验,对于8.8级的高强度螺栓其硬度应为HRC21～29,10.9级高强度螺栓其硬度应为HRC32～36,且不得有裂纹或损伤。检查数量:按规格抽查8只。检验方法:硬度计、10倍放大镜或磁粉探伤。

11.1.6 成品保护

(1)堆放场地平整、具有良好的排水系统。

(2)堆放场地应铺设细石,以防止雨水将泥土沾到构件上。

(3)最下一层构件应至少离地300mm。

(4)构件的堆放高度不应大于5层,每层构件摆放的枕木应放置在同一垂直面上,以防止构件变形或倒塌。

(5)对于有预起拱的构件,其堆放时应使起拱方向朝下。

(6)对于有涂装的构件,在搬运、堆放时,不得在构件上行走或踩踏,以免破坏涂装质量。

11.1.7 安全与环保措施

(1)必须按国家规定的法规条例,对各类操作人员进行安全学习和安全教育。特殊工种必须持证上岗。对生产场地必须留有安全通道,设备之间的最小间距不得小于1.0m。进入施工现场的所有人员,均应穿戴好劳动防护用品,并应注意观察和检查周围的环境。

(2)操作者必须严格遵守各岗位的操作规程,以免损及自身和伤害他人,对危险源应做出相应的标志、信号、警戒等,以免现场人员遭受损害。

(3)所有构件的堆放、搁置应十分稳固,欠稳定的构件应设支撑或固结定位,构件的并列间距应大于自身高度。构件安置要求平稳、整齐。

(4)索具、吊具要定时检查,不得超过额定荷载。焊接构件时不得留存、连接起吊索具。

(5)钢结构制作中,半成品和成品胎具的制造和安装应进行强度验算,不得凭经验自行估算。

(6)钢结构生产过程的每一工序所使用的氧气、乙炔、电源必须有安全防护措施,定期检测泄露和接地情况。

(7)起吊构件的移动和翻身,只能听从一人指挥,不得两人并列指挥或多人参与指挥。起重构件移动时,不得有人在本区域投影范围内滞留、停立和通过。

(8)所有制作场地的安全通道必须畅通。

(9)场内操作点的噪声必须限制在 95dB 以下,对于某些机械的噪声无法根治和消除时,应重点控制并采取相应的个人防护,以免给操作者带来职业性疾病。

(10)严格控制粉尘在 $10mg/m^3$ 卫生标准内,操作时应佩戴有良好和完善的劳动防护用品加以保护。

(11)当进行射线检测时,应在检测区域划定隔离防范警戒线,并远距离控制操作。

(12)遵照国家或行业的各工种劳动保护条例规定实施环境保护。

11.1.8 质量记录

(1)各类钢材质量合格证明文件、中文标志及检验报告。

(2)对进口钢材、混批钢材、重要受力钢材等应有抽样复验报告。

(3)焊缝渗透,磁粉或超声波探伤资料。

(4)钢结构制作工艺报告和施工记录。

(5)各类型钢和板材尺寸偏差检查资料。

(6)外观检查记录和实测检查资料。

(7)分项工程质量检查评定资料。

11.2 钢结构手工电弧焊焊接施工工艺标准

手工电弧焊基本原理是在涂有药皮的金属电极与焊件之间施加一定电压时,由于电极的强烈放电而使气体电离产生焊接电弧。电弧高温足以使焊条和工件局部熔化,形成气体、熔渣和金属熔池,气体和熔渣对熔池起保护作用,同时,熔渣在与熔池金属起冶金反应后凝固成为焊渣,熔池凝固后成为焊缝,固态焊渣则覆盖于焊缝金属表面。药皮焊条手工电弧焊的基本原理图如图 11.2 所示。本施工工艺标准适用于桁架或网架(壳)结构、多层或高层梁、柱框架结构等工业与民用建筑和一般构筑物的钢结构工程中。凡各工程的工艺中无特殊要求的结构件的手工电弧焊均应按本标准规定执行。工程施工应以设计图纸和施工质量验收规范为依据。

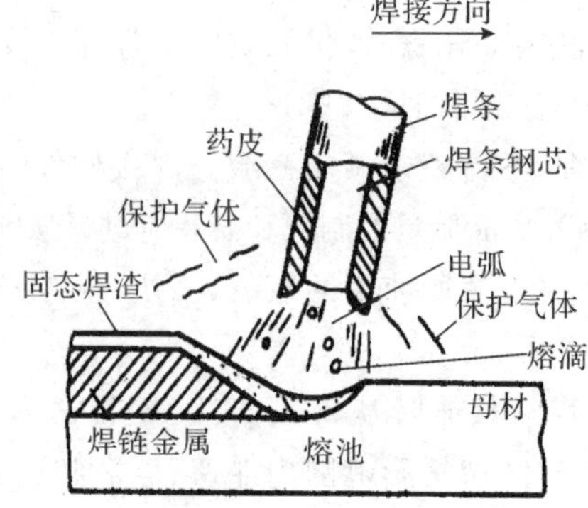

图 11.2　药皮焊条手工电弧焊原理简图

11.2.1　材料要求

(1)建筑钢结构用钢材及焊接材料的选用应符合设计图的要求，并应具有钢厂和焊接材料厂出具的质量证明书或检验报告，其化学成分、力学性能和其他质量要求必须符合国家现行标准规定。当采用其他钢材和焊接材料替代设计选用的材料时，必须经原设计单位同意。

(2)钢材的成分、性能复验应符合国家现行有关工程质量验收标准的规定；大型、重型及特殊钢结构的主要焊缝采用的焊接填充材料应按生产批号进行复验。复验应由国家技术质量监督部门认可的质量监督检测机构进行。

(3)焊条应符合现行国家标准《非合金钢及细晶粒钢焊条》(GB/T 5117—2012)、《热强钢焊条》(GB/T 5118—2012)的规定。

(4)除上条规定外，焊接材料尚应符合下列规定。

1)焊条、焊丝、焊剂和熔嘴应储存在干燥、通风良好的地方，由专人保管。

2)焊条、熔嘴、焊剂和药芯焊丝在使用前，必须按产品说明书及有关工艺文件的规定进行烘干。

3)低氢型焊条烘干温度应为 350～380℃，保温时间应为 1.5～2.0h，烘干后应缓冷放置于 110～120℃的保温箱中存放、待用；使用时应置于保温筒中；烘干后的低氢型焊条在大气中放置时间超过 4h 应重新烘干；焊条重复烘干次数不宜超过 2 次；受潮的焊条不应使用。

4)焊条、焊剂烘干装置及保温装置的加热、测温、控温性能应符合使用要求。

(5)焊件坡口形式的选择。要考虑在施焊和坡口加工可能的条件下，尽量减小焊接变形，节省焊材，提高劳动生产率，降低成本。一般主要根据板厚选择，见《气焊、焊条电弧焊、气体保护焊和高能束焊的推荐坡口》(GB/T 985.1—2008)。

(6)不同厚度的板材或管材对接接头受拉时，应做平缓过渡并符合下列规定。

1)不同厚度的板材或管材对接接头受拉时，其允许厚度差(t_1-t_2)应符合表 11.2.1 的规定。当超过表 11.2.1 的规定时，应将焊缝焊成斜坡状，其坡度最大允许值为 1∶2.5；或将较厚板的一面或两面及管材的内壁或外壁在焊前加工成斜坡，其坡度最大允许值应为 1∶2.5。

表 11.2.1　不同厚度钢材对接的允许厚度差

参数	较薄板厚度 t_1/mm			
	≥2～5	≥5～9	10～12	>12
允许厚度差 t_1-t_2	1	2	3	4

2)不同宽度的板材对接时，应根据工厂及工地条件采用热切割机、机械加工或砂轮打磨的方法使之平缓过渡，其连接处最大允许坡度值应为 1∶2.5，如图 11.2.1 所示。

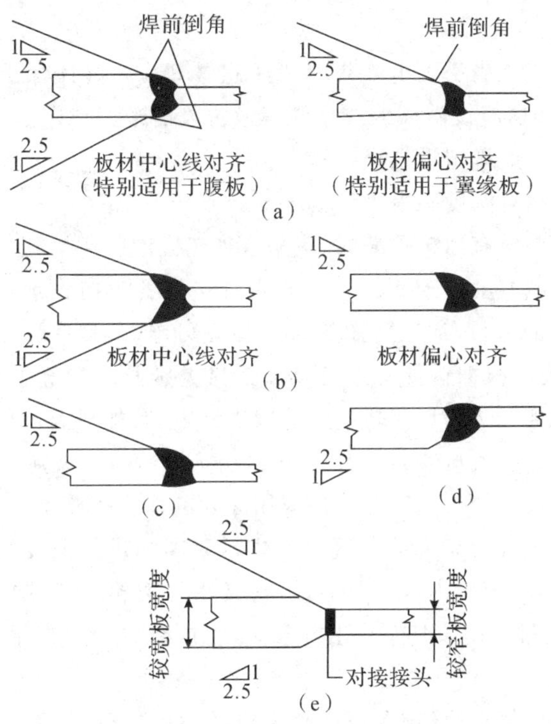

图 11.2.1　对接接头部件厚度、宽度不同时的平缓过渡要求示意

(a)板材厚度不同加工成斜坡；(b)板材厚度不同焊成斜坡状；

(c)管材内径相同壁厚不同；(d)管材外径相同壁厚不同；(e)板材宽度不同

(7)焊条型号与母材的匹配原则。对建筑钢结构中使用的碳素钢和低合金高强钢，按以下的原则选用焊条。

1)熔缝金属的力学性能，包括抗拉强度，塑性和冲击韧性达到母材金属标准规定的性能指标下限值。

2)对于重要结构工程，构件板厚或截面尺寸较大，连接节点较复杂，刚性较大时，应选用低氢型焊条，以提高接头抗冷裂性能。

3)如接头由不同强度的钢材组成，则按强度较低的钢材选用焊条。

4)大型结构，可选用熔敷速度较高的铁粉焊条。

11.2.2 主要机具设备

(1)焊接用机械设备。包括电动空压机、柴油发动机、直流焊机、交流焊机、焊条烘干机、焊条滚轮架、翼缘矫正机等。

(2)工厂加工检验设备、仪器、工具。包括超声波探伤仪、数字测温仪、膜测温仪、数字钳形电流表、温湿度仪、焊缝检验尺、磁粉探伤仪、游标卡尺、钢卷尺等。

11.2.3 作业条件

(1)焊接作业区风速。当手工电弧焊时风速超过 8m/s、气体保护电弧焊及药芯焊丝电弧焊时风速超过 2m/s 时,应设防风棚或采取其他防风措施。制作车间内焊接作业区有穿堂风或鼓风机时,也应按以上规定设挡风装置。

(2)焊接作业区的相对湿度不得大于 90%。

(3)当焊件表面潮湿或有冰雪覆盖时,应采取加热去湿除潮措施。

(4)焊接作业区环境温度低于 0℃,应将构件焊接区各方向大于或等于两倍钢板厚度且不小于 100mm 范围内的母材,加热到 20℃以上后方可施焊,且在焊接过程中均不应低于这一温度。实际加热温度应根据构件构造特点、、钢材类别及质量等级和焊接性、焊接材料熔敷金属扩散氢含量、焊接方法和焊接热输入等因素确定,其加热温度应高于常温下的焊接预热温度,并由焊接技术责任人员制订出作业方案经认可后方可实施。作业方案应保证焊工操作技能不受环境低温的影响,同时对构件采用必要的保温措施。

(5)焊条在使用前应按产品说明书规定的烘焙时间和烘焙温度进行烘焙。低氢型焊条烘干后必须存放在保温箱(筒)内,随用随取。焊条由保温箱(筒)取出到施焊的时间不宜超过 2h(酸性焊条不宜超过 4h)。不符上述要求时,应重新烘干后再用,但焊条烘干次数不宜超过 2 次。

(6)焊接作业区环境超出第(1)、(4)条规定但必须焊接时,应对焊接作业区设置防护棚并制订出具体方案,连同低温焊接工艺参数、措施报监理工程师确认后方可实施。

(7)建筑钢结构焊接质量检查应由专业技术人员担任,并须经岗位培训取得质量检察员岗位合格证书。

(8)雪、雨天气时,禁止露天焊接。构件焊区表面潮湿或有冰雪时,必须清除干净方可施焊。在四级以上风力焊接时,应采取防风措施。

11.2.4 施工操作工艺

(1)工艺流程。清理焊接部位→检查构件组装、加工及定位焊→按工艺文件要求调整焊接工艺参数→按合理焊接顺序进行焊接→焊毕自检、交检→交专职检验员检查→工作结束时,关闭电源,将焊枪、工作小车等物品收放整齐→施工现场清扫干净。

(2)焊接参数的选择。

1)焊条直径的选择。焊条直径主要根据焊件厚度选择,见表 11.2.4-1。多层焊的第一层以及非水平位置焊接时,焊条直径应选小一点。

表 11.2.4-1 焊条直径选择

参数	焊件厚度/mm					
	<2	2	3	4～6	6～12	>12
焊条直径/mm	1.6	2.0	3.2	3.2～4.0	4.0～5.0	4.0～6.0

2)焊接电流的选择。主要根据焊条直径选择电流,方法有两种。

①查表法(见表 11.2.4-2)。

表 11.2.4-2 焊接电流选择

参数	焊条直径/mm						
	1.6	2.0	2.5	3.2	4.0	5.0	5.8
焊接电流/A	25～40	40～60	50～80	100～130	160～210	200～270	260～300

注:立、仰、横焊时电流应比平焊时小 10%左右。

②有近似的经验公式可供估算。

$$I=(30\sim55)\Phi$$

式中,Φ—焊条直径,mm;I—焊接电流,A。

焊角焊缝时,电流要稍大些。

打底焊时,特别是焊接单面焊双面成形焊道时,使用的焊接电流要小些;填充焊时,通常用较大的焊接电流;盖面焊时,为防止咬边和获得较美观的焊缝,使用的电流要小些。

碱性焊条选用的焊接电流比酸性焊条小 10%左右。不锈钢焊条比碳钢焊条选用电流小 20%左右。

焊接电流初步选定后,要通过试焊调整。

3)电弧电压主要取决于弧长。电弧长,则电压高;反之则低。在焊接过程中,一般希望弧长始终保持一致,并且尽量使用短弧焊接。所谓短弧是指弧长为焊条直径的 0.5～1.0 倍。

4)焊接工艺参数的选择,应在保证焊接质量条件下,采用大直径焊条和大电流焊接,以提高劳动生产率。

5)手工电弧焊工艺参数示例见表 11.2.4-3。

6)坡口底层焊道宜采用不大于 4.0mm 的焊条,底层根部焊道的最小尺寸应适宜,以防止裂纹。

7)在承受动荷载情况下,焊接接头的焊缝余高 C 应趋于零,在其他条件下,C 值可在 0～3mm 范围内选取。

8)焊缝在焊接接头每边的覆盖宽度一般为 2～4mm。

(3)施焊前,焊工应检查焊接部位的组装和表面清理的质量,如不符合要求,应修磨补焊合格后方能施焊。坡口组装间隙超过允许偏差规定时,可在坡口单侧或两侧堆焊、修磨使其符合要求,但当坡口组装间隙超过较薄板厚度 2 倍或大于 20mm 时,不应用堆焊方法增加构件长度和减少组装间隙。

表 11.2.4-3 手工电弧焊工艺参数示例

焊缝空间位置	焊缝断面图示	焊件厚度或焊角尺寸/mm	第一层焊缝		以后各层焊缝		封底焊缝	
			焊条直径/mm	焊接电流/A	焊条直径/mm	焊接电流/A	焊条直径/mm	焊接电流/A
平对接焊缝		2.0	2.0	55～60			2.0	55～60
		2.5～3.5	3.2	90～120			3.2	90～120
		4.0～5.0	3.2	100～130			3.2	100～130
			4.0	160～200			4.0	160～210
			5.0	200～260			5.0	220～250
		5.6～6.0	4.0	160～210			3.2	100～130
			5.0	200～260			4.0	180～210
		>6.0	4.0	160～210	4.0	160～210	4.0	180～210
					5.0	220～280	5.0	220～260
		>12.0	4.0	160～210	4.0	160～210		
					5.0	220～280		
立对接焊缝		2.0	2.0	50～55			2.0	50～55
		2.5～4.0	3.2	80～110			3.2	80～110
		5.0～6.0	3.2	90～120			3.2	90～120
		7.0～10	3.2	90～120	4.0	120～160	3.2	90～120
			4.0	120～160				
		≥11.0	3.2	90～120	4.0	120～160	3.2	90～120
			4.0	120～160	5.0	160～200		
		12.0～18.0	3.2	90～120	4.0	120～160		
			4.0	120～160				
		≥19.0	3.2	90～120	4.0	120～160		
			4.0	120～160	5.0	160～200		

续表

焊缝空间位置	焊缝断面图示	焊件厚度或焊角尺寸/mm	第一层焊缝		以后各层焊缝		封底焊缝	
			焊条直径/mm	焊接电流/A	焊条直径/mm	焊接电流/A	焊条直径/mm	焊接电流/A
横对接焊缝		2.0	2.0	50～55			2.0	50～55
		2.5	3.2	80～110			3.2	80～110
		3.0～4.0	3.2	90～120			3.2	90～120
			4.0	120～160			4.0	120～160
		5.0～8.0	3.2	90～120	3.2	90～120	3.2	90～120
					4.0	140～160	4.0	120～160
		＞9.0	3.2	90～120	4.0	140～160	3.2	90～120
			4.0	140～160			4.0	120～160
		14.0～18.0	3.2	90～120	4.0	140～160		
			4.0	140～160				
		＞19.0	4.0	140～160	4.0	140～160		
仰对接焊缝		2.0					2.0	50～65
		2.5					3.2	80～110
		3.0～5.0					3.2	90～110
							4.0	120～160
		5.0～8.0	3.2	90～120	3.2	90～120		
					4.0	140～160		
		＞9.0	3.2	90～120	4.0	140～160		
					4.0	140～160		
		12.0～18.0	3.2	90～120	4.0	140～160		
			4.0	140～160				
		＞19.0	4.0	140～160	4.0	140～160		

续表

焊缝空间位置	焊缝断面图示	焊件厚度或焊角尺寸/mm	第一层焊缝		以后各层焊缝		封底焊缝	
			焊条直径/mm	焊接电流/A	焊条直径/mm	焊接电流/A	焊条直径/mm	焊接电流/A
平角接焊接	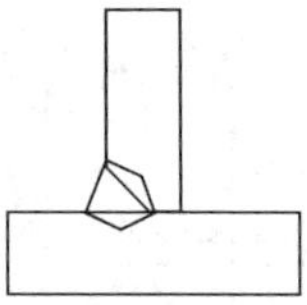	2.0	2.0	55～65				
		3.0	3.2	100～120				
		4.0	3.2	100～120				
			4.0	160～200				
		5.0～6.0	4.0	160～200				
			5.0	220～280				
		>7.0	4.0	160～200	5.0	220～280		
			5.0	220～280				
	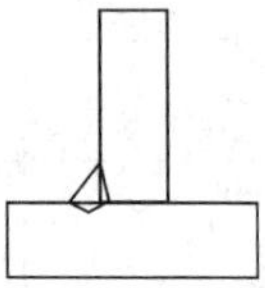		4.0	160～200	4.0	160～200	4.0	160～200
					5.0	220～280		
立角接焊接	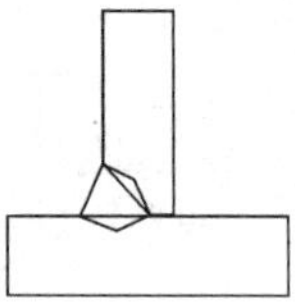	2.0	2.0	50～60				
		3.0～4.0	3.2	90～120				
		5.0～8.0	3.2	90～120				
			4.0	120～160				
		9.0～12	3.2	90～120	4.0	120～160		
			4.0	120～160				
	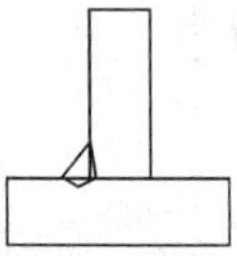		3.2	90～120	4.0	120～160	3.2	90～120
			4.0	120～60				
仰角接焊接	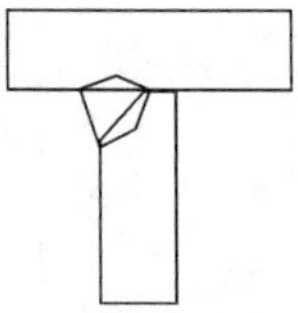	2.0	2.0	50～60				
		3.0～4.0	3.2	90～120				
		5.0～6.0	4.0	120～160				
		>7.0	4.0	120～160	4.0	140～160		
	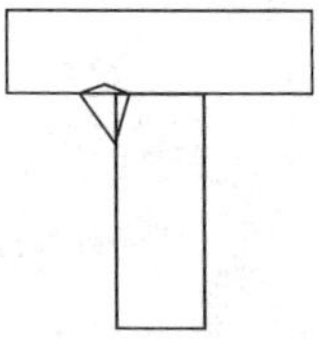		3.2	90～120	4.0	140～160	3.2	90～120
			4.0	140～160			4.0	140～160

(4)T形接头、十字接头、角接接头和对接接头主焊缝两端,必须配置引弧板引出板,其材质应和被焊母材相同,坡口形式应与被焊焊缝相同,禁止使用其他材质的材料充当引弧板和引出板。

(5)手工电弧焊焊缝引出长度应大于25mm。其引弧板和引出板宽度应大于50mm,长度宜为板厚的1.5倍且不小于30mm,厚度应不小于6mm。

(6)焊接完成后,应用火焰切割去除引弧板和引出板,并修磨平整。不得用锤击落引弧板和引出板。焊接时不得使用药皮脱落或药芯生锈的焊条。

(7)焊条在使用前应按产品说明书规定的烘焙时间和烘焙温度进行烘焙。低氢型焊条烘干后必须存放在保温箱(筒)内,随用随取。焊条由保温箱(筒)取出到施焊时间不宜超过2h(酸性焊条不宜超过4h)。不符上述要求时,应重新烘干后再用,但焊条烘干次数不宜超过2次。

(8)不应在焊缝以外的母材上打火引弧。

(9)Ⅰ、Ⅱ类钢材匹配相应强度级别的低氢型焊接材料并采用中等热输入进行焊接时,最低预热温度要求宜符合表11.2.4-4的规定。

表11.2.4-4 常用结构钢材最低预热温度要求

钢材牌号	接头最厚部件的板厚 t/mm				
	$t<25$	$25\leqslant t\leqslant 40$	$40<t\leqslant 60$	$60<t\leqslant 80$	$t>80$
Q235温度要求/℃	—	—	60℃	80℃	100℃
Q295、Q345温度要求/℃	—	60℃	80℃	100℃	140℃C

注:本表适用条件:

1. 接头形式为坡口对接,根部焊道,一般拘束度。
2. 热输入约为15~25kJ/cm。
3. 采用低氢型焊条,熔敷金属扩散氢含量(甘油法):E4315、E4316不大于8ml/100g;E5015、E5016、E5515、E5516不大于6ml/100g;E6015、E6016不大于4ml/100g。
4. 一般拘束度,指一般角焊缝和坡口焊缝的接头未施加限制收缩变形的刚性固定,也未处于结构最终封闭安装或局部返修焊接条件下而具有一定自由度。
5. 环境温度为常温。
6. 焊接接头板厚不同时,应按厚板确定预热温度;焊接接头材质不同时,按高强度、高碳当量的钢材确定预热温度。

(10)实际工程结构施焊时的预热温度,尚应满足下列规定。

1)根据焊接接头的坡口形式和实际尺寸、板厚及构件约束条件确定预热温度。焊接坡口角度及间隙增大时,应相应提高预热温度。

2)根据熔敷金属的扩散氢含量确定预热温度。扩散氢含量高时应适当提高预热温度。当其他条件不变时,使用超低氢型焊条打底预热温度可降低25~50℃。

3)根据焊接时热输入的大小确定预热温度。当其他条件不变时,热输入增大5kJ/cm,预热温度可降低25~50℃。电渣焊和气电立焊在环境温度为0℃以上施焊时可不进行预热。

4)根据接头热传导条件预热温度。在其他条件不变时,T形接头应比对接接头的预热温度高25～50℃。但T形接头两侧角焊缝同时施焊时应按对接接头确定预热温度。

5)根据施焊环境温度确定预热温度。操作地点环境温度低于常温时(高于0℃),应提高预热温度15～25℃。

(11)定位焊必须由持相应合格证的焊工施焊,所用焊接材料应与正式施焊相当。定位焊焊缝应与最终焊缝有相同的质量要求。钢衬垫的定位焊宜在接头坡口内焊接,定位焊焊缝厚度不宜超过设计焊缝厚度的2/3,定位焊缝长度宜大于40mm,间距500～600mm,并应填满弧坑。定位焊预热温度应高于正式施焊预热温度。当定位焊焊缝上有气孔或裂纹时,必须清除后重焊。

(12)对于非密闭的隐蔽部位,应按施工图的要求进行涂层处理后,方可进行组装;对刨平顶紧的部位,必须经质量部门检验合格后才能施焊。

(13)在组装好的构件上施焊,应严格按焊接工艺规定的参数及焊接顺序进行,以控制焊后构件变形。

1)控制焊接变形,可采取反变形措施,焊接收缩量见表11.2.4-5。

表11.2.4-5　焊接收缩量

结构类型	焊件特征和板厚	焊缝收缩量/mm
钢板对接	各种板厚	长度方向每米焊缝0.7; 宽度方向每个接口1.0
实腹结构及焊接H形钢	断面高小于等于1000mm且板厚小于25mm	四条纵焊缝每米共缩0.6,焊透梁高收缩1.0; 每对加劲焊缝,梁的长度收缩0.3
	断面高小于等于1000mm且板厚大于25mm	四条纵焊缝每米共缩1.4,焊透梁高收缩1.0; 每对加劲焊缝,梁的长度收缩0.7
	断面高大于等于1000mm的各种板厚	四条纵焊缝每米共缩0.2,焊透梁高收缩1.0; 每对加劲焊缝,梁的长度收缩0.5
格构式结构	屋架、托架、支架等轻型桁架	接头焊缝每个接口为1.0; 搭接贴角焊缝每米0.5
	实腹柱及重型桁架	搭接贴角焊缝每米0.25
圆筒形结构	板厚小于等于16mm	直焊缝每个接口周长收缩1.0; 环焊缝每个接口周长收缩1.0
	板厚大于16mm	直焊缝每个接口周长收缩1.0; 环焊缝每个接口周长收缩1.0

2)在约束焊道上施焊,应连续进行;如因故中断,再焊时应对已焊的焊缝局部做预热处理。

3)采用多层焊时,应将前一道焊缝表面清理干净后再继续施焊。

(14)因焊接而变形的构件,可用机械(冷矫)或在严格控制温度的条件下加热(热矫)的方法进行矫正。

1)碳素结构钢在环境温度低于－16℃、低合金结构钢在环境温度低于－12℃时,不应进行冷矫正和冷弯曲。碳素结构钢和低合金结构钢在加热矫正时,加热温度不应超过900℃。低合金钢在加热矫正后应自然冷却。检查数量:全数检查。检验方法:检查制作工艺报告和施工记录。

2)当零件采用热加工成型时,加热温度应控制在900～1000℃;碳素结构钢和低合金结构钢在温度下降700℃和800℃之前,应结束加工;低合金结构钢应自然冷却。检查数量:全数检查。检验方法:检查制作工艺报告和施工记录。

11.2.5　质量标准

(1)焊缝质量等级。根据《钢结构设计规范》(GB 50017—2017)的要求,焊缝应根据结构的重要性、荷载特性、焊缝形式、工作环境以及应力状态等情况,按下述原则分别选用不同的质量等级。

1)在需要进行疲劳计算的构件中,凡对接焊缝均应焊透,其质量等级如下。

①作用力垂直于焊缝长度方向的横向对接焊缝或T形对接与角接组合焊缝,受拉时应为一级,受压时应为二级。

②作用力平行于焊缝长度方向的纵向对接焊缝应为二级。

2)不需要计算疲劳的构件中,凡要求与母材等强的对接焊缝应予焊透,其质量等级当受拉时应不低于二级,受压时宜为二级。

3)重级工作制和起重量$Q\geqslant 50$t的中级工作制吊车梁的腹板与上翼缘之间以及吊车桁架上弦杆与节点板之间的T形接头焊缝均要求焊透,焊缝形式一般为对接与角接的组合焊缝,其质量等级不应低于二级。

4)不要求焊透的T形接头采用的角焊缝或部分焊透的对接与角接组合焊缝,以及搭接连接采用的角焊缝,其质量等级如下。

①对直接承受动力荷载且需要验算疲劳的结构和吊车起重量等于或大于50t的中级工作制吊车梁,焊缝的外观质量标准应符合二级。

②对其他结构,焊缝的外观质量标准可为三级。

(2)主控项目与一般项目。与第11.1.5节第2条相同。

11.2.6　成品保护

(1)构件焊接后的变形,应进行成品矫正,成品矫正一般采用热矫正,加热温度不宜大于650℃,构件矫正允许偏差应符合表11.2.6的要求。

表11.2.6　构件矫正允许偏差

项目	允许偏差/mm
柱底板平面度	5.0
桁架、腹杆弯曲	H/1500且不大于5.0,梁不准下挠

续表

项目	允许偏差/mm
桁架、腹杆弯曲	$H/250$ 且不大于 5.0
牛腿翘曲	当牛腿长度≤1000mm 时为 2.0
	当牛腿长度>1000mm 时为 3.0

(2)凡构件上的焊瘤、飞溅、毛刺、焊疤等均应清除干净。

(3)零、部件采用机械矫正法矫正,一般采用压力机进行。

(4)根据装配工序对构件用钢印将构件代号打入构件翼缘上,距边缘 500mm 范围内。构件编号必须按图纸要求编号进行标识,编号要清晰、位置要明显。

(5)应在构件打钢印代号的附近,在构件上挂铁牌,铁牌上用铅印打号来表明构件编号。

(6)用红色油漆标注中心线标记并打钢印。

(7)钢构件制作完成后,应按照施工图的规定及《钢结构工程施工质量验收规范》(GB 50205—2001)进行验收,构件外形尺寸的允许偏差应符合上述规定中的要求。

(8)钢结构件在工厂内制作完毕后,根据合同规定或业主的安排,由监理进行验收。验收合格者方可安排运输到现场。验收要填写记录报告。

(9)验收合格后才能进行包装。包装应保护构件不受损伤,零件不变形、不损坏、不散失。

(10)包装应符合运输交通部门有关规定,超限构件的运输应在制作之前向有关交通部门办理超限货物运输手续。

(11)现场安装用的连接零件,应分号捆扎出厂发运。

(12)成品发运应填写发运清单。

(13)运输由钢结构加工厂直接运输到现场。根据现场总调度的安排,按照吊装顺序一次运输到安装使用位置,避免二次倒运。

(14)超长、超宽构件安排在夜间运输,并在运输车前后设引路车和护卫车,以保证运输的安全。

11.2.7 安全与环保措施

(1)电焊机外壳,必须接地良好,其电源的装拆应由电工进行。

(2)电焊机要设单独的开关,开关应放在防雨的闸箱内,拉合闸时应戴手套侧向操作。

(3)焊钳与焊把线必须绝缘良好,连接牢固,更换焊条应戴手套。在潮湿地点工作,应站在绝缘胶板或木板上。

(4)焊接预热工件时,应有石棉布或挡板等隔热措施。

(5)焊把线、地线,禁止与钢丝绳接触,更不得用钢丝绳或机电设备代替零线。所有地线接头,必须连接牢固。

(6)更换场地移动焊把线时,应切断电源,并不得手持焊把线爬梯登高。

(7)清除焊渣、采用电弧气刨清根时,应戴防护眼镜或面罩,防止铁渣飞溅伤人。

(8)多台焊机在一起集中施焊时,焊接平台或焊件必须接地,并应有隔光板。

(9)雷雨时,应停止露天焊接工作。

(10)施焊场地周围应清除易燃易爆物品,或进行覆盖、隔离。

(11)工作结束,应切断焊机电源,并检查操作地点,确认无起火危险后,方可离开。

(12)所有施工人员必须戴好安全帽,高空作业必须系安全带。

(13)所有电缆、用电设备的拆除、车间照明等均由专业电工担任,要使用的电动工具,必须安装漏电保护器,值班电工要经常检查、维护用电线路及机具,认真执行《施工现场临时用电安全技术规范》(JGJ 46—2005)标准,保护良好状态,保证用电安全。

(14)各种施工机械编制操作规程和操作人员岗位责任制,专机专人使用保管,特殊工种必须持证上岗。

(15)氧气、乙炔气、CO_2 气要放在规定的安全处,并按规定正确使用,车间、工具房、操作平台等处设置足够数量的灭火器材。电焊、气割时,先注意周围环境有无易燃物后再进行工作。加强现场消防工作。

11.2.8 施工注意事项

(1)焊缝易产生的缺陷种类为:气孔、夹渣、咬边、熔宽过大、未焊透、焊瘤、表面成形不良,如凸起太高、波纹粗等。

(2)手工电弧焊缺陷原因及防止措施见表 11.2.8。

表 11.2.8 手工电弧焊缝缺陷原因及防止措施

缺陷类别	原因	改进、防止措施
气孔	焊条未烘干或烘干温度、时间不足; 焊口潮湿、有锈、油污等; 弧长太大、电压过高	按焊条使用说明的要求烘干; 用钢丝刷和布清理干净,必要时用火焰烤; 减小弧长
夹渣	电流太小、熔池温度不够、渣不易浮出	加大电流
咬边	电流太大	减小电流
熔宽太大	电压过高	减小电压
未焊透	电流太小	加大电流
焊瘤	电流太小	加大电流
焊缝表面凸起太大	电流太大、焊速太慢	加快焊速
表面波纹粗	焊速太快	减慢焊速

注:酸性焊条(钛型、钛钙型、氧化铁型药皮)一般烘干温度为 100～120℃,保温时间为 30～60min;碱性焊条(低氢型药皮)一般烘干温度为 300～400℃,保温时间为 60～120min。如加热温度取高值,则保温时间可取低值。

11.2.9 质量记录

(1)焊接材料的质量合格证明文件、中文标志及检验报告。

(2)对重要钢结构工程的焊接材料的复验资料。

(3)焊条、焊丝、焊剂、电渣焊熔嘴等材料质量证明书和烘焙记录。

(4)焊工合格证(复印件)及其认可范围、有效期。

(5)焊接工艺评定报告。

(6)超声波或射线探测记录。

(7)预、后热处理施工记录和工艺试验报告。

(8)外观质量检查记录。

(9)分项工程质量检查评定记录。

11.3 钢结构自动埋弧焊焊接施工工艺标准

埋弧焊与药皮焊条电弧焊一样是利用电弧热作为熔化金属的热源,但与药皮焊条电弧焊不同的是焊丝外表没有药皮,熔渣是由覆盖在焊接坡口区的焊剂形成的。当焊丝与母材之间施加电压并互相接触引燃电弧后,电弧热将焊丝端部及电弧区周围的焊剂及母材熔化,形成金属熔滴、熔池及熔渣。金属熔池受到浮于表面的熔渣和焊剂蒸汽的保护而不与空气接触,避免氮、氢、氧有害气体的侵入。随着焊丝向焊接坡口前方移动,熔池冷却凝固后形成焊缝,熔渣冷却后成渣壳,埋弧焊原理示意如图 11.3 所示。

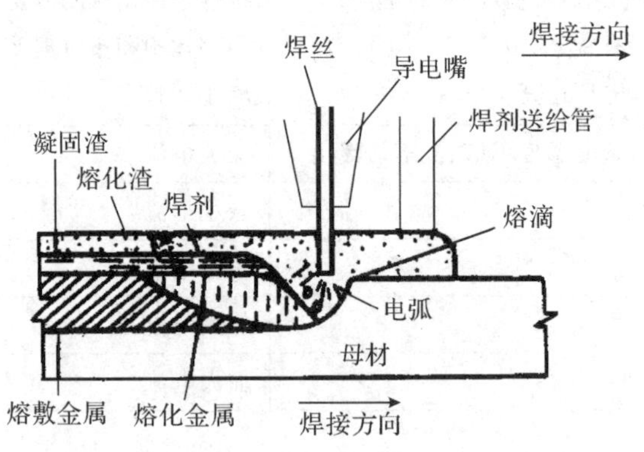

图 11.3 埋弧焊原理示意

埋弧焊的特点如下。

1)焊接电弧受焊剂的包围,熔渣覆盖焊缝金属起隔热作用,因此热效率较高,再加上使用粗焊丝,大电流密度,因而熔深大,减小了坡口尺寸及填充金属量。因而埋弧焊已成为大型构件制作中应用最广的高效焊接方法。

2)埋弧焊的热输入大、冷却速度慢、熔池存在时间长使冶金反应充分,各种有害气体能及时从熔池中逸出,避免气孔产生,也减小了冷裂纹敏感性。

3)埋弧焊不见弧光及飞溅,操作条件好。

4)埋弧焊的焊剂保护方式使焊接位置一般限于平焊。

5)埋弧焊时一般要求坡口加工精度稍高,或需要加导向装置,使焊丝与坡口对准以避免焊偏。

6)埋弧焊由于需要不断输送焊剂到电弧区,因而大多数应用于自动焊。

本工艺标准适用于钢结构自动埋弧焊焊接施工。工程施工应以设计图纸和施工质量验收规范为依据。

11.3.1 材料要求

(1)建筑钢结构用钢材及焊接材料的选用应符合设计图纸的要求,并应具有钢厂和焊接材料厂出具的质量证明书或检验报告,其化学成分、力学性能和其他质量要求必须符合国家现行标准规定。当采用其他钢材和焊接材料替代设计选用的材料时,必须经原设计单位同意。

(2)钢材的成分、性能复验应符合国家现行有关工程质量验收标准的规定;大型、重型及特殊钢结构的主要焊缝采用的焊接填充材料应按生产批号进行复验。复验应由国家技术质量监督部门认可的质量监督检测机构进行。

(3)埋弧焊用焊丝和焊剂应符合现行国家标准《埋弧焊用碳钢焊丝和焊剂》(GB/T 5293—1999)、《低合金钢埋弧焊用焊剂》(GB/T 12470—2003)的规定。

(4)除上一条规定外,焊接材料尚应符合下列规定。

1)焊条、焊丝、焊剂和熔嘴应储存在干燥、通风良好的地方,由专人保管。

2)焊条、熔嘴、焊剂和药芯焊丝在使用前,必须按产品说明书及有关工艺文件的规定进行烘干。

3)实心焊丝及熔嘴导管应无油污、锈蚀,镀铜层应完好无损。

4)焊条、焊剂烘干装置及保温装置的加热、测温、控温性能应符合使用要求。

(5)焊件坡口形式的选择。要考虑在施焊和坡口加工可能的条件下,尽量减小焊接变形,提高劳动生产率,降低成本。一般主要根据板厚选择见《气焊、焊条电弧焊、气体保护焊和高能束焊的推荐坡口》(GB/T 985.1—2008)。

(6)不同厚度及宽度的材料对接时,应做平缓过渡并符合下列规定。

1)不同厚度的板材或管材对接接头受拉时,其允许厚度差值(t_1-t_2)应符合表 11.2.1 的规定。当超过表 11.2.1 的规定时应将焊缝焊成斜坡状,其坡度最大允许值为 1∶2.5;或将较厚板的一面或两面及管材的内壁或外壁在焊前加工成斜坡,其坡度最大允许值应为 1∶2.5,如图 11.2.1 所示。

2)不同宽度的板材对接时,应根据工厂及工地条件采用热切割、机械加工或砂轮打磨的方法使之平缓过渡,其连接处最大允许坡度值就为 1∶2.5。

11.3.2 主要机具设备

(1)焊接用机械设备。包括埋弧焊机、焊剂烘干箱、柴油发电机、焊接滚轮架、翼缘矫正机等。

(2)工厂加工检验设备、仪器、工具。包括超声波探伤仪、数字温度仪、膜测厚仪、数字钳形电流表、温湿度仪、焊缝检验尺、磁粉探伤仪、游标卡尺、钢卷尺等。

11.3.3 作业条件

(1)用于埋弧焊的焊剂应符合设计规定。焊剂在使用前应按产品说明书规定的烘焙时间和烘焙温度进行烘焙,不得含灰尘、铁屑和其他杂物。

(2)焊前应对焊丝仔细清理,去除铁锈和油污等杂质。

(3)焊接作业区的相对湿度不得大于90%。

(4)当焊件表面潮湿或有冰雪覆盖时,应采取加热去湿除潮措施。

(5)焊接作业区环境温度<0℃时,应将构件焊接区各方向大于或等于两倍钢板厚度且不小于100mm范围内的母材,加热到20℃以上后方可施焊,且在焊接过程中均不应低于这一温度。实际加热温度应根据构件构造特点、钢材类别、钢材质量等级、钢材焊接性、焊接材料熔敷金属扩散氢含量、焊接方法和焊接着热输入等因素确定,其加热温度应高于常温下的焊接预热温度,并由焊接技术责任人员制订出作业方案经认可后方可实施。作业方案应保证焊工操作技能不受低温环境的影响,同时对构件采用必要的保温措施。

(6)焊工须有合格证及施焊资格,禁止无证上岗。焊工应严格按照焊接工艺及技术操作规程施焊。

(7)雪、雨天气时,禁止露天焊接。构件焊区表面潮湿或有冰雪时,必须清除干净才可施焊。在四级以上风力焊接时,应采取防风措施。

11.3.4 施工操作工艺

(1)工艺流程。清理焊接部位→检查构件组装、加工及定位焊→按工艺文件要求调整焊接工艺参数→按合理焊接顺序进行焊接→焊毕自检、交检→交专职检验员检查→工作结束时,关闭电源,将焊枪、工作小车等物品收放整齐→施工现场清扫干净。

(2)埋弧自动焊工艺参数选择。

1)焊丝直径。可根据焊接电流选择合适的焊丝直径,见表11.3.4-1。

表11.3.4-1 不同直径焊丝适用的焊接电流范围

参数	焊丝直径/mm				
	2	3	4	5	6
电流密度/($A\cdot mm^{-2}$)	63～125	50～85	40～63	35～50	28～42
焊接电流/A	200～400	350～600	500～800	700～1000	820～1200

2)电弧电压。电弧电压要与焊接电流匹配,可参考表11.3.4-2。

表11.3.4-2　电弧电压与焊接电流的配合

参数	焊接电流/A			
	600～700	700～850	850～1000	1000～1200
电弧电压/V	36～38	38～40	40～42	42～44

注:焊丝直径5mm,交流。

(3)埋弧自动焊工艺参数示例。

1)不开坡口留间隙双面埋弧自动焊工艺参数,见表11.3.4-3。

表11.3.4-3　不开坡口留间隙双面埋弧自动焊工艺参数

焊件厚度/mm	装配间隙/mm	焊接电流/A	焊接电压/V		焊接速度/(m·h⁻¹)
			交流	直流反接	
10～12	2～3	750～800	34～36	32～34	32
14～16	3～4	775～825	34～36	32～34	30
18～20	4～5	800～850	36～40	34～36	25
22～24	4～5	850～900	38～42	36～38	23
26～28	5～6	900～950	38～42	36～38	20
30～32	6～7	950～1000	40～44	38～40	16

注:1.焊剂431,焊丝直径5mm。

2.两面采用同一工艺参数,第一次在焊剂垫上施焊。

2)对接接头埋弧自动焊宜按表11.3.4-4选定焊接参数。

表11.3.4-4　对接接头埋弧自动焊参数

板厚/mm	焊丝直径/mm	接头形式	焊接顺序	焊接参数		
				焊接电流/A	电弧电压/V	焊接速度/($m\cdot min^{-1}$)
8	4	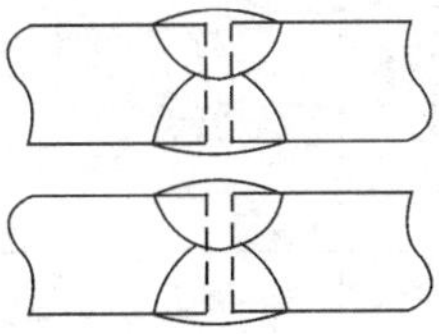	正 反	440～480 480～530	30 31	0.50
10	4	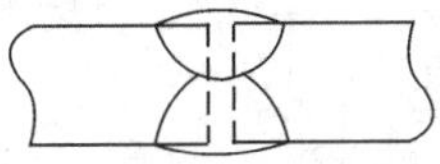	正 反	530～570 590～640	31 33	0.63

续表

板厚/mm	焊丝直径/mm	接头形式	焊接顺序	焊接参数		
				焊接电流/A	电弧电压/V	焊接速度/(m·min⁻¹)
12	4	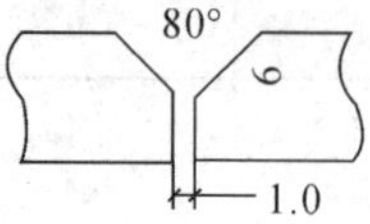 80°; 6; 1.0	正 反	620～660 680～720	35	0.42 0.41
14	5	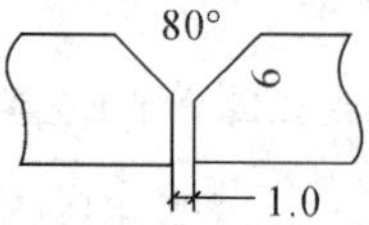 80°; 6; 1.0	正 反	830～850 600～620	36～38 35～38	0.42 0.75
16	4	70°±5°; 6±1	正 反	530～570 590～640	31 33	0.63
						0.42
	5	70°; 7; 1.0	正 反	620～660 680～720	35	0.41
18	5	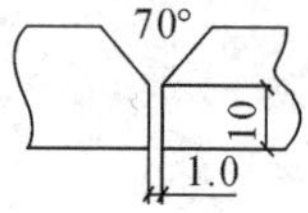 70°; 10; 1.0	正 反	850 800	36～38	0.42 0.50
20	4	70°; 10; 1.0	正 反	780～820	29～32	0.33
	5		正 反	700～750	36～38	0.46
	6	70°±5°; 6±1	正 反	925 850	36 38	0.45
22	6	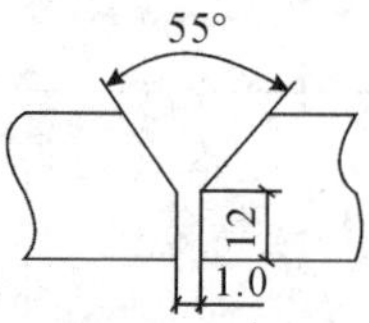 55°; 12; 1.0	正 反	1000 900～950	38～40 37～39	0.40 0.62

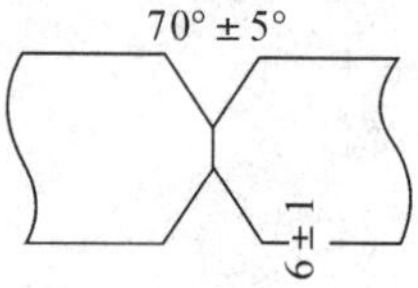

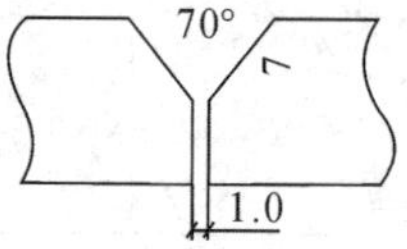

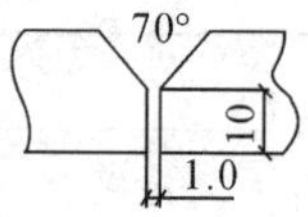

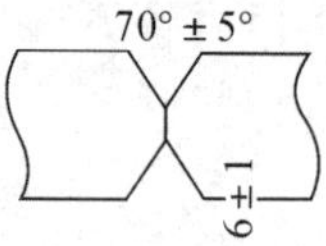

续表

板厚/mm	焊丝直径/mm	接头形式	焊接顺序	焊接参数		
				焊接电流/A	电弧电压/V	焊接速度/(m·min^{-1})
24	4 5	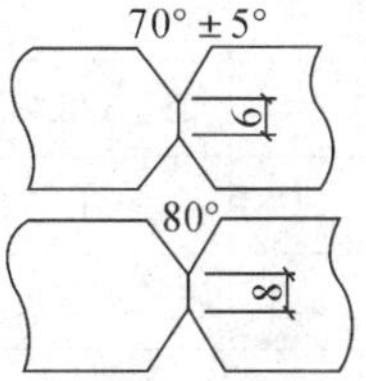 70°±5° 6 80° 8	正 反 正 反	700～720 700～750 800 900	36～38 34 38	0.33 0.30 0.27
28	4	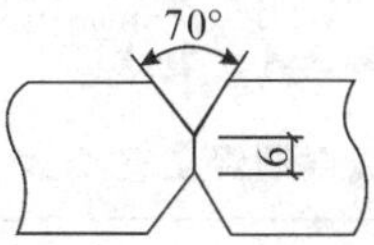 70° 6	正 反	825	30～32	0.27
30	4 6	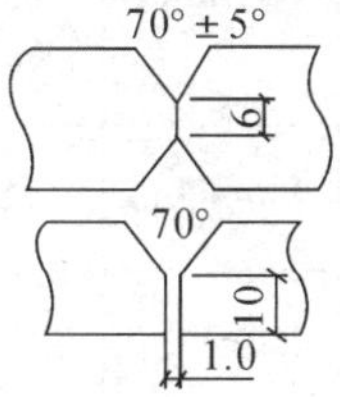 70°±5° 6 70° 10 1.0	正 反 正 反	750～800 800～850 800 850～900	36～38 36	0.30 0.25

注:接头形式图示中,尺寸单位为 mm。

3)厚壁多层埋弧焊工艺参数,见表 11.3.4-5。

表 11.3.4-5　厚壁多层埋弧焊工艺参数

接头形式	焊丝直径/mm	焊接电流/A	电弧电压/V		焊接速度/(m·min^{-1})
			交流	直流	
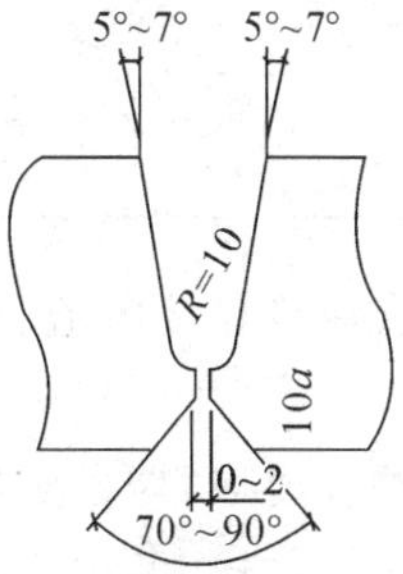 5°～7°　5°～7°　R=10　10a　0～2　70°～90°	4	600～7100	36～38	34～36	0.40～0.50
	5	700～800	38～42	36～40	0.45～0.55

注:接头形式图示中,尺寸单位为 mm。

4)搭接接头埋弧自动焊宜按表 11.3.4-6 选定工艺参数。

表 11.3.4-6 搭接接头埋弧自动焊工艺参数

板厚/mm	焊脚/mm	焊丝直径/mm	焊接参数			a/mm	α	简图
			焊接电流/A	电弧电压/V	焊接速度/(m·min^{-1})			
6		4	530	32～34	0.75	0	55°～60°	
8	7	4	650	32～34	0.75	1.5～2.0	55°～60°	
10	7	4	600	32～34	0.75	1.5～2.0	55°～60°	
12	6	5	780	32～35	1	1.5～2.0	55°～60°	

5)T 形接头单道埋弧自动焊工艺参数宜按表 11.3.4-7 选定。

表 11.3.4-7 T 形接头单道埋弧自动焊工艺参数

焊脚/mm	焊丝直径/mm	焊接电流/A	电弧电压/V	焊接速度/(m·min^{-1})	送丝速度/(m·min^{-1})	a/mm	b/mm	α	简图
6	4～5	600～650	30～32	0.70	0.67～0.77	2.0～2.5	≤1.0	60°	
8	4～5	650～700	30～32	0.42	0.67～0.83	2.0～3.0	1.5～2.0	60°	

6)船形位置 T 形接头的单道埋弧自动焊工艺参数宜按表 11.3.4-8 选定。

表 11.3.4-8 船形位置 T 形接头的单道埋弧自动焊工艺参数

焊脚/mm	焊丝直径/mm	焊接电流/A	电弧电压/V	焊接速度/(m·min^{-1})	送丝速度/(m·min^{-1})
6	5	600～700	34～36		0.77～0.83
8	4	675～700	34～36	0.33	1.83
	5	700～750	34～36	0.42	0.83～0.92
10	4	725～750	33～35	0.27	2.0
	5	750～800	34～36	0.30	0.9～1

(4)除按以上各条确定焊接参数外，焊接前尚应按工艺文件的要求调整焊接电流、电弧电压、焊接速度、送丝速度等参数后方可正式施焊。

(5)施焊前，焊工应检查焊接部位的组装和表面清理的质量，如不符合要求，应修磨补焊合格后方能施焊。焊接坡口组装允许偏差值应符合表 11.1.5-2 和表 11.1.5-3 的规定。坡口组装间隙超过允许偏差规定时，可在坡口单侧或两侧堆焊、修磨使其符合要求，但当坡口组装间隙超过较薄板厚度 2 倍或大于 20mm 时，不应用堆焊方法增加构件长度和减少组装间隙。

(6)T 形接头、十字形接头、角接接头和对接接头主焊缝两端，必须配置引弧板引出板，其材质应和被焊母材相同，坡口形式应与被焊焊缝相同，禁止使用其他材质的材料充当引弧板和引出板。

(7)非手工电弧焊焊缝引出长度应大于80mm。其引弧板和引出板宽度应大于80mm，长度宜为板厚的2倍且不小于100mm，厚度应不小于10mm。

(8)焊接完成后，应用火焰切割去除引弧板和引出板，并修磨平整。不得用锤击落引弧板和引出板。

(9)厚度12mm以下板材，可不开坡口，采用双面焊，正面焊电流稍大，熔深达65%～70%，反面达40%～55%。厚度大于12～20mm的板材，单面焊后，背面清根，再进行焊接。厚度较大板，开坡口焊，一般采用手工打底焊。

(10)填充层总厚度低于母材表面1～2mm，稍凹，不得熔化坡口边。

(11)盖面层使焊缝对坡口熔宽每边3mm±1mm，调整焊速，使余高为0～3mm。

(12)不应在焊缝以外的母材上打火引弧。

(13)除电渣焊、气电立焊外，Ⅰ、Ⅱ类钢材匹配相应强度级别的低氢型焊接材料并采用中等热输入进行焊接时，最低预热温度要求宜符合表11.2.4-4的规定。实际工程结构施焊时的预热温度，尚应满足下列规定。

1)根据焊接接头的坡口形式和实际尺寸、板厚及构件约束条件确定预热温度。焊接坡口角度及间隙增大时，应相应提高预热温度。

2)根据焊接时热输入的大小确定预热温度。当其他条件不变时，热输入增大5kJ/cm，预热温度可降低25～50℃。

3)根据接头热传导条件选择预热温度。在其他条件不变时，T形接头应比对接接头的预热温度高25～50℃。但T形接头两侧角焊缝同时施焊时应按对接接头确定预热温度。

4)根据施焊环境温度确定预热温度。操作地点环境温度低于常温时(高于0℃)，应提高预热温度15～50℃。

(14)定位焊必须由持相应合格证的焊工施焊，所用焊接材料应与正式施焊相当。定位焊焊缝应与最终焊缝有相同的质量要求。钢衬垫的定位焊宜在接头坡口内焊接，定位焊焊缝厚度不宜超过设计焊缝厚度的2/3，定位焊缝长度宜大于40mm，间距500～600mm，并应填满弧坑。定位焊预热温度应高于正式施焊预热温度。当定位焊焊缝上有气孔或裂纹时，必须清除后重焊。

(15)对于非密闭的隐蔽部位，应按施工图的要求进行涂层处理后，方可进行组装；对刨平顶紧的部位，必须经质量部门检验合格后才能施焊。

(16)在组装好的构件上施焊，应严格按焊接工艺规定的参数以及焊接顺序进行，以控制焊后构件变形。

1)控制焊接变形，可采取反变形措施，焊接收缩量参见表11.2.4-5。

2)在约束焊道上施焊，应连续进行；如因故中断，再焊时应对已焊的焊缝局部做预热处理。

3)采用多层焊时，应将前一道焊缝表面清理干净后再继续施焊。

(17)因焊接而变形的构件,可用机械(冷矫)或在严格控制温度的条件下加热(热矫)的方法进行矫正。

1)碳素结构钢在环境温度低于-16℃、低合金结构钢在环境温度低于-12℃时,不应进行冷矫正和冷弯曲。碳素结构钢和低合金结构钢在加热矫正时,加热温度不应超过900℃。低合金结构钢在加热矫正后应自然冷却。检查数量:全数检查。检验方法:检查制作工艺报告和施工记录。

2)当零件采用热加工成型时,加热温度应控制在900~1000℃;碳素结构钢和低合金结构钢在温度下降到700℃和800℃之前,应结束加工;低合金结构钢应自然冷却。检查数量:全数检查。检验方法:检查制作工艺报告和施工记录。

11.3.5 质量标准

与第11.2.5节钢结构手工电弧焊焊接质量标准相同。

11.3.6 成品保护

与第11.2.6节钢结构手工电弧焊焊接成品保护相同。

11.3.7 安全与环保措施

(1)电焊机外壳,必须接地良好,其电源的装拆应由电工进行。

(2)电焊机要设单独的开关,开关应放在防雨的闸箱内,拉合闸时应戴手套侧向操作。

(3)焊钳与焊把线必须绝缘良好,连接牢固,更换焊条应戴手套。在潮湿地点工作,应站在绝缘胶板或木板上。

(4)焊接预热工件时,应有石棉布或挡板等隔热措施。

(5)把线、地线,禁止与钢丝绳接触,更不得用钢丝绳或机电设备代替零线。所有地线接头,必须连接牢固。

(6)更换场地移动焊把线时,应切断电源,并不得手持焊把线爬梯登高。

(7)清除焊渣、采用电弧气刨清根时,应戴防护眼镜或面罩,防止铁渣飞溅伤人。

(8)多台焊机在一起集中施焊时,焊接平台或焊件必须接地,并应有隔光板。

(9)雷雨时,应停止露天焊接工作。

(10)施焊场地周围应清除易燃、易爆物品,或进行覆盖、隔离。

(11)工作结束,应切断焊机电源,并检查操作地点,确认无起火危险后,方可离开。

(12)搞好安全用电。所有电缆、用电设备的拆除、车间照明等均由专业电工担任,要使用的电动工具,必须安装漏电保护器,值班电工要经常检查、维护用电线路及机具,保持良好状态,保证用电安全。

(13)各种施工机械编制操作规程和操作人员岗位责任制,专机专人使用保管,特殊工种必须持证上岗。

(14)切实搞好防火。氧气、乙炔气、CO_2气要放在规定的安全处,并按规定正确使用,车间、工具房、操作平台等处置足够数量的灭火器材。电焊、气割时,先注意清除周围环境易燃物后再进行工作。

(15)切实加强火源管理。车间禁止吸烟,电、气焊及焊接作业时应清理周围的易燃物,消防工具要齐全,动火区域要安放灭火器,并定期检查。

(16)废料要及时清理,并在指定地点堆放,保证施工场地的清洁和施工道路的畅通。

11.3.8 施工注意事项

主要要注意埋弧焊常见缺陷的防止。埋弧焊常见缺陷有焊缝成形不良、咬边、未熔合、未焊透、内部夹渣、气孔、裂纹、焊穿等。它们的产生原因及防除方法如表 11.3.8 所示。

表 11.3.8 埋弧焊常见缺陷产生原因及防除方法

<table>
<tr><th colspan="2">缺陷名称</th><th>产生原因</th><th colspan="2">防除方法</th></tr>
<tr><td rowspan="8">焊缝表面成形不良</td><td rowspan="2">宽度不均匀</td><td rowspan="2">①焊接速度不均匀;
②焊丝给送速度不均匀;
③焊丝导电不良</td><td>防止方法</td><td>①找出原因排除故障;
②找出原因排除故障;
③更换导电嘴衬套(导电块)</td></tr>
<tr><td>消除方法</td><td>酌情部分用手工焊补焊修整并磨光</td></tr>
<tr><td rowspan="2">堆积高度过大</td><td rowspan="2">①电流过大而电压过低;
②上坡焊时倾角过大;
③环缝焊焊接位置不当(相对于焊件的直径和焊接速度)</td><td>防止方法</td><td>①调节规范;
②调整上坡焊倾角;
③相对于一定的焊件直径和焊接速度,确定适当的焊接位置</td></tr>
<tr><td>消除方法</td><td>去除表面多余部分,并打磨圆滑</td></tr>
<tr><td rowspan="2">焊缝金属满溢</td><td rowspan="2">①焊接速度过慢;
②电压过大;
③下坡焊时倾角过大;
④环缝焊接位置不当;
⑤焊接时前部焊剂过少;
⑥焊丝向前弯曲</td><td>防止方法</td><td>①调节焊速;
②调节电压;
③调整下坡焊倾角;
④相对于一定的焊件直径和焊接速度,确定适当的焊接位置;
⑤调整焊剂覆盖状况;
⑥调节焊丝矫直部分</td></tr>
<tr><td>清除方法</td><td>去除后适当刨槽并重新覆盖</td></tr>
<tr><td rowspan="2">中间凸起而两边凹陷</td><td rowspan="2">药粉圈过低并有黏渣,焊接时熔渣被拖压</td><td>防止方法</td><td>提高药粉圈,使焊剂覆盖高度达 30~40mm</td></tr>
<tr><td>清除方法</td><td>①提高药粉圈,去除黏渣;
②适当补焊或去除重焊</td></tr>
<tr><td colspan="2">咬边</td><td>①焊丝位置或角度不正确;
②焊接规范不当</td><td>防止方法</td><td>①调整焊丝;
②调节规范,去除夹渣补焊</td></tr>
</table>

续表

缺陷名称	产生原因	防除方法	
未熔合	①焊丝未对准； ②焊缝局部弯曲过甚	防止方法	①调整焊丝； ②精心操作
		清除方法	去除缺陷部分后补焊
未焊透	①焊接规范不当(如电流过小,电压过高)； ②坡口不合适； ③焊丝未对准	防止方法	①调整规范； ②修整坡口； ③调节焊丝
		清除方法	去除缺陷部分后补焊,严重的需整条返修
内部夹渣	①多层焊时,层间清渣不干净； ②多层分道焊时,焊丝位置不当	防止方法	①层间清渣彻底； ②每层焊后发现咬边夹渣必须清除修复
		清除方法	去除缺陷部分后补焊
气孔	①接头未清理干净； ②焊剂潮湿； ③焊剂(尤其是焊剂垫)中混有垃圾； ④焊剂覆盖层厚度不当或焊剂斗阻塞； ⑤焊丝表面清理不够； ⑥电压过高	防止方法	①接头必须清理干净； ②焊剂按规定烘干； ③焊剂必须过滤、吹灰、烘干； ④调节焊剂过滤层高度,疏通焊剂斗； ⑤焊丝必须清理,清理后应尽快使用； ⑥调节电压
		清除方法	去除缺陷部分后补焊
裂纹	①焊件、焊丝、焊剂等材料配合不当； ②焊丝中含碳、硫含量较高； ③焊接区冷却速度过快而致热影响区硬化； ④多层焊的第一道焊缝截面过小； ⑤焊缝形状系数太小； ⑥角焊缝熔深太大； ⑦焊接顺序不合理； ⑧焊件刚度大	防止方法	①合理选取焊接材料； ②选用合格焊丝； ③适当降低焊速以及焊前预热和焊后缓冷； ④焊前适当预热或减小电流,降低焊速(双面焊适用)； ⑤调整焊接规范和改进坡口； ⑥调整规范和改变极性(直流)； ⑦合理安排焊接顺序； ⑧焊前预热和焊后缓冷
		清除方法	去除缺陷部分后补焊
焊穿	焊接规范及其他工艺因素配合不当	防止方法	选择适当规范
		清除方法	缺陷修整后补焊

11.3.9　质量记录

与第11.2.9节钢结构手工电弧焊焊接质量记录相同。

11.4　钢结构CO_2气体保护焊焊接施工工艺标准

CO_2气体保护焊是熔化极气体保护焊的一种，也是熔化极电弧焊的一种，其电弧产生及焊接过程原理与埋弧焊相似，其区别在于没有埋弧焊剂所产生的大量熔渣；所使用的熔化电极为实芯焊丝或药芯焊丝；由保护气罩导入的CO_2气体围绕导丝嘴及焊丝端头隔离空气，对电弧区及熔池起保护作用。其熔池的脱氧反应和必要合金元素的渗入，大部分只能由焊丝的合金成分完成。而药芯焊丝管内包容的少量焊剂成分仅起辅助的冶金反应作用和保护作用。本施工工艺标准适用于桁架或网架(壳)结构、多层或高层梁、柱框架结构等工业与民用建筑和一般构筑物的钢结构工程中。工程施工应以设计图纸和施工质量验收规范为依据。

11.4.1　材料要求

(1)气体保护焊使用的二氧化碳气体应符合国家现行标准《焊接用二氧化碳》(HG/T2537—93)的规定，大型、重型及特殊钢结构工程中主要构件的重要焊接节点采用的二氧化碳气体质量应符合该标准中优等品的要求，即其中二氧化碳含量(V/V)不得低于99.9%，水蒸气与乙醇总含量(m/m)不得高于0.005%，并不得验出液态水。

(2)二氧化碳气体保护电弧焊所用的二氧化碳工气瓶必须装有预热干燥器。

(3)其他要求与第11.2.1节钢结构自动埋弧焊焊接材料要求相同。

11.4.2　主要机具设备

CO_2气体保护焊设备由焊接电源、送丝装置两大部分，以及气瓶、焊枪、焊接电缆等附件组成，如图11.4.2所示。

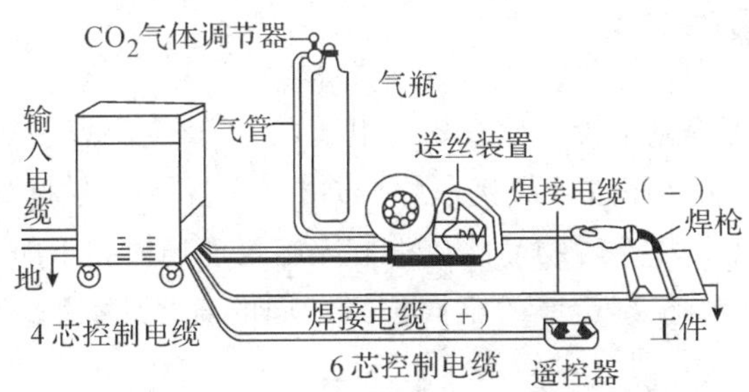

图11.4.2　CO_2气体保护焊设备组成

焊接电源由变压器、可控硅(晶闸管)或晶体管整流主电路、集成元件触发控制线路、过流过压保护电路、附加控制电路组成。

送丝机由枪体、导电嘴、导丝嘴、导气嘴、保护罩及开关等组成。

保护气供气系统由气瓶、气流流量调节器和气管组成。

(1)焊接用机械设备。包括电动空压机、柴油发电机、CO_2 焊机、焊接滚轮架、翼缘矫正机。

(2)工厂加工检验设备、仪器、工具。包括超声波探伤仪、数字温度仪、膜测厚仪、数字钳形电流表、温湿度仪、焊缝检验尺、磁粉探伤仪、游标卡尺、钢卷尺。

11.4.3　作业条件

(1)当手工电弧焊焊接作业区风速超过 8m/s、气体保护电弧焊及药芯焊丝电弧焊焊接作业区风速超过 2m/s 时,应防风棚或采取或其他防风措施。制作车间内焊接作业区有穿堂风或鼓风机时,也应按以上规定设档装置。

(2)焊接作业区的相对湿度不得大于 90%。

(3)当焊件表面潮湿或有冰雪覆盖时,应采取加热去湿除潮措施。

(4)焊接环境温度不应低于 10℃。焊接作业区环境温度低于 0℃时,应将构件焊接区各方向大于或等于二倍钢板厚度且不小于 100mm 范围内的母材,加热到 20℃以上后方可施焊,且在焊接过程中均不应低于这一温度。实际加热温度应根据构件构造特点、钢材类别、钢材质量等级、钢材焊接性、焊接材料熔敷金属扩散氢含量、焊接方法和焊接热输入等因素确定,其加热温度应高于常温下的焊接预热温度并由焊接技术责任人员制订出作业方案经认可后方可实施。作业方案应保证焊工操作技能不受低温环境的影响,同时对构件采用必要的保温措施。

(5)焊接环境的温度和相对湿度在距离构件 500～1000mm 时测得。焊接作业区环境超出第 1、4 条规定但必须焊接时,应对焊接作业区设置防护棚并制订出具体方案,连同低温焊接工艺参数、措施报监理工程师确认后方可实施。当钢结构焊接环境温度低于 −10℃时,必须进行相应焊接环境下的工艺评定试验,评定合格后方可进行焊接,否则严禁焊接。

11.4.4　施工操作工艺

(1)工艺流程。清理焊接部位→检查构件组装、加工及定位焊→按工艺文件要求调整焊接工艺参数→按合理焊接顺序进行焊接→焊毕自检、交检→交专职检验员检查→工作结束时,关闭电源,将焊枪、工作小车等物品收放整齐→施工现场清扫干净。

(2)焊丝直径的选择。根据板厚的不同选择不同的直径,为减少杂含量,尽量选择直径较大的焊丝,见表 11.4.4-1。

表 11.4.4-1 焊丝直径的选择

参数	母材厚度/mm	
	≤4	>4
焊丝直径/mm	0.5～1.2	1.0～2.5

(3)焊接电流和电弧电压的选择,见表 11.4.4-2。

(4)典型的短路过渡焊接工艺参数,见表 11.4.4-3。

(5)射滴过渡的电流下限值及电弧电压范围,见表 11.4.4-4。

表 11.4.4-2 CO_2 气体保护焊常用焊接电流和电弧电压的范围

焊丝直径/mm	短路过渡		细颗粒过渡	
	电流/A	电压/V	电流/A	电压/V
0.5	30～60	16～18	160～400	25～38
0.6	30～70	17～19	200～500	26～40
0.8	50～100	18～21	200～600	27～40
1.0	70～120	18～22	300～700	28～42
1.2	90～150	19～23	500～800	32～44
1.6	140～200	20～24	—	—
2.0	—	—	—	—
2.5	—	—	—	—
3.0	—	—	—	—

注:最佳电弧电压有时只有 1～2V 之差,要仔细调整。

表 11.4.4-3 CO_2 气体保护焊不同直径焊丝典型的短路过渡焊接工艺参数

参数	焊丝直径/mm		
	0.8	1.2	1.6
焊接电流/A	100～110	120～135	140～180
电弧电压/V	18	19	20

表 11.4.4-4 不同直径焊丝射滴过渡的电流下限值及电弧电压范围

焊丝直径/mm	焊丝直径/mm				
	1.2	1.6	2.0	3.0	4.0
焊接电流/A	300	400	500	650	750
电弧电压/V	34～45				

(6)Φ1.6 焊丝 CO_2 半自动焊常用工艺参数,见表 11.4.4-5。

表 11.4.4-5　Φ1.6 焊丝 CO_2 半自动焊常用工艺参数

熔滴过渡形式	焊接电流/A	电弧电压/V	气体流量/(L · min^{-1})	适用范围
短路过渡	160	22	15～20	全位置焊
射滴过渡	400	39	20	平焊

(7)半自动焊时,焊速不超过 0.5m/min。

(8)二氧化碳气体保护焊必须采用直流反接。

(9)施焊前,焊工应检查焊接部位的组装和表面清理的质量,如不符合要求,应修补焊合格后方能施焊。焊接坡口组装允许厚度差应符合表 11.2.1 及图 11.2.1 的规定。坡口组装间隙超过允许偏差规定时,可在坡口单元侧或两侧堆焊、修磨使其符合要求,但当坡口组装间隙超过较薄板厚度 2 倍或大于 20mm 时,不应用堆焊方法增加构件长度和减少组装间隙。

(10)T 形接头、十字接头、角接接头和对接接头主焊缝两端,必须配置引弧板引出板,其材质应和被焊母材相同,坡口形式应与被焊焊缝相同,禁止使用其他材质的材料充当引弧板和引出板。

(11)气体保护电弧焊焊缝引出长度应大于 25mm。其引弧板和引出板宽度应大于 50mm,长度宜为板厚的 1.5 倍且不小于 30mm,厚度应不小于 6mm。

(12)焊接完成后应用火焰切割去除引弧板和引出板,并修磨平整。不得用锤击落引弧板和引出板。

(13)打底焊层高度不超过 4mm,填充焊时焊枪横向摆动,使焊道表面下凹,且高度低于母材表面 1.5～2mm;盖面焊时焊接熔池边缘应超过坡口棱边 0.5～1.5mm,防止咬边。

(14)不应在焊缝以外的母材上打火、引弧。

(15)除电渣焊、气电立焊外,Ⅰ、Ⅱ类钢材匹配相应强度级别的低氢型焊接材料并采用中等热输入进行焊接时,最低预热温度要求宜符合表 11.2.4 的规定。实际工程结构施焊时的预热温度,尚应满足下列规定。

1)根据焊接接头的坡口形式和实际尺寸、板厚及构件约束条件确定预热温度。焊接坡口角度及间隙增大时,应相应提高预热温度。

2)根据焊接时热输入的大小确定预热温度。当其他条件不变时,热输入增大 5kJ/cm,预热温度可降低 25～50℃。

3)根据接头热传导条件选择预热温度。在其他条件不变时,T 形接头应比对接接头的预热温度高 25～50℃。但 T 形接头两侧角焊缝同时施焊时应按对接接头确定预热温度。

4)根据施焊环境温度确定预热温度。操作地点环境温度低于常温时(高于 0℃),应提高预热温度 15～50℃。

(16)定位焊必须由持相应合格证的焊工施焊,所用焊接材料应与正式施焊相当。定位焊焊缝应与最终焊缝有相同的质量要求。钢衬垫的定位焊宜在接头坡口内焊接,定位焊焊缝厚度不宜超过设计焊缝厚度的 2/3,定位焊焊缝长度宜大于 40mm,间距 500～600mm,并应填满弧坑。定位焊预热温度应高于正式施焊预热温度。当定位焊焊缝上有气孔或裂纹时，必须清除后重焊。

(17)对于非密闭的隐蔽部位，应按施工图的要求进行涂层处理后，方可进行组装；对刨平顶紧的部位，必须经质量部门检验合格后才能施焊。

(18)在组装好的构件上施焊，应严格按焊接工艺规定的参数以及焊接顺序进行，以控制焊后构件变形。

1)控制焊接变形，可采取反变形措施，焊接收缩量参见表 11.2.4-5。

2)在约束焊道上施焊，应连续进行；如因故中断，再焊时应对已焊的焊缝局部做预热处理。

3)采用多层焊时，应将前一道焊缝表面清理干净后再继续施焊。

(19)因焊接而变形的构件，可用机械(冷矫)或在严格控制温度的条件下加热(热矫)的方法进行矫正。

1)普通低合金结构钢冷矫时，工作地点温度不得低于－16℃；热矫时，其温度值应控制在 750～900℃。普通碳素结构钢冷矫时，工作地点温度不得低于－20℃；热矫时其温度不得超过 900℃。同一部位加热矫正不得超过 2 次，并应缓慢冷却，不得用水骤冷。检查数量：全数检查。检验方法：检查制作工艺报告和施工记录。

2)当零件采用热加工成型时，加热温度应控制在 900～1000℃；碳素结构钢和低合金结构钢在温度下降到 700℃和 800℃之前，应结束加工；低合金结构钢应自然冷却。检查数量：全数检查。检验方法：检查制作工艺报告和施工记录。

(20)焊接工艺参数示例。

1)CO_2 焊全熔透对接接头焊件的焊接工艺参数，见表 11.4.4-6。

表 11.4.4-6　CO_2 焊全熔透对接接头焊件的焊接工艺参数

板厚/mm	焊丝直径/mm	接头形式	装配间隙/mm	层数	焊接参数					备注
					焊接电流/A	电弧电压/V	焊接速度/(m·min^{-1})	焊丝外伸长/mm	气体流量/(L·min^{-1})	
6	1.2	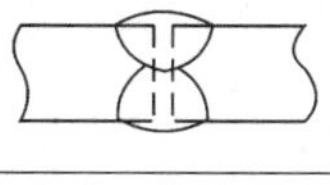	1.0～1.5	1	270	27	0.55	12～14	10～15	
	1.6	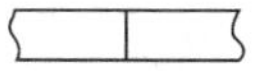	1	1	400～430	36～38	0.80～0.83	16～22	15～20	*d* 为焊丝直径
	1.2	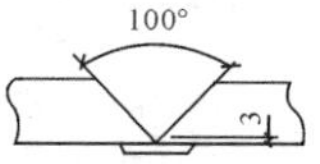 100°	0～1	2	190 210	19 30	0.25	15	15	
	2.0	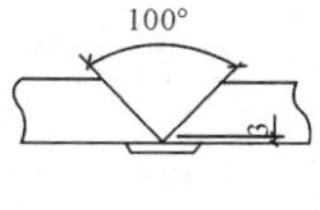 100°	1.6～2.2	1～2	280～300	28～30	0.30～0.37	10*d* 但不大于 40	16～18	

续表

板厚/mm	焊丝直径/mm	接头形式	装配间隙/mm	层数	焊接参数					备注
					焊接电流/A	电弧电压/V	焊接速度/(m·min^{-1})	焊丝外伸长/mm	气体流量/(L·min^{-1})	
8	1.2	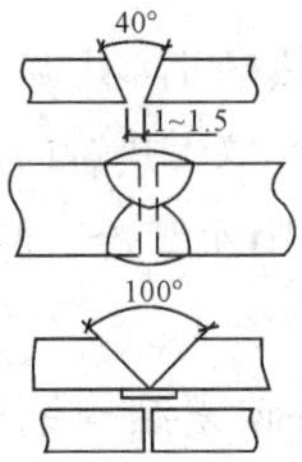	1～1.5	2	120～130 130～140	26～27 28～30	0.3～0.5 0.4～0.5	12～40	20	
	1.6		1	2	350～380 400～430	35～37 36～38	0.7	16～22	20～25	
	1.6		1.9～2.2	2	450	41	0.48	10*d*但不大于40	16～18	用铜垫板，单面焊双面成型
	2.0		1.9～2.2	2	350～360	34～36	0.40	10*d*但不大于40	16	采用陡降外特性
	2.0		1.9～2.2	3	400～420	34～36	0.45～0.5	10*d*但不大于40	16～18	采用陡降外特性
	2.0		1.9～2.2	1	450～460	35～36	0.40～0.47	10*d*但不大于40	16～18	用铜垫板，单面焊双面成型
	2.5		1.9～2.2	1	600～650	41～43	0.40	10*d*但不大于40	20	用铜垫板，单面焊双面成型
9	1.6 1.6	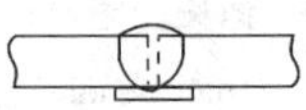	1.0 0～1.5	1 2	420 340 360	38 33.5 34	0.5 0.45	16～22 15	20 20	
10	1.2	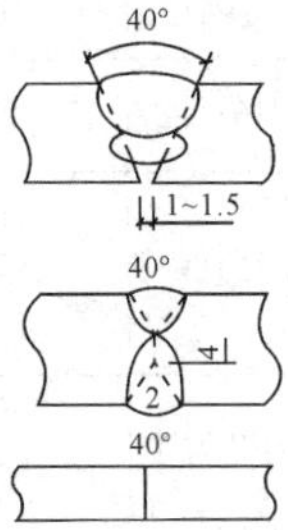	1～1.5	2	130～140 280～300 300～320	20～30 30～33 37～39	0.3～0.5 0.25～0.30 0.70～0.82	15	20	V形坡口
	1.2			2	300～320	37～39	0.70～0.82	15	20～26.7	X形坡口
	2.0				600～650	37～38	0.60	10*d*但不大于40	18～20	采用陡降外特性

续表

板厚/mm	焊丝直径/mm	接头形式	装配间隙/mm	层数	焊接参数					备注
					焊接电流/A	电弧电压/V	焊接速度/(m·min⁻¹)	焊丝外伸长/mm	气体流量/(L·min⁻¹)	
12	1.2	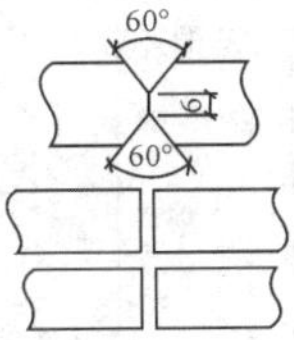		2	310 330	32 33	0.5	15	20	自动焊或半自动焊均可
	1.6		0～1.5	2	400～430	36～38	0.70	16～22	20～26.7	
	2.0		1.8～2.2	2	280～300	20～30	0.27～0.33	10*d*但不大于40	18～20	
16	1.2	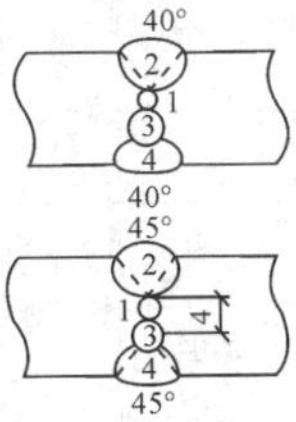		3	120～140 300～340 300～340	25～27 33～35 35～37	0.40～0.50 0.30～0.40 0.20～0.30	15	20	V形坡
	1.6			2	410 430	34.5 36	0.27 0.45	20	20	X形坡
	1.2			4	140～160 260～280 270～290 270～290	24～26 31～33 34～36 34～36	0.20～0.30 0.33～0.40 0.50～0.60 0.40～0.50	15	20	无钝边
	1.6			4	400～430 400～430	36～38 36～38	0.50～0.60 0.50～0.60	16～22	25	
20	1.2	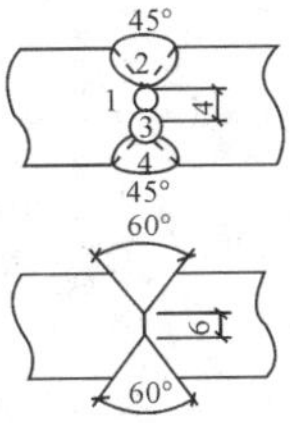		4	120～140 300～340 300～340 300～340	25～27 33～35 33～35 33～37	0.40～0.50 0.30～0.40 0.30～0.40 0.12～0.15	15	25	
	1.6			4	140～160 260～280 300～320 300～320	24～26 31～33 35～37 35～37	0.25～0.30 0.45 0.40～0.50 0.40	15	20	
	2 2.5		0～0.21	4	400～430	36～38	0.35～0.45	16～22	26.7	
				2	440～460	30～32	0.27～0.35	20～30	21.7	

续表

板厚/mm	焊丝直径/mm	接头形式	装配间隙/mm	层数	焊接参数					备注
					焊接电流/A	电弧电压/V	焊接速度/(m·min^{-1})	焊丝外伸长/mm	气体流量/(L·min^{-1})	
22	2	70°~80°；4；70°~80°			360～400	38～40	0.4	10d但不大于40	16～18	双面面层堆焊
25	1.6	60°；6；60°		2	480 500	38 39	0.3	20	25	
	2 2.5	60°；6；60°	0～2.0	4	420～440	30～32	0.27～0.35	20～30	21.7	
32	2.5	70°~80°；4；70°~80°			600～650	41～43	0.4	10d但不大于40	20	双面面层堆焊，材质16Mn
40以上	2 2.5	16°；6	0～2.0	10层以上	440～500	30～32	0.27～0.35	20～30	21.8	U形坡口
	2 2.5	16°；4	0～2.0	10层以上	440～500	30～32	0.27～0.35	20～30	21.7	

注：接头形式图示中，尺寸单位是mm。

2)焊丝 CO_2 焊 T 型接头贴角焊焊件的焊接工艺参数，见表 11.4.4-7。

表 11.4.4-7　Φ1.2 焊丝 CO_2 焊 T 型接头贴角焊焊件的焊接工艺参数

接头形式	板厚/mm	焊丝直径/mm	焊接参数 焊接电流/A	电弧电压/V	焊接速度/(m·min⁻¹)	气体流量/(L·min⁻¹)	焊角尺寸/mm	焊丝对中位置	备注
	1.6	0.8～1.0	90	19	0.50	10～15	3.0		
	2.3	1.0～1.2	120	20	0.50	10～15	3.0		
	3.2	1.0～1.2	140	20.5	0.50	10～15	3.5		
	4.5	1.0～1.2	160	21	0.45	10～15	4.0		
	≥5	1.6	260～280	27～29	0.33～0.43	16～8	5～6		焊 1 层
	≥5	2.0	280～300	28～30	0.43～0.47	16～18	5～6		焊 1 层
	6	1.2	230	23	0.55	10～15	6.0		
	6	1.6	300～320	37.5		20	5.0		
	6	1.6	340	34		20	5.0		
水平角焊	6	1.6	360	39～40	0.58	20	5.0		
	6	2.0	340～350	35		20	5.0		
搭桥角焊	8	1.6	390～400	41		20～25	6.0		
	12.0	1.2	290	28	0.50	10～15	7.0		
搭桥角焊	12.0	1.6	360	36	0.45	20	8.0		
	1.2	0.8～1.2	90	19	0.5	10～15		1	
	1.6	1.0～1.2	120	19	0.5	10～15		1	
	2.3	1.0～1.2	130	20	0.5	10～15		1	
	3.2	1.0～1.2	160	21	0.5	10～15		2	
	4.5	1.2	210	22	0.5	10～15		2	
	6.0	1.2	270	26	0.5	10～15		2	
	8.0	1.2	320	32	0.5	10～15		2	

11.4.5　质量标准

与第 11.2.5 节钢结构自动埋弧焊焊接质量标准相同。

11.4.6　成品保护

与第 11.2.6 节钢结构自动埋弧焊焊接成品保护相同。

11.4.7 安全与环保措施

与第 11.2.7 节钢结构自动埋弧焊焊接安全与保护措施相同。

11.4.8 施工注意事项

CO_2 气体保护焊许多焊缝缺陷及过程不稳定的产生原因均与保护气体和细焊丝的使用特点有关，表 11.4.8 列出了 CO_2 气体保护焊常见焊缝缺陷及其防止措施，供施工生产人员参考。

表 11.4.8 CO_2 气体保护焊常见焊缝缺陷产生原因及其防止措施

缺陷种类	可能的原因	防止措施
凹坑气孔	没供给 CO_2 气体	检查送气阀门是否打开，气瓶是否有气，气管是否堵塞或破断
	风大，保护效果不充分	挡风
	焊嘴内有大量黏附飞溅物，气流混乱	除去黏在焊嘴内的飞溅物
	使用的气体纯度太差	使用焊接专用气体
	焊接区污垢(油、锈、漆)严重	将焊接处清理干净
	电弧太长或保护罩与工件距离太大或严重堵塞	降低电弧电压，降低保护罩或清理、更换保护罩
	焊丝生锈	使用正常的焊丝
咬边	电弧长度太长	减小电弧长度
	焊接速度太快	降低焊接速度
	指向位置不当(角焊缝)	改变指向位置
焊瘤	对焊接电流来说电弧电压太低	提高电弧电压
	焊接速度太慢	提高焊接速度
	指向位置不当(角焊缝)	改变指向位置
裂缝	焊接条件不当： ①电流大电压低； ②焊接速度太快	调整至适当条件： ①提高电压； ②降低焊接速度
	坡口角度过小	加大坡口角度
	母材含碳量及其他合金元素含量高(热影响区裂纹)	进行预热
	使用的气体纯度差(水分多)	用焊接专用气体
	在焊坑处电流被迅速切断	进行补弧坑操作

续表

缺陷种类	可能的原因	防止措施
焊道弯曲	焊丝矫正不充分	调整矫正轮
	焊丝伸出长度过长	使伸出长度适当(25mm 以下)
	导电嘴磨损太大	更换导电嘴
	操作不熟练	培训焊工至熟练
飞溅过多	焊接条件不适当(特别是电压过高或电流太小)	调整到适当的焊接条件
电弧不稳	导电嘴孔太大或已严重磨损	改换适当孔径的导电嘴
	焊丝不能平稳送给	①清理导管和送丝管中磨屑、杂物；②减少导管弯曲
	送丝轮过紧或过松	适当地扭紧
	焊丝卷回转不圆滑	调整至能圆滑动作
	焊接电源的输入电压变动过大	增大设备容量
	焊丝生锈或接地线接触不良	使用无锈焊丝,使用良好、可靠的接地夹具
焊丝和导电嘴黏连	导电嘴与母材间距过短	调整到适当间距
	焊丝送给突然停止	平滑送给焊丝

11.4.9 质量记录

与第 11.2.9 节钢结构自动埋弧焊焊接质量记录相同。

11.5 钢结构熔嘴电渣焊焊接施工工艺标准

电渣焊是以电流通过熔渣所产生的电阻热作为热源,将填充金属和母材熔化,凝固后形成金属原子间牢固连接,它是一种用于立焊位置的焊接方法。熔嘴电渣焊是电渣焊的一种形式。本施工工艺标准适用于桁架或网架(壳)结构、多层或高层梁、柱框架结构等工业与民用建筑和一般构筑物的钢结构工程中熔嘴电渣焊焊接施工,工程施工应以设计图纸和施工质量验收规范为依据。

11.5.1 材料要求

(1)钢材及焊接材料应按施工图的要求选用,其性能和质量必须符合国家标准和行业标准的规定,并应具有质量证明书或检验报告。如果用其他钢材和焊材代换时,须经设计单位同意,并按相应工艺文件施焊。

(2)熔嘴产品及匹配焊丝、焊剂成分均应符合设计和产品说明书要求。

(3)熔嘴不应有明显的锈蚀和弯曲,焊剂不应受潮结块。

11.5.2 主要机具设备

熔嘴电渣设备由大功率交流或直流电源和装卡固定于构件上的机头及控制盒组成。机头包括送丝机构及控制器、焊丝盘、机架、熔嘴夹持、机头固定、位置调整装置等。

(1)焊接用机械设备。包括熔嘴电渣焊机、焊剂烘干箱、柴油发电机、焊接滚轮架、翼缘矫正机等。

(2)工厂加工检验设备、仪器、工具。包括超声波探伤仪、数字温度仪、膜测厚仪、数字钳形电流表、温湿度仪、焊缝检验尺、磁粉探伤仪、游标卡尺、钢卷尺等。

11.5.3 作业条件

(1)熔嘴电渣焊不允许露天作业。当气温低于0℃,相对湿度大于90%,网路电压严重波动时不得施焊。

(2)焊接区应保持干燥、不得有油、锈和其他污物。

(3)熔嘴电渣焊焊剂在使用前应按产品说明书规定的烘焙时间和烘焙温度进行烘焙,不得含灰尘、铁屑和其他杂物。烘干温度一般为250℃,时间2h。

(4)熔嘴孔内受潮、生锈或沾有污物不得使用。

(5)熔嘴不应有明显锈蚀和弯曲,用前250℃、1h烘干,在80℃左右存放和待用。

(6)焊丝的盘绕应整齐紧密,没有硬碎弯、锈蚀和油污。焊丝盘上的焊丝量最少不得少于焊一条焊缝所需焊丝量。

(7)所有焊机的各部位应处于正常工作状态。

(8)焊机的电流表、电压表和调节旋钮刻度指数的指示正确性和偏差数要清楚明确。

(9)保证电源的供应和稳定性,避免焊接中途断电和网压波动过大。

(10)施焊前,焊工应复核焊接件的接头质量和焊接区域的坡口、间隙、钝边等的处理情况。当发现有不符合要求时,应修整合格后方可施焊。

(11)建筑钢结构焊接质量检查应由专业技术人员担任,并须经岗位培训取得质量检查员的合格证书。

11.5.4 施工操作工艺

(1)工艺流程。清理焊接部位→检查构件组装、加工及定位焊→按工艺文件要求调整焊接工艺参数→按合理焊接顺序进行焊接→焊毕自检、交检→交专职检验员检查→工作结束时,关闭电源,将焊枪、工作小车等物品收放整齐→施工现场清扫干净。

(2)施焊前,检查组装间隙的尺寸,装配缝隙应保持在1mm以下;当缝隙大于1mm时,应采取措施进行修整和补救。

(3)检查焊接部位的清理情况,焊接断面及其附近的油污、铁锈和氧化物等污物必须清除干净。

(4)焊道两端应按工艺要求设置引弧板和熄弧板。

(5)安装管状熔嘴并调整对中,熔嘴下端距引弧板面距离一般为 15～25mm。

(6)影响焊接质量的主要工艺参数有起弧电压与电流,焊接电压与电流,送丝速度和渣池深度。

1)电压。正常焊接阶段时(电渣过程),所需电压稍低,一般为 35～55V,电压与熔缝的熔宽成正比关系,在起弧阶段所需电压稍高,电压应比正常焊接过程中的电压高 3～8V,便于尽快熔化母材边缘和形成稳定的电渣过程。如电压太高,焊丝易与渣池产生电弧,母材边缘的熔化也太宽。如电压太低,焊丝与金属熔池易短路,电渣过程不稳定,同时母材因熔化不足而产生未熔合缺陷。焊接电压随焊接过程而变化,焊接过程中随时注意调整电压。焊接收尾时应适当降低焊接电压,并继续送进焊丝,将焊缝引到熄弧板上收尾。

2)电流。一般等速送丝的焊机,其送丝速度快时电流大。电流与焊接区产生的热能成平方正比关系,电流愈大,产生热量愈高,熔嘴、焊丝与母材的熔化愈快,相应焊接速度快,但电流的选择受熔嘴直径的限制,如电流过大钢管因承受电流密度太大而发热严重,熔嘴的药皮发红失去绝缘性能。因此电流应根据熔嘴直径和板厚作适当选择,一般常用的 Φ10、Φ12 钢管所能承受的电流范围列于表 11.5.4。

表 11.5.4 熔嘴钢管规格与可用电流范围

参数	钢管规格/mm		
	Φ12×4	**Φ12×3**	**Φ10×3**
截面积/m^2	100	85	65
电流范围/A	500～650	425～550	320～420

此外,送丝速度太快,电流太大时,电压低而接近短路状态,不能形成稳定过程。送丝速度太慢时,电流太小,且焊丝露出渣池,易产生电弧因而破坏正常的电渣过程,如图 11.5.4-1(a)所示。因此送丝速度和电流也是主要的焊缝质量影响因素。

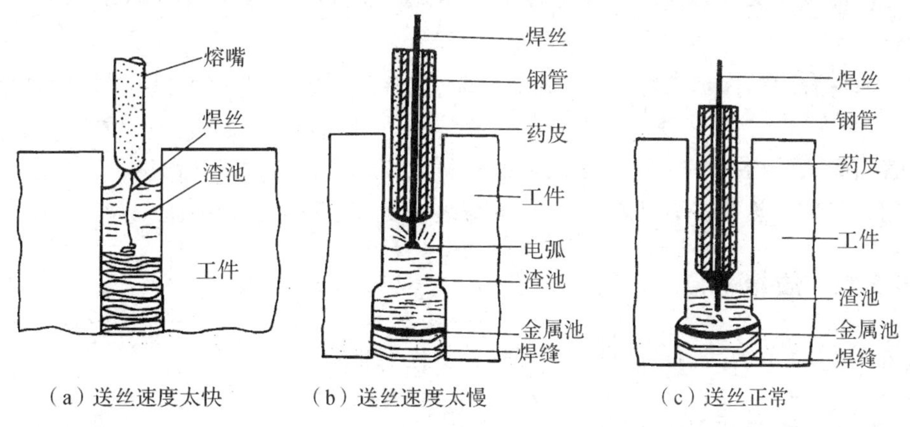

图 11.5.4-1 送丝速度和电流对焊过程的影响

3)渣池深度。渣池深度与产生的电阻热成正比,渣池深度稳定则产生的热量稳定,焊接过程也稳定。渣池的深度要求一般为 30～60mm。渣池太深则电阻增大使电流减小,使母材边缘熔化不足,焊缝不成形。渣池太浅则电流增大,电压减小,电渣过程不稳定。如果成形块与母材贴合不严,造成熔渣突然流失,熔嘴端即离开了渣池表面,仅有焊丝还在渣池中(见图 11.5.4-2),导电面积减小,电流突降,电压升高,必须立即添加焊剂方能继续焊接过程。

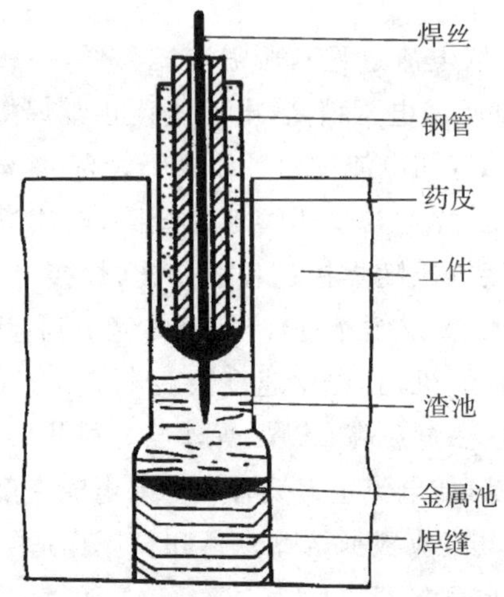

图 11.5.4-2　熔渣突然流失对焊接的影响

(7)焊接启动时,慢慢投入少量焊剂,一般为 35~50g,焊接过程中应逐渐少量添加焊剂。

(8)焊接过程中,应随时检查熔嘴是否在焊道的中心位置上,严禁熔嘴和焊丝过偏。

(9)焊接过程中注意随时检查焊件的炽热状态,一般约在 800℃时,应适当调整焊接工艺参数,适当增加渣池内总热量。

(10)当焊件厚度低于 16mm 时,应在焊件外部安装铜散热板或循环水散热器。

(11)熔嘴电渣焊不作焊前预热和焊后热处理,只是引弧前对引弧器加热 100℃左右。

(12)在组装好的构件上施焊,应严格按焊接工艺规定的参数以及焊接顺序进行,以控制焊后构件变形。

(13)因焊接而变形的构件,可用机械(冷矫)或在严格控制温度的条件下加热(热矫)的方法进行矫正。

1)普通低合金结构钢冷矫时,工作地点温度不得低于－16℃;热矫时,其温度值应控制在 750~900℃。

2)普通碳素结构冷矫时工作地点温度不得低于－20℃;热矫时其温度不得超过 900℃。

3)同一部位加热矫正不得超过 2 次,并应缓慢冷却,不得用水骤冷。

11.5.5　质量标准

与第 11.2.5 节钢结构自动埋弧焊焊接质量标准相同。

11.5.6　成品保护

与第 11.2.6 节钢结构自动埋弧焊焊接成品保护相同。

11.5.7 安全与环保措施

与第 11.2.7 节钢结构自动埋弧焊焊接安全与环保措施相同。

11.5.8 施工注意事项

熔嘴电渣焊由于热输入大、熔池存在时间长、焊缝冷却速度慢、熔池有熔渣保护等原因，一般在正常操作条件下，Q235、Q345 钢的焊接时不易产生气孔、夹渣、冷裂纹缺陷。而比较容易产生的缺陷是未熔合或未焊透，必须仔细控制焊接工艺参数予以避免。在钢结构焊接中一般要求用超声波探伤方法进行接头检测，确定接头的焊透情况。熔嘴电渣焊缝常见缺陷产生原因及防止措施见表 11.5.8。

表 11.5.8 熔嘴电渣焊焊缝常见缺陷产生原因及防止措施

缺陷种类	产生原因	防止措施
热裂纹	在焊材、母材中硫(S)、磷(P)杂质元素正常的情况下，送丝速度、电流过大造成熔池太深，在焊缝冷却结晶过程中因低熔点共晶聚集于柱状晶会合面而产生	①降低送丝速度； ②必要时降低焊材和母材中的 S、P 含量
	熄弧引出部分的热裂纹是由送丝速度没有逐步降低，骤然断弧而引起	采用正确的熄弧方法，逐步降低送丝速度
未焊透或焊透但未熔合，同时存在夹渣	焊接电压过低、送丝速度太低、渣池太深	针对性地调整到合理参数
	电渣过程不稳定	保持电渣过程稳定
	熔嘴沿板厚方向位置偏离原设定要求	调直熔嘴，调整位置
气孔	水冷成形块漏水	事先检查
	堵缝的耐火泥污染熔池	仔细操作
	熔嘴、焊剂或母材潮湿	焊前严格执行烘干规定

11.5.9 质量记录

与第 11.2.9 节钢结构手工电弧焊焊接质量记录相同。

11.6 钢结构焊钉焊接施工工艺标准

栓焊是在栓钉与母材之间通以电流，局部加热熔化栓钉端头和局部母材，并同时施加压力挤出液态金属，使栓钉整个截面与母材形成牢固结合的焊接方法。栓焊分电弧栓焊和储能栓焊。电弧栓焊是将栓钉端头置于陶瓷保护罩内与母材接触并通以直流电，以使栓钉与母材之间激发电弧，电弧产生的热量使栓钉和母材熔化，维持一定的电弧燃烧时间后将栓钉压入母材局部熔化区内。陶瓷保护罩的作用是集中电弧热量,隔离外部空气,保护电弧和熔化金属免受氮、氧的侵入,并防止熔融金属的飞溅。储能栓焊是指利用交流电使大容量的电容器充电后向栓钉与母材之间瞬时放电,达到熔化栓钉端头和母材的目的。由于电容放电能量的限制,一般用于小直径(≤12mm)栓钉的焊接。本工艺标准适用于各类钢结构工程中的抗剪件、预埋件及锚固件,公称直径为 10～25mm 的焊钉(圆柱头焊钉、熔焊栓钉、剪力钉)焊接施工工艺,工程施工应以设计图纸与有关施工质量验收规范为依据。

11.6.1 材料要求

(1)焊钉外形尺寸。建筑钢结构工程使用的焊钉,一端为圆柱头,另一端镶有铝制引弧结,其形状及尺寸按照国标《电弧螺柱焊用圆柱头焊钉》(GB 10433—2002)的规定,如图 11.6.1-1 与表 11.6.1-1 所示。

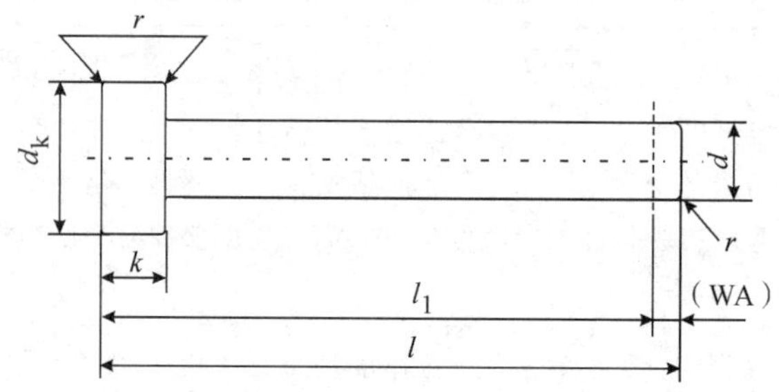

图 11.6.1-1 焊钉外形示意

表 11.6.1-1 焊钉外形尺寸

参数		公称直径/mm					
		10	13	16	19	22	25
d/mm	最小	9.64	12.57	15.57	18.48	21.48	24.48
	最大	10.00	13.00	16.00	19.00	22.00	25.00
d_k/mm	最小	18.35	22.42	29.42	32.50	35.50	40.50
	最大	17.65	21.58	28.58	31.50	34.50	39.50
k/mm	最小	7.45	8.45	8.45	10.45	10.45	12.55
	最大	6.55	7.56	7.55	9.55	9.55	11.45
r/mm	最小	2.00	2.00	2.00	2.00	3.00	3.00
	WA/mm	4.00	5.00	5.00	6.00	6.00	6.00

(2)焊钉化学成分如表 11.6.1-2 所示。

表 11.6.1-1 焊钉化学成分

材料	化学成分含量/%				
	C_{max}	Si_{max}	Mn	P_{max}	S_{max}
普通碳素钢	0.20	0.10	0.3～0.6	0.04	0.04

(3)焊钉机械性能如表 11.6.1-3 所示。

表 11.6.1-3 焊钉机械性能

抗拉强度/($N\cdot mm^{-2}$)		屈服点/($N\cdot mm^{-2}$)	延伸率/%
最小值	最大值	最小值	最小值
400	550	240	14

(4)焊钉经表面处理，其表面不允许有影响使用的裂纹、条痕、凹坑和毛刺等。

(5)保护瓷环。陶瓷保护环的要求按照(GB 10433—2002)的规定，具体内容见图 11.6.1-2 及表 11.6.1-4。其中，B1 型适用于普通平焊，也适用于 13mm 和 16mm 焊钉的穿透平焊；B2 型仅适用于 19mm 焊钉的穿透平焊。瓷环的尺寸公差，应能保证与同规格焊钉的互换性。

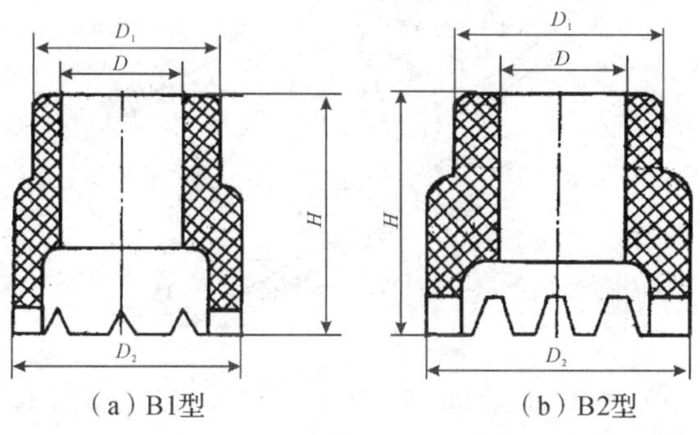

(a) B1型　　(b) B2型

图 11.6.1-2 陶瓷保护环的尺寸示意

表 11.6.1-4 陶瓷保护环的尺寸及公差 (单位:mm)

焊钉公称直径 *d*	*D*		D_1	D_2	*H*
	最小值	最大值			
10	10.3	10.8	14.0	18.0	11.0
13	13.4	13.9	18.0	23.0	12.0
16	16.5	17	23.5	27.0	17.0
19	19.5	20	27.0	31.5	18.0
22	23	23.5	30.0	36.5	18.5
25	26	26.5	38.0	41.5	22.0

11.6.2 主要机具设备

(1)电弧栓焊机(见图 11.6.2)由以下各部分组成。

1)以大功率弧焊整流器为主要构成的焊接电源。

2)通断电开关、时间控制电路或微电脑控制器。

3)由栓钉的夹持、提升、加压、阻尼装置、主电缆及电控接头、开关和把手组成的焊枪。

4)主电缆和控制导线,由于栓钉焊接要求快速连续操作,大容量的焊机一次电缆截面要求为 60mm²(长度 30m 以内),二次电缆要求为 100mm²(长度 60m 以内)。

储能栓焊机则以交流电源及大容量电容器组为基础,其他部分与电弧栓焊机相似。

(2)表 11.6.2-1、表 11.6.2-2 分别列出了国产系列栓钉电弧焊机和储能焊机的技术参数,表 11.6.2-3 列出了国外典型栓钉电弧焊机主要技术参数。

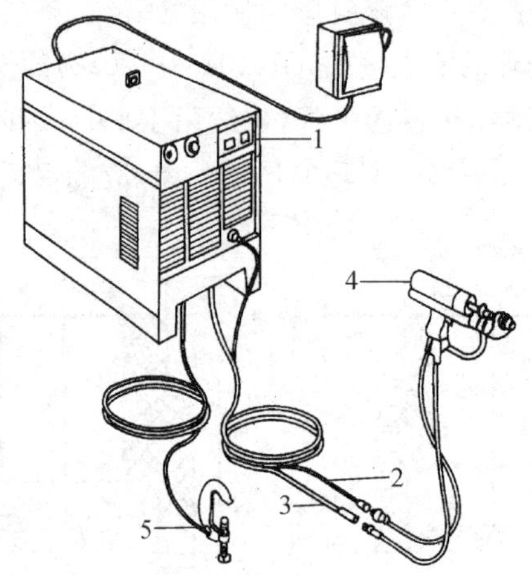

1—电源;2—控制电缆;3—焊接电缆;4—焊枪;5—地线卡具

图 11.6.2 栓焊机组成示意

表 11.6.2-1 国产 RZN 系列栓钉电弧焊机主要技术参数

参数	机型		
	RZN-1000	RZN-2000/B	RZN-2500/B
一次电压/V	3～380	3～380	3～380
一次功率/kW	10～60	25～210	10～230
二次电压/V	26～45,5 档	95～105	110 连续可调
焊接电流/A	400～1000	250～2000	200～2000,最大 2500
可焊直径/mm	6～12	4～22	4～25
焊接时间/s	0.2～1.2	0.1～1.2	0.2～1.5 连续可调

注:生产商为北京宏光机电设备厂。

表 11.6.2-2 国内栓钉储能焊机主要技术参数

参数	JLR-1000	JLR-1500	RSR-1600	RSR-4500	RSR-6000
电源电压/V	220/50Hz	220/50Hz	220/50Hz	220/50Hz	220/50Hz
电源容量/kW	0.8	0.8	2.0	2.5	3.5
充电时间/s	—	—	<6	<6	<6
电容器容量/μF	—	—	136000	280000	340000
充电电压/V	30～190 连续可调	30～190 连续可调	—	—	—
可焊螺柱直径/mm	3～6	3～8	3～8	3～10	3～12
可焊螺柱长度/mm	—	—	5～150	5～150	5～200
额定生产率/(个·min^{-1})	12	10～12	—	—	—

注:生产商为常州市凯达电器设备厂和天津市中环电器厂。

表 11.6.2-3 国外典型栓钉电弧焊机主要技术参数

参数	JSS 2500	KÖCO 2602E	Series 6000 Model 101
一次电压/V	190、210/380、420±10%	230/400	208、230/400
相数、周波/Hz	3 相 50/60		3 相 60
最大一次输入/kW	225	85	150
二次空载电压/V	100	95	70
二次电流/A	500～2500	400～2600	400～2400
通电时间/s	0.1～0.9(0.1s 分段)	0.01～2	0.1～1.5 无级调整
适应焊钉材质	碳钢、不锈钢	碳钢	碳钢
适应焊钉直径/mm	8～25	6～25	8～25
负载持续率/%	10(2500A 时) 19(1800A 时)		25(1800A 时)
每分钟可焊支数/(支·min^{-1})	6(Φ25mm) 11(Φ22mm) 18(Φ19mm)	9(Φ22mm) 15(Φ15mm)	10(Φ25mm) 15(Φ22mm) 20(Φ19mm)
外形尺寸 $H\times W\times D$/(mm×mm×mm)	1080×680×825	860×710×1200	880×560×1220
重量/kg	420	400	428
焊枪长度(不含焊嘴)/mm		250	181
焊枪高度(含手把)/mm		220	162
焊枪基本重量(不含电线)/kg		1.4	1.6

注:生产商为日本 JCR、德国 KOSTER、美国 Nelson。

11.6.3 作业条件

钢结构构件表面的油漆应清除,没有露水、雨水、油及其他影响焊缝质量的污渍。空气相对湿度不大于85%。

根据作业条件,施工所使用的栓钉和配套使用的瓷环应烘烤除湿。

11.6.4 施工操作工艺

(1)工艺流程。划定位线→清理焊接区域→试焊→弯曲30°检验→正式焊接→弯曲15°检验→验收。

(2)栓焊过程(见图11.6.4)。

1)把栓钉放在焊枪的夹持装置中,把相应直径的保护瓷环置于母材上,把栓钉插入瓷环内并与母材接触。

2)按动电源开关,栓钉自动提升,激发电弧。

3)焊接电流增大,使栓钉端部和母材局部表面熔化。

4)设定的电弧燃烧时间到达后,将栓钉自动压入母材。

5)切断电流,熔化金属凝固,并使焊枪保持不动。

6)冷却后,栓钉端部表面形成均匀的环状焊缝余高,敲碎并清除保护环。

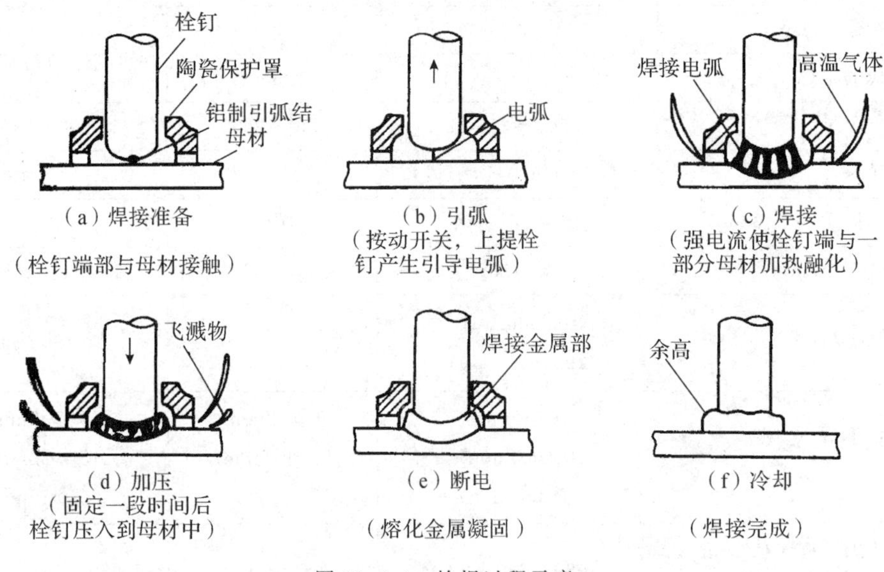

图11.6.4 栓焊过程示意

(3)施工作业要点。

1)正式焊接前试焊1个焊钉,用榔头敲击使剪力钉弯曲大约30°,无肉眼可见裂纹方可继续焊接,否则应修改施工工艺。

2)每天焊接完的焊钉都要从每根梁上选择两个栓钉用榔头敲弯约30°,无肉眼可见裂纹方可继续焊接,否则应修改施工工艺。

3)如果有不饱满的或修补过的栓钉,要弯曲15°检验。榔头敲击方向应从焊缝不饱满的一侧进行。

4)进行弯曲试验合格的焊钉如结果合格,可保留弯曲状态。

11.6.5 质量要求

(1)主控项目。

1)对焊钉和钢材焊接进行焊接工艺评定,其结果应符合设计要求和国家现行有关标准的规定。瓷环应按其产品说明书进行烘焙。检验数量:全数检查。检验方法:检查焊接工艺评定报告和烘焙记录。

2)焊钉焊接后应进行弯曲试验检查,其焊缝和热影响区不应有肉眼可见的裂纹。检查数量:每批同类构件抽查10%,且不应少于10件;被抽查构件中,每件检查焊钉数量的1%,但不应少于1个。检验方法:焊钉弯曲30°后用角尺检查和观察检查。

(2)一般项目。

1)焊接完成后的焊钉跟部焊缝应均匀,焊脚立面的局部未熔合或不足360°的焊脚应进行补焊。检验数量:按焊钉总数的1%进行抽查,且不应少于10个。检验方法:观察检验。

2)栓焊接头外观及外形尺寸合格要求如表11.6.5所示。对接头外形不符合要求的情况,可以用手工电弧焊补焊。

表 11.6.5 栓焊接头外观与外形尺寸合格要求

外观检验项目	合格要求
焊缝形状	360°范围内,焊缝高>1mm,焊缝宽>0.5mm
焊缝缺陷	无气孔、无夹渣
焊缝咬肉	咬肉深度<0.5mm
焊钉焊后高度	焊后高度偏差<±2mm

11.6.6 安全与环保措施

(1)焊接操作工人应佩戴防眼罩,穿防护服装。

(2)单独进行施工电源布设。

(3)焊接电源及焊钉枪要求接地可靠。

(4)焊接时防止飞溅的熔渣引起火灾。

11.6.7 施工注意事项

(1)栓钉不应有锈蚀、氧化皮、油脂、潮湿或其他有害物质。母材焊接处不应有过量的氧化皮、锈、水分、油漆、灰渣、油污或其他有害物质。如不满足要求应用抹布、钢丝刷、砂轮机等方法清扫或清除。

(2)保护瓷环应保持干燥,受过潮的瓷环应在使用前置于烘箱中经120℃烘干1~2h。

(3)施工前应根据工程实际使用的栓钉及其他条件,通过工艺评定试验确定施工工艺参数。在每班作业施工前尚需以规定的工艺参数试焊 2 个栓钉,通过外观检验及 30°打弯试验确定设备完好情况及其他施工条件是否符合要求。

(4)栓焊焊工应按《建筑钢结构焊接技术规程》(JGJ 81—2002)的规定进行技能考核,并持有相应的合格证。

(5)如遇压型板有翘起因而与母材间隙过大时,可用手持杠杆式卡具(见图 11.6.7)对压型板邻近施焊处局部加压,使之与母材贴合。一般间隙不应超过 1mm。

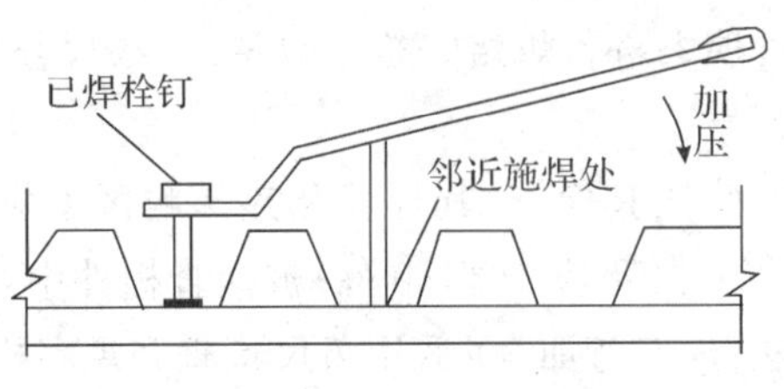

图 11.6.7　栓焊手持杠杆式卡具示意

11.6.8　质量记录

(1)焊接材料(含焊钉、焊接瓷环)的合格证明文件,中文标志及检验报告。

(2)焊接工艺评定报告及烘焙记录。

(3)焊钉弯曲检验和观察检查记录。

(4)施工质量检查、评定资料。

11.7　钢结构高强螺栓连接施工工艺标准

高强螺栓连接是近年发展起来的一种新型连接形式,高强螺栓和螺母均用高强度钢制成。通过拧紧螺栓,对高强螺栓施加以强大的预拉力,借高强螺栓轴力夹紧经摩擦处理的板束,从而使板面之间产生摩擦力,并以摩擦力传递外力。这种连接形式具有传力均匀,受力性能好,承载力高,耐疲劳,安全可靠;施工简便、迅速,易于掌握,可以拆换等优点。本工艺标准适用于钢结构安装用高强螺栓连接施工。工程施工应以设计图纸与有关施工质量验收规范为依据。

11.7.1　材料要求

(1)高强螺栓。有大六角头高强螺栓和扭剪型高强螺栓两类,二者力学性能和紧固后的连接性能相同,只外形和操作工艺不同,扭剪型高强螺栓只少一个垫圈。要求螺栓、螺母、垫圈配套,均应附有质量证明书,并应符合设计要求和国家标准的规定。螺栓、螺母、垫圈不配套,螺纹损伤的均不能使用;如有锈蚀应抽样检查紧固轴力,满足要求后方可使用。

(2)涂料。涂料的品种、性能和色泽均应符合设计要求,并应有质量证明书。

11.7.2 主要机具设备

(1)机械设备。包括砂轮机、喷砂机、电钻等。

(2)主要工具。包括电动扭矩扳手、手动扭矩扳手、一般开口扳手、轴力计、钢尺、铰刀、尖头撬棒、冲钉、钢钎等。

11.7.3 作业条件

(1)编制高强螺栓安装操作规程,或施工工艺卡,并进行技术交底。

(2)备齐操作机具设备,并进行维修、试用,使处于完好状态;钢尺,电动、手动扭矩扳手应经法定计量部门检定校正,并取得证明。

(3)检查安装钢构件的轴线和连接部位的位置、标高是否符合设计要求,如有过大偏差应及时处理。

(4)检查连接部位螺栓孔的孔径和孔距、孔边的光滑度是否符合要求,有毛刺的必须去掉。

(5)对高强度大六角头螺栓和扭剪型高强螺栓的连接副,应按出厂批号分别复验扭矩系数和预拉力。前者的平均值和标准差和后者的平均值和变异系数,均应符合国家现行《钢结构高强度螺栓连接技术规程》(JGJ 82—2011)。

(6)对构件的连接部位及垫板的摩擦面,安装前,应逐组复验所附试件的摩擦系数,合格后方可进行安装。摩擦面严禁被油污、油漆等污染。

(7)检查高强螺栓的数量、规格、配套和外观质量,符合要求的,按规格分类装箱存放备用,不合要求的应予处理。

11.7.4 施工操作工艺

(1)工艺流程。检查连接面,清除飞刺和锈污→用钢钎或冲子对正孔位→安装普通螺栓,校正构件准确方位→紧固普通螺栓→安装高强螺栓(用高强螺栓换下普通螺栓)→高强螺栓初拧→高强螺栓终拧。

(2)摩擦面处理。

1)高强螺栓连接摩擦面一般在工厂处理好,当需在工地处理构件摩擦面或经工地复查不合要求需重新处理时,其摩擦系数必须符合设计要求。一般采用喷砂处理或用砂轮打磨,打磨方向应与构件受力方向垂直,打磨后的表面应呈铁色,并无眼见明显的不平。

2)经工厂处理的摩擦面上,如有氧化铁皮、毛刺、焊疤、泥土或油漆、油脂,应进行处理。

3)处理后的摩擦面应保持干燥,不得受潮或雨淋。

(3)螺栓长度值选用。扭剪型高强螺栓的长度,为螺头下支承面至螺尾切口处的长度。选用螺栓的长度应为被紧固连接板束的厚度加一个螺母和一个垫圈的厚度,再加上拧紧后需露出2~3扣螺纹的长度[见图11.7.4-1(b)]。对大六角头高强螺栓应再加一个垫圈的高度[见图11.7.4-1(a)]。即加长值为螺栓长度-板束厚度。高强度螺栓附加长度见表11.7.4-1。

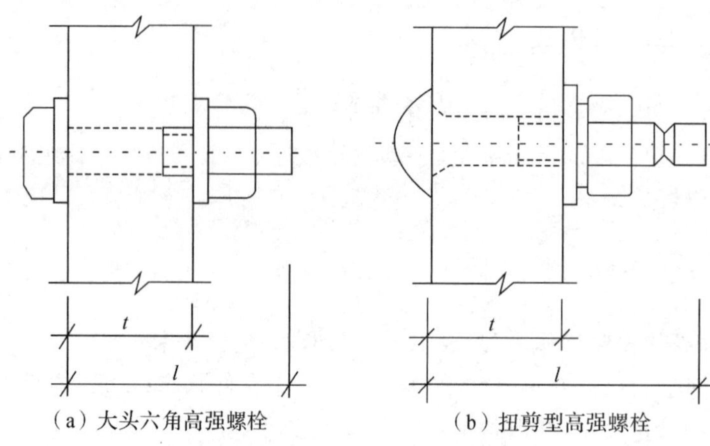

(a) 大头六角高强螺栓　　(b) 扭剪型高强螺栓

图 11.7.4-1　高强螺栓长度值

表 11.7.4-1　高强度螺栓附加长度

螺栓公称直径	大六角头高强螺栓/mm	扭剪型高强螺栓/mm
M12	23.0	—
M16	30.0	26.0
M20	35.5	31.5
M22	39.5	34.5
M24	43.0	38.0
M27	46.0	41.0
M30	50.5	45.5

(4)螺栓对孔。

1)高强度螺栓孔径应按表 11.7.4-2 匹配,承压型连接螺栓孔径不应大于螺栓公称直径 2mm。螺栓孔采用钻孔,孔要钻成圆柱体,孔壁与构件表面垂直,孔边应无毛刺。

2)对连接构件不重合的孔,应用钻头或铰刀扩孔或修孔,使符合要求,方可进行安装。不得在同一个连接摩擦面的盖板和芯板同时扩大孔型(大圆孔、槽孔)。

表 11.7.4-2　高强度螺栓连接的孔径匹配　(单位:mm)

参数			螺栓公称直径						
			M12	**M16**	**M20**	**M22**	**M24**	**M27**	**M30**
孔型	标准圆孔	直径	13.5	17.5	22	24	26	30	33
	大圆孔	直径	16	20	24	28	30	35	38
	槽孔	短向尺寸	13.5	17.5	22	24	26	30	33
		长向尺寸	22	30	37	40	45	50	55

(5)接头的组装。

1)高强螺栓连接处的钢板或型钢应平直,板边、孔边应无毛刺,以保证摩擦面紧密接触;对接头处的翘曲、变形等应予矫正,并应避免损伤摩擦面。

2)因钢板厚度公差或制作偏差等产生的板面接触间隙加工(见表 11.7.4-3),当间隙值小于 1.0mm 时,可不处理;当间隙值为 1.0～3.0mm 时,应将高出一侧磨成 1∶10 的斜面,打磨方向应与受力方向垂直;当间隙值大于 3.0mm 时,应加垫板,垫板厚度不小于 3mm,最多不超过 3 层,垫材厚度和摩擦面处理方法应与构件相同。

表 11.7.4-3　板面接触间隙加工

序号	图示	处理方法
1	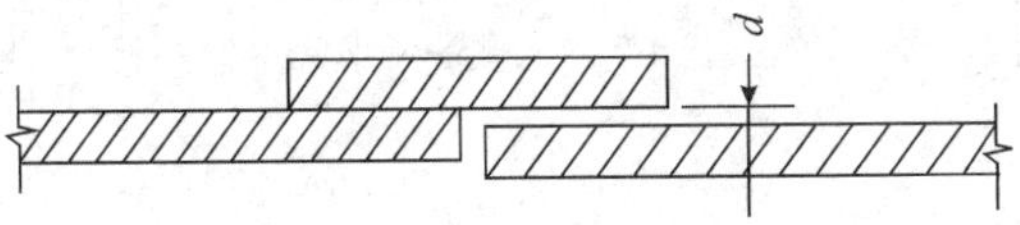 d	$d \leqslant 1.0$mm 不予处理
2	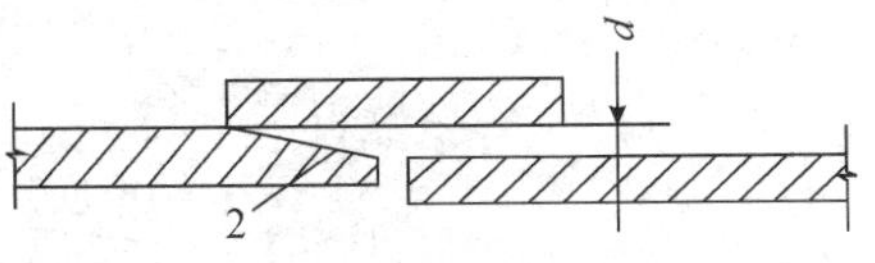 d 2	$d=(1.0\sim3.0)$mm 将厚板一侧磨成 1∶10的缓坡使间隙小于 1.0mm
3	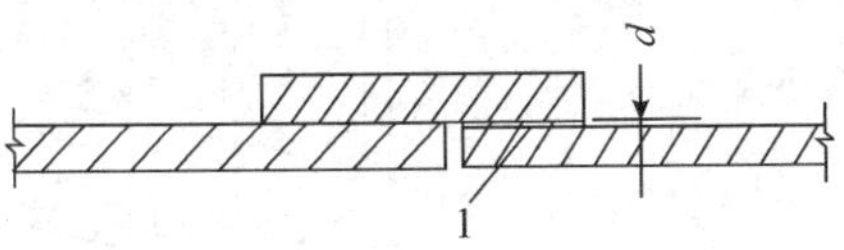 d 1	$d>3.0$mm 加垫板,垫板厚度不小于 3mm,最多不超过 3 层,垫材厚度和摩擦面处理方法应与构件相同

(6)安装临时螺栓。

1)接头拼装时,先用冲钉和临时螺栓拼装。临时螺栓穿入的数量不得少于安装孔总数的 1/3,且不少于两个螺栓;如穿入部分冲钉,则其数量不得多于临时螺栓的 30%。

2)接头组装时,应用尖头撬棒(或钢钎)及冲钉对正上下或前后连接板的螺孔,在适当位置插入临时螺栓,用扳手拧紧。不得使用高强螺栓兼做或代替临时螺栓。打入冲钉时,不得造成螺栓孔损伤变形。

(7)安装高强螺栓。

1)结构构件中心的位置调整完毕后,即可安装高强螺栓。安装时高强螺栓连接副(包括一个螺栓,一个螺母和一个垫圈)应在同一包装箱中配套取用,不得互换。扭剪型高强螺栓垫圈应安装在螺母一侧,并注意螺母和垫圈的安装方向,不得装反。

2)遇有高强螺栓不能自由穿入孔内时,不得强行打入,应先用铰刀进行扩孔或修孔后,再穿入,但修孔后,孔径不得大于 1.2 倍螺栓直径。

3)用铰刀扩孔时,要使板束密贴,以防铁屑挤入板缝。铰孔后,要用砂轮机清除孔边毛刺和铁屑。螺栓穿入方向应一致,以便于操作。

4)安装时,先在安装临时螺栓余下的螺孔中穿满高强螺栓,并用扳手紧固后,再将临时普通螺栓逐一以高强螺栓替换,并用扳手拧紧。

(8)高强螺栓的紧固。

1)高强螺栓的紧固,应分为初拧、终拧。对于大型节点应分为初拧、复拧、终拧。初拧拧矩和复拧拧矩为终拧拧矩的50%左右。终拧紧固到标准拉力,偏差不大于±10%。

2)每组拧紧顺序应从节点中心部位开始逐步向边缘(两端)施拧(见图11.7.4-2);整体结构的不同连接位置或同一节点的不同位置,有两个连接构件时,应先紧主要构件,后紧次要构件。

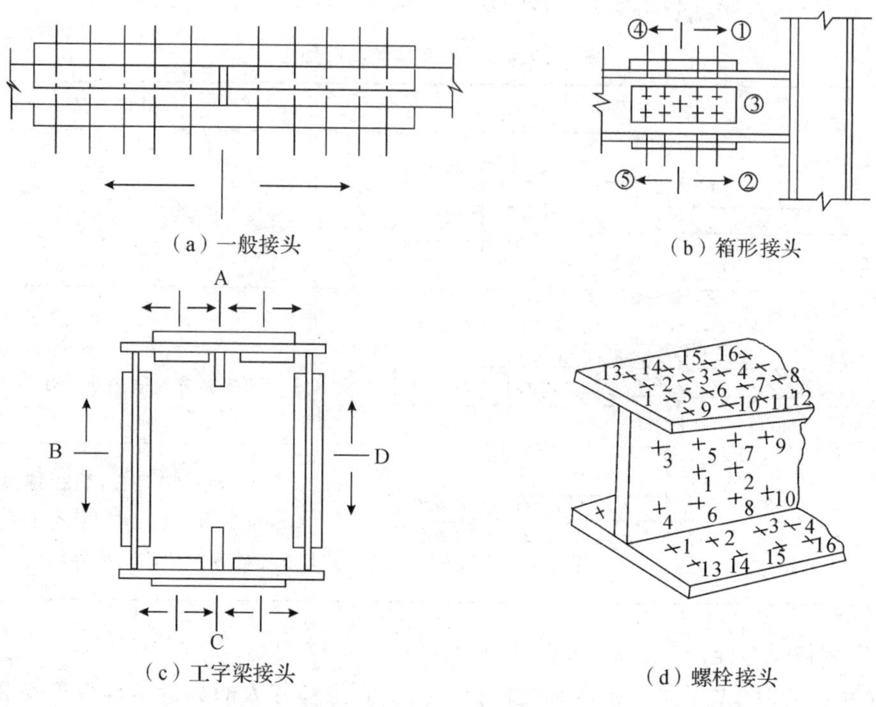

(a)一般接头　(b)箱形接头

(c)工字梁接头　(d)螺栓接头

图11.7.4-2　螺栓紧固顺序

3)高强螺栓紧固,宜用电动扳手进行。扭剪型高强螺栓以拧掉尾部梅花卡头为终拧结束;不能使用电动扳手的部位,则用手动测力扭矩(手动测力)扳手控制其扭矩值,进行紧固。大六角头高强螺栓,用扭矩扳手控制其扭矩值。高强螺栓初拧、终拧检查扭矩的计算见表11.7.4-4。高强螺栓终拧后外露丝扣不得少于2扣。

4)当日安装的高强螺栓,应在当天终拧完毕,以防构件摩擦面、螺纹沾污、生锈或螺栓漏拧。

5)高强螺栓初拧、复拧、终拧后,应做出不同标志,以便识别,避免重拧或漏拧。

6)扭剪高强度螺栓终拧结束后,应以目测尾部梅花卡头拧掉为合格;高强度大六角头螺栓终拧结束后,宜用约0.3kg的锤逐个敲检,且应进行扭矩检查,方法是在终拧后1～24h内将螺母退回约60°,再拧至原位测定扭矩,该扭矩与检查扭矩的偏差应在检查扭矩的±10%以内为合格。欠拧或漏拧者应及时补拧,超拧者应更换。

表 11.7.4-4 高强螺栓初拧、终拧检查扭矩的计算

项目	计算公式	符号意义
初拧扭矩值	扭剪型高强度螺栓的初拧扭矩可按下式计算： $T_0=0.065P_c d$ $P_c=P+\Delta P$ 高强度大六角头螺栓的初拧扭矩一般为终拧扭矩 T_c 的 50%	T_0—扭剪型高强螺栓的初拧扭矩(N·m)； P_c—施工预拉力(kN)； P—高强度螺栓设计预拉力(kN)； ΔP—预拉力损失值(kN)，取设计预拉力的 10%； d—高强度螺栓螺纹直径(mm)； T_c—高强度大六角头螺栓的终拧扭矩(N·m)； k—扭矩系数，一般取 0.13； $T_c h$—高强螺栓大六角头螺栓检查扭矩(N·m)
终拧扭矩值	扭剪型高强度螺栓的终拧为采用专用扳手将尾部梅花头拧掉 高强度大六角头螺栓的终拧扭矩可按下式计算： $T_c=kP_c d$ $P_c=P+\Delta P$	
检查扭矩值	高强度大六角头螺栓检查扭矩值可按下式计算： $T_c h=kPd$	

11.7.5 质量标准

(1)主控项目。

1)钢结构制作和安装单位应按《钢结构工程施工质量验收规范》(GB 50205—2001)附录B 的规定分别进行高强度螺栓连接摩擦面的抗滑移试验和复验，现场处理的构件摩擦面应单独进行摩擦面抗滑移系数试验，其结果应符合设计要求。检查数量：见《钢结构工程施工质量验收规范》(GB 50205—2001)附录 B。检验方法：检查摩擦面抗滑移系数试验报告和复验报告。

2)高强度大六角头螺栓连接副终拧完成 1h 后、24h 内应进行终拧扭矩检查，检查结果应符合《钢结构工程施工质量验收规范》(GB 50205—2001)附录 B 的规定。检查数量：按节点数抽查 10%，且不应少于 10 个；每个被抽查节点螺栓数抽查 10%，且不应少于 2 个。检验方法：见《钢结构工程施工质量验收规范》(GB 50205—2001)附录 B。

3)扭剪型高强度螺栓连接副终拧后，除因构造原因无法使用专用扳手终拧掉梅花头者外，未在终拧中拧掉梅花头的螺栓数不应大于该节点螺栓数的 5%。对所有梅花未拧掉扭剪型高强度螺栓连接副应采用扭矩法或转角法进行终拧并作标记，且按上一条的规定进行终拧扭矩检查。检查数量：按节点数抽查 10%，但不应少于 10 个节点，被抽查节点中梅花头未拧掉的扭剪型高强度螺栓连接副全数进行终拧扭矩检查。检验方法：观察检查及按《钢结构工程施工质量验收规范》(GB 50205—2001)附录 B 检验。

(2)一般项目。

1)高强度螺栓连接副的施拧顺序和初拧、复拧扭矩应符合设计要求和国家现行行业标准《钢结构高强度螺栓连接技术规程》(JGJ 82—2011)的规定。检查数量：全数检查资料。检验方法：检查扭矩扳手标定记录和螺栓施工记录。

2)高强度螺栓连接副终拧后,螺栓丝扣外露应为2～3扣,其中允许有10%的螺栓丝扣外露1扣或4扣。检查数量:按节点数抽查5%,且不应少于10个。检验方法:观察检查。

3)高强度螺栓连接摩擦面应保持干燥、整洁,不应有飞边、毛刺、焊接飞溅物、焊疤、氧化铁皮、污垢等,除设计要求外摩擦面不应涂漆。检查数量:全数检查。检验方法:观察检查。

4)高强度螺栓应自由穿入螺栓孔。高强度螺栓孔不应采用气割扩孔,扩孔数量应征得设计同意,扩孔后的孔径不应超过1.2d(d为螺栓直径)。检查数量:被扩螺栓孔全数检查。检验方法:观察检查及用卡尺检查。

5)螺栓球节点网架总拼完成后,高强度螺栓与球节点应紧固连接,高强度螺栓拧入螺栓球内的螺纹长度不应小于1.0d(d为螺栓直径),连接处不应出现有间隙、松动等未拧紧情况。检查数量:按节点数量抽查5%,且不应少于10个。检验方法:普通扳手及尺量检查。

(3)允许偏差项目。

1)高强度螺栓孔的直径应比螺栓杆公称直径大1.0～3.0mm螺栓孔应具有H14(H15)的精度,孔的允许偏差应符合表11.7.5-1的规定。

2)零件、部件上孔的位置,成孔后任意两孔间距离的允许偏差和检验方法应符合表11.7.5-2的规定。

3)板叠上所有螺栓孔均应采用量规检查,其通过率为:用比孔的公称直径小1.0mm的量规检查,每组孔至少应通过85%;用比螺栓公称直径大0.2～0.3m的量规检查,应全部通过。

表11.7.5-1 高强螺栓孔允许偏差

<table>
<tr><th>项目</th><th colspan="7">公称直径及允许偏差/mm</th></tr>
<tr><td>螺栓公称直径</td><td>12</td><td>16</td><td>20</td><td>(22)</td><td>24</td><td>(27)</td><td>30</td></tr>
<tr><td>螺栓允许偏差</td><td colspan="2">±0.43</td><td colspan="3">±0.52</td><td colspan="2">±0.34</td></tr>
<tr><td>螺栓孔直径</td><td>13.5</td><td>17.5</td><td>22</td><td>(24)</td><td>26</td><td>(30)</td><td>33</td></tr>
<tr><td>螺栓孔允许偏差</td><td colspan="2">+0.43
0</td><td colspan="3">+0.52
0</td><td colspan="2">+0.84
0</td></tr>
<tr><td>不圆度(最大和最小直径之差)</td><td colspan="2">1.00</td><td colspan="3">1.50</td><td colspan="2">1.50</td></tr>
<tr><td>中心线倾斜度</td><td colspan="7">应为板厚的3%,且单层板应为2.0mm,多层板叠组合应为3.0mm</td></tr>
</table>

表 11.7.5-2 构件螺栓孔距的允许偏差和检验方法

项目		允许偏差/mm	检验方法
同组螺栓任意两孔距	≤500mm	±1.0	用钢尺检查
	500～1200mm	±1.5	
相邻两组的端孔距	≤500mm	±1.5	用钢尺检查
	500～1200mm	±2.0	
	1200～1300mm	±2.5	
	>3000mm	±3.0	

11.7.6 成品保护

(1)在防腐蚀和防锈蚀车间(区段)使用的高强螺栓,应在连接板、螺头、螺母、垫圈周边分别涂抹过氯乙烯防腐腻子和快干红丹漆封闭(以设计图为准),面层防腐和防锈处理与该车间(区段)钢结构相同。

(2)高强螺栓连接副应妥加保管,放在同一包装箱中配套使用,不得混放、混用;在储存、运输和施工过程中不得重甩、重放,损伤螺纹或被泥土、油污粘染,受雨淋、受潮生锈。

(3)安装高强螺栓时,构件的摩擦面应保持干燥,严禁在雨中作业。

11.7.7 安全措施

(1)扭剪型高强螺栓,扭下的梅花卡头应放在工具袋内,不要随意乱扔,防止从高空掉下伤人。

(2)使用机具应经常检查,防止漏电和受潮。

(3)高强螺栓扳手,严禁在雨天或潮湿条件下使用。

(4)钢构件组装安装螺栓时,应先用钎子或铳子对准孔位,严禁用手指插入连接面或螺栓孔对正。取放钢垫板时,手指应放在钢垫板的两侧。

(5)使用活动扳手的扳口尺寸应与螺母尺寸相符,不应在手柄上加套管。高空操作应使用死扳手;如使用活扳手时,要用绳子拴牢,操作人员要系安全带。

11.7.8 施工注意事项

(1)不能把高强螺栓当作安装临时螺栓使用。这样易造成对孔不正,或强行对孔,使连接板贴合,会导致螺栓的螺纹损伤,扭矩系数发生变化,螺栓轴力不均,或连接板产生内应力。

(2)高强螺栓安装不上时,不能强行打入孔内。这样会使螺纹损伤,影响预紧效果,而且使孔壁受挤压,螺栓受剪,改变高强螺栓受力状态,而起不到高强螺栓的作用。

(3)对摩擦面不能处理马虎或不处理就安装高强螺栓,这样会使摩擦面间存在夹层;或者先喷砂再磨毛刺、焊瘤,或者不妥善保护摩擦面,任其腐蚀,都会造成摩擦面上凹陷不平,都将使摩擦系数大大下降,而降低连接强度。遇此情况,必须重新处理摩擦面,以保证质量。

(4)连接板之间不能存在空隙。安装高强螺栓时,由于施工操作上的缺陷,如用铰刀修孔时,未将周围螺栓拧紧密贴,使铁屑进入摩擦面,或连接处的钢板、型钢翘曲、变形,孔边有毛刺,板间有杂物未彻底清除就安装螺栓,或施工顺序不当,采取从螺栓群外侧向中间的次序紧固等,往往导致摩擦面间大部分或局部存在空隙,以致该处摩擦系数接近于零,螺栓达不到规定的预紧轴力,而大大降低了连接强度,受力后将使连接件滑动。

(5)螺栓、螺母和垫圈不能随意互换使用。高强螺栓的螺母和垫圈,生产厂已经试验互相配套,使扭矩系数为定值,互换使用将会使扭矩系数发生变化,而达不到要求的预紧力,使用时松扣,使预紧力大大降低,而影响连接质量。

(6)不能使高强螺栓的紧固扭矩或轴力不够。安装中往往因电动、手动扳手有毛病或误差较大,未进行校正就使用,使扭矩不够;或连接板不平整,未矫正就施加预紧力,使部分扭矩值消耗在克服变形上;或操作不善,扳手读数上扭矩虽达到,而实际预紧力未达到;或有的螺栓漏掉初拧或终拧,使螺栓群受力不均;或终拧未达到设计要求的预紧轴力数值,这样都影响预紧力,而降低连接强度,操作中应注意防止。

(7)高强螺栓切不能采取一次终拧而成或不按要求次序紧固。这样将使螺栓的部分轴力消耗在克服钢板的变形上,当它周围的螺栓紧固后,轴力被分摊而降低;此外,为使螺栓群各螺栓受力均匀,初拧和终拧都应按从中间向外侧紧固的顺序进行,有的违反操作采取相反次序,从两端向中间进行,常造成中间起鼓,使部分轴力消耗在克服变形上,使预紧力不足,摩擦系数降低,而影响连接强度。

(8)不能出现螺栓不满扣的情况。这样将会使螺母在长期或振动荷载作用下,易于脱扣松动,降低预紧力,而使连接强度不够。这种螺栓必须进行更换。

(9)扭剪型高强螺栓尾部的梅花卡头不能用气焊切割。操作中由于螺栓尾部梅花损坏或磨损打滑,扳手有时难以拧掉,如扭矩值已经达到,可以做记号不去掉,严禁随意用气焊切割,因螺栓是经过热处理的,这样会使螺栓退火、伸长,结果使高强螺栓强度和预紧力大大降低和失效,不能保证必须的强度。如用气焊切割,应重新更换。

(10)油漆不能渗入连接板摩擦面。按施工规范规定,连接板与被连接面的摩擦面经处理后不得被油污、油漆污染;结构涂漆时要严格防止摩擦面误涂油漆;高强螺栓和连接部位刷漆前,在螺栓、螺母、垫圈周边应涂抹腻子或快干红丹漆或稠铅油封闭,严禁用较稀油漆直接涂刷,这样会使油漆侵入螺丝扣、垫圈和连接板摩擦面,使摩擦系数大大降低或失效,螺栓预紧力松弛,而严重破坏连接强度。如有油漆渗入,必须拆下重新喷砂或更换处理。

11.7.9 质量记录

高强度螺栓安装质量验收应提供的书面记录有以下几种。

(1)高强度螺栓连接副出厂合格证和复验记录。

(2)高强度螺检接头摩擦面处理和抗滑移系数试验报告。

(3)强度螺栓安装初拧、复拧、终拧质量检查记录。

(4)扭矩扳手的检查数据。

(5)施工批质量检查验收单。

11.8　钢结构普通紧固件连接施工工艺标准

本施工工艺标准适用于钢结构制作和安装中作为永久性连接的普通螺栓、自攻钉、拉铆钉、射钉等的连接施工。工程施工应以设计图纸和有关施工质量验收规范为依据。

11.8.1　材料要求

(1)普通螺栓。

1)螺栓按照性能等级分3.6、4.6、4.8、5.6、5.8、6.8、8.8、9.8、10.9、12.9等十个等级，其中8.8级以上螺栓材质为低碳合金钢或中碳钢并经热处理，通称为高强螺栓，8.8级以下(不含8.8级)通称为普通螺栓。

2)普通螺栓按产品质量和制作公差的不同，分有A级和B级(精制螺栓)C级(粗制螺栓)。钢结构用连接螺栓除特殊注明外，一般即为普通粗制C级螺栓。常用螺栓技术规格有:六角头螺栓—C级(GB 5780)和六角头螺栓—全螺纹—C级(GB 5781)。

3)普通螺栓作为永久性连接螺栓，当设计有要求或对其质量有疑义时，应进行螺栓实物最小拉力荷载实验，试验方法见(GB 50205—2001)附录B。检查数量为每一规格螺栓随机抽查8个，其质量和最小拉力荷载允许值应符合现行国家标准《紧固件机械性能螺栓、螺钉和螺柱》GB3098.1—2010的规定。

4)A级、B级精制螺栓连接是一种紧配合连接，目前基本上已被高强度螺栓连接所替代。

(2)自攻钉、拉铆钉、射钉。连接薄钢板采用的自攻钉、拉铆钉、射钉等其规格尺寸应与被连接钢板相匹配。

11.8.2　主要机具设备

(1)普通螺栓主要施工机具为普通扳手。根据螺栓的不同规格、不同操作位置可选用双头呆扳手、单头梅花扳手、套筒扳手、活扳手、电动扳手等。

(2)自攻钉施工根据其不同种类(规格)，可采用十字形螺丝刀、电动螺丝刀、套筒扳手等。

(3)拉铆钉施工机具主要有手电钻、拉铆枪等。

(4)射钉施工机具主要为射钉枪。

11.8.3　作业条件

(1)构件已经安装调校完毕。

(2)高空进行普通紧固件连接施工时，应有可靠的操作平台或施工吊篮。需严格遵守

《建筑施工高处作业安全技术规范》(JGJ 80—91)。

(3)被连接件表面应清洁、干燥,不得有油(泥)污。

11.8.4 技术要求

(1)普通螺栓为永久性连接螺栓时,应符合下列要求。

1)螺栓头和螺母下面应放置平垫圈,以增大承压面积。螺栓头侧放置的垫圈不应多于2个,螺母侧放置的垫圈不应多于1个。

2)每个螺栓一端不得垫两个及以上的垫圈,并不得采用大螺母代替垫圈。螺栓拧紧后,外露丝扣不应少于2扣。紧固质量检验可采用锤敲检验。

3)对于设计有要求防松动的螺栓、锚固螺栓应采用有防松装置的螺母(即双螺母)或弹簧垫圈,弹簧垫圈应设置在螺母侧;或用人工方法采取防松措施(如将螺栓外露丝扣打毛)。

4)对于承受动荷载或重要部位的螺栓连接,应按设计要求放置弹簧垫圈,弹簧垫圈必须设置在螺母一侧。

5)对于工字钢、槽钢类型钢应尽量使用斜垫圈,使螺母和螺栓头部的支承面垂直于螺杆。

(2)螺栓间的间距确定既要考虑连接效果(连接强度和变形),同时要考虑螺栓的施工方便,通常情况下螺栓的最大、最小容许距离见表11.8.4。

表11.8.4 螺栓的最大、最小容许间距

<table>
<tr><th>名称</th><th colspan="3">位置和方向</th><th>最大容许间距
(取两者的较小值)</th><th>最小容许间距</th></tr>
<tr><td rowspan="5">中心间距</td><td colspan="3">外排(垂直内力方向或顺内力方向)</td><td>$8d_0$ 或 $12t$</td><td rowspan="5">$3d_0$</td></tr>
<tr><td rowspan="3">中间排</td><td colspan="2">垂直内力方向</td><td>$16d_0$ 或 $24t$</td></tr>
<tr><td rowspan="2">顺内力方向</td><td>构件受压力</td><td>$12d_0$ 或 $18t$</td></tr>
<tr><td>构件受拉力</td><td>$16d_0$ 或 $24t$</td></tr>
<tr><td colspan="3">沿对角线方向</td><td>—</td></tr>
<tr><td rowspan="4">中心到构件边缘距离</td><td colspan="3">顺内力方向</td><td rowspan="4">$4d_0$ 或 $8t$</td><td>$2d_0$</td></tr>
<tr><td rowspan="3">垂直内力方向</td><td colspan="2">切割边</td><td>$1.5d_0$</td></tr>
<tr><td rowspan="2">轧制边</td><td>高强度螺栓</td><td rowspan="2">$1.2d_0$</td></tr>
<tr><td>其他螺栓或铆钉</td></tr>
</table>

注:1. d_0 为螺栓的孔径,t 为外层较薄板件的厚度。

2. 钢板边缘与刚性构件(如角钢、槽钢等)相连的螺栓或铆钉的最大间距,可按中间排的数值采用。

3. 螺栓孔不得采用气割扩孔。对于精制螺栓(A、B级螺栓),螺栓孔必须钻孔成型,同时必须是Ⅰ类孔,应具有H12的精度,孔壁表面粗糙度Ra不应大于12.5μm。

(3)为使普通螺栓连接接头中的螺栓受力均匀,螺栓的紧固次序应从中间开始,对称向两边进行;对于大型接头应采用复拧,即二次紧固方法,以保证接头内各个螺栓能均匀受力。

11.8.5 施工操作工艺

(1)普通紧固件连接施工工艺流程。准备工作→施工交底→施工→质量验收→资料整理。

(2)准备工作。

1)材料准备。

2)普通螺栓最小拉力载荷复验(根据设计要求)。

3)施工机具检查、准备。

4)操作台(施工吊篮)架设。

5)构件连接接头(连接面)检查。

(3)施工交底。根据施工方案,向操作人员进行书面技术、质量、安全、环保要求交底。

(4)施工。

1)构件安装、调校符合要求。

2)连接件应清理干净并干燥。

3)螺栓穿孔,当孔位有偏差时按规范要求修正。

4)螺栓的紧固施工以操作者的手感及连接接头的外形控制为准,一般以操作工使用普通扳手靠自己的力量拧紧螺母,保证被连接接触面能紧贴、无明显的间隙,即能满足连接要求。

5)对大型接头应采用复拧,即两次紧固方法,以保证接头内各个螺栓能均匀受力。

11.8.6 质量标准

(1)主控项目。

1)普通螺栓、自攻钉、拉铆钉、射钉等紧固标准件及其螺母、垫圈等标准配件,其品种、规格、性能等应符合现行国家产品标准和设计要求。检验方法:全数检查产品的质量合格证明文件、中文标志及检验报告等。

2)普通螺栓作为永久性连接螺栓时,当设计有要求或对其质量有疑义时,应进行螺栓实物最小拉力载荷复验,试验方法见《钢结构工程工质量验收规范》(GB 50205—2001)附录 B,其结果应符合现行国家标准《紧固件机械性能螺栓柱》(GB 3098.1—2010)的规定。

检查数量:每一规格螺栓抽查 8 个。检验方法:检查螺栓实物复验报告。

3)自攻钉、拉铆钉、射钉等其规格尺寸应与被连接钢板相匹配,其间距、边距等符合设计要求。检查数量:按连接节点数抽查 1%,且不应少于 3 个。检验方法:用观察和尺量检查。

(2)一般项目。

1)永久性普通螺栓紧固应牢固、可靠,外露丝扣不应少于 2 扣。检查方法可用外向外锤击法检查。即用 0.3kg 小锤,一手扶螺栓(或螺母)头,另一手用锤敲,要求螺栓头(螺母)不偏移、不颤动、不松动,锤声比较干脆;否则,说明螺栓紧固质量不好,需重新紧固施工。检查数量:按连接节点数抽查 10%,且不应少于 3 个。

2)自攻钉、拉铆钉、射钉等与连接钢板应紧固密贴,外观排列整齐。检查数量:用小锤敲击检查连接节点数的10%,且不应少3个。

11.8.7 安全与环保措施

(1)高空施工作业人员应符合高空作业体质要求,并取得登高上岗证。

(2)高空施工作业人员应佩带工具袋,常用手工具(如手锤、扳手、小撬棍等)应放在工具袋中,不得放在结构件(如钢梁、压型钢板)上或易失落的地方,防止失落伤人。

(3)地面操作人员,应尽量避免在高空作业的下方停留或通过,防止高空坠物伤人。

(4)施工过程中应做好钢结构接地工作。

(5)雨天及钢结构表面有凝露时,不宜进行普通紧固件连接施工。

(6)合理安排作业时间。用电动工具拧紧普通螺栓紧固件时,在居民区施工时,要避免夜间施工,以免施工扰民。

(7)施工现场普通螺栓等的包装纸、包装袋应及时分类回收,避免环境污染。

11.8.8 质量记录

(1)所有产品的质量合格证明文件及检验报告等。

(2)螺栓实物复验报告。

(3)施工记录。

11.9 单层钢结构安装施工工艺标准

此工艺标准适用于单层钢结构安装工程的主体结构、地下钢结构、檩条及墙架等次要构件、钢平台、钢梯、护栏等的施工。工程施工应以设计图纸和有关施工质量验收规范为依据。

11.9.1 材料准备

材料准备包括:钢构件的准备、普通螺栓和高强度螺栓的准备、焊接材料的准备等。

(1)钢构件的准备。钢构件的准备包括钢构件堆放场、钢构件的检验。

1)钢构件堆放场。

钢构件通常在专门的钢结构加工厂制作,然后运至现场直接吊装或经过组拼装后进行吊装。钢构件力求在吊装现场就近堆放,并遵循“重近轻远”(即重构件摆放的位置离吊机近一些,反之可远一些)的原则。对规模较大的工程需另设立钢构件堆放场,以满足钢构件进场堆放、检验、组装和配套供应的要求。

钢构件在吊装现场堆放时一般沿吊车开行路线两侧按轴线就近堆放。其中钢柱和钢屋架等大件放置,应依据吊装工艺作平面布置设计,避免现场二次倒过困难。钢梁、支撑等可按吊装顺序配套供应堆放,为保证安全,堆垛高度一般不超过2m和3层。

钢构件堆放应以不产生超出规范要求的变形为原则。

2)钢构件验收。在钢结构安装前应对钢结构构件进行检查,其项目包含钢结构构件的变形、钢结构构件的标记、钢结构构件的制作精度和孔眼位置等。在钢结构构件的变形和缺陷超出允许偏差时应进行处理。

(2)高强度螺栓的准备。钢结构设计用高强度螺栓连接时应根据图纸要求分规格统计所需高强度螺栓的数量并配套供应至现场。应检查其出厂合格证、扭矩系数或紧固轴力(预拉力)的检验报告是否齐全,并按规定做紧固轴力或扭知系数复验。

对钢结构连接件摩擦面的抗滑系数进行复验。

(3)焊接材料的准备。钢结构焊接施工之前应对焊接材料的品种、规格、性能进行检查,各项指标应符合现行国家标准和设计要求。检查焊接材料的质量合格证明文件、检验报告及中文标志等。对重要钢结构采用的焊接材料应进行抽样复验。

11.9.2 主要机具设备

(1)起吊设备。包括单层钢结构安装工程的普遍特点是面积大、跨度大,在一般情况下应选择可移动式起重设备如汽车式起重机、履带式起重机,对于较轻的单层钢结构安装工程可选用汽车式起重机。

(2)施工机具。包括单层钢结构安装工程其他常用的施工机具有电焊机、栓钉机、卷扬机、空压面、倒链、滑车、千斤顶、高强度螺栓、电动扳手等。

11.9.3 技术准备

技术准备工作主要包含编制施工组织设计、现场基础准备。

(1)编制单层钢结构安装施工组织设计。

(2)主要内容包括工程概况与特点;施工组织与部署;施工准备工作计划;施工进度计划;施工现场平面布置图;劳动力、机械设备、材料和构件供应计划;质量保证措施和安全措施;环境保护措施等。并经公司审批和技术交底。

(3)基础准备。

1)根据测量控制网对基础轴线、标高进行技术复核。如地脚螺栓预埋在钢结构施工前是由土建单位完成的,还需复核每个螺栓的轴线、标高,对超出规范要求的,必须采取相应的补救措施。如加大柱底板尺寸,在柱底板上按实际螺栓位置重新钻孔(或设计认可的其他措施)。

2)检查地脚螺栓外露部分的情况,若有弯曲变形、螺牙损坏的螺栓,必须对其修正。

3)将柱子就位轴线弹测在柱基表面。

4)对柱基标高进行找平。

混凝土柱基标高浇筑一般预留 50～60mm(与钢柱底设计标高相比),在安装时用钢垫板或提前采用坐浆承板找平。

当采用钢垫板做支承板时,钢垫板的面积应根据基础混凝土的抗压强度、柱脚底板下二次灌浆前柱底承受的荷载和地脚螺栓的紧固拉力计算确定。垫板应设置在靠近地脚螺栓(锚栓)的柱脚地板加劲板或柱肢下,每根地脚螺栓(锚栓)侧应设 1～2 组垫板,每组垫板不得多于 5 块。垫板与基础面和柱底面的接触应平整、紧密。当采用成对斜垫板时,其叠合长度不应小于垫板长度的 2/3。

采用坐浆承板时应采用无收缩砂浆,柱子吊装前砂浆垫块的强度应高于基础混凝土强度一个等级,且砂浆垫块应有足够的面积以满足承载的要求。

11.9.4 施工操作工艺

(1)吊装方法及顺序。单层钢结构安装工程施工时对于柱子、柱间支撑和吊车梁一般采用单件流水法吊装。可一次性将柱子安装并校正后再安装柱间支撑、吊车梁等构件。此种方法尤其适合移动较方便的履带式起重机。对于采用汽车式起重机时,考虑到移动不方便可以以 2～3 个轴线为一个单元进行节间构件安装。屋盖系统吊装通常采用"节间综合法"(即吊车一次吊完一个节间的全部屋盖构件后再吊装下一个节间的屋盖构件)。

(2)工艺流程。准备工作→放线及验线(轴线、标高复核)→钢柱标高处理及分中检查→构件中心及标高检查→安装钢柱、校正→柱脚按设计要求焊接固定→柱间梁安装→高强度螺栓初拧、终拧(或按设计要求进行焊接)→吊车梁、平台及屋面结构安装→焊接固定或高强度螺栓初拧、终拧固定

(3)钢柱的安装工艺。

1)钢柱安装方法。一般钢柱的刚性较好,吊装时为了便于校正一般采用一点吊装法,常用的钢柱吊装法有旋转法、递送法和滑行法。对于重型钢柱可采用双机抬吊。

2)杯口柱吊装方法。

①在吊装前先将杯底清理干净。

②操作人员在钢柱吊至杯口上方后,各自站好位置,稳住柱脚并将其插入杯口。

③在柱子降至杯底时停止落钩,用撬棍撬柱子,使其中线对准杯底中线,然后缓慢将柱子落至底部。

④拧紧柱脚螺栓。

3)双机抬吊法。

①尽量选用同类型起重机。

②根据起重机能力,对起吊点进行荷载分配。

③各起重机的荷载不宜超过其起重能力的 80%。

④双机抬吊,在操作过程中,要互相配合,动作协调,以防一台起重机失重而使另一台起重机超载,造成安全事故。

⑤信号指挥。分指挥必须听从总指挥。

4)钢柱的校正。

①柱基标高调整。根据钢柱实际长度,柱底平整度,钢牛腿顶部距柱底部距离,重点要保证钢牛腿顶部标高值,以此来控制基础找平标高。

②平面位置校正。在起重机不脱钩的情况下将柱底定位线与基础定位轴线对准缓慢落至标高位置。

③钢柱校正。优先采用缆风绳校正(同时柱脚底板与基础间间隙垫上垫铁),对于不便采用缆风绳校正的钢柱采用可调撑杆校正。

(4)钢吊车梁的安装工艺。

1)钢吊车梁的安装工艺。钢吊车梁安装一般采用工具式吊耳或捆绑法进行吊装。在进行安装以前应将吊车梁的分中标记引至吊车梁的端头,以利于吊装时按柱牛腿的定位轴线临时定位。

2)吊车梁的校正。钢吊车梁的校正包括标高调整、纵横轴线和垂直度的调整。注意钢吊车梁的校正必须在结构形成刚度单元以后才能进行。

①用经纬仪将柱子轴线投到吊车梁牛腿面等高处,据图纸计算出吊车梁中心线到该轴线的理论长度 $l_{理}$。

②每根吊车梁测出两点用钢尺和弹簧秤校正这两点到柱子轴线的距离 $l_{实}$,看 $l_{实}$ 是否等于 $l_{理}$ 以此对吊车梁纵轴进行校正。

③当吊车梁纵横轴线误差符合要求后,复查吊车梁跨度。

④吊车梁的标高和垂直度的校正可通过对钢垫板的调整来实现。注意吊车梁的垂直度的校正应和吊车梁轴线的校正同时进行。

(5)钢屋架安装工艺。

1)钢屋架的吊装。钢屋架侧向刚度较差,安装前需要进行稳定性验算,稳定性不足时应进行加固(见图 11.9.4-1)。钢屋架吊装时的注意事项如下。

①绑扎时必须绑扎在屋架节点上,以防止钢屋架在吊点外发生变形。绑扎节点的选择应符合钢屋架标准图要求或经设计计算确定。

②屋架吊装就位时应以屋架下弦两端的定位标记和柱顶的轴线标记严格定位并加以临时固定。

③第一榀屋架吊装就位后,应在屋架上弦两侧对称设缆风固定;第二榀屋架就位后,每坡用一个屋架间调整器,进行屋架垂直度校正,再固定两端支座处并安装屋架间水平及垂直支撑。

2)钢屋架的校正。钢屋架垂直度的校正方法如下:在屋架下弦一侧拉一根通长钢丝(与屋架下弦轴线平行),同时在屋架上弦中心线反出一个同等距离的标尺,用线坠校正。也可用一台经纬仪,放在柱顶一侧,与轴线平移 a 距离,在对面柱子上标出同样距离为 a 的点,从屋架中线处用标尺挑出 a 距离,三点在一个垂面上即可使屋架垂直(见图 11.9.4-2)。

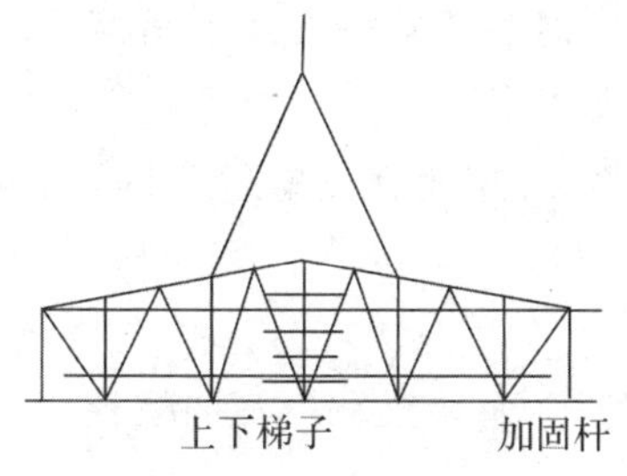

图 11.9.4-1 钢屋架吊装

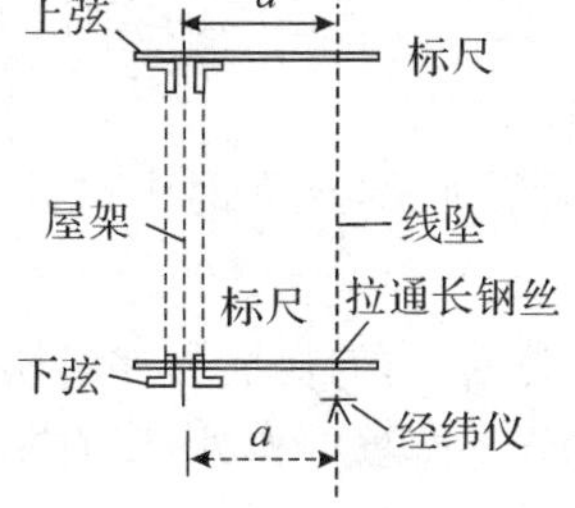

图 11.9.4-2 钢屋架垂直度校正

(6)平面钢桁架的安装。

1)平面钢桁架的安装方法有单榀吊装法、组合吊装法、整体吊装法、顶升法等。

一般来说钢桁架的侧向稳定性较差,在条件允许的情况下最好经扩大拼装后进行组合吊装,即在地面上将两榀桁架及其上的天窗架、檩条、支撑等拼装成整体,一次进行吊装,这样不但提高工作效率,也利于提高吊装稳定性。

2)桁架临时固定如需用临时螺栓和冲钉,则每个节点应穿入的数量必需经过计算确定,并应符合下列规定。

①不得少于安装孔总数的1/3。

②至少应穿两个临时螺栓。

③冲钉穿入数量不宜多于临时螺栓的30%。

④扩钻后的螺栓的孔不得使用冲钉。

3)钢桁架的校正方式同钢屋架的校正方式。

4)预应力钢桁架的安装分为以下几个步骤。

①钢桁架现场拼装。

②在钢桁架下弦安装张拉锚固点。

③对钢桁架进行张拉。

④对钢桁架进行吊装。

5)在预应力钢桁架安装时应注意事项:

①受施工条件限制,预应力筋不可能紧贴桁架下弦,但应尽量靠近桁架下弦。

②在张拉时为防止桁架下弦失稳,应经过计算后按实际情况在桁架下弦加设固定隔板。

③在吊装时应注意不得碰撞张拉筋。

(7)门式钢架安装。

1)门式钢架安装工艺流程。构件制作质量检验→构件按安装顺序配套运输→钢柱安装→钢柱校正→斜梁地面组拼→斜梁安装、安装螺栓固定→钢柱重校→高强度螺栓紧固→复校→安装檩条、拉杆和屋面板→钢结构验收

2)门式钢架安装顺序。原则:安装程序必须保证结构形成稳定的空间体系,并不导致结构永久变形。

①安装单根钢柱→柱高调整→纵横十字轴线位移→垂偏校正→初校(初拧锚栓螺母,调整螺母)→固定→超差调整→固定。

②斜梁在地面超平的垫木上用高强度螺栓连接,组装好。

③安装顺序:先从靠近山墙的有柱间支撑的两榀钢架开始→安装本间檩条→支撑→隅撑等全部安装好。

注意:检查钢架垂偏,复测钢柱和斜梁跨度,合格后,用高强度螺栓紧固,用电动扳手初拧,终拧。

以两榀钢架为起点,向房屋另一端顺序安装。

④除最初安装的两榀钢架外,所有其余钢架间的檩条,墙梁和檐檩的螺栓均应在校准后再行拧紧。

⑤构件节点要经计算,绑扎点要采取加强措施,以防止构件大变形及局部变形。

⑥当山墙墙架宽度较小时,可先在地面拼装好,整体起吊安装。

⑦各种支撑的拧紧程度,以不将构件拉弯为原则。

⑧不得利用已安装就位的构件起吊其他重物,不得在主要受力部位焊其他物件。

⑨檩条和墙梁安装时，应设置拉条并拉紧，但不应将檩条和墙梁拉弯。

⑩如果跨间较长，也可从中间开始安装两榀钢架→柱、柱间梁→屋面斜梁→支撑→檩条顺序安装，使两榀钢架与中隔墙连成整体，形成稳定的空间体系，再向两端延伸。

⑪在施工过程中，根据结构空间稳定情况，为防止巨风力对钢架倾覆，必要时可拉缆风措施。

11.9.5 质量标准

(1)一般规定。

1)单层钢结构安装按变形缝或空间刚度单元等划分成一个或若干个检验批。地下钢结构可按不同地下层划分检验批。

2)钢结构安装检验批应在进场验收和焊接连接、紧固件连接、制作等分项工程验收合格的基础上进行验收。

3)安装的测量校正、高强度的螺栓安装、负温度下施工及焊接工艺等，应在安装前进行工艺试验或评定，并应在此基础上制定相应的施工工艺或方案。

4)安装偏差的检测应在结构形成空间刚度单元并连接固定后进行。

5)安装时，必须控制屋面、楼面、平台等的施工荷载，施工荷载和冰雪荷载等严禁超过梁、桁架、楼面板、屋面板、平台铺板等承载能力。

6)在形成空间刚度单元后，应及时对柱底板和基础顶面的空隙进行细石混凝土、灌浆等二次浇灌。

7)吊车梁或直接承受动力荷载的梁其受拉翼缘、吊车桁架或直接承受动力荷载的桁架其受拉弦杆上不得焊接悬挂物和卡具等。

(2)基础和支承面主控项目。

1)建筑物和定位轴线、基础轴线和标高、地脚螺栓的规格及其紧固应符合设计要求。检查数量：按柱基数抽查10%，且不应少于3个。检验方法：用经纬仪、水准仪、全站仪和钢尺现场实测。

2)基础顶面直接作为柱的支承面和基础顶面预埋钢板或支座作为柱的支承面时，其支承面、地脚螺栓(锚栓)位置的允许偏差应符合表11.9.5-1的规定。检查数量：按柱基数抽查10%，且不应少于3个。检验方法：用经纬仪、水准仪、全站仪、水平尺和钢尺实测。

表11.9.5-1 支承面、地脚螺栓(锚栓)位置的允许偏差

项目		允许偏差/mm
支承面	标高	±3.0
	水平度	$L/1000$
地脚螺栓(锚栓)	螺栓中心偏移	5.0
预留孔中心偏移		10.0

3)采用座浆垫板时，座浆垫板的允许偏差应符合表11.9.5-2的规定。检查数量：资料全数检查。检验方法：用水准仪、全站仪、水平尺和钢尺现场实测。

表 11.9.5-2　座浆垫板的允许偏差

项目	允许偏差/mm
顶面标高	0.0,−3.0
水平度	L/1000
位置	20.0

4)采用杯口基础时,杯口尺寸的允许偏差应符合表 11.9.5-3 的规定。检查数量:按基础数抽查 10%,且不应少于 4 处。检验方法;观察及尺量检查。

表 11.9.5-3　杯口尺寸的允许偏差

项目	允许偏差/mm
底面标高	0.0,−5.0
杯口深度 H	±5.0
杯口垂直度	H/100,且不应大于 10.0
位置	10.0

(3)基础和支承面一般项目。地脚螺栓(锚栓)尺寸的偏差应符合表 11.9.5-4 的规定。地脚螺栓(锚栓)的螺纹应受到保护。检查数量:按柱基数抽查 10%,且不应少于 3 个。检验方法:用钢尺现场实测。

表 11.9.5-4　地脚螺栓(锚栓)尺寸的允许偏差

项目	允许偏差/mm
螺栓(锚栓)露出长度	+3.0,0.0
螺纹长度	+30.0,0.0

(4)安装和校正主控项目。

1)钢构件应符合设计要求和《钢结构工程施工质量验收规范》(GB 50205—2001)的规定。运输、堆放和吊装等造成的钢构件变形及涂料脱落,应进行矫正和修补。检查数量:按构件数量抽查 10%,且不应少于 3 个。检验方法;用拉线、钢尺现场测或观察。

2)设计要求顶紧的节点,接触面不应少于 70%紧贴,且边缘最大间隙不应大于 0.8mm。检查数量:按节点数抽查 10%,且不应少于 3 个。检验方法:用钢尺及 0.3mm 和 0.8mm 厚的塞尺现场实测。

3)钢屋(托)架、桁架、梁及受压杆件的垂直度和侧向弯曲矢高的允许偏差应符合表 11.9.5-5 的规定。检查数量:按同类构件数抽查 10%,且不应少于 3 个。检验方法:用吊线、拉线、经纬仪和钢尺现场实测。

4)单层钢结构主体结构的整体垂直度和整体平面弯曲的允许偏差应符合表 11.9.5-6 的规定。检查数量:对主要立面全部检查。对每个所检查的立面,除两列角柱外,尚应至少选取一列中间柱。检验方法:采用经纬仪、全站仪等测量。

表 11.9.5-5 钢屋(托)架、桁架、梁及受压杆件垂直度和侧向弯曲矢高的允许偏差

项目		允许偏差/mm	图例
跨中的垂直度		$H/250$,且不应大于 15.0	1 1 Δ h 1—1
侧向弯曲矢高	$L\leqslant 30m$	$L/1000$ 且不应大于 10.0	l
	$30m<L\leqslant 60m$	$L/1000$ 且不应大于 30.0	
	$L>60m$	$L/1000$ 且不应大于 50.0	

表 11.9.5-6 整体垂直度和整体平面弯曲的允许偏差

项目	允许偏差/mm	图例
主体结构的整体垂直度	$H/1000$,且不应大于 25.0	Δ H
主体结构的整体平面弯曲	$L/1500$,且不应大于 25.0	Δ l

(5)安装和校正一般项目。

1)钢柱等到要构件的中心线及标高基准点等标记应齐全。检查数量:按同在构件数抽查 10%,且不应少于 3 件。检验方法:观察检查。

2)当钢桁架(或梁)安装在混凝土柱上时,其支座中心对定位轴线的偏差不应大于 10mm;当采用大型混凝土屋面板时,钢桁架(或梁)间距的偏差不应大于 10mm。检查数量:按同类构件数抽查 10%,且不应少于 3 榀。检验方法:用拉线和钢尺现场实测。

3)钢柱安装的允许偏差应符合《钢结构工程施工质量验收规范》(GB 50205—2001)附录 E 中表 E.0.1 的规定。检查数量:按钢柱数抽查 10%,且不应少于 3 件。检验方法见《钢结

构工程施工质量验收规范》(GB 50205—2001)附录 E 中表 E.0.1。

4)钢吊车梁或直接承受动力荷载的类似构件,其安装的允许偏差应符合《钢结构工程施工质量验收规范》(GB 50205—2001)附录 E 中表 E.0.2 的规定。检查数量:按钢吊车梁数抽查 10%,且不应少于 3 榀。检验方法:网球《钢结构工程施工质量验收规范》(GB 50205—2001)附录 E 中表 E.0.2。

5)檩条、墙架等次要构件安装的允许偏差应符合《钢结构工程施工质量验收规范》(GB 50205—2001)附录 E 中表 E.0.3 的规定。检查数量:按同类构件数抽查 10%,且不应少于 3 件。检验方法:见《钢结构工程施工质量验收规范》(GB 50205—2001)附录 E 中表 E.0.3。

6)钢平台、钢梯、栏杆安装应符合现行国家标准《固定式钢直梯》(GB 4053.1—2009)、《固定式钢斜梯》(GB 4053.2—2009)、《固定式防护栏杆》(GB 4053.3—2009)和《固定式钢平台》(GB 4053.4—2009)的规定。钢平台、钢梯和防护栏杆安装的允许偏差应符合表 11.9.5-7的规定。检查数量:按钢平台总数抽查 10%,栏杆、钢梯按总长度各抽查 10%,但钢平台不应少于 1 个,栏杆不应少于 5m,钢梯不应少于 1 个。检验方法见表 11.9.5-7。

表 11.9.5-7 钢平台、钢梯和防护栏杆安装的允许偏差

项目	允许偏差/mm	检验方法
平台高度	±15.0	用水准仪检查
平台梁水平度	L/1000,且不应大于 20.0	用水准仪检查
平台支柱垂直度	H/1000,且不应大于 15.0	用经纬仪或吊线和钢尺检查
承重平台梁侧向弯曲	L/1000,且不应大于 10.0	用拉线和钢尺检查
承重平台梁垂直度	H/250,且不应大于 15.0	用吊线和钢尺检查
直梯垂直度	L/1000,且不应大于 15.0	用吊线和钢尺检查
栏杆高度	±15.0	用钢尺检查
栏杆立柱间距	±15.0	用钢尺检查

注:L 为平台梁、直梯的长度;H 为平台梁的高度、平台立柱的高度。

7)现场焊缝组对间隙的允许偏差应符合表 11.9.5-7 的规定。检查数量:按同类节点数抽查 10%,且不应少于 3 个。检验方法;尺量检查。

8)钢结构表面应干净,结构主要表面不应有疤痕、泥沙等污垢。检查数量:按同类构件数抽查 10%,且不应少于 3 件。检验方法:观察检查。

表 11.9.5-7 现场焊缝组对间隙的允许偏差

项目	允许偏差/mm
无垫板间隙	+3.0,0.0
有垫板间隙	+3.0,−2.0

11.9.6　安全措施

(1)在单层钢结构施工以前,应健全安全生产管理体系,成立以项目经理为首的安全管理小组。专职安全员持证上岗,各专业班组有兼职安全员,层层落实安全责任制。

(2)根据工程的具体特点,做好切合实际的安全技术书面交底。定期与不定期地进行安全检查,经常开展安全教育活动,使全体员工提高自我保护能力。

(3)吊装作业范围内,设立警戒线,并树立明显的警戒标志,禁止非工作人员通行;现场所有工作人员必须坚守岗位,听从指挥,统一行动,以确保安全。

(4)根据工程特点,在施工以前要对吊装用的机械设备和索具、工具进行检查,如不符合安全规定则不得使用。

(5)现场用电必须严格执行《建筑工程施工现场供用电安全规范》GB50194—2014 和《施工现场临时用电安全技术规范》JGJ46—2005 等规定。电工需持证上岗。

(6)起重机的行驶道路必须坚实可靠,起重机不得停置在斜坡上工作,也不允许两个履带板一高一低。

(7)严禁超载吊装,歪拉斜吊;要尽量避免满负荷行驶,构件摆动越大,超负荷就越多,就可能发生事故。

(8)进入施工现场必须戴安全帽,高空作业必须系安全带,穿防滑鞋。

(9)吊装作业时必须统一号令,明确指挥,密切配合。

(10)高空操作人员使用的工具及安装用的零部件,应放入随身佩带的工具袋内,不可随便向下掷。

(11)钢构件应堆放整齐牢固,防止构件失稳伤人。

(12)要搞好防火工作,氧气、乙炔要按规定存放使用,电焊、气割时要注意周围环境有无易燃物品后再进行工作,严防火灾发生。氧气瓶、乙炔瓶应分开存放,使用时要保持安全距离,安全距离应大于 10m。

(13)雨、雪天气尽量不要进行高空作业,如需高空作业则必须采取必要的防滑、防寒和防冻措施。遇 6 级及以上强风、浓雾等恶劣天气,不得进行露天攀登和悬空高处作业。

(14)施工时尽量避免交叉作业,如不得不交叉作业时,不得在同一垂直方向上操作。下层作业的位置必须处于依上层高度确定的可能坠落范围之外,不符合上述条件的应设置安全防护层。

11.9.7　施工注意事项

(1)并列高低跨吊装,考虑屋架下弦伸长后柱子向两侧偏移问题,先吊高跨后吊低跨,凭经验可预留柱的垂偏值。

(2)并列大跨度与小跨度:先吊大跨度后吊小跨度。

(3)并列间数多的与间数少的屋盖吊装:先吊间数多的,后吊间数少的。

(4)并列有屋盖跨与露天跨吊装:先吊有屋盖跨,后吊露天跨。

(5)以上几种情况也适合于门式钢架轻型钢结构屋盖施工。

11.9.8　质量记录

(1)安装所用钢材、连接材料和涂料等材料质量证明书或试验、复验报告。

(2)焊接质量检验报告。

(3)安装过程形成的工程技术文件。

(4)结构安装检测记录及质量验评资料。

(5)结构安装后涂装检测资料。

(6)施工记录。

11.10　多层与高层钢结构安装施工工艺标准

本施工工艺标准适用于多层与高层钢结构工程安装及验收工作。主要针对框架结构、框架—剪力墙结构、框架—支撑结构、框架—核心筒结构、筒体结构以及劲性混凝土和钢管混凝土中的钢结构,屋顶特殊框架构筑物等多、高层钢结构体系施工。工程施工应以设计图纸和有关施工质量验收规范为依据。

11.10.1　材料要求

(1)多层与高层建筑钢结构的钢材,以设计为依据,一般主要采用Q235的碳素结构钢和Q345的低合金高强度结构钢,国外进口钢的强度等级大多相当于Q345、Q390。其质量标准应分别符合我国现行国家标准《碳素结构钢》(GB 700—2006)和《低合金高强度结构钢》(GB/T 1591—2008)的规定。当设计文件采用其他牌号的结构钢时,应符合相对应的现行国家标准。

(2)多层与高层钢结构连接材料主要采用E43、E50系列焊条或H08系列焊丝,高强度螺栓主要采用45号钢、40B钢、20MnTiB钢,栓钉主要采用ML15、DL15钢。

(3)钢型材有热轧成型的钢板和型钢以及冷弯成型的薄壁型钢。

热轧钢板有:薄钢板(厚度为0.35～4mm)、中厚钢板(厚度为4.5～60mm)、超厚钢板(厚度＞60mm),还有扁钢(厚度为4～60mm、宽度为30～200mm,比钢板宽度小)。

热轧型钢有:角钢、工字钢、槽钢、钢管等以及其他新型型钢。角钢分等边和不等边两种。工字钢有:普通工字钢、轻型工字钢和宽翼缘工字钢,其中宽翼缘工字钢也称“H”型钢。槽钢分普通槽钢和轻型槽钢。钢管有无缝钢管和焊接钢管。这些钢材应分别符合现行国家标准所规定的截面尺寸,外形、质量及允许偏差并符合相应的物理力学和化学成分的要求。

(4)厚度方向性能钢板。随着多层与高层钢结构的发展,焊接结构使用的钢板厚度有所增加,要求钢板在厚度方向有良好的抗层状撕裂性能,应符合国家标准《厚度方向性能钢板》(GB 5313—2010)有这方面的专用规定。

11.10.2 主要机具设备

在多层与高层钢结构安装施工中，由于建筑较高、大，吊装机械多以塔式起重机、履带式起重机、汽车式起重机为主。

(1)塔式起重机。塔式起重机，又称塔吊，有行走式、固定式、附着式与内爬式几种类型。在高层钢结构安装中，塔式起重机是首选安装机械。塔式起重机由提升、行走变幅、回转等机构及金属结构两大部分组成。塔式起重机具有提升高度高、工作半径大、动作平稳，工作效率高等优点。随着建筑机械技术的发展，大吨位塔式起重机的出现，弥补了塔式起重机起重量不大的缺点。

(2)其他施工机具。在多层与高层钢结构施工中，除了塔式起重机、汽车式起重机、履带式起重机外，还会用到以下一些机具，如千斤顶、葫芦、卷扬机、滑车及滑车组、电焊机，熔焊栓钉机、电动扳手、全站仪、经纬仪等。

11.10.3 技术准备

(1)参加图纸会审，与业主、设计、监理充分沟通，确定钢结构各节点、构件分节细节及工厂制作图，分节加工的构件满足运输和吊装要求。

(2)编制施工组织设计，分项作业指导书并经审批。施工组织设计包括工程概况、工程量清单、现场平面布置、主要施工机械和吊装方法、施工技术措施、专项施工方案、工程质量标准、安全及环境保护、主要资源表等。其中吊装主要机械选型及平面布置是吊装重点。分项作业指导书可以细化为作业卡，主要用于作业人员明确相应工序的操作步骤、质量标准、施工工具和检测内容、检测标准。

(3)依承接工程的具体情况确定钢构件进场检验内容及适用标准，以及钢结构安装检验批划分、检验内容、检验标准、检测方法、检验工具，在遵循国家标准的基础上，参照部标或其他权威认可的标准，确定后在工程中使用。

(4)各专项工种施工工艺确定，编制具体的吊装方案、测量监控方案、焊接及无损检测方案、高强度螺栓施工方案、塔吊装拆方案、临时用电用水方案，质量安全环保方案。

(5)组织必要的工艺试验，如焊接工艺试验、压型钢板施工及栓钉焊接检测工艺试验。尤其要做好新工艺、新材料的工艺试验，作为指导生产依据。对于栓钉焊接工艺试验，根据栓钉的直径、长度及焊接类型(是穿透压型钢板焊还是直接打在钢梁上的栓钉焊接)，要做相应的电流大小、通电时间长短的调试。对于高强度螺栓，要做好高强度螺栓连接副扭矩系数、预拉力和摩擦面抗滑移系数的检测。

(6)根据结构深化图纸，验算钢结构框架安装时构件受力情况，科学地预计其可能的变形情况，并采取相应合理的技术措施来保证钢结构安装的顺利进行。

(7)钢结构施工中计量管理包括按标准进行的计量检测，按施工组织设计要求的精度配置的器具，检测中按标准进行的方法。测量管理包括控制网的建立和复核，检测方法、检测工具、检测精度符合国家标准要求。

11.10.4 施工操作工艺

(1)工艺流程(见图 11.10.1)。准备工作→放线及验线(轴线、标高)→预埋螺栓验收及钢筋混凝土基础面处理→构件中心及标高标识→安装柱、梁核心框架→高强度螺栓初拧、终拧→柱与柱节点焊接→梁与柱、梁与梁节点焊接→超声波探伤→零星构件安装→安装压型钢板→焊接栓钉、螺栓→塔式起重机爬升→下一节流水段准备工作。

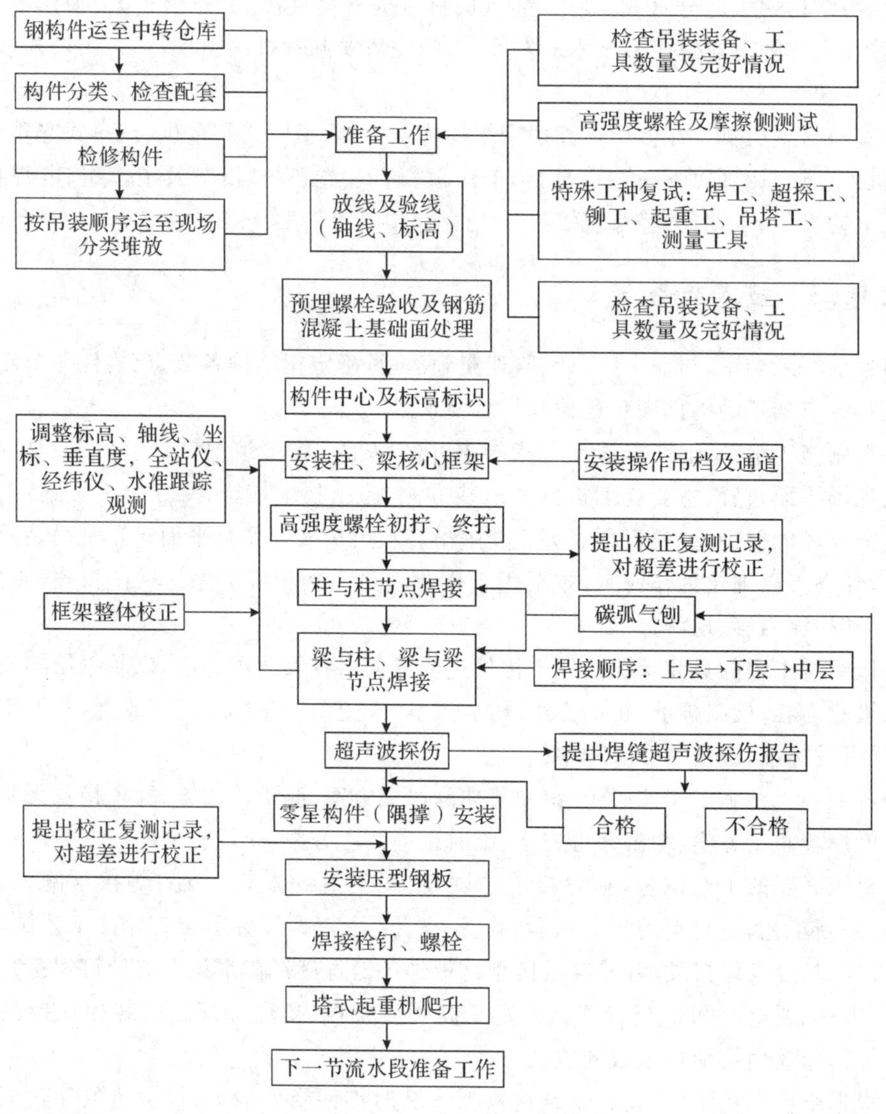

图 11.10.1 工艺流程

(2)吊装方案确定。根据现场施工条件及结构形式，选择最优的吊装方案。

1)吊装机具选择。根据多层与高层钢结构工程结构特点、平面布置及钢构件重量等情况，钢构件吊装一般选择采用塔式起重机(塔吊)。在地下部分如果钢构件较重的，也可选择采用汽车式起重机或履带式起重机完成。吊装机具的选择是钢结构安装的重要组成内容，直接关系到安装的成本、质量、安全等。

2)起重机的选择。多层与高层钢结构安装,起重机除满足吊装钢构件所需的起重量、起重高度、回转半径外,还必须考虑抗风性能、卷扬机滚筒的容绳量、吊钩的升降速度等因素。

起重机数量的选择应根据现场施工条件、建筑布局、单机吊装覆盖面积和吊装能力综合决定。多台塔吊共同使用时防止出现吊装死角。

起重机械应根据工程特点合理选用,通常首选塔式起重机,自升式塔式起重机根据现场情况选择外附式或内爬式。行走式塔吊或履带式起重机、汽车吊在多层钢结构施工中也较多使用。

3)吊装机具安装。对于汽车式起重机直接进场即可进行吊装作业;对于履带式起重机需要组装好后才能进行钢构件的吊装;塔式起重机(塔吊)的安装和爬升较为复杂,而且要设置固定基础或行走式轨道基础。当工程需要设置几台吊装机具时,要注意机具不要相互影响。

①塔吊基础设置。严格按照塔吊说明书提供的作用在基础上的荷载,结合工程地质条件与布置位置的实际情况,设计塔吊基础。

②塔吊安装、爬升。列出塔吊各主要部件的外形尺寸和重量,选择合理的机具,一般采用汽车式起重机来安装塔吊。

塔吊的安装顺序为:标准节→套架→驾驶节→塔帽→副臂→卷扬机→主臂→配重。

塔吊的拆除一般也采用汽车式起重机进行,但当塔吊是安装在楼层里面时,则采用拔杆及卷扬机等工具进行塔吊拆除。塔吊的拆除顺序为:配重→主臂→卷扬机→副臂→塔帽→驾驶节→套架→标准节。

③塔吊附墙计划。高层钢结构高度一般超过100m,因此塔吊需要设置附墙杆件,来保证塔吊的刚度和稳定性。塔吊附墙杆件的设置按照塔吊的说明书进行。附墙杆对钢结构的水平荷载在设计交底和施工组织设计中明确。

(3)钢结构吊装准备。

1)吊装前准备工作作业条件。在进行钢结构吊装作业前,应具备的基本条件如下。

①钢筋混凝土基础完成,并经验收合格。

②各专项施工方案编制审核完成。

③施工临时用电用水铺设到位,平面规划按方案完成。

④施工机具安装调试验收合格。

⑤构件进场并验收。

⑥劳动力进场。

2)吊装程序。多层与高层钢结构吊装,在分片分区的基础上,多采用综合吊装法,其吊装程序一般是:平面从中间或某一对称节间开始,以一个节间的柱网为一个吊装单元,按钢柱,钢梁,支撑顺序吊装,并向四周扩展,垂直方向由下至上组成稳定结构后,分层安装次要结构,一节间一节间钢构件、一层楼一层楼安装完,采取对称安装、对称固定的工艺,有利于消除安装误差积累和节点焊接变形,使误差降低到最小限度。

(4)钢构件配套供应。现场钢结构吊装是根据方案的要求按吊装流水顺序进行,钢构件必须按照安装的需要供应。为充分利用施工场地和吊装设备,应严密制订出构件进场及吊装周、日计划,保证进场的构件满足周、日吊装计划并配套。

1)钢构件进场验收检查。构件现场检查包括数量、质量、运输保护三个方面内容。

钢构件进场后,按货运单检查所到构件的数量及编号是否相符,发现问题及时在回单上说明,反馈制作厂,以便及时处理。

按标准要求对构件的质量进行验收检查,做好检查记录。也可在构件出厂前直接进厂检查。主要检查构件外形尺寸,螺孔大小和间距等。

制作超过规范误差和运输中变形的构件必须在安装前在地面修复完毕,减少高空作业。

2)钢构件堆场安排、清理。进场的钢构件,按现场平面布置要求堆放。为减少二次搬运,尽量将构件堆放在吊装设备的回转半径内。钢构件堆放应安全、牢固。构件吊装前必须清理干净,特别在接触面、磨擦面上,必须用钢丝刷清除铁锈、污物等。

3)现场柱基检查。安装在钢筋混凝土基础上的钢柱,安装质量和工效与混凝土柱基和地脚螺栓的定位轴线、基础标高直接有关,必须会同设计、监理、总包、业主共同验收,合格后才可进行钢柱的安装。

(5)钢结构吊装顺序。

1)多层与高层钢结构吊装按吊装程序进行,吊装顺序原则采用对称吊装、对称固定。一般按程序先划分吊装作业区域,按划分的区域、平行顺序同时进行。当一片区吊装完毕后,即进行测量、校正、高强螺栓初拧等工序,待几个片区安装完毕,再对整体结构进行测量、校正、高强螺栓终拧、焊接。接着进行下一节钢柱的吊装。组合楼盖则根据现场实际情况进行压型钢板吊放和铺设工作。

2)吊装前的注意事项。

①吊装前应对所有施工人员进行技术交底和安全交底。

②严格按照交底的吊装步骤实施。

③严格遵守吊装、焊接等的操作规程,按工艺评定内容执行,出现问题按交底的内容执行。

④遵守操作规程,严禁在恶劣气候下作业或施工。

⑤吊装区域划分:为便于识别和管理,原则上按照塔吊的作业范围或钢结构安装工程的特点划分吊装区域,便于钢构件平行顺序同时进行。

⑥螺栓预埋检查:螺栓连接钢结构和钢筋混凝土基础,预埋应严格按施工方案执行。按国家标准预埋螺栓标高偏差控制在+5mm以内,定轴线的偏差控制在±2mm。

(6)钢柱起吊安装与校正。

1)钢柱多采用实腹式,实腹钢柱截面多为工字形、箱形、十字形、圆形。钢柱多采用焊接对接接长,也有高强度螺栓连接接长。劲性柱与混凝土采用熔焊栓钉连接。

2)吊点设置。吊点位置及吊点数根据钢柱形状、断面、长度、起重机性能等具体情况确定。吊点一般采用焊接吊耳、吊索绑扎、专用吊具等。

钢柱一般采用一点正吊。吊点设置在柱顶处,吊钩通过钢柱重心线,钢柱易于起吊、对线、校正。当受起重机臂杆长度、场地等条件限制,吊点可放在柱长1/3处斜吊。由于钢柱倾斜,起吊、对线、校正较难控制。

3)起吊方法。钢柱一般采用单机起吊,也可采取双机抬吊,双机抬吊应注意的事项如下。

①量选用同类型起重机。

②对起吊点进行荷载分配,有条件时进行吊装模拟。

③各起重机的荷载不宜超过其相应起重能力的80%。

④在操作过程中,要互相配合、动作协调,如采用铁扁担起吊,尽量使铁扁担保持平衡,要防止一台起重机失重而使另一台起重机超载,造成安全事故。

⑤信号指挥:分指挥必须听从总指挥。

起吊时钢柱必须垂直,尽量做到回转扶直。起吊回转过程中应避免同其他已安装的构件相碰撞,吊索应预留有效高度。

钢柱扶直前应将登高爬梯和挂篮等挂设在钢柱预定位置并绑扎牢固,起吊就位后临时固定地脚螺栓、校正垂直度。钢柱接长时,钢柱两侧装有临时固定用的连接板,上节钢柱对准下节钢柱柱顶中心线后,即用螺栓固定连接板临时固定。

钢柱安装到位,对准轴线、临时固定牢固后才能松开吊索。

4)钢柱校正。钢柱校正要做三件工作:柱基标高调整,柱基轴线调整,柱身垂直度校正。依工程施工组织设计要求配备测量仪器配合钢柱校正。

①柱基标高调整(见图11.10.4)。

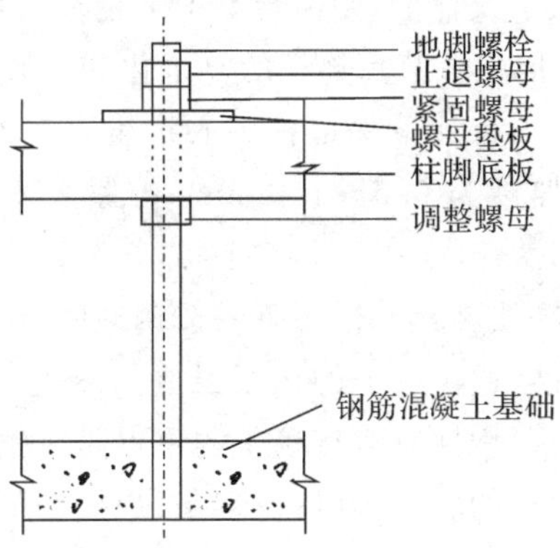

图11.10.4　柱基标高调整

钢柱标高调整主要采用螺母调整和垫铁调整两种方法。螺母调整是根据钢柱的实际长度,在钢柱柱底板下的地脚螺栓上加一个调整螺母,螺母表面的标高调整到与柱底板底标高齐平。如第一节钢柱过重,可以柱底板下、基础钢筋混凝土面上放置钢板,作为标高调整块用。放上钢柱后,得用柱底板下的螺母或标高调整块控制钢柱的标高(因为有些钢柱过重,螺栓和螺母无法承受其重量,故柱底板下需加设标高调整块——钢板调整标高),精度可达到±1mm以内。柱底板下预留的空隙,可以用高强度、微膨胀、无收缩砂浆以捻浆法填实。当使用螺母作为调整柱底板标高时,应对地脚螺栓的强度和刚度进行计算。

对于高层钢结构地下室部分劲性钢柱,钢柱的周围都布满了钢筋,调整标高和轴线时,同土建交叉协调好才能进行。

②第一节柱底轴线调整。钢柱制作时,在柱底板的四个侧面,用钢冲标出钢柱的中心线。

对线方法:在起重机不松钩的情况下,将柱底板上的中心线与柱基础的控制轴线对齐,缓慢降落至设计标高位置。如果钢柱与控制轴线有微小偏差,可借线调整。

预埋螺杆与柱底板螺孔有偏差,适当将螺孔放大,或在加工厂将底板预留孔位置调整,保证钢柱安装。

③第一节柱身垂直度校正。

柱身调整一般采用缆风绳或千斤顶,钢柱校正器等校正。用两台呈 90°的径向放置经纬仪测量。

地脚螺栓上螺母一般用双螺母,在螺母拧紧后,将螺杆的螺纹破坏或焊实。

④柱顶标高调整和其他节框架钢柱标高控制。柱顶标高调整和其他节框架钢柱标高控制可以用两种方法:一是按相对标高安装,另一种是按设计标高安装,通常是按相对标高安装。钢柱吊装就位后,用大六角高强螺栓临时固定连接,通过起重机和撬棍微调柱间间隙。量取上下柱顶预先标定的标高值,符合要求后打入钢楔、临时固定牢,考虑到焊缝及压缩变形,标高偏差调整至 4mm 以内。钢柱安装完后,在柱顶安置水准仪,测量柱顶标高,以设计标高为准。如标高高于设计值在 5mm 以内,则不需调整,因为柱与柱节点间有一定的间隙,如高于设计值 5mm 以上,则需用气割将钢柱顶部割去一部分,然后用角向磨光机将钢柱顶部磨平到设计标高。如标高低于设计值,则需增加上下钢柱的焊缝宽度,但一次调整不得超过 5mm,以免过大调整造成其他构件节点连接的复杂化和安装难度。

⑤第二节柱轴线调整。上下柱连接保证柱中心线重合。如有偏差,在柱与柱的连接耳板的不同侧面加入垫板(垫板厚度为 0.5～1.0mm),拧紧大六角螺栓。钢柱子中心线偏差调整每次 3mm 以内,如偏差过大分 2～3 次调整。

注意:上一节钢柱的定位轴线不允许使用下一节钢柱的定位轴线,应从控制网轴线引至高空,保证每节钢柱的安装标准,避免过大的积累误差。

⑥第二节钢柱垂直度校正。钢柱垂直度校正的重点是对钢柱有关尺寸预检。下层钢柱的柱顶垂直度偏差就是上节钢柱的底部轴线、位移量、焊接变形、日照影响、垂直度校正及弹性变形等的综合。可采取预留垂直度偏差值消除部分误差。预留值大于下节柱积累偏差值时,只预留累计偏差值,反之则预留可预留值,其方向与偏差方向相反。

经验值测定:梁与柱一般焊缝收缩值小于 2mm;柱与柱焊缝收缩一般在 3.5mm,厚钢板焊缝的横向收缩值可按下列公式计算:

$$S=KA/T$$

式中:S——焊缝的横向收缩值,mm;

A——焊缝横截面面积,mm^2;

T——焊缝厚度,包括熔深,mm;

K——常数,一般取 0.1。

日照温度影响:其偏差变化与柱的长细比、温度差成正比,与钢柱截面形式、钢板厚度都有直接关系。较明显观测差发生在 9～10 时和 14～15 时,控制好观测时间,减少温度影响。

安装标准化框架的原则:在建筑物核心部分或对称中心,由框架柱、梁、支撑组成刚度较大的框架结构,作为安装基本单无,其他单元依此扩展。

标准柱的垂直度校正:采用径向放置的两台经纬仪对钢柱及钢梁观测。钢柱垂直度校正可分两步。

a.采用无缆风绳校正。在钢柱偏斜方向的一侧打入钢楔或顶升千斤顶。在保证单节柱垂直度不超过规范的前提下,将柱顶偏移控制到零,最后拧紧临时连接耳板的大六角螺栓。焊缝横向收缩值见表11.10.4。

注:临时连接耳板的螺栓孔应比螺栓直径大4mm,利用螺栓孔扩大调节钢柱制作误差−1～+5mm。

表11.10.4　焊缝横向收缩值

焊缝坡口形式	钢材厚度/mm	焊缝收缩值/mm	构件制作增加长度/mm
柱与柱节点全熔透坡口	19	1.3～1.6	1.5
	25	1.5～1.8	1.7
	32	1.7～2.0	1.9
	40	2.0～2.3	2.2
	50	2.2～2.5	2.4
	60	2.7～3.0	2.9
	70	3.1～3.4	3.3
	80	3.4～3.7	3.5
	90	3.8～4.1	4.0
	100	4.1～4.4	4.3
梁与柱节点全熔透坡口	12	1.0～1.3	1.2
	16	1.1～1.4	1.3
	19	1.2～1.5	1.4
	22	1.3～1.6	1.5
	25	1.4～1.7	1.6
	28	1.5～1.8	1.7
	32	1.7～2.0	1.8

b.安装标准框架体的梁。先安装上层梁,再安装中下层梁,安装过程会对柱垂直度有影响,采用钢丝绳缆索(只适宜跨内柱)、千斤顶、钢楔和手拉葫芦进行调整,其他框架柱依标准框架体向四周发展,其做法与上同。

(7)框架梁安装。框架梁和柱连接通常为上下翼板焊接、腹板栓接;或者全焊接、全栓接的连接方式。

1)钢梁吊装宜采用专用吊具,两点绑扎吊装。吊升中必须保证使钢梁保持水平状态。一机吊多根钢梁时绑扎要牢固,安全,便于逐一安装。

2)一节柱一般有2～4层梁,原则上横向构件由上向下逐层安装,由于上部和周边都处于自由状态,易于安装和控制质量。通常在钢结构安装操作中,同一列柱的钢梁从中间跨开始对称地向两端扩展安装,同一跨钢梁,先安上层梁再装中下层梁。

3)在安装柱与柱之间的主梁时,测量必须跟踪校正柱与柱之间的距离,并预留安装余量,特别是节点焊接收缩量。达到控制变形,减小或消除附加应力的目的。

4)柱与柱节点和梁与柱节点的连接,原则上对称施工,互相协调。对于焊接连接,一般可以先焊一节柱的顶层梁,再从下向上焊接各层梁与柱的节点。柱与柱的节点可以先焊,也可以后焊。混合连接一般为先栓后焊的工艺,螺栓连接从中心轴开始,对称拧固。钢管混凝土柱焊接接长时,严格按工艺评定要求施工,确保焊缝质量。

5)次梁根据实际施工情况一层一层安装完成。

(8)柱底灌浆。在第一节柱及柱间钢梁安装完成后,即可进行柱底灌浆。灌浆要留排气孔。钢管混凝土施工也要在钢管柱上预留排气孔。

(9)补漆。补漆为人工涂刷,在钢结构按设计安装就位后进行。补漆前应清渣、除锈、去油污,自然风干,并经检查合格。

(10)劲性混凝土钢结构安装。

1)劲性混凝土结构是在钢结构柱、梁周围配置钢筋,浇筑混凝土,钢构件同混凝土连成一体、共同作用的一种结构。

劲性混凝土结构分为埋入和非埋入式两种。埋入式构件包括劲性混凝土梁、柱及剪力墙、钢管混凝土柱、内藏钢板剪力墙等;非埋入式构件包括钢一混凝土组合梁、压型钢板组合楼板。劲性混凝土结构的钢构件分为实腹式和格构式,以实腹式为主。劲性混凝土结构框架一般分为劲性混凝土柱一劲性混凝土梁,劲性混凝土柱一混凝土梁结构两种形式,其中钢构件连接多采用高强度螺栓连接。

2)劲性混凝土结构施工工艺。基础验收→钢结构柱安装→钢结构梁安装→钢筋绑扎→支模板、浇混凝土

3)劲性混凝土结构钢柱截面形式多为"+""L""T""H""O""□"形等几种形式,和混凝土接触面的熔焊栓钉多在钢构件出厂时施工完毕。构件运到施工现场,验收合格后,其安装、校正、固定方法和钢框架结构相同。

4)对于劲性混凝土中的钢结构梁的安装方法和框架梁安装方法一致。无框架梁的结构,为保证钢柱的空间位置,要增设支撑体系固定钢构件,确保钢柱安装、焊接后空间位置准确。钢结构梁上面的熔焊栓钉一般在工厂加工。无梁劲性混凝土钢柱和混凝土梁的连接,较复杂,特别是箍筋和主筋穿柱和梁时位置较复杂,工艺交叉多,处理要细致,钢筋要贯通。混凝土梁的浇筑最好和柱混凝土浇筑错开,避免混凝土产生裂缝。

5)钢结构构件安装完成后,进行钢筋绑扎、混凝土浇筑。对于钢管混凝土结构,每层楼的钢管柱安装、固定、校正后,采用合理的工艺确保焊接变形受控。然后绑扎钢筋,一般钢管柱内外设有柱端连接竖筋,穿柱、梁主筋,柱梁接点处加强环形钢筋等。钢管安装后,进入柱内绑扎环形箍筋,完成后进行下道工序。

6)支模和浇筑混凝土。混凝土浇捣过程中,需要检查劲性混凝土柱、梁的空间位置,符合要求后,进行上层柱、梁施工。

11.10.5 测量监控工艺

(1)施工测量的内容。测量工作直接关系整个钢结构安装质量和进度,为此,钢结构安装应重点做好以下工作。

1)测量控制网的测定和测量定位基准点的交接与校测。

2)测量器具的精度要求和器具的鉴定与检校。

3)测量方案的编制与数据准备。

4)建筑物测量验线。

5)多层与高层钢结构安装阶段的测量放线工作(包括平面轴线控制点的竖向投递,柱顶平面放线,传递标高,平面形状复杂钢结构座标测量,钢结构安装变形监控等)。

(2)测量器具的检定与检验。

1)为达到符合精度要求的测量成果,全站仪、经纬仪、水平仪、铅直仪、钢尺等必须经计量部门检定。除按规定周期进行检定外,在周期内的全站仪、经纬仪、铅直仪等主要有关仪器,还应每2~3个月定期检校。

2)全站仪:近年来,全站仪在高层钢结构中的应用越来越多,主要是因为全站仪测量可以保证质量要求和操作方便。在多层与高层钢结构工程中,宜采用精度为2S、3+3PPM级全站仪。如瑞士WILD、日本TOPCON、SOKKIA等厂生产的高精度全站仪。

3)经纬仪:采用精度为2S级的光学经纬仪,如是超高层钢结构,宜采用电子经纬仪,其精度宜在1/200000之内。

4)水准仪:按国家三、四等水准测量及工程水准测量的精度要求,其精度为±3mm/km。

5)钢卷尺:土建、钢结构制作、钢结构安装、监理等单位的钢卷尺,应统一购买通过标准计量部门校准的钢卷尺。使用钢卷尺时,应注意检定时的尺长修正数,如温度、拉力等,进行尺长修正。

(3)建筑物测量验线。钢结构安装前,基础已施工完,为确保钢结构安装质量,进场后首先复测控制网轴线及标高。

1)轴线复测。复测方法根据建筑物平面形状不同而采取不同的方法。宜选用全站仪进行。

矩形建筑物的验线宜选用直角坐标法;任意形状建筑物的验线宜选用极坐标法。

对于不便量距的点位,宜选用角度(方向)交会法。

2)验线部位。定位依据桩位及定位条件。

建筑物平面控制图、主轴线及其控制桩;建筑物标高控制网及±0.000标高线;控制网及定位轴线中的最弱部位。建筑物平面控制网主要技术指标见表11.10.5。

表 11.10.5 建筑物平面控制网主要技术指标

等级	适用范围	测角中误差	边长相对中误差
1	钢结构高层、超高层建筑	±9″	1/24000
2	钢结构多层建筑	±12″	1/15000

3)误差处理。验线成果与原放线成果两者之差若小于 1/1.414 限差时,对放线工作评为优良。

验线成果与原放线成果两者之差略小于或等于 1/1.414 限差时,对放线工作评为合格(可不必改正放线成果或取两者的平均值);验线成果与原放线成果两者之差超过 1/1.414 限差时,原则上不予验收,尤其是关键部位;若次要部位可令其局部返工。

(4)测量控制网的建立与传递。

1)根据施工现场条件,建筑物测量基准点有两种测设方法。

①将测量基准点设在建筑物外部,俗称外控法。它适用于场地开阔的工地。根据建筑物平面形状,在轴线延长线上设立控制点,控制点一般距建筑物(0.8~1.5)H(H 为建筑物高度)处。每点引出两条交会的线,组成控制网,并设立半永久性控制桩。建筑物垂直度的传递都从该控制桩引向高空。

②将测量控制基准点设在建筑物内部,俗称内控法。它适用于场地狭窄、无法在场外建立基准点的工地。控制点的多少根据建筑物平面形状决定。当从地面或底层把基准线引至高空楼面时,遇到楼板要留孔洞,最后修补该孔洞。

2)上述基准控制点测设方法可混合使用,但不论采取何种方法施测,都应做到以下三点。

①为减少不必要的测量误差,从钢结构制作、基础放线、到构件安装,应该使用统一型号、经过统一校核的钢尺。

②各基准控制点、轴线、标高等都要进行三次或以上的复测,以误差最小为准。要求控制网的测距相对误差小于 1/25000,测角中误差小于 2″。

③设立控制网,提高测量精度。基准点处宜用钢板,埋设在混凝土里,并在旁边做好醒目的标志。

(5)平面轴线控制点的竖向传递。

1)地下部分:一般高层钢结构工程,地下部分大约 1~4 层深,对地下部分可采用外控法。建立井字形控制点,组成一个平面控制格网,并测设出纵横轴线。

2)地上部分:控制点的竖向传递采用内控法,投递仪器采用激光铅直仪。在地下部分钢结构工程施工完成后,利用全站仪,将地下部分的外控点引测到±0.000m 层楼面,在±0.000m层楼面形成井字形内控点。在设置内控点时,为保证控制点间相互通视和向上传递,应避开柱、梁位置。在把外控点向内控点的引测过程中,其引测必须符合国家标准工程测量规范中相关规定。地上部分控制点的向上传递过程是:在控制点架设激光铅直仪,精密对中整平;在控制点的正上方,在传递控制点的楼层预留孔 300mm×300mm 上放置一块有机玻璃做成的激光接收靶,通过移动激光接收靶将控制点传递到施工作业楼层上;然后,在传递好的控制点上架设仪器,复测传递好的控制点,须符合国家标准工程测量规范中的相关规定。

(6)柱顶轴线(坐标)测量。利用传递上来的控制点,通过全站仪或经纬仪进行平面控制网放线,把轴线(坐标)放到柱顶上。

(7)悬吊钢尺传递标高。

1)利用标高控制点,采用水准仪和钢尺测量的方法引测。

2)多层与高层钢结构工程一般用相对标高法进行测量控制。

3)根据外围原始控制点的标高,用水准仪引测水准点至外围框架钢柱处,在建筑物首层外围钢柱处确定+1.000m标高控制点,并做好标记。

4)从做好标记并经过复测合格的标高点处,用50m标准钢尺垂直向上量至各施工层,在同一层的标高点应检测相互闭合,闭合后的标高点则作为该施工层标高测量的后视点并做好标记。

5)当超过钢尺长度时,另布设标高起始点,作为向上传递的依据。

(8)钢柱垂直度测量。

1)钢柱垂直度测量一般选用经纬仪。用两纬仪分别架设在引出的轴线上,对钢柱进行测量校正。当轴线上有其他障碍物阻挡时,可将仪器偏离轴线150mm以内。

2)钢柱吊装测量流程(见图11.10.5)。轴线激光点投测、闭合、测量、放线→确定柱顶位移值超偏处理→吊装钢柱,跟踪校正垂直度→柱垂直度校正,高强度螺栓初拧、终拧→整理吊装测量记录,确定施焊顺序及特殊部位处理方法→施焊中跟踪测量→焊接合格后柱轴线偏差测量→验收→提供下节钢柱预控数据。

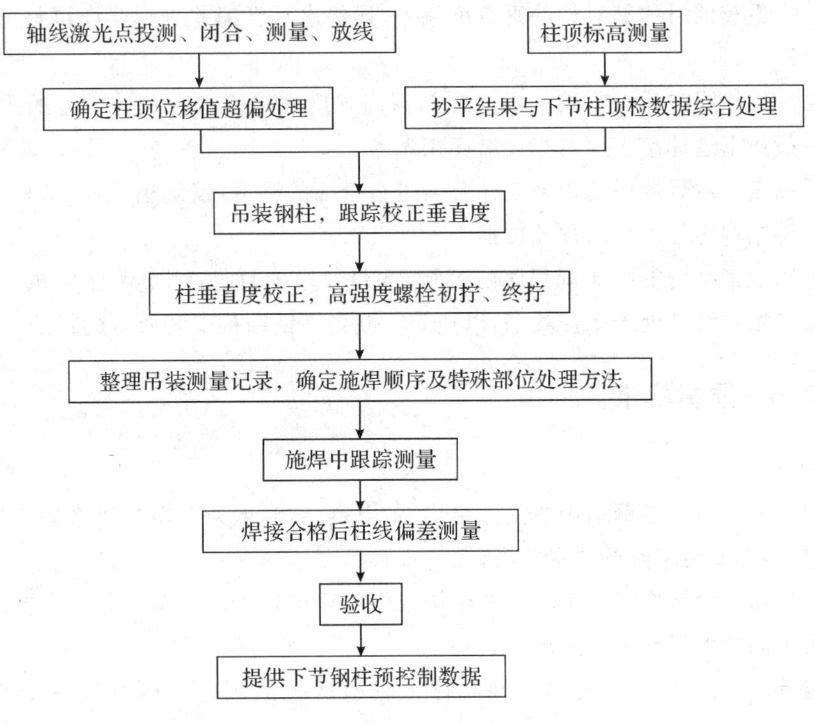

图11.10.5　钢柱吊装测量流程

3)当某一片区的钢结构吊装形成框架后,对这一片区的钢柱再进行整体测量校正。

4)钢柱焊前、焊后轴线偏差测定。

5)地下钢结构吊装前,用全站仪、水准仪检测柱脚螺栓的轴线位置,复测柱基标高及螺栓的伸出长度,设置柱底临时标高支承块。

(9)对钢结构安装测量的要求。

1)检定仪器和钢尺,保证精度。

2)基础验线。根据提供的控制点,测设柱轴线,并闭合复核。在测设柱轴线时,不宜在太阳暴晒下进行,钢尺应先平铺摊开,待钢尺与地面温度相近时再进行量距。

3)主轴线闭合,复核检验主轴线应从基准点开始。

4)水准点施测、复核检验水准点用附合法,闭合差应小于允许偏差。

5)根据场地情况及设计与施工的要求,合理布置钢结构平面控制网和标高控制网。

(10)钢结构安装工程中的测量顺序。测量工作必须按照一定的顺序贯穿于整个钢结构安装施工过程中,才能达到质量的预控目标。

建立钢结构安装测量的“三校制度”。钢结构安装测量经过基准线的设立,平面控制网的投测、闭合,柱顶轴线偏差值的测量以及柱顶标高的控制等一系列的测量准备,到钢柱吊装就位,就由钢结构吊装过渡到钢结构校正。

1)初校。初校的目的是要保证钢柱接头的相对对接尺寸,在综合考虑钢柱扭曲、垂偏、标高等安装尺寸的基础上,保证钢柱的就位尺寸。

2)重校。重校的目的是对柱的垂直度偏差、梁的水平度偏差进行全面调整,以达到标准要求。

3)高强度螺栓终拧后的复校。目的是掌握高强度螺栓终拧时钢柱发生的垂直度变化。这种变化一般用下道焊接工序的焊接顺序来调整。

4)焊后测量。对焊接后的钢框架柱及梁进行全面的测量,编制单元柱(节柱)实测资料,确定下一节钢结构构件吊装的预控数据。

5)通过以上钢结构安装测量程序的运行,测量要求的贯彻、测量顺序的执行,使钢结构安装的质量自始至终都处于受控状态,以达到不断提高钢结构安装质量的目的。

11.10.6 质量标准

(1)一般规定。

1)适用于多层与高层钢结构的主体结构、地下钢结构、檩条及墙架等次要构件、钢平台、钢梯、防护栏杆等安装工程的质量验收。

2)多层与高层钢结构安装工程可按楼层或施工段等划分为一个或若干个检验批。地下钢结构可按不同地下层划分检验批。

3)钢构件预拼装工程可按钢构件制作工程检验批的划分原则分为一个或若干个检验批,

4)预拼装所用的支承凳或平台应测量找平,检查时应拆除全部临时固定和拉紧装置。

5)进行预拼装的钢构件,其质量应符合设计要求和本标准合格质量标准的规定。柱、梁、支撑等构件的长度尺寸应包括焊接收缩余量等变形值。

6)安装柱时,每节柱定位轴线应从地面控制轴线直接引上,不得从下层柱的轴线引上。

7)结构的楼层标高可按相对标高或设计标高进行控制。

8)安装的测量校正、高强度螺栓安装、负温度下施工及焊接工艺等,应在安装前进行工艺试验或评定，并应在此基础上制定相应的施工工艺或方案。

9)安装偏差的检测，应在结构形成空间刚度单元并连接固定后进行。

10)安装时，必须控制屋面、楼面、平台等的施工荷载，施工荷载和冰雪荷载等严禁超过梁、桁架、楼面板、屋面板、平台铺板等的承载能力。

11)在形成空间刚度单元后，应及时对柱底板和基础顶面的空隙进行细石混凝土、灌浆料等二次灌浆。

12)吊车梁或直接承受动力荷载的梁其受拉翼缘、吊车桁架或直接承受动力荷载的桁架其受拉弦杆，不得焊接悬挂物和卡具等。

13)钢结构安装检验批应在进场验收和焊接连接、紧固件连接、制作等分项工程验收合格的基础上进行验收。

(2)基础和支承面主控项目。

1)建筑物的定位轴线、基础上柱的定位轴线和标高、地脚螺栓(锚栓)的规格和位置、地脚螺栓(锚栓)紧固应符合设计要求。当设计无要求时，应符合表 11.10.6-1 的规定。检查数量：按柱基数抽查 10%，且不应少于 3 个。检验方法：采用全站仪、经纬仪、水准仪和钢尺实测。

表 11.10.6-1　建筑物定位轴线、基础上柱的定位轴线和标高、地脚螺栓(锚栓)的允许偏差

项目	允许偏差/mm	图例
建筑物定位轴线	L/20000，且不应大于 3.0	
基础上柱的定位轴线	1.0	
基础上柱底标高	±2.0	
地脚螺栓(锚栓)位移	2.0	

2)多层建筑以基础顶面直接作为柱的支承面，或以基础顶面预埋钢板或支座作为柱的支承面时，其支承面、地脚螺栓(锚栓)位置的允许偏差应符合表 11.9.5-1 规定。检查数量：

按柱基数抽查10%,且不应少于3个。检验方法:采用全站仪、经纬仪、水准仪和钢尺实测。

3)多层建筑采用坐浆垫板时,坐浆垫板的允许偏差应符合表11.9.5-2规定。检查数量:资料全数检查。按柱基数抽查10%,且不应少于3个。检验方法:采用全站仪、经纬仪、水准仪和钢尺实测。

4)当采用杯口基础时,杯口尺寸的允许偏差应符合表11.9.5-3规定。检查数量:按基础数抽查10%,且不应少于4处。检验方法:观察及尺量检查。

(3)基础和支承面一般项目。地脚螺栓(锚栓)尺寸有允许偏差应符合表11.9.5-4的规定。检查数量:按基础数抽查10%,且不应少于3处。检验方法:用钢尺现场实测。

(4)预拼装主控项目。高强度螺栓和普通螺栓接的多层板叠,应采用试孔器进行检查,并应符合下列规定。

1)当采用比孔公称直径小1.0mm的试孔器检查时,每组孔的通过率不应小于85%。

2)当采用比螺栓公称直径大0.3mm的度孔器检查时,通过率应为100%。检查数量:按预拼装单元全数检查。检验方法:采用试孔器检查。

(5)预拼装一般项目。预拼装的允许偏差应符合表11.10.6-2的规定。检查数量:按预拼装单元全数检查。检验方法见表11.10.6-2。

表11.10.6-2　钢结构预拼装的允许偏差

构件类型	项目		允许偏差/mm	检验方法
多节柱	预拼装单元总长		±5.0	用钢尺检查
	预拉装单元弯曲矢高		L/1500,且不应大于10.0	用拉线和钢尺检查
	接口错边		2.0	用焊缝量规检查
	预拼装单元柱身扭曲		H/200,且不应大于5.0	用拉线、吊线和钢尺检查
	顶紧面至任一牛腿距离		±2.0	用钢尺检查
梁、桁架	跨度最外两端安装孔或两支承面最外侧距离		+5.0,−10.0	
	接口截面错位		2.0	用焊缝量规检查
	拱度	设计要求起拱	±L/5000	用拉线和钢尺检查
		设计未要求起拱	L/2000	
	节点处杆件轴线错位		4.0	划线后用钢尺检查
管构件	预拼装单元总长		±5.0	用钢尺检查
	预拼装单元弯曲矢高		L/1500,且不应大于10.0	用拉线和钢尺检查
	对口错边		t/10,且不应大于3.0	用焊缝量规检查
	坡口间隙		+2.0,−1.0	

续表

构件类型	项目	允许偏差/mm	检验方法
构件平面总体预拼装	各楼层柱距	±4.0	用钢尺检查
	相邻楼层梁与梁之间距离	±3.0	
	各层间框架两对角线之差	$H/2000$，且不应大于5.0	
	任意对角线之差	$\sum H/2000$，且不应大于8.0	

(6)安装和校正主控项目。

1)钢构件应符合设计要求、规范和本工艺标准的规定。运输、堆放和吊装等造成的构件变形及涂层脱落，应进行矫正和修补。检查数量：按构件数抽查10%，且不应少于3个。检验方法：用拉线、钢尺现场实测或观察。

2)柱子安装的允许偏差应符合表11.10.6-3的规定。检查数量：标准柱全部检查；非标准柱抽查10%，且不应少于3根。检验方法：采用全站仪、经纬仪、水准仪和钢尺实测。

表11.10.6-3　柱子安装的允许偏差

项目	允许偏差/mm	图例
底层柱柱底轴线对定位轴线偏移	3.0	
柱子定位轴线	1.0	
单节柱的垂直度	$h/1000$，且不应大于10.0	

3)钢主梁、次梁及受压杆件的垂直度和侧向弯曲矢高的允许偏差应符合表10.5.4-1的规定。检查数量：按同类构件数抽查10%，且不应少于3个。检验方法：用吊线、拉线、经纬仪和钢尺现场实测。

4)设计要求顶紧的节点，接触面不应少于70%紧贴，且边缘最大间隙不应大于0.8mm。检查数量：按节点数抽查10%，且不应少于3个。检验方法：用钢尺及0.3mm和0.8mm的塞尺现场实测。

5)多层与高层钢结构主体结构的整体垂直度和整体平面弯曲的允许偏差应符合表11.10.6-4的规定。检查数量：对主要立面全部检查。对每个所检查的立面，除两列角柱外，还应至少选取一列中间柱。检验方法：对于整体垂直度，可采用激光经纬仪、全站仪测量,也可根据各节柱的垂直度允许偏差累计(代数和)计算。对于整体平面弯曲,可按产生的允许偏差累计(代数和)计算。

表 11.10.6-4 整体垂直度和整体平面弯曲的允许偏差

项目	允许偏差/mm	图例
主体结构的整体垂直度	H/2500+10.0,且不应大于 50.0	
主体结构的整体平面弯曲	L/1500,且不应大于 25.0	

(7)安装和校正一般项目。

1)钢结构表面应干净,结构主要表面不应有疤痕、泥沙等污垢。检查数量:按同类构件数抽查 10%,且不应少于 3 件。检验方法:观察检查。

2)钢柱等主要构件的中心线及标高基准点等标记应齐全。检查数量:按同类构件数抽查 10%,且不应少于 3 件。检验方法:观察检查。

3)钢构件安装的允许偏差应符合《钢结构工程施工质量验收规范》(GB 50205—2001)表 E.0.5 的规定。检查数量:按同类构件或节点数抽查 10%。其中柱和梁各不应少于 3 件,主梁与次梁连接节点不应少于 3 个,支承压型金属板的钢梁长度不应少于 5m。检验方法:采用水准仪、钢尺和直尺检查。

4)主体结构总高度的允许偏差应符合《钢结构工程施工质量验收规范》(GB 50205—2001)表 E.0.6 的规定。检查数量:按标准柱列数抽查 10%,且不应少于 4 列。检验方法:采用全站仪、水准仪、钢尺实测。

5)当钢构件安装在混凝土柱上时,其支座中心对定位轴线的偏差不应大于 10mm;当采用大型混凝土屋面板时,钢梁(或桁架)间距的偏差不应大于 10mm。检查数量:按同类构件数抽查 10%,且不应少于 3 榀。检验方法:用拉线和钢尺现场实测。

6)多层及高层钢结构中钢吊车梁或直接承受动力荷载的类似构件,其安装的允许偏差应符合《钢结构工程施工质量验收规范》(GB 50205—2001)附录 E 中表 E.0.2 的规定。检查数量:按钢吊车梁数抽查 10%,且不应少于 3 榀。检验方法:见《钢结构工程施工质量验收规范》(GB 50205—2001)附录 E 中表 E.0.2。

7)多层与高层钢结构中檩条、墙架等镒要构件安装的允许偏差应符合《钢结构工程施工质量验收规范》(GB 50205—2001)表 E.0.3 的规定。检查数量:按同类构件数抽查 10%,且不应少于 3 件。检验方法:用经纬仪、吊线和钢尺现场检查。

8)多层与高层钢结构中钢平台、钢梯、栏杆安装应符合现行国家标准《固定式钢直梯》(GB 4053.1—2009)、《固定式钢斜梯》(GB 4053.2—2009)、《固定式防护栏杆》(GB 4053.3—

2009)、《固定式钢平台》(GB 4053.4—2009)的规定。钢平台、钢梯和防护栏杆安装的允许偏差应符合表10.5.5－1的规定。检查数量:按钢平台总数抽查10%,栏杆、钢梯按总长度各抽查10%,但钢平台不应少于1个,栏杆不应少于5m,钢梯不应少于1跑。检验方法:用经纬仪、水准仪、吊线和钢尺现场实测。

9)多层与高层钢结构中现场焊缝组对间隙的允许偏差应符合表10.5.5的规定。检查数量:按同类节点数抽查10%,且不应少于3个。检验方法:用钢尺现场实测。

11.10.7 成品保护

(1)防潮、防压措施。重点是高强度螺栓、栓钉、焊条、焊丝等,要求以上成品堆放在库房的货架上,最多不超过四层。

(2)钢构件堆放措施。要求场地平整、牢固、干净、干燥,钢构件分类堆放整齐,下垫枕木,叠层堆放也要求垫枕木,并要求做到防止变形、牢固、防锈蚀。

(3)施工过程中控制措施。不得对已完工构件任意焊割,对施工完毕并经检测合格的焊缝、节点板处马上进行清理,并按要求进行封闭。

(4)交工前成品保护措施。成品保护专职人员按区域或楼层范围进行值班保护工作,并按方案中的规定、职责、制度做好所有成品保护工作。

11.10.8 安全与环保措施

(1)高空作业中的设施、设备,必须在施工前进行检查,确认其完好,方能投入使用。

(2)攀登和悬空作业人员,必须持证上岗,定期进行专业知识考核和体格检查。作业过程应戴安全帽,系好安全带。

(3)施工作业场所有可能坠落的物件,应一律先进行撤除或加以固定。

高空作业中所用的物料,应堆放平稳,不妨碍通行和装卸。

随手用的工具应放在工具袋内。

作业中,走道内余料应及时清理干净,不得任意抛掷或向下丢弃。

传递物件禁止抛掷。

(4)雨天和雪天进行高空作业时,必须采取可靠的防滑、防寒和防冻措施。对于水、冰、霜、雪均应及时清除。

对高耸建筑物施工,应事先设置避雷设施,遇有6级及以上强风、浓雾等恶劣天气,不得进行露天攀登和悬空高处作业。施工前到当地气象部门了解情况,做好防台风、防雨、防冻、防寒、防高温等措施。暴风雨及台风暴雨前后,应对高空作业安全设施逐一加以检查,发现问题,立即加以完善。

(5)钢结构吊装前,应进行安全防护设施的逐项检查和验收。验收合格后,方可进行高空作业。

(6)多层与高层及超高层钢结构楼梯,必须安装临时护栏。顶层楼梯口应随工程进度安装正式防护栏杆。

(7)桁架间安装支撑前应加设安全网。

(8)柱、梁等构件吊装所需的直爬梯及其他登高用的拉攀件,应在构件施工图或说明内做出规定,攀登的用具在结构构造上,必须牢固、可靠。

(9)钢柱安装登高时,应使用钢挂梯或设置在钢柱上爬梯。钢柱安装时应使用梯子或操作台。

(10)登高安装钢梁时,应视钢梁高度,在两端设置挂梯或搭设钢管脚手架。在梁面行走时,其一侧的临时护栏横杆可采用钢索,当改为扶手绳时,绳的自由下垂度不应大于 $L/20$,并应控制在 100mm 以内。

(11)在钢屋梁上下弦登高操作时,对于三角形屋架应在屋脊处,梯形屋架应在两端设置攀登时上下的梯架。

钢屋架吊装前,应在上弦设置防护栏杆;并应预先在下弦挂设安全网,吊装完毕后,即将安全网铺设、固定。

(12)钢结构的吊装,构件应尽可能在地面组装,并搭设临时固定、电焊、高强度螺栓连接等操作工序的高空安全设施,随构件同时安装就位,并应考虑这些安全设施的拆卸工作。高空吊装大型构件前,也应搭设悬空作业中所需的安全设施。

(13)结构安装过程中,各工种进行上下立体交叉作业时,不得在同一垂直方向上操作。下层作业的位置,必须处于依上层高度确定的可能坠落范围半径之外;不符合以上条件时,应设置安全防护层。

(14)结构施工自二层起,凡人员进出的通道口(包括井架、施工用电梯的进出通道口等),均应搭设安全防护棚。高层超出 24m 的层以上的交叉作业,应设双层防护。

(15)由于上方施工可能坠落物件或处于起重机起重臂回转范围之内的通道,在其受影响的范围内,必须搭设顶部能防止穿透的双层防护棚。

(16)在高空气割或电焊切割施工时,应采取措施防止割下的金属或火花落下伤人或引起火灾。

(17)构件安装后,必须检查连接质量,无误后,才能摘钩或拆除临时固定工具,以防构件掉落伤人。

(18)各种起重机严禁在架空输电线路下面工作,在通过架空输电线路时,应将起重臂落下,并确保与架空输电线的垂直距离符合表 11.10.8 的规定。

表 11.10.8　起重机与架空输电线的安全距离

输电线电压/kV	与架空线的垂直距/m	水平安全距离/m
1	1.3	1.5
1～20	1.5	2.0
35～110	2.5	4.0
154	2.5	5.0
220	2.5	6.0

(19)施工材料的存放、保管,应符合防火安全要求,易燃材料必须专库储备;化学易燃品和压缩可燃性气体容器等,应按其性质设置专用库房分类堆放。

(20)在焊接节点处,用钢管搭设防护栏杆,在栏杆周围用彩条布围住,防止电弧光和焊接产生的烟尘外露。

11.10.9 质量记录

与第 11.9.8 单层钢结构安装质量记录相同。

11.11 轻型钢结构制作与安装施工工艺标准

轻型钢结构系采用小型角钢、圆钢和薄钢板等材料组成的简易钢结构。它具有取材方便,结构轻巧、美观,用钢量少(8～15kg/m^2);制作、运输、安装方便,可用较简单的机具设备,装拆容易,造价较低等优点。其制作特点是构件数量多,截面小,易焊接变形,要求制作几何尺寸(特别是孔眼)准确,使能在安装中具有互换性,质量要求严。本工艺标准适用于作简易住宅的屋架、檩条、托架支柱等构件,亦可用于跨度不大于 18m、安有起重量不大于 5t 的轻中级工作制吊车的加工房、仓库等钢结构工程。工程施工应以设计图纸和有关施工质量验收规范为依据。

11.11.1 材料要求

(1)钢材。一般采用 Q235 钢、16Mn 钢,应有质量证明书,并应符合设计要求及国家有关标准的规定。

(2)焊条。型号按设计或规范要求选用,并应有出厂合格证明;药皮脱落或焊芯生锈的焊条不得使用。

(3)螺栓。型号、规格符合设计要求,并应有质量证明书;锈蚀、碰伤、丝扣损坏的不得使用。

(4)涂料。防腐油漆涂料的品种、牌号、颜色及配套底漆、腻子,应符合设计要求和国家标准的规定,并有产品质量证明书。

11.11.2 主要机具设备

(1)机械设备。包括剪切机、冲剪机、砂轮锯、手电钻、钻床、手抬压杠钻、除锈机、杠杆压力机、顶床、履带式或轮胎式起重机(也可用桅杆式起重机和卷扬机,运输机械可使用各种汽车和平板拖车)以及电、气焊设备等。

(2)主要工具。包括卡具、夹具、楔铁、滑轮、倒链、钢丝绳、卡环、绳夹、塞尺、钢卷尺、棕绳、铁扁担、千斤顶、线坠、经纬仪、水平仪、塔尺等。

11.11.3 作业条件

(1)根据设计单位提供的设计文件、资料绘制钢结构施工详图。

(2)编制作业工艺卡,组织学习图纸和有关技术规程,向作业小组进行技术交底。

(3)对所供应的原材料按设计要求逐一进行物理性能和化学成分的检验;检查原材料、焊条质量证明书;原材料运进工厂或现场按规格和数量进行清点,并分类整齐堆放,以备使用。

(4)根据制作工艺要求备齐机具设备以及施工用料;对焊工进行考试,经考试合格取得相应施焊条件的合格证者才准操作,并按其技术水平定人、定点并编号。

(5)运到现场的钢结构构件,必须有出厂合格证;各类拼装连接件、垫板及螺栓、铆钉的规格和数量应符合安装要求。

(6)柱基础施工完毕,强度达到要求,回填土完,并办理交接验收手续。

(7)在柱基上用专用砂浆找平标高,弹好安装十字轴线,检查螺栓平面位置和外露长度,应符合要求。

(8)按安装单元构件明细表核对进场构件,要求准备齐全,以保证结构安装的稳定性和连续性。

(9)对钢结构构件进行复查,发现制作焊缝不符合质量要求时,必须补焊处理后,方准安装。

(10)需现场拼装的构件,应搭好拼装平台,要求稳固,表面平整,高差不大于 3mm。

(11)参加拼装和安装钢结构构件的焊工,应经考试合格方可上岗。

(12)在钢柱、屋架等钢构件上弹安装中心线及连接构件的位置线。

(13)准备好连接件,并将各有关钢构件的连接件事先焊在某一钢构件的设计位置上以减少高空作业。

(14)准备好吊装起重设备、绳索、吊具及安装工具,焊接设备保持完好状态;搭设供施工人员高空作业上下用的梯子、平台、栏杆等。

11.11.4 施工操作工艺

(1)结构型式构造。

1)轻型钢结构屋架型式有三角形、三铰拱形和棱形等(见图 11.11.4-1)。屋架上弦杆多采用两个小型角钢组成的“┐ ┌”形截面,下弦、腹杆用圆钢筋或小型单角钢。节点构造如图 11.11.4-2。三铰拱屋架由两根斜梁和一根水平拱拉杆组成,多采用平面桁架式或倒置三角形的空间桁架形式,上弦通常采用角钢,下弦杆用角钢或圆钢,腹杆多用圆钢加工成连续蛇形或 W 形;拱拉杆采用圆钢或双圆钢,在跨中设花篮螺栓或在端头设双螺母拉紧;为减少拉杆下垂,在中间设圆钢吊杆。

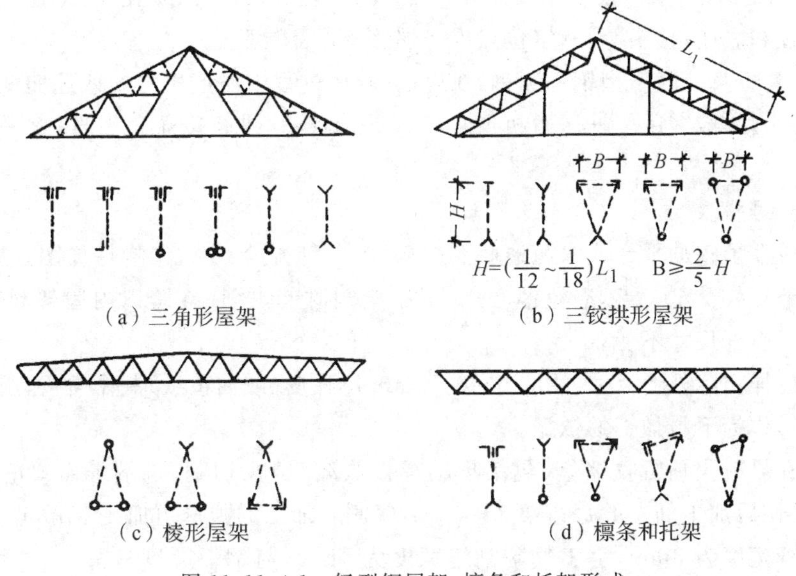

(a) 三角形屋架　(b) 三铰拱形屋架

(c) 棱形屋架　(d) 檩条和托架

图 11.11.4-1　轻型钢屋架、檩条和托架形式

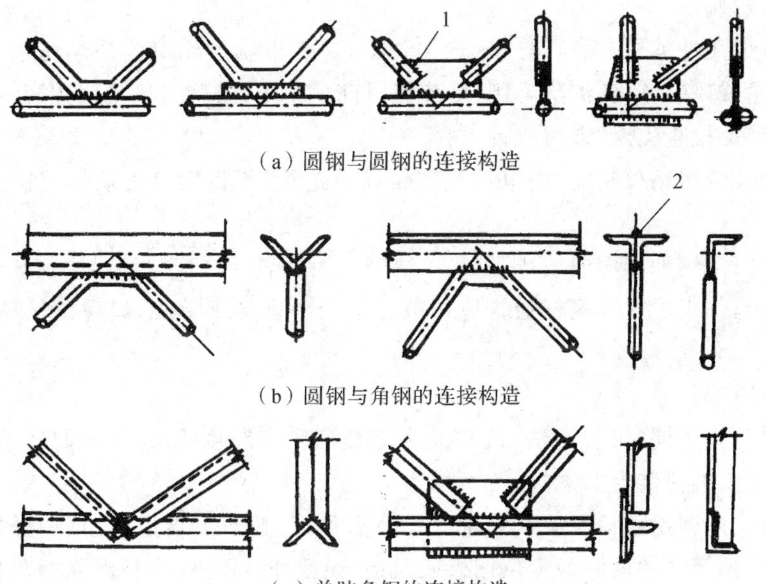

(a) 圆钢与圆钢的连接构造

(b) 圆钢与角钢的连接构造

(c) 单肢角钢的连接构造

1—圆钢插入后连接；2—二个角钢相拼后焊接

图 11.11.4-2　轻型钢屋架节点构造

2)轻型檩条和托架截面，压杆多用小角钢，拉杆和压力很小的杆件用圆钢筋。亦有的采用异型薄壁型钢。

3)钢柱用组合型钢或单根钢管，或用钢板组合成工字形或 H 形，下焊底座，上焊柱头，亦有的采用柱梁组合在一起的人字式钢梁门(屋)架，四周布墙梁，外表面挂镀锌压型钢板。

(2)制作工艺流程。原材料矫直→放样、号料→下料(剪切、气割)→零件加工(钻孔、零件煨弯、小装配件焊接等)→焊定位架(挡)→总装配(装屋架杆件、檩托、支撑连接板、下弦有关零件以及柱和底座、柱头等)→定位点焊→焊接→成品检验。

(3)原材料矫直。轻型型钢和圆钢,在运输、堆放过程中易产生弯曲或翘曲变形,下料前应予矫直、整平,一般多用杠杆压力机或顶床等并加模垫,进行冷矫正平直、整平,使达到合格的要求。

(4)放样、号料。

1)放样应在平整的平台或水泥地面上进行,以1∶1的尺寸放出构件详图。屋架应使杆件重心线在节点处交汇一点,避免偏心;上下弦应同时起拱(15m跨以内屋架起拱值10mm左右),并使竖腹杆尺寸不变。

2)根据放样实际外形尺寸,用0.5～0.75mm厚铁皮(或油毡纸)制作样板,用铁皮(或扁铁)制作样杆,作为下料加工的依据。

3)放样和号料应预留收缩量(包括现场焊接收缩量)及切割、铣端等需要的加工余量。铣端余量:剪切后加工的一般每边架3～4mm,气割后加工的则每边加4～5mm。切割余量:自动气割割缝宽度为3mm,手工气割割缝宽度为4mm(与钢板厚度有关)。号料允许偏差为:长度1mm,孔距0.5rmn。

(5)下料成型。

1)切割一般用冲剪机、无齿锯或砂轮锯切割;特殊形状可用氧乙炔焰切割,用小口径割嘴,端头用砂轮或风铲整修,清除毛刺、熔渣等,打磨平整,并打坡口(或刨边),每根杆件先下一根料,经试装配检查无误,方可成批下料。

2)杆件钻孔应用钻模制孔,用电钻或在钻床上进行,不得用氧乙炔焰气割成孔,以免损伤母材。

3)圆钢煨弯多用加热弯曲法,即用氧乙炔焰焊炬加热,弯曲半径处,边加热边弯曲,小直径钢筋可用冷弯加工。蛇形腹杆通常以两节以上为一个加工单元,以保证平整和减少节点焊缝。

(6)构件装配。

1)屋架(桁架,下同)组装方法,有平装和立装两种。跨度15m以内的轻型屋架宜用平装法,在平整坚实的拼装台上进行。

2)在平台上先弹出整榀屋架几何轴线及节点位置,校对无误后,用钢冲做好标记,然后划线,在屋架外形尺寸的两侧焊定位钢板或型钢,使弦杆与檩条、支撑连接板处的位置正确,但每一固定点应避开节点位置。焊接时,再用卡具将屋架和定位钢板卡紧,以防止焊接变形。

3)装配宜用装配胎模,按胎模形状装配,以保证几何尺寸的准确。屋架组装顺序是:先将上、下弦杆摆放就位,再放连接板(点焊),再后由跨中向两侧左右对称装上下弦连接腹杆,最后组装两端支座。组装时,构件的中心线应力求在同一水平面上,其误差不得大于3mm,连接板中心的误差不得大于2mm。整个屋架组装完毕,要通盘检查几何尺寸、跨度、起拱及杆件焊缝长度是否满足设计要求。

4)简单双角钢桁架多采用复制法,先按放样将一面组装定位焊好,然后翻身组装并定位焊另一面。翻身时须用杉木杆或其他材料横向进行加固,使屋架各点受力均匀,防止侧向变形。

5)杆件截面由三根杆件组成的"▽"形空间结构,如棱形桁架,可先装成单片平面桁架,然后再点焊另一角零件组合成三角形截面,装配腹杆间距要均匀,无论弦杆或腹杆均应先单肢拼配焊接矫正后,然后进行拼装。

6)工字柱组装前,腹板应修边,须将柱中心线标注在腹板、翼板上(标三个面,二个小面,一个大面)。组装时要垫平,中心线对齐,用拉通线法进行检查。腹板与翼板之间要顶紧,以减小缝隙,上下翼板的错位要求不大于 1mm,接头缝隙宽度的偏差不大于 1mm,缝隙处的坡口角偏差不大于±5°,然后将拼装板装上,用夹具与母材夹紧后进行点焊。

(7)焊接。

1)焊接宜用小直径(2.5～3.2mm)焊条,采用较小的电流焊接,防止发生咬肉、烧穿、夹渣等缺陷。当有多种焊缝时,相同电流强度焊接的焊缝宜同时焊完,然后调整电流强度焊另一种焊缝,焊条使用前要烘干。

2)焊接顺序。由中间向两端对称施焊,相同高度焊缝尽量一次焊完,避免多次调电流,影响焊接质量。焊接斜梁的圆钢腹杆与弦杆连接焊缝时,应尽量采用围焊,以增加焊缝长度,避免或减少节点的偏心。

3)圆钢与圆钢、圆钢与钢板之间的贴角焊缝的有效厚度应不小于 $0.2d$(d 为圆钢直径)或 3mm,且不大于 1.2 倍钢板厚度,焊缝计算长度不小于 20mm。

4)工字形柱的腹板对接头,要求坡口等强焊接,焊透全截面,并用引弧板施焊,腹板及翼缘板接头应错开 200mm。焊口必须平直,工字形柱的四条焊缝应按工艺顺序一次焊完,焊缝高度一次焊满成形,避免焊缝超高。单个对接口处的焊接顺序为:先焊横缝,后焊纵缝,要严格控制焊接电流,尽可能避免仰焊,可用自制船形翻转焊胎(图 11.11.4-3)进行,以保证焊接质量。

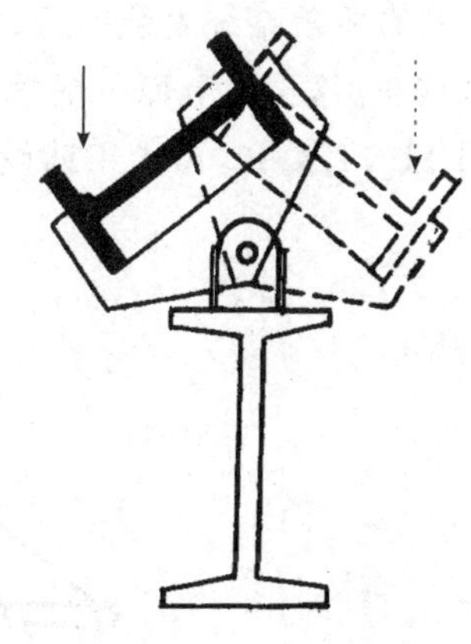

图 11.11.4-3 船形翻转焊胎

5)对于檩条等小型构件,可使用一种辅助固定卡具或夹具,或辅助定位板,以保证结构的几何尺寸正确。

(8)防腐。

1)钢构件涂漆前,应将构件上的锈皮氧化层、毛刺、焊渣等清除干净。一般采用钢丝刷、砂布、铲刀等工具手工清除,或用电动钢丝刷或喷砂法除锈,至露出金属本色为止。油污应用无毒、无害清洗剂清洗干净。

2)构件清除铁锈和油污干燥后,应立即刷防腐涂料,否则应保持构件表面及堆放环境干燥或涂磷化底漆一度保护。

3)构件涂漆种类、涂刷遍数和漆膜厚度应按设计要求施工。底漆面漆应配套。一般涂红丹底漆两度,铅油或调和漆面漆一到二度;或醇酸底漆一度,醇酸磁漆面漆一到二度;或涂磷化底漆一度,环氧铁红两度(工厂两度,工地补涂),面漆一度或两度;腻子亦应按不同品种油漆选用相对应品种的腻子。

4)涂面漆时,须将黏附在底漆上的油污、泥土清除干净后才能进行。如发现底漆起鼓、脱落等情况,须返工后方能涂面漆。施工中注明不涂漆的部位,均不得涂漆。所有焊接部位,焊好需补涂油漆部位及构件表面被损坏的油漆涂层,应及时补涂,不得遗漏。

(9)结构安装工艺。

1)轻型钢结构主体结掏安装一般采用综合安装法,系按节间,一节间一节间,从下到上一件一件地进行安装。安装顺序是:柱→柱间墙梁、拉结条→屋架(或组合屋面梁)→屋架间水平支撑、垂直支撑→檩条、拉结条→压型屋面板→压型墙板。

2)构件可用轮胎式起重机或汽车式起重机,或桅杆式起重机,垂直起吊和就位。为防止构件变形,可根据情况采用辅助吊架、多点绑扎或加固措施。

3)柱、屋架构件应随安装随吊线坠校正。校正后,构件间随用螺栓固定。檩条和墙梁间的拉杆应先预张紧,以增加屋面和墙面刚度,并传递屋面、墙面荷载,但避免过紧,而使檩条、墙梁侧向变形。屋架上弦水平支撑,应在屋架与檩条安装完后拉紧,以增强屋盖的刚度。

4)当起重机的起重高度和起重量能满足要求时,亦可采用组合安装法,可每两榀屋架一组预组装,将檩条、支撑系统、屋面压型板安上,螺栓拧紧,作为吊装单元;用起重机吊起,采取一节间间隔一节间整体吊装到柱头就位,以减少高空作业,发挥起重设备的效率,加快安装进度。两组整体屋盖间,另组装半榀屋盖,在跨外两侧吊装。每安完两组柱子,将其间上下两根钢墙梁用滑车挂在柱头吊起安上,以保证两组柱间纵向的稳定。

5)屋盖系统安装完后,应将现场焊缝接头检查一遍,点焊和漏焊的安装焊缝应补焊,或修正后,再由上而下铺设屋面压型板。压型板吊装用铁扁担吊具成捆送到屋面檐口(见图 11.11.4-4),由人工铺设,要求卡牢、紧密不透风。

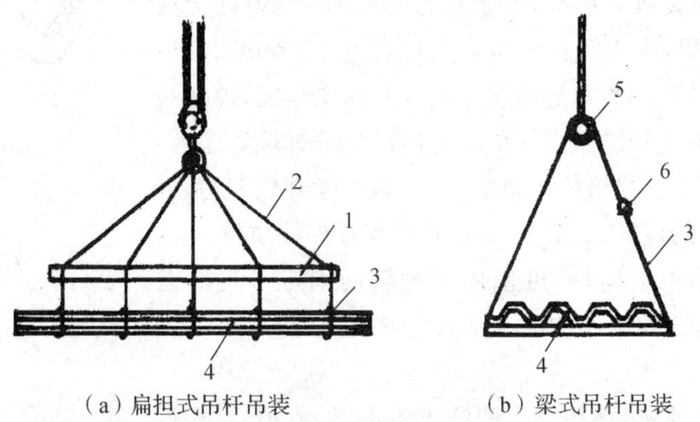

(a) 扁担式吊杆吊装　　(b) 梁式吊杆吊装

1—扁担式吊杆(平衡梁);2—吊索;3—尼龙绳;4—成捆压型板;

5—Φ200mm×5mm 梁式吊杆;6—U 形卡环

图 11.11.4-4　压型板的吊装

6)轻型钢结构墙体结构为异型钢墙梁上挂镀锌压型钢板,板与板之间用抽芯铝铆钉(拉铆钉)铆接连接。墙梁安装系在柱头挂滑车将梁吊起就位、固定。墙板用滑车从地面吊起就位,工人站在可沿墙纵向移动的脚手操作平台上,一人在前用手电钻钻孔,一人在后用铆钉枪上铆钉,各层作业可同时进行。

11.11.5　质量标准

(1)轻钢结构的制作标准与普通钢结构加工制作施工工艺标准相同。

(2)轻钢结构的安装标准与单层钢结构安装施工工艺标准相同。

(3)轻钢结构的制作与安装允许偏差。轻型钢结构制作与安装的允许偏差及检验方法见表 11.11.5-1 和表 11.11.5-2。

表 11.11.5-1　轻型钢结构制作的允许偏差和检验方法

序号	项目		允许偏差/mm	检验方法
1	柱底面到柱端与桁架连接的最上一个安装孔距离(L)		$\pm L/1500$ ± 15.0	用钢尺检查
2	柱底面到牛腿支承面距离(L_1)		$\pm L_1/2000$ ± 8.0	用钢尺检查
3	柱受力支托表面到第一个安装孔距离		±1.0	用钢尺检查
4	牛腿面的翘曲		2.0	用拉线、直角尺和钢尺检查
5	柱身弯曲矢高		$H/1000$ 12.0	
6	柱身扭曲	连接处 其他处	±3.0 ±8.0	用拉线、吊线和钢尺检查
7	柱截面几何尺寸	连接处 其他处	±3.0 ±4.0	用钢尺检查
8	柱脚底板平面度		5.0	用 1m 直尺和塞尺检查
9	柱脚螺栓孔中心对柱轴线的距离		3.0	用钢尺检查
10	桁架跨度最外端两个孔、或两端支承处最外的距离 L_0	$L_0 \leqslant 24$	+3.0 −7.0	用钢尺检查
		$L_0 > 24$	+5.0 −10.0	
11	桁架跨中高度		±10.0	用钢尺检查
12	桁架跨中拱度	设计要求起拱	$\pm L_0/5000$	用拉线和钢尺检查
		设计未要求起拱	10.0 −5.0	
13	桁架支承面到第一个安装孔距离		±1.0	用钢尺检查
14	桁架相邻节间弦杆的弯曲		$L_0/1000$	用拉线和钢尺检查
15	檩条连接支座间距		±5.0	用钢尺检查
16	桁架杆件轴线交点错位		3.0	划线后用钢尺检查

注：H 为柱高度；L_0 为桁架跨度。

表 11.11.5-2　轻型钢结构安装的允许偏差和检验方法

序号	项目			允许偏差/mm	检验方法
1	柱	柱中心线与定位轴线偏差	5	用吊线和钢尺检查	
2		柱基准点标高	有吊车梁	+3,−5	用水准仪检查
			无吊车梁	+5,−8	
3		柱垂直度		10	用经纬仪或吊线和钢尺检查
4		柱的侧向弯曲		H/1000，且不大于 15	用经纬仪或拉线和钢尺检查
5	屋架纵、横梁	桁架弦杆在相邻节点间平直度		l/1000,且不大于 5	用拉线和钢尺检查
6		檩条间距		±5	用钢尺检查
7		垂直度		h/250,且不大于 15	用经纬仪或吊线和钢尺检查
8		侧向弯曲		L/1000,且不大于 10	用拉线和钢尺检查

注:H 为柱高度;h 为屋架和纵、横梁高度;L 为屋架、纵、横梁长度;l 为弦杆在相邻节点间的距离。

11.11.6　成品保护

(1)构件堆放场地应平整、坚实,并有良好的排水措施。

(2)构件吊放、堆放应根据构件的类型选择好节点和支点,桁架类构件的吊点和支点应选择在节点处,并应有防止扭曲变形及损坏的措施。

(3)屋架桁架等重心较高的构件应立放,并设置临时支撑,以防倾倒损坏。钢构件叠层堆放时,支座处需垫平,构件之间用垫木隔开,垫木应在同一垂直线上,以保证不发生变形和损坏。

(4)构件吊运堆放过程中,不得随意在构件上开孔或切断任何构件,不得遭受任何撞击。

(5)遇下雨、下雪、刮风沙,应采取必要措施加以保护,以防雨雪、尘土污染而损坏油漆。

(6)安装构件和屋面、墙面压型板时,不得碰撞已安装好的构件。

(7)吊装损坏的防腐底漆应补涂,面漆不得漏涂或欠涂。

11.11.7　安全措施

(1)轻型钢结构刚度差,屋架安装侧向必须加固(一般可用原木);每安装好一榀屋架,应立即校正并与前一榀屋架进行固定,以保持屋盖空间的稳定。

(2)屋面檩条、水平支撑及压型板安装下部应挂安全网,四周设安全栏杆;墙面构件和压型板安装时,工人应系安全带。

(3)其他安全措施与第 11.1.7 节普通钢结构加工制作安全与环保措施及第 11.9.6 节

单层钢结构安装安全措施相同。

11.11.8　施工注意事项

(1)组装屋架、桁架等构件必须注意起拱,以防止受力时产生向下弯曲的变形,而影响使用功能和寿命。

(2)组装接头的连接板必须平整,连接表面及沿焊缝位置每边30～50mm范围内的铁锈、毛刺和污垢、油污,必须清除干净。所有组装节点焊缝长度和高度应符合设计要求,以保证构件质量。

(3)焊接组装的定位点焊应由有合格证的焊工操作。焊接材料型号应与设计要求相同。点焊的焊条直径不宜超过4mm,焊缝高度不宜超过设计焊缝的2/3,长度宜为高度的6～7倍,间距宜为300～400mm,其质量要求应与正式焊缝相同。

(4)除定位点焊和设计焊缝外,严禁在组装构件上焊其他无关的焊点或焊缝,同时不得在焊缝以外的构件表面和焊缝的端部打火、起弧和灭弧。

(5)刮风天、雨天、低温(－5℃以下)天气不宜进行焊接作业,或应有相应的保护措施(如设挡风墙,低温下施焊采取预热焊件至100～150℃等),注意防潮和保持焊接口清洁。

(6)焊接轻型钢结构构件,因刚度差,易产生变形,焊接时应采取预防构件变形的措施,一般有如下几种。

1)严格控制下料尺寸,尽量采用焊接工艺参数小的方法施焊。

2)在节点施加反弯措施。

3)焊缝缓冷,分段轮流施焊。

4)选择合理的焊接次序,以减小变形,如屋架桁架宜先焊下弦,后焊上弦,先跨中向两侧左右对称进行,后焊两端。

5)对焊缝不多的节点应一次施焊完毕,焊接次序应由中央向两侧对称施焊。

6)对主要受力节点焊接,采取分层、分段施焊。

7)头道焊缝适当加大电流,减慢焊速,保证根部熔透,但不得咬肉,待冷却后再焊第二道,不使其过热,以提高焊缝质量,减小变形等。

(7)构件焊完后经检查,如构件仍有变形,对Ⅰ级钢可用火焰校正;对Ⅱ级钢可用千斤顶矫正;对焊接过程中造成的焊缝尺寸不够、咬肉、凹坑应予补焊;如有裂缝、夹渣、焊瘤、烧穿、针状气孔和熔合性飞溅等缺陷,应铲除重焊;焊缝应铲磨平整。处理后表面缺陷的深度不得大于材料厚度公差范围。

(8)轻型钢结构现场拼装,应注意起拱,防止构件下弯变形。

(9)安装时如螺栓孔眼不对,不得任意用气焊扩孔或改为焊接,应及时报告技术负责人,经与设计单位研究后,按设计要求和规范进行处理。

(10)现场安装焊缝应由考试合格的焊工操作,焊接部位应编号,并做好记录质量问题。全部焊缝应进行全数外观检查,达不到要求的焊缝补焊后应复验。

(11)安装时应注意施工荷载,不要超过设计规定。

11.11.9 质量记录

(1)制作与安装所用钢材、连接材料和涂料等的材料质量证明书或试验、复验报告。

(2)焊接质量检测报告。

(3)主要构件验收记录、结构安装检测记录及质量评定资料。

(4)钢结构涂装检测资料。

11.12 钢结构压型板安装施工工艺标准

压型钢板是用薄钢板辊压成型,具有波纹、一定强度和刚度的金属板材。在高层钢结构建筑中,一般多采用压型钢板与钢筋混凝土组成的组合楼层,其构造型式为:压型板+栓钉+钢筋+混凝土。楼层结构由栓钉将钢筋混凝土、压型钢板和钢梁组合成整体(见图 11.12)。栓钉是组合楼层结构的剪力连接件,用以传递水平荷载到梁柱框架上。这种结构的特点是:质轻、高强、美观、耐用,再利用压型钢板作永久性模板,可以减少模板的支设与拆除,提高工效,有利于立体交叉作业;同时,压型钢板作为底模,便于设备管道、电气线路的开洞处理,易于保证工程质量,而且施工方便、快速。本工艺标准适用于高层建筑钢结构体系的楼盖及构筑物的平台作钢筋混凝土板底模用的压型板安装工程。工程施工应以设计图纸和有关施工质量验收规范为依据。

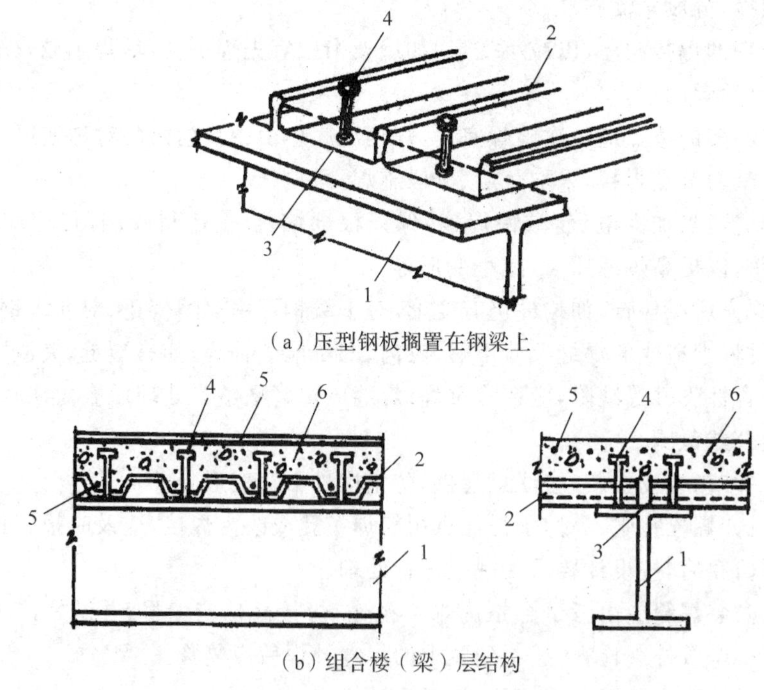

1—钢梁;2—压型钢板;3—点焊;4—剪力栓钉;5—钢筋;6—楼板混凝土

图 11.12 压型钢板搁置在钢梁上

11.12.1 材料要求

(1)压型钢板。型号、材质、机械性能及化学成分应符合设计要求和有关技术标准的规定,并有质量证明书。

(2)栓钉。采用低碳合金钢制成,直径有 6mm、8mm、10mm、13mm、16mm、19mm、22mm 等七种,型号、规格、强度和化学成分应符合设计要求和有关技术标准的规定。

(3)配件。压型板配件有堵头板、封边板。堵头板分工型和卡口式两种。

11.12.2 主要机具设备

(1)机械设备。包括 LG 型空气等离子弧切割机、空气压缩机、压型钢板电焊机、手提式砂轮机、手提式焊机等。

(2)主要工具。包括钢尺、盒尺、钢板尺、钢板直尺、钢直角尺、水平标尺、游标卡尺、手锤、钢板对口钳、22 号铁丝、塞尺、铁圆规、角度尺、线坠、吊笼、经纬仪、水准仪、塔尺等。

11.12.3 作业条件

(1)编制施工方案或施工工艺卡,并进行详细的技术交底。

(2)钢柱、梁施工完成,并办理交接验收手续。

(3)按施工图绘制压型钢板排板图,标出板型及数量,绘制柱与连接节点、板与柱相交切口尺寸,板在梁上搁置长度,板与板的搭接长度及焊接部件和板与配件的连接构造等。

(4)压型板等材料运进现场,按平面图要求堆放,经检查型号、规格、质量符合设计要求,零件配套齐备。

(5)施工机具设备准备齐全,经检修、试用能满足施工需要;临时供电线路已敷设到使用地点,电容量、电压均能满足要求。

(6)弹好钢梁中心轴线、压型板安装位置线,检查标高。

(7)搭设支承桁架,要求标高正确、稳固、牢靠、安全。

11.12.4 施工操作工艺

(1)压型板安装工艺流程为:钢结构主体验收→搭设支承桁架→压型板安装焊接→栓钉焊接→封边、堵头板安装、焊接→清理、验收→下部钢筋铺设及设备管道、电气线路安装→上部钢筋绑扎→混凝土浇筑→养护。

(2)铺设前对弯曲变形的压型钢板应予矫正,梁顶面杂物要清理干净,严防受潮,然后再涂刷油漆。

(3)因结构梁是由钢梁通过剪力栓与混凝土楼面结合而成的组合梁,在浇筑混凝土并达到一定强度前,抗弯强度和刚度较差,不足支承施工期间楼面混凝土的自重,通常需在压型板的底部设置简单钢管排架支撑或桁架支撑(见图 11.12.4),采用连续四层楼面支撑的方法,使四个楼层的结构梁共同支撑楼面混凝土的自重。一般在铺板前支搭,当楼板混凝土浇筑达到足够的强度后,始可拆除。

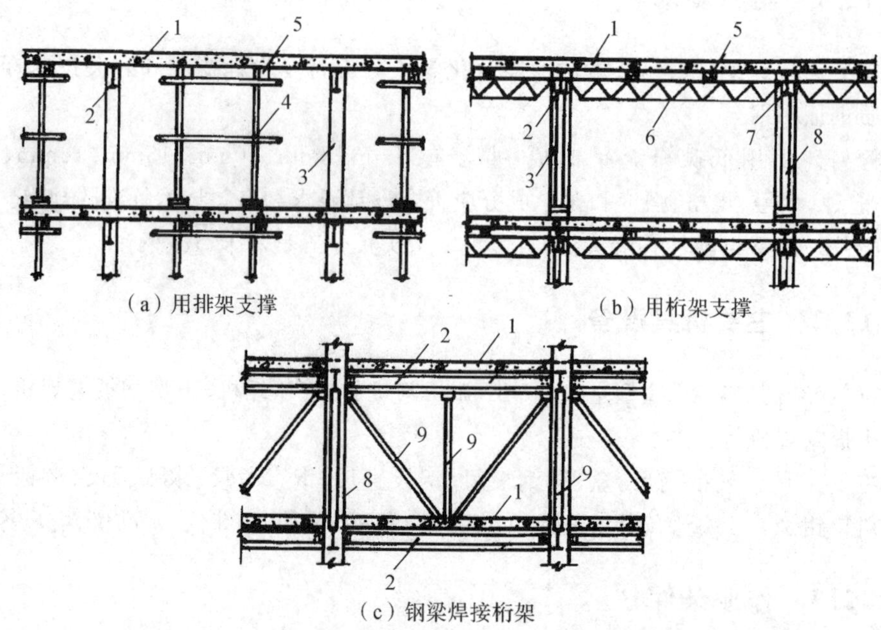

(a)用排架支撑　　(b)用桁架支撑

(c)钢梁焊接桁架

1—楼板;2—钢梁;3—钢管排架;4—支撑木;5—梁中顶撑;
6—钢桁架;7—托撑;8—钢柱;9—腹杆

图 11.12.4　楼面压型板支撑形式

(4)压型板应按图纸要求放线铺设、调直、压实。铺设时,变截面梁处,一般从梁中向两端进行,至端部调整补缺;等截面梁处,则可从一端开始,至另一端调整补缺。

(5)铺板时,波纹要对正,以便于连续梁钢筋在波内穿通。板与梁搭接在凹槽部位,以便焊接。如排板有偏差,用板间搭接宽度进行调整。

(6)当压型板铺过钢梁时,要及时放出梁的中线,以便于确定栓钉焊的准确位置。

(7)压型板铺设后,将两端对称点焊于钢梁上翼缘上,并用专用 YS—223 型栓焊枪进行剪力栓钉焊接。栓钉焊操作工艺与第 11.6.4 节钢结构焊钉焊接施工操作工艺相同。

(8)楼面混凝土施工程序是由下而上,逐层支撑,顺序浇筑,施工时,钢筋绑扎和模板支撑可同时交叉进行,混凝土采用泵送浇筑。

11.12.5　质量标准

(1)主控项目。压型钢板和栓钉的型号、材质、强度及与主体结构的锚固支承长度应符合设计要求,且支承长度应符合设计要求,但不得少于 50mm。端部锚固件(栓钉)连接应可靠,设置位置符合设计要求。检查数量:沿连接纵向长度抽查 10%且不应少于 10m。检查方法:目测和钢尺检查。

(2)一般项目。

1)压型钢板安装应平整、顺直,板面不应有施工残留物和污物,檐口和墙面下端应呈直线,不应有未经处理的错钻孔洞。检查数量:按面积抽查 10%且不应少于 $10m^2$。检查方法:

观察检查。

2)压型板与柱、梁接头,应顶严、压紧,以防漏浆。

3)压型板与其支承钢梁面应紧贴,其间距不应大于设计要求。

11.12.6　成品保护

(1)压型板在装卸起吊时,严禁用钢丝绳捆绑直接起吊;运输堆放应设足够的支点,以防变形;较长的压型钢板运输时,应加设支承架,并按材质、板型分别堆放,周围设排水沟,防止积水。

(2)吊入楼层的压型板,应分开放置,防止荷载过于集中,并尽量减少压型钢板铺设后的附加荷载,以防变形。

(3)压型钢板经验收后方可交下一道工序施工,凡需开设孔洞处,不得用力凿冲,导致开焊或变形。开较大孔洞时应采取加固补强措施。

11.12.7　安全措施

(1)压型钢板宜采取分层分区备料,以减少高空倒运。成垛起吊时,应捆绑严实,以防滑落,零配件应采用吊笼上料。

(2)压型钢板覆盖面积大,重量轻,在高空铺设应捆绑牢固,防止被大风刮下伤人。

(3)高空钢柱应设外排安全网,钢梁底部应铺设安全网,四周应设安全围栏。

(4)利用压型钢板作临时走道板时,应先垫脚手板,以防滑跌。

(5)施工操作人员必须穿防滑鞋;雨、雾、下雪天气应清扫后安装。

11.12.8　施工注意事项

(1)压型板铺设需放线下料,切口、开孔时,应采用等离子弧切割机下料,严禁用乙炔氧焰切割,以防止造成变形。较大孔洞切割需四周支模,待混凝土达到一定强度后进行。

(2)采用非定型压型板,需经试验鉴定合格后方可正式加工。

(3)采用镀锌板焊接时,应有除锌措施。

(4)压型钢板端头设有锚固钢筋时,应与堵头板同时焊接。

(5)铺设压型板施工人员应经培训,合格后方能上岗操作。

11.12.9　质量记录

(1)压型板与栓钉的产品合格证明文件、中文标志及检验报告。

(2)压型板进场验收记录。

(3)栓钉焊接质量检查资料。

(4)隐蔽工程检验项目检验记录。

(5)分项工程质量验评记录。

11.13 钢网架结构制作与安装施工工艺标准

钢结构网架是大跨度屋盖应用最广的型式之一。它的特点是:整体性、抗震性能好,刚度大,外形活泼新颖,建筑布置灵活,三维受力,屋盖自重轻,节省钢材等。其施工特点是:结构跨度、体积大,高空作业,杆件连接和安装工艺复杂;技术要求高,质量要求严等。钢结构网架的种类较多,有钢板节点网架、螺栓球节点网架、支座节点网架、焊接球节点网架等,现着重论述使用最广的焊接球节点网架。本工艺标准适用于公共建筑体育馆、俱乐部、食堂、剧院和车站等钢结构网架工程。工程施工应以设计图纸和有关施工质量验收规范为依据。

11.13.1 材料要求

(1)钢材。钢材钢号和材质应符合设计要求,具有质量证明书及机械性能和化学成分复验报告。并核验钢球、钢管规格尺寸。

(2)焊条。焊条型号必须符合设计要求,并具有质量证明书;严禁使用药皮脱落或焊芯生锈的焊条。

(3)涂料。涂料的品种、性能和色泽均应符合设计要求,并具有质量证明书。

11.13.2 主要机具设备

(1)机械设备。包括履带式起重机、轮胎式起重机或塔式起重机、电动穿心式提升机、电焊机、气泵、切管机、砂轮机、角向砂轮机、卷扬机、千斤顶、螺旋式调节器等。

(2)主要工具。包括千斤顶、倒链、钢尺、水准尺、撬杠、绳索、卡环、绳夹、钢丝刷、焊缝量规、烤箱、保温筒、氧乙炔烘烤枪、拉力计、气割工具、超声波探伤仪、测厚仪、全站仪、经纬仪、水准仪、塔尺等。

11.13.3 作业条件

(1)编制钢结构网架施工方案和工艺方案,确定网架的制作分段数量、下料、加工、拼装、焊接、高空安装等各道工序的操作工艺,并进行技术交底。

(2)支承网架的墙、柱施工完成,并办理预检手续。

(3)平整构件堆放场地;修筑临时道路,现场周围挖好排水沟;敷设安装用临时供电线路;在安装网架部位设置网架的分段或整体拼制模架,并根据网架拼装重量,对模架支承地基进行加固,防止模架产生不均匀下沉。

(4)按安装网架明细表核对进场构件,连接钢球的型号、规格、数量,查验质量证明书及有关技术资料。

(5)安装设备已进入现场,并经维护、检修、试运转、试吊,处于完好状态;备齐安装需用工具、加工附属零件,数量和质量可以满足安装要求。

(6)安装大、中型跨度钢结构网架应备好小拼、中拼的拼装台及胎具,搭设高空大拼拼装平台。当采用高空滑移法安装时，在平台上铺设轨道和临时支座。

(7)复核工程测量控制网、水平基准点及工程轴线和标高，并对总装平台、网架整体及各单元体安装位置进行准确放线。

(8)网架制作安装、检查验收所用各种测量仪器和钢尺、水准尺等量具，其精度应一致，并经计量部门检定，取得合格证明。

(9)网架制作、安装的焊工、测量工、起重机司机、指挥工等经考核，取得合格证，要持证上岗。

11.13.4　施工操作工艺

(1)矫正、放样、下料。

1)钢材应按设计和施工规范规定的变形偏差值用压力机、平板机或人工矫正，以保证平直。

2)钢材在下料前，应进行起拱的计算、杆件的下料长度计算以及节点的放样等，制成样板或样杆。

3)钢管杆件应用机床下料，下料长度应预加收缩余量，收缩量包括杆件的焊接收缩变形量和球节点的焊接收缩量，应通过试验确定。一般加衬管时，每条焊缝放1.5～3.5mm；不加衬管时，每条焊缝放1.0～2.0mm。当钢管壁厚超过4.0mm时，同时用机床加工成坡口。当用角钢杆件时，同样应预留焊接收缩量，下料时可用剪床或割刀。

4)螺栓球成型后，不应有裂纹、褶皱、过烧。钢板压成半圆球后，表面不应有裂纹、褶皱；焊接球其对接坡口应采用机械加工，对接焊缝表面应打磨平整。

5)经检查合格的钢球，应放在专用平台上，用划线工具在球面划出杆件的装配线，并打好标记、报验。加衬管的钢球，在复查合格后加衬管并重新报验确认。

6)将各杆件上的铁锈、飞刺、油污、脏物等清理干净，并按安装图编号、备用。

(2)小拼或单元拼装。

1)根据网架结构的施工原则，小拼及单元拼装均宜在工厂内制作。小拼或单元拼装单元划分的原则是：尽量增大工厂焊接工作量的比例；应将所有节点都焊在小拼单元上，网架总拼时仅连接杆件。

2)网架的小拼或单元体拼装应在专用拼装模架上进行，模架可用平台型或转动型，以保证结构形状、几何尺寸的准确和互换性。

3)单元体制作的顺序为：先平面，后空间；从中间向两边，从下到上进行，尽量减小焊接应力和焊接变形。应严格控制分条或分块的网架单元的尺寸准确，以保证高空总拼时节点的吻合和减少误差积累。

4)单元体制作完成后，经测量报验，标上编号，划出安装定位线等，以备总拼。

(3)网架结构的节点和杆件。

网架结构的节点和杆件在工厂内制作完成并检验合格后运至现场，拼装成整体。常用节点有焊接空心球节点(分加肋和不加肋，见图11.13.4-1)、螺栓球节点(见图11.13.4-2)两种，还有焊接钢板节点图(见图11.13.4-3)。

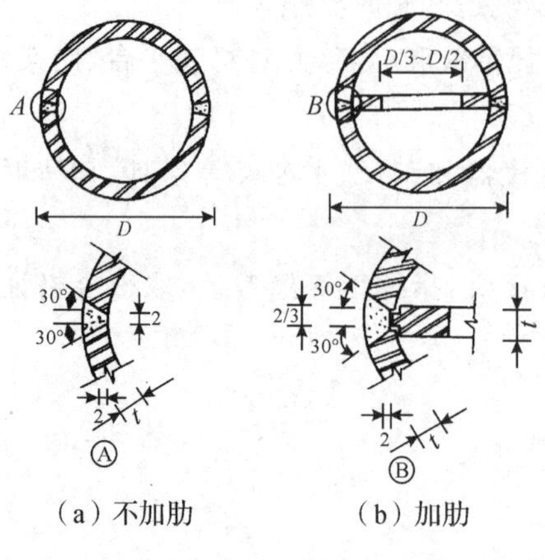

(a)不加肋　(b)加肋

图 11.13.4-1　焊接空心球节点

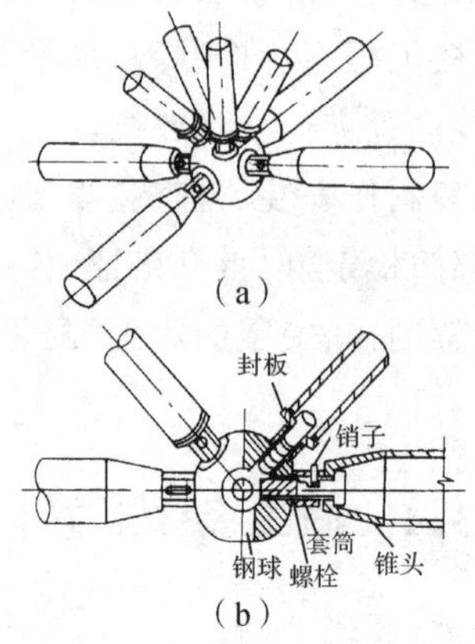

图 11.13.4-2　螺栓球节点

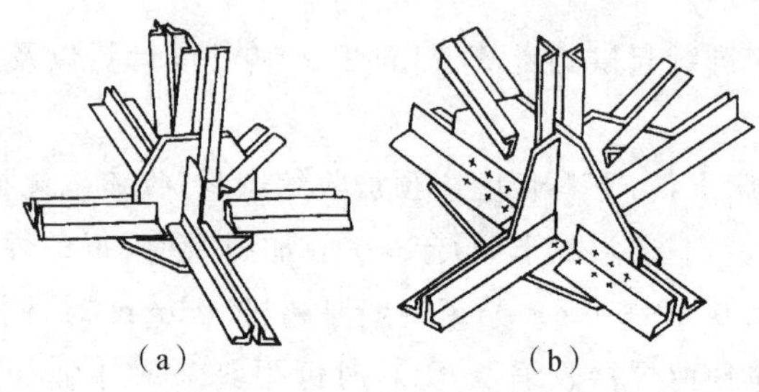

图 11.13.4-3　杆件与焊接钢板节点的连接

(4)网架安装方法。安装方法应根据网架受力和构造特点(如结构选型、网架刚度、外形特点、支撑形式、支座构造等),在满足质量、安全、进度和经济效益的要求下,结合当地的施工技术条件和设备资源配备等因素,因地制宜、综合确定。

常用的工地安装方法有六种:高空散装法、分条或分块安装法、高空滑移法、整体吊装法、整体提升法和整体顶升法,如表 11.13.4 所示。

表 11.13.4　网架安装方法及适用范围

安装方法	内容	适用范围
高空散装法	单杆件拼装	螺栓连接节点的各类型网架
	小拼单元拼装	
分条或分块安装法	条状单元组装	两向正交、正放四角锥、正放抽空四角锥等网架
	块状单元组装	
高空滑移法	单条滑移法	正放四角锥、正放抽空四角锥、两向正交正放等网架
	逐条积累滑移法	
整体吊装法	单机、多机吊装	各种类型网架
	单根、多根拔杆吊装	

续表

安装方法	内容	适用范围
整体提升法	利用拔杆提升	周边支承及多点支承网架
	利用结构提升	
整体顶升法	利用网架支撑柱作为顶升时的支撑结构	支点较少的多点支承网架
	在原支点处或其附近设置临时顶升支架	
备注	未注明连接节点构造的网架，指各类连接节点网架均适用	

1)高空散装法。系把杆件和节点先在地面组装成小拼单元，然后用起重机吊装到设计位置总拼成整体；或将网架杆件和节点直接在高空设计位置总拼装成整体(见图 11.13.4-4)。

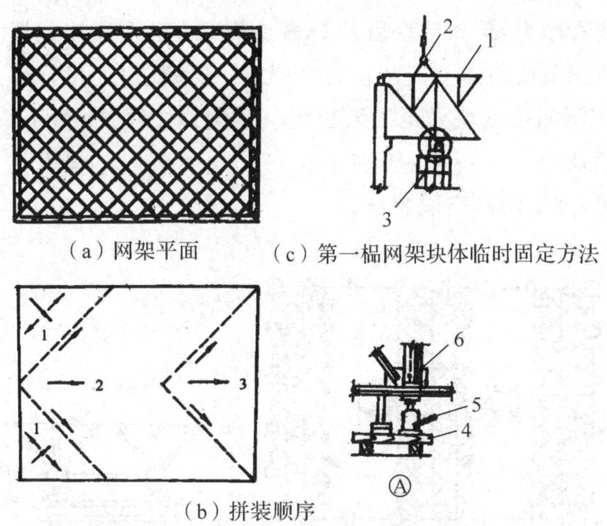

(a) 网架平面 (c) 第一榀网架块体临时固定方法

(b) 拼装顺序

1—第一榀网架块体；2—吊点；3—支架；4—液压千斤顶；5—网架块体支点；6—混凝土

图 11.13.4-4 高空散装法安装网架

①拼装顺序应便于保证拼装的精度，减少误差积累。矩形网架总拼装顺序是：以建筑物一端开始向另一端以两个三角形同时推进，待两个三角形相交后，则按人字形逐榀向前推进，最后在另一端的正中合拢。每榀块体的安装顺序，在开始两个三角形部分是由屋脊部分开始分别向两边拼装，两三角形相交后，则由交点开始同时向两边拼装。圆形网架的总拼装顺序是：先在网架中心焊一核心单元，再往外作环形扩展，外一环点焊定位后，内一环再施焊，以尽量减少焊接应力和变形。

②当采取分件拼装，一般采取分条进行，顺序为：支架抄平、放线→放置下弦节点板→按条依次组装下弦、腹杆、上弦支座(由中间向两端，一端向另一端扩展)→连接水平系杆→撤出下弦节点垫板→总拼精度校验→油漆。每条网架组装完，经校验无误后，按拼装顺序进行下条网架的组装，直至全部完成。

③吊装分块(分件)用履带式或塔式起重机进行。拼装支架一般用钢管，可局部搭设作成活动式，亦可满堂红搭设。拼装支架的支撑点应设在下弦节点处。分块拼装后在支架上

分别用方木和小型液压千斤顶顶住网架中央竖杆下方,进行标高调整。

④网架拼装过程中,每环(条)施焊后,应及时检查基准轴线位置、标高及垂直偏差;如大于设计及施工规范允许的偏差值时,应及时纠正。

⑤拼装完毕拼装架拆除时,应采取分区分阶段按比例下降或用每步不大于 10mm 的等步下降方法进行,以防止拆除时因个别支撑点受力集中而引起变形。

2)分条(分块)安装法。系将网架平面分割成若干条状单元或块状单元,每个条(块)状单元在地面拼装后,再由起重机吊装到设计位置总拼成整体(见图 11.13.4-5)。

①分条(块)的大小视起重机吊装能力而定,但自身必须具有一定的刚度,当刚度不足时,应采取临时加固措施,防止吊运过程中产生变形。

②在分条分块合拢处(一般在跨中)设置拼装支架,用千斤顶调至设计起拱标高后连接。

③吊装有单机跨内安装和双机跨外抬吊两种方式。

④分条分块安装程序为:首条或块就位→第二条或块送至安装位置→第一、二条或块连接杆件点焊定位→第三条或块送至安装位置→第二、三条或块连接杆件点焊定位→第一、二条或块连接杆焊接→第四条或块送至安装位置→重复以上工序,直至所有条或块安装完毕→复核总尺寸并作记录。

⑤拆除拼装支架,方法同高空散装法。

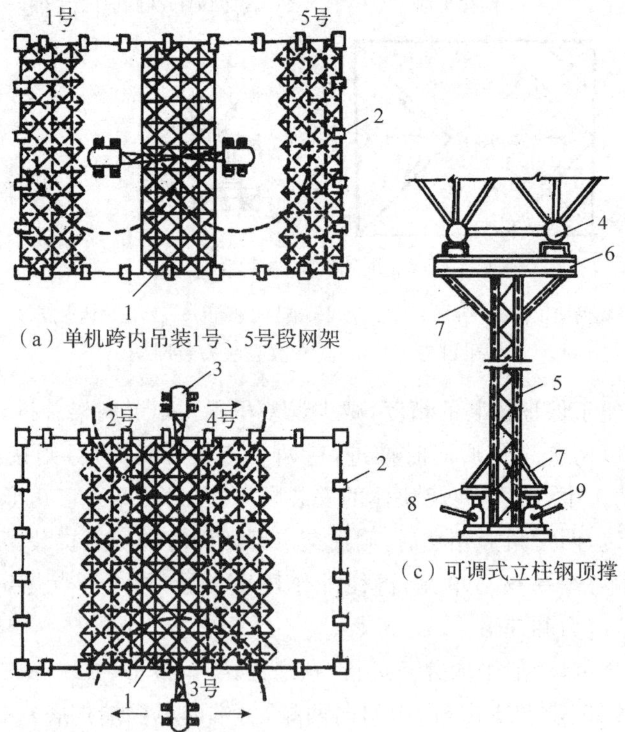

1—网架;2—柱子;3—履带式起重机;4—下弦钢球;5—钢支柱;

6—横梁;7—斜撑;8—升降支顶点;9—液压千斤顶

图 11.13.4-5 分条(分块)法安装网架

3)高空滑移法。系将网架条状单元在建筑物上空事先设置的滑轨上单条滑移到设计位置拼接,或在轨道上拼接后滑移到设计位置就位总拼成整体(见图 11.13.4-6)。

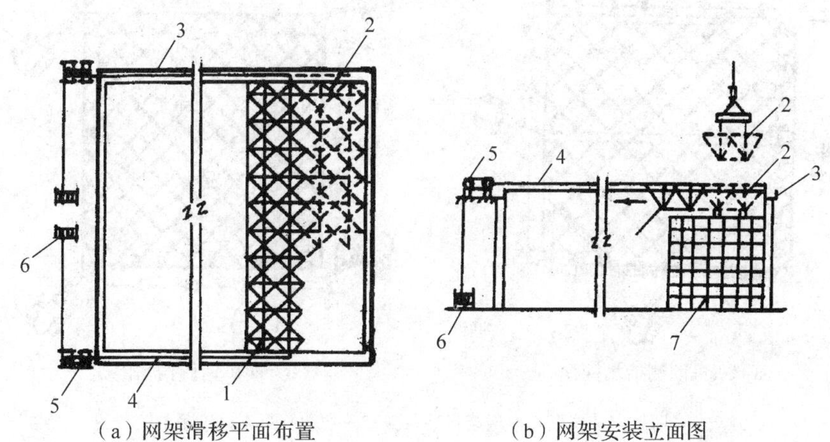

(a)网架滑移平面布置　　(b)网架安装立面图

1—钢网架;2—钢网架分块单元;3—天沟梁;4—牵引线、轨道;5—滑车组;6—卷扬机;7—拼装平台

图 11.13.4-6　高空滑移法安装网架

①滑轨一般焊于建筑物天沟梁面的预埋铁件上,其轨面标高应使网架支座稍高于设计标高,轨面应平正光滑。

②滑移点可设附加滑块、滑车或支座板进行滑移。当直接利用支座板滑移时,其两端应做成圆导角。水平导向轮设在滑轨内侧,与滑道间的间隙为 10～20mm。

③滑移平台由钢管脚手架或升降调平支撑组成,高度比网架下弦低 40cm,以便在网架下弦节点与平台之间设置千斤顶,用以调整标高,上铺安装模架。平台宽应略大于两个节间。

④当跨度大于 50m 时,宜在跨中增设置一条辅助支顶平台,平台上设滑轨及千斤顶,以保证分条网架的侧向稳定及条与条之间的拼接准确。

⑤网架先在地面将杆件拼装成两球一杆或四球五杆的小拼构件,然后用起重机按组合拼接顺序吊到拼装平台上进行扩大拼装,先就位点焊拼接网架下弦方格,再点焊立起横向跨度方向的角腹杆。每节间单元网架部件点焊拼接顺序由跨中向两端对称进行,焊完后临时加固。

⑥滑移可用慢速卷扬机、手动葫芦或绞磨进行,并设减速滑轮组,牵引点应分散设置,牵引速度不应大于 0.5m/min,两端不同步值不得大于 50mm。

⑦当已拼装好的网架单元(一般两个节距),牵引出拼装平台后,继续在其上按已滑出部分网架拼装,拼完一段向前水平滑移一段,直至整个网架拼装完毕,并滑移至设计位置,复核总尺寸,作出记录。

4)整体吊装法。系将网架在地面总拼成整体后,用起重设备将其整体吊装就位(见图 11.13.4-7)。

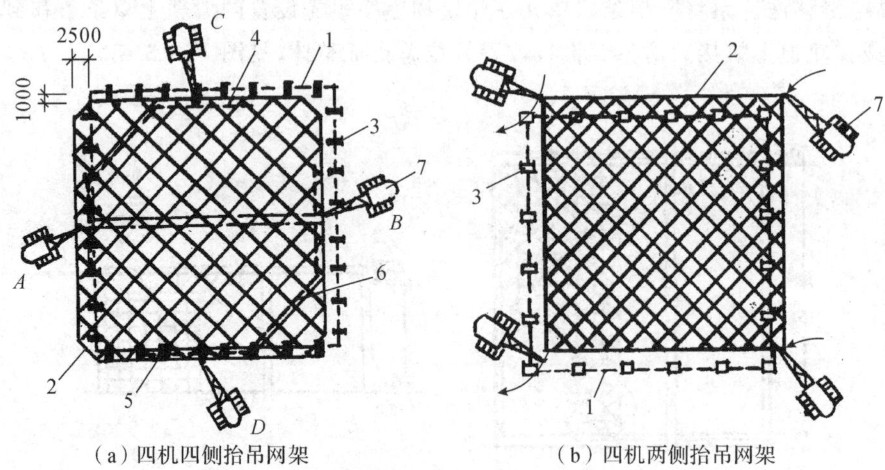

(a)四机四侧抬吊网架　　(b)四机两侧抬吊网架

1—网架安装位置;2—网架拼装位置;3—柱;4—吊索;5—吊点;
6—串通吊索;7—履带式(或轮胎式)起重机

图 11.13.4-7　整体吊装法安装网架

①网架在地面错位拼装,经复核尺寸、焊接质量、吊点选定、杆件加固后,即可吊装。

②一般有四台起重机四侧抬吊或两侧抬吊两种吊装方法。吊点应不少于四点,吊索与网架间的夹角不宜小于 60°,每两点吊索应连通务使网架处于水平状态,采用双机抬吊不同步值不应大于 50cm。

③四侧抬吊为防止起重机因升降速度不一而产生不均匀荷载,每台起重机设两个吊点,每两台起重机的吊索互相用滑轮串通,使各吊点受力均匀,网架均衡上升。当网架吊离地面 20cm 后应停下进行检查,经确认无超出要求的变形和网架体平稳后,再继续起吊至比柱顶高 30cm 时,进行空中回转或平移就位。在移至设计位置上空后,四台起重机同时落钩,并通过设在网架四角的拉索和倒链拉动网架进行对线,将网架落到柱顶就位。

④两侧抬吊采用四台起重机将网架吊过柱顶,同时向一个方向旋转一定距离,即可就位。

⑤就位后,检查网架各轴线及支座情况,如超出设计及施工规范要求,应重新吊起,就位,禁止用撬杠撬动支座,防止杆件产生弯曲。

5)整体顶升法。系利用支承结构和千斤顶将网架整体顶升到设计位置(见图 11.13.4-8)。

①顶升用的支承结构一般多利用网架的永久性支承柱,或在原支点处或其附近设置临时支架。支承柱或支架的缀板间距根据千斤顶的尺寸、冲程、横梁等尺寸确定,应恰为千斤顶使用行程的整数倍,其标高差不得大于 5mm。支承柱或支架应按悬臂柱验算其承载力,荷载应按施工平面布置竖向荷载加施工时的偏心荷载及风载。

②顶升千斤顶可采用普通液压千斤顶或丝杠千斤顶,其负荷能力,液压千斤顶取额定负荷的 0.4～0.6 倍;丝杠千斤顶取额定负荷的 0.6～0.8 倍。

③网架多采用伞形柱帽方式,在地面按原位整体拼装。由四根角钢组成的支承柱(临时支架)从腹杆间隙中穿过,在柱上设置缀板作为 s 搁置横梁、千斤顶和球支座用。

④网架总拼装完成后,所有焊缝均须进行外观检查,并作出记录。对大、中跨度钢管网

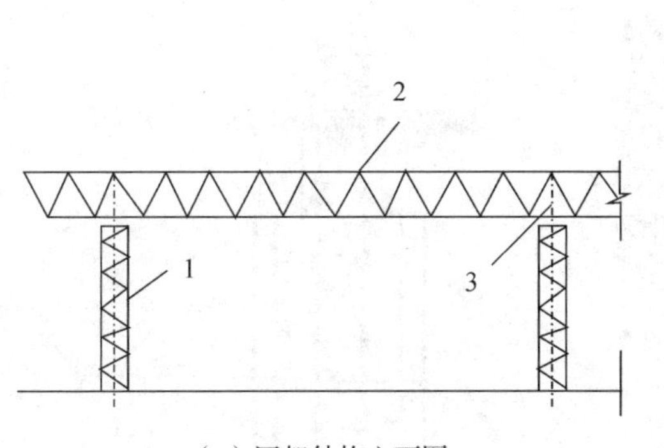

(a)网架结构立面图

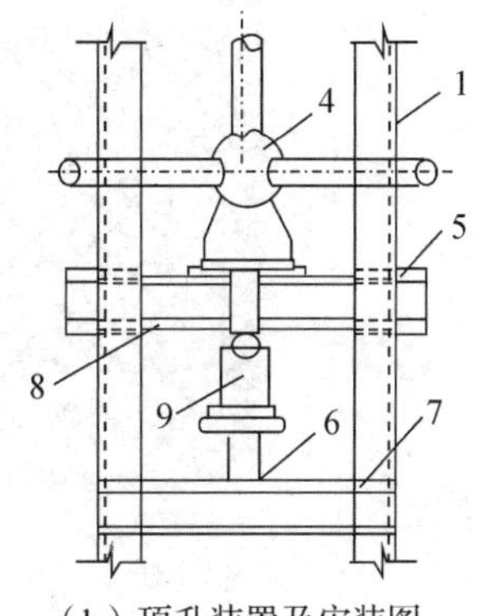

(b)顶升装置及安装图

1—钢结构柱;2—四角锥钢网架;3—柱帽;4—球形支座;5—十字梁;6—横梁;
7—下缀板(16 号槽钢);8—上缀板;9—顶升千斤顶

图 11.13.4-8 整体顶升法安装网架

架的拉杆对接焊缝,应作无损探伤检查,还应对网架的外形和几何尺寸进行验收并测量网架的挠度值,作出记录,符合要求后,始可顶升。

⑤顶升时应同步,要求各千斤顶的行程和起重速度一致,各顶升点之间的差异不得大于相邻两支承柱(支架)间距的 1/1000,且不大于 15mm;在一个支承柱(支架)上设有两个或两个以上千斤顶时,不大于 10mm。当发现网架高差值过大,可采取在千斤顶下垫斜垫或有意造成反向升差逐步纠正。

⑥顶升过程中,网架支座中心对柱基轴线的水平偏移值,不得大于柱截面短边尺寸的 1/50及柱高的 1/500,以免导致支承结构失稳。

⑦网架顶升完毕固定后,经检查合格,始可拆除千斤顶和支架,应分区、分段、按比例、对称进行。

6)提升机提升法。系在结构柱上安装升板工程用的电动穿心式提升机,将地面正位拼装的网架直接整体提升到柱顶横梁就位(见图 11.13.4-9)。

①提升点设在网架四边的中部,每边 7～8 个点。网架提升点部位适当加固,以防变形。

②提升设备的组装系在柱顶加接短钢柱。上安工字钢上横梁,每一吊点安放一台 30t 电动穿心式提升机,提升机的螺杆下端连接多节长 1.8m 的吊杆,下面连接横吊梁,梁中间用钢销与网架支座钢球上的吊环相连接。在钢柱顶上的横梁处,又用螺杆连接着一个下横梁,作为拆卸吊杆时的停歇装置。

③网架提升时,当提升机每提升一节吊杆后(升速为 3m/min),用 U 形卡板插入下横梁上部和吊杆上端的支承法兰之间,卡住吊杆,卸去上节吊杆,将提升螺杆下降与下一节吊杆接好,再继续上升,如此循环往复,直到网架升至托梁以上,然后把预先放在柱顶牛腿的托梁移至中间就位,再将网架下降在托梁上,即告完成。

④网架提升时应同步,每提升 60～90cm 观测一次,控制相邻两个提升点高差不大于 25mm。

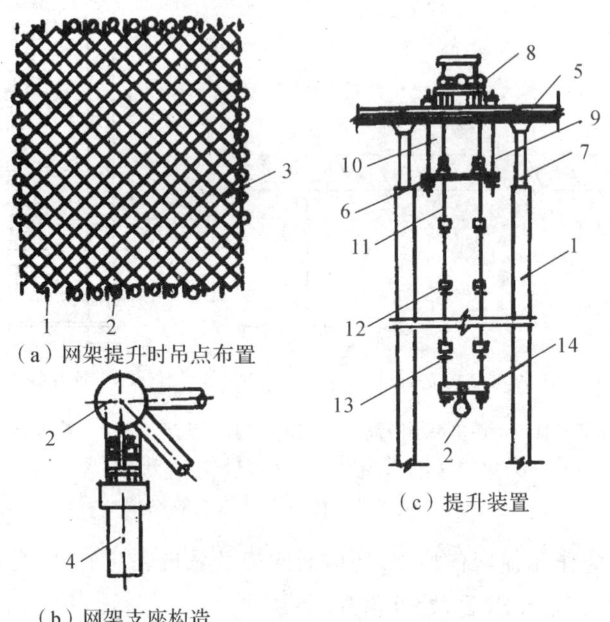

1—框架柱;2—钢球支座;3—钢网架;4—托梁;5—上横梁;6—下横梁;
7—短钢柱;8—电动穿心式提升机;9—吊挂螺杆;10—提升螺杆;11—吊杆;
12—卡环接头;13—支承法兰;14—钢吊梁

图 11.13.4-9　提升机提升法安装网架

11.13.5　质量标准

(1)焊接球。

1)主控项目。

①焊接球及制造焊接球所采用的原材料,其品种、规格、性能等应符合现行国家产品标准和设计要求。检查数量:全数检查。检验方法:检查产品的质量合格证明文件、中文标志及检验报告等。

②焊接球焊缝应进行无损检验,其质量应符合设计要求,当设计无要求时应符合《钢结构工程施工质量验收规范》(GB 50205—2001)中规定的二级质量标准。检查数量:每一规格按数量抽查5%,且不应少于3个。检验方法:超声波探伤或检查检验报告。

2)一般项目。

①焊接球直径、圆度、壁厚减薄量等尺寸允许偏差应符合《钢结构工程施工质量验收规范》(GB 50205—2001)的规定。检查数量:每一规格按数量抽查5%,且不应少于3个。检验方法:用卡尺和测厚仪检查。

②焊接球表面应无明显波纹及局部凹凸不平不大于1.5mm。检查数量:每一规格按数量抽查5%,且不应少于3个。检验方法:用弧形套模、卡尺和观察检查。

(2)螺栓球。

1)主控项目。

①螺栓球及制造螺栓球节点所采用的原材料,其品种、规格、性能等符合现行国家产品标准和设计要求。检查数量:全数检查。检验方法:检查产品的质量合格证明文件、中文标志及检验的报告等。

②螺栓球不得有过烧、裂纹及褶皱。检查数量:每种规格抽查5%,且不应少于5只。检验方法:用10倍放大镜观察和表面探伤。

2)一般项目。

①螺栓球螺纹尺寸应符合现行国家标准《普通螺纹基本尺寸》(GB 196—2003)中粗牙螺纹的规定,螺纹公差必须符合现行国家标准《普通螺纹公差》(GB 197—2003)中6H级精度的规定。检查数量:每种规格抽查5%,且不应少于5只。检验方法;用标准螺纹规。

②螺栓球直径、圆度、相邻两螺栓孔中心线夹角等尺寸及允许偏差应符合《钢结构工程施工质量验收规范》(GB 50205—2001)的规定。检查数量:每一规格按数量抽查5%,且不应少于3个。检验方法:用卡尺和分度头仪检查。

(3)管、球加工。

1)主控项目。

①螺栓球成型后,不应有裂纺、褶皱、过烧。检查数量:每种规格抽查10%,且不应少于5个。检验方法:10倍放大镜观察检查或表面探伤。

②钢板压半圆球后,表面不应有裂纺、褶皱;焊接球其对接坡口应采用机械加工,对接焊缝表面应打磨平整。检查数量:每种规格抽查10%,且不应少于5个。检验方法:10倍放大镜观察检查或表面探伤。

2)一般项目。

①螺栓球加工的允许偏差应符合表11.13.5-1的规定。检查数量:每种规格抽查10%,且不应少于5个。检验方法:见表11.13.5-1。

表11.13.5-1　螺栓球加工的允许偏差

项目		允许偏差/mm	检验方法
圆度	$d\leqslant120$	1.5	用卡尺和游标尺检查
	$d>120$	2.5	
同一轴线上两铣平面平行度	$d\leqslant120$	0.2	用百分表V形块检查
	$d>120$	0.3	
铣平面距球中心距离		±0.2	用游标卡尺检查
相邻两螺栓孔中心线夹角		±30′	用分度头检查
两铣平面与螺栓孔轴线垂直度		$0.005r$	用百分表检查
球毛坯直径	$d\leqslant120$	+2.0,-1.0	用卡尺和游标卡尺检查
	$d>120$	+3.0,-1.5	

②焊接球加工的允许偏差应符合表 11.13.5-2 的规定。检查数量:每种规格抽查 10%,且不应少于 5 个。检验方法:见表 11.13.5-2。

表 11.13.5-2 焊接球加工的允许偏差

项目	允许偏差/mm	检验方法
直径	±0.005d,±2.5	用卡尺和游标卡尺检查
圆度	2.5	用卡尺和游标卡尺检查
壁厚减薄量	0.13t,且不应大于 1.5	用卡尺和测厚仪检查
两半球对口错边	1.0	用套模和游标卡尺检查

③钢网架(桁架)用钢管杆件加工的允许偏差应符合表 11.13.5-3 的规定。检查数量:每种规格抽查 10%,且不应少于 5 根。检验方法:见表 11.13.5-3。

表 11.13.5-3 钢网架(桁架)用钢管杆件加工的允许偏差

项目	允许偏差/mm	检验方法
长度	±1.0	用钢尺和百分数表检查
端面对管轴的垂直度	0.005r	用百分表、V 形块检查
管口曲线	1.0	用套模和游标卡尺检查

(4)支承面顶板和支承垫块。

1)主控项目。

①钢网架结构支座定位轴线的位置、支座锚栓的规格应符合设计要求。检查数量:按支座数抽查 10%,且不应少于 4 处。检验方法;用经纬仪和钢尺实测。

②支承面顶板的位置、标高、水平度以及支座锚栓位置的允许偏差应符合表 11.13.5-4 的规定。检查数量:按支座数抽查 10%,且不应少于 4 处。检验方法;用经纬仪、水准仪、水平尺和钢尺实测。

表 11.13.5-4 支承面顶板、支座锚栓位置的允许偏差

<table>
<tr><th colspan="2">项目</th><th>允许偏差/mm</th></tr>
<tr><td rowspan="3">支承面顶板</td><td>位置</td><td>15.0</td></tr>
<tr><td>顶面标高</td><td>0
−3.0</td></tr>
<tr><td>顶面水平度</td><td>L/1000</td></tr>
<tr><td>支座锚栓</td><td>中心偏移</td><td>±5.0</td></tr>
</table>

③支承垫块的种类、规格、摆放位置和朝向,必须符合设计要求和国家现行有关标准的规定。橡胶垫块与刚性垫块之间或不同类型刚性垫块之间不得互换使用。检查数量:按支座数抽查 10%,且不应少于 4 处。检验方法:观察和用钢尺实测。

④网架支座锚栓的紧固应符合设计要求。检查数量:按支座数抽查 10%,且不应少于 4

处。检验方法：观察检查。

2)一般项目。支座锚栓尺寸的允许偏差应符合表11.13.5-4的规定。支座锚栓的螺纹应受到保护。检查数量：按支座数抽查10%，且不应少于4处。检验方法：用钢尺实测。

(5)总拼与安装。

1)主控项目。

①小拼单元的允许偏差应符合表11.13.5-5的规定。检查数量：按单元抽查5%，且不应少于5个。检验方法：用钢尺和拉线辅助量具实测。

表11.13.5-5　小拼单元的允许偏差

项目			允许偏差/mm
节点中心偏移			2.0
焊接球节点与钢管中心的偏移			1.0
杆件轴线的弯曲矢高			L_1/1000，且不应大于5.0
锥体型小拼单元	弦杆长度		±2.0
	锥体高度		±2.0
	上弦杆对角线长度		±3.0
平面桁架型小拼单元	跨长	≤24m	+3.0，−7.0
		>24m	+5.0，−10.0
	跨中高度		±3.0
	跨中拱度	设计要求起拱	±L/5000
		设计未要求起拱	+10.0

注：1. L_1为杆件长度。
2. L为跨长。

②中拼单元的允许偏差应符合表11.13.5-6的规定。检查数量：全数检查。检验方法：用钢尺和辅助量具实测。

表11.13.5-6　中拼单元的允许偏差

项目		允许偏差/mm
单元长度≤20m，拼接长度	单跨	±10.0
	多跨连接	±5.0
单元长度>20m，拼接长度	单跨	±20.0
	多跨连接	±10.0

③对建筑结构安全等级为一级，跨度40m及以上的公共建筑钢网架结构，且设计有要求时，应按下列项目进行节点承载力试验，其结果应符合以下规定。

a.焊接球节点应按设计指定规格的球及其匹配的钢管焊接试件进行轴心拉、压承载力试验，其试验破坏荷载值大于或等于1.6倍设计承载力为合格。

b.螺栓球节点应按设计指定规格的球最大螺栓孔螺纹进行抗拉强度保证荷载试验，当达到螺栓设计承载力时，螺孔、螺纹及封板仍完好无损为合格。检查数量：每项试验做 3 个试件。检验方法：在万能试验机上进行检验，检查试验报告。

④钢网架结构总拼完成后及屋面工程完成后应分别测量其挠度值，且所测的挠度值不应超过相应的设计值的 1.15 倍。检查数量：跨度 24m 及以下钢网架结构测量下弦中央一点；跨度 24m 以上钢网结构测量下弦中央一点及各向下弦跨度的四等分点。检验方法：用钢尺和水准仪实测。

2)一般项目

①钢网架结构安装完成后，其节点及杆件表面应干净，不应有明显的疤痕、泥沙和污垢。螺栓球节点应将所有接缝用油腻子填嵌严密，并应将多余螺孔封口。检查数量：按节点及杆件数抽查 5%，且不应不于 10 个节点。检验方法：观察检查。

②钢网架结构安装完成后，其安装的允许偏差应符合表 11.13.5-7 的规定。检查数量：除杆件弯曲矢高按杆件数抽查 5%外，其全数检查。检验方法：见表 11.13.5-7。

表 11.13.5-7 钢网架结构安装的允许偏差

项目	允许偏差/mm	检验方法
纵向、横向长度	$L/2000$，且不应大于 30.0 $-L/2000$，且不应小于-30.0	用钢尺实测
支座中心偏移	$L/3000$，且不应大于 30.0	用钢尺和经纬仪实测
周边支承网架相邻支座高差	$L/400$，且不应大于 15.0	用钢尺和水准仪实测
支座最大高差	30.0	
多点支承网架相邻支座高差	$L_1/800$，且不应大于 30.0	

注：1. L 为纵向、横向长度。

2. L_1 为相邻支座间距。

11.13.6 成品保护

(1)网架杆件，小拼单元的堆放场地必须平整、坚实，排水良好。下部设垫木支承，防止变形。

(2)杆件、小拼单元运送及拼装的吊点应经计算，选择合理的吊点；刚度需要加强的构件，应经加固始可吊运。

(3)吊运和安装构件，吊索与构件之间应垫以麻袋或橡皮，避免损坏构件。由于吊运、安装损坏的漆膜应予补涂。

(4)不得损坏构件的安装编号及轴线、装拼标记。

(5)安装网架应对称进行。屋面檩条及屋面板安装时，要缓慢下降，对称铺设，材料不得集中堆放，以免引起网架变形。

11.13.7 安全措施

(1)高空散装法。

1)拼装支架必须符合稳定性要求,以确保安全生产。

2)采用扣件式钢管脚手架拼装支架,其结构形式应根据其工作位置、荷载大小、荷载情况、支架高度、场地条件等因素通过计算而定。

3)拼装支架,在铺脚手板的操作层上,应设防护栏杆。

4)使用活动操作平台,要经过鉴定,安装牢固,设有防止活动架在滑移中出轨的挡块或安全卡。

5)网架支座落位"精心组织,精心施工",操作人员责任到人,出现问题,由分指挥向总指挥报告,由总指挥统一处理问题。

(2)分条或分块安装法。

1)采用起重机安装时,要符合起重机安全操作规程。

2)其他执行"高空散装法"安全措施。

(3)高空滑移法。

1)高空拼装平台根据现场条件,支承结构特征,滑移方向、滑移重量、通过计算而定,以确保安全。

2)中间设滑移轨道时,引起杆件变形,应采取临时加固措施,以防失稳出安全事故。

3)滑轨之间连接处,要打磨光滑,以防滑移过程中啃轨,引起安全事故。

4)滑移及牵引设备索具要全面检查、试车、试滑、方可正式滑行。

5)网架支座落位,要责任到人,统一指挥。

(4)整体吊装法。

1)采用单机或多机抬吊时,要根据网架重量而定,当多机抬吊时,其额定起重能力乘以0.75系数。

2)网架吊点位置、索具规格,起重机起吊高度,回转半径、起重量以及在吊装过程中网架结构杆件内力变化,都应详细计算而定。

3)现场起重机行驶道路平整、坚实。

4)起重机型号,起吊速度尽量统一;确保同步起升或下降。

5)采用拔杆安装时,单根或多根拔杆(简称"拔杆集群"吊装法)要根据网架重量而定,当拔杆集群吊装时其额定起重能力乘以0.75系数。

6)拔杆,起重滑轮组、索具、缆风绳,地锚、卷扬机、地基等均应验算,必要时可进行试验检查。

7)如支承柱上设有凸出构造(如牛腿等),需采取措施以防止网架在起升过程中被凸出构造卡住。

8)拔杆的拆除应确保网架结构的安全,按拆装方案进行施工。

9)卷扬机规格(卷筒直径和转速)尽量做到一致,线速度差不能太大,以防不同步造成事故。

(5)整体提升法。

1)设备安全措施。

①在钢绞线承重系统增设多道锚具,如安全锚、天锚。

②每台提升油缸上装有液压锁,以防油管破裂,重物下坠。

③液压和电控系统采用连锁设计,以免提升系统由于误操作造成事故。

④控制系统具有异常自动停机,断电保护等功能。

2)现场安全措施。

①雨天或五级风以上停止提升。

②钢绞线在安装时,地面应划分安全区,以避免重物坠落,造成人员伤亡。

③在正式施工时,也应划定安全区,高空要有安全操作通道,并设有扶梯,栏杆。

④在提升过程中,应指定专人观察地锚、安全锚、油缸、钢绞线等的工作情况。若有异常,直接报告控制中心。

⑤施工过程中,要密切观察网架结构的变形情况。

⑥提升过程中,未经许可不得擅自进入施工现场。

3)整体顶升法。

①确保钢柱的稳定。钢柱间缀条随提升,随拆随安,下部缀条安装后,立即进行最终固定。

②为确保网架受力可靠,在屋盖试顶阶段,要对网架进行应力测试。

③确保液压元件的可靠性,千斤顶出厂前,必须按设计荷载的125%试压,高压油泵、泵站、接头及高压胶管等,使用前均通过设计荷载的125%加压试验。

④确保液压系统的安全可靠。

⑤停止工作时,在十字梁端与钢柱肢导向板之间,用钢楔卡紧,以防十字梁移动。

⑥上、下小梁受力很大,也较复杂,为了增加它们承受偏心荷载的能力,采用螺栓拉结。

⑦五级以上大风,停止顶升工作。

⑧在施工组织与管理上,要采取一系列措施,如明确指挥系统,定岗定员,编制岗位责任制以及操作规划,编制操作程序。进行人员培训,现场演习,划定操作区域等。

11.13.8 施工注意事项

(1)网架杆件加工应严格控制几何尺寸,允许误差为±1mm,如出现杆件安装不上,应找出原因,不允许随意截管。

(2)小拼、中拼胎具尺寸必须符合高精度要求,按《钢结构工程施工质量验收规范》(GB 50205—2001)允许偏差执行,以避免出现累积误差,影响整个安装质量。

(3)网架材料的焊接应先进行焊接工艺试验,合格后,方准许大量施焊。球管对接焊缝和按设计要求的拉杆必须全部焊透;对空心球的质量应进行抽检;安装时对轴线标高要进行复核。

(4)网架杆件、小拼单元在总拼前宜先刷面漆1～2度,以减少高空作业。网架完成后再刷二遍面漆。对焊接、安装碰坏或油污损伤的部位,应经磨砂处理后补涂底漆、面漆。油漆种类、性能及漆膜层数、厚度,应符合设计要求。

(5)钢网架采用高空滑移法或多机抬吊法安装时,吊点必须经计算确定并经试吊、检查,无变形损伤现象时,始可正式安装。

11.13.9 质量记录

(1)网架结构的制作、拼装、安装的每个工序检查验收记录和质量评定资料。

(2)所用钢材、连接材料和涂装等材料质量证明书和复验报告。

(3)工厂制作的网架零部件产品合格证书。

(4)焊缝质量检测资料。

(5)安装后涂料检测记录。

(6)施工记录。

11.14 钢结构防腐涂料涂装施工工艺标准

本施工工艺标准适用于建筑钢结构工程中钢结构的防腐蚀涂层涂装施工工艺。工程施工应以设计图纸和有关施工质量验收规范为依据。

11.14.1 材料要求

(1)涂料。建筑钢结构防腐蚀材料有底漆、中间漆、面漆、稀释剂和固化剂等。

建筑钢结构工程防腐涂料有油性酚醛涂料、醇酸涂料、高氯化聚乙烯涂料、氯化橡胶涂料、氯磺化聚乙烯涂料、环氧树脂涂料、聚氨酯涂料、无机富锌涂料、有机硅涂料、过氯乙烯涂料等。

各种防腐蚀材料应符合设计要求和国家有关技术指标的规定,应具有产品出厂合格证明。当有特殊要求时应有相应的检验报告。

防腐蚀涂料的品种、规格及颜色选用应符合设计要求。

(2)配套材料。腻子(含油性厚漆腻子、环氧腻子、喷漆腻子)、各类溶剂、稀释剂、催干剂、增韧剂、固化剂及汽油等应符合设计与产品质量要求。

11.14.2 主要设备工具

主要设备工具包括喷砂机(含空压机、油水分离器、砂斗、喷枪、高压皮管)、回收装置、气泵、喷漆气泵、喷漆枪、铲刀、手动(风动)砂轮机、砂布、电动钢丝刷、小压缩机、油漆小桶、刷子、锉刀、皮老虎、磨光机、钢箩、纱萝、手角刮、胶皮刮、腻子板、腻子槽、棕扫帚、尖头锤、弯头刮刀、刮铲、扁铲等。

11.14.3 作业条件

(1)油漆工施工作业应持有特殊工种作业操作证。

(2)防腐涂装工程前,钢结构工程已检查验收,并符合设计要求。

(3)防腐涂装作业场地应有安全防护措施,有防火和通风措施,防止发生火灾和人员中毒事故。

(4)露天防腐施工作业应选择适当的天气,大风、遇雨、严寒等均不应作业。环境温度宜在5~38℃,相对湿度不大于85%。

11.14.4 施工操作工艺

(1)工艺流程。基面处理→底漆涂装→面漆涂装→检查验收。

(2)基面清理。

1)油漆涂刷前,应采取适当的方法将需要涂装部位的铁锈,焊缝药皮、焊接飞溅物、油污、尘土等杂物清理干净。

2)基面清理除锈质量的好坏,直接影响到涂层质量的好坏。因此涂装工艺的基面除锈质量等级应符合设计文件的规定要求。钢结构除锈质量等级分类执行《涂覆涂料前钢材表面处理表面清洁度的目视评定》GB8923 标准规定。

3)为了保证涂装质量,根据不同需要可以分别选用以下除锈工艺。

油污的清除方法根据工件的材质、油污的种类等因素来决定,通常采用溶剂清洗或碱液清洗。清洗方法有槽内浸洗法、擦洗法、喷射清洗和蒸汽法等。

钢构件表面除锈方法根据要求不同可采用手工除锈、机械除锈、喷射除锈、酸洗除锈等方法。各种除锈方法的特点见表11.14.4-1。

表11.14.4 各种除锈方法的特点

除锈方法	设备工具	优点	缺点
手工、机械	砂布、钢丝刷、铲刀、尖锤、平面砂轮机、动力钢丝刷等	工具简单、操作方便、费用低	劳动力强度大、效率低、质量差、只能满足一般的涂装要求
喷射	空气夺缩机、喷射机、油水分离器等	工作效率高、除锈彻底、能控制质量、获得不同要求的表面粗糙度	设备复杂、需要一定操作技术、劳动强度较高、费用高、污染环境
酸洗	酸洗槽、化学药品、厂房等	效率高、适用大批件、质量较高、费用较低	污染环境、废液不易处理、工艺要求较严

(3)涂料涂装方法选择。合理的施工方法,对保证涂装质量、施工进度、节约材料和降低成本有很大的作用。所以正确选择涂装方法是涂装施工管理工作的主要组织部分。

常用涂料的施工方法见表11.14.4-2。

表 11.14.4-2 常用涂料的施工方法

施工方法	适用涂料的特性			被涂物	使用工具或设备	主要优缺点
	干燥速度	黏度	品种			
刷涂法	干性较慢	塑性小	油性漆、酚醛漆、醇酸漆等	一般构件及建筑物,各种设备管道等	各种毛刷	投资少,施工方法简单,适于各种形状及大小面积的涂装;缺点是装饰性较差,施工效率低
手工滚涂法	干性较慢	塑性小	油性漆、酚醛漆、醇酸漆等	一般大型平面的构件和管道等	滚子	投资少、施工方法简单,适用于大面积物的涂装;缺点同刷涂法
空气喷涂法	挥发快和干燥适中	黏度小	各种硝基漆、橡胶漆、建筑乙烯漆聚氨酯漆等	各种大型构件及设备和管道	喷枪、空气压缩机、油水分离器等	设备投资较小,施工方法较复杂,施工效率较涂刷法高;缺点是消耗溶剂量大,污染现象,易引起火灾
雾气喷涂法	具有高沸点溶剂的涂料	高不挥发分,有触变性	厚浆型涂料和高不挥发分涂料	各种大型钢结构、桥梁、管道、车辆和船舶等	高压无气喷枪、空气压缩机等	设备投资较大,施工方法较复杂,效率比空气喷涂法高,能获得厚涂层;缺点是也要损失部分涂料,装饰性较差

(4)刷涂法操作工艺要求。

1)油漆刷的选择:刷涂底漆、调合漆和磁漆时,应选用扁形和歪脖形弹性大的硬毛刷;刷涂油性清漆时,应选用刷毛较薄、弹性较好的猪鬃或羊毛等混合制作的板刷和圆刷;涂刷树脂漆时,应选用弹性好,刷毛前端柔的软毛板刷或歪脖形刷。

2)使用油漆刷子,应采用直握方法,用腕力进行操作;涂刷时,应蘸少量涂料,刷毛浸入油漆的部分应为毛长的1/3~1/2;对干燥较慢的涂料,应按涂敷、抹平和修饰三道工序进行;对于干燥较快的涂料,应从被涂物一边按一定的顺序快速连续地刷平和修饰,不宜反复涂刷;

3)涂刷顺序一般应按自上而下、从左向右、先里后外、先斜后直、先难后易的原则,使漆膜均匀、致密、光滑和平整;

4)刷涂的走向,刷涂垂直平面时,最后一道应由上向下进行;刷涂水平表面时,最后一道应按光线照射的方向进行;

5)刷涂完毕后,应将油漆刷妥善保管,若长期不使用,须用溶剂清洗干净,晾干后用塑料薄膜包好,存放在干燥的地方,以便再用。

(5)滚涂法操作工艺要求。

1)涂料应倒入装有滚涂板的容器内,将滚子的一半浸入涂料然后提起在滚涂板上来回滚涂几次,使棍子全部均匀浸透涂料并把多余的涂料滚压掉;

2)把滚子按 W 形轻轻滚动,将涂料大致的涂布于被涂物上,然后滚子上下密集滚动,将涂料均匀地分布开,最后使滚子按一定的方向滚平表面并修饰;

3)滚动时,初始用力要轻,以防流淌,随后逐渐用力,使涂层均匀;

4)滚子用后,应尽量挤压掉残存的油漆涂料,或使用涂料的稀释剂清洗干净,晾干后保存好,以备后用。

(6)空气喷涂法操作工艺要求。

1)空气喷涂法是利用压缩空气的气流将涂料带入喷枪,经喷嘴吹散成雾状,并喷涂到被涂物表面上的一种涂装方法。

2)进行喷涂时,必须将空气压力、喷出量和喷雾幅度等参数调整到适当程度,以保证喷涂质量。

3)喷枪距离控制:喷涂距离过大,油漆易落散,造成漆膜过薄而无光;喷涂距离过近,漆膜易产生流淌和橘皮现象。喷涂距离应根据喷涂压力和喷嘴大小来确定,一般使用大口径喷枪的喷涂距离为200～300mm,使用小口径喷枪的喷涂距离为150～250mm。

4)喷涂时,喷枪的运行速度应控制在30～60cm/s范围内,并应运行稳定。

5)喷枪应垂直于被涂物表面。如喷枪角度倾斜,漆膜易产生条纹和斑痕。

6)喷涂时,喷幅搭接的宽度,一般为有效喷雾幅度的1/4～1/3并保持一致。

7)暂停喷涂工作时,应将喷枪端部浸泡在溶剂中,以防涂料干固堵塞喷嘴。

8)喷枪使用完后,应立即用溶剂清洗干净。枪体、喷嘴和空气帽应用毛刷清洗。气孔和喷漆孔遇有堵塞,应用木钎疏通,不准用金属丝或铁钉疏通,以防损伤喷嘴孔。

(7)无气喷涂法操作工艺要求。

1)无气喷涂法是利用特殊形式的气动或其他动力驱动的液压泵,将涂料增至高压,当涂料经由管路通过喷枪的喷嘴喷出后,使喷出的涂料体积骤然膨胀而雾化,高速地分散在被涂物表面上,形成漆膜。

2)喷枪嘴与被涂物表面的距离,一般应控制在300～380mm。

3)喷幅宽度:较大物件300～500为宜,较小物件100～300mm为宜,一般为300mm。喷幅的搭接宽度为喷幅的1/6～1/4。

4)喷嘴与物件表面的喷射角度为30°～80°。

5)喷枪运行速度为30～100cm/s。

6)无气喷涂法施工前,涂料应经过过滤后才能使用。

7)喷涂过程中,吸入管不得移出涂料液面,应经常注意补充涂料。

8)发生喷嘴堵塞时,应关枪,取下喷嘴,先用刀片在喷嘴口切割数下(不得用刀尖凿)用毛刷在溶剂中清洗,然后再用压缩空气通或用木钎捅通。

9)暂停喷涂施工时,应将喷枪端部置于溶剂中。

10)喷涂结束后,将吸入管从涂料桶中提起,使泵空载运行,将泵内、过滤器、高压软管和喷枪内剩余涂料排出,然后利用溶剂空载循环,将上述各器件清洗干净。

11)高压软管弯曲半径不得小于50mm,且不允许重物压在上面。

12)高压喷枪严禁对准操作人员或他人。

11.14.5 质量标准

(1)主控项目。

1)钢结构防腐涂料、稀释剂和固化剂等材料的品种、规格、性能和质量等,应符合现行国家产品标准和设计要求。检查数量:全数检查。检查方法:检查产品质量合格证明文件、中文标志及检验报告等。

2)涂装前钢构件表面除锈应符合设计要求和国家现行有关标准的规定。处理后的钢材表面不应有焊渣、焊疤、灰尘、油污、水和毛刺等。当设计无要求时,钢构件表面除锈等级应符合表11.14.5规定。检查数量:按构件数抽查10%,且同类构件不于3件。检查方法:用铲刀检查和用现行国家标准《涂覆涂料前钢材表面处理表面清洁度的目视评定》(GB/T 8923—2008)规定的图片对照观察检查。

表11.14.5 各种底漆或防锈漆要求最低的除锈等级

涂料品种	除锈等级
油性酚醛、醇酸等底漆或防锈漆	St2
高氯化聚乙烯、氯化橡胶、氯磺化聚乙烯、环氧树脂、聚氨酯等底漆或防锈漆	Sa2
无机富锌、有机硅、过氯乙烯等底漆	Sa2.5

3)涂料、涂装遍数、涂层厚度均应符合设计要求。当设计对涂层厚度无要求时,涂层干漆膜总厚度应为:室外应为150μm,室内应为125μm,其允许偏差为−25μm。每遍涂层干漆膜厚度的允许偏差为−5μm。检查数量:按构件数抽查10%,且同类构件不应少于3件。检查方法:采用干漆膜测厚仪检查。每个构件检测5处,每处的数值为3个相距50mm测点涂层干漆膜厚度的平均值。

(2)一般项目。

1)构件表面不应误涂、漏涂,涂层不应脱皮和返锈等。涂层应均匀,无明显皱皮、流坠、针眼和气泡等缺陷。检查数量:全数检查。检查方法:观察检查

2)当钢结构处于有腐蚀介质环境或外露且设计有要求时,应进行涂层附着力测试,在检测处范围内,当涂层完整程度达到70%以上时,涂层附着力达到合格质量标准化要求。检查数量:按照构件数抽查1%,且不应少于3件,每件测3处。检查方法:按照现行国家标准《漆膜附着力测定法》(GB 1720—79)或《色漆和清漆、漆膜的划格试验》(GB/T 9286—98)执行。

3)涂装完成厚,构件的标志、标记和编号应清晰完整。检查数量:全数检查。检查方法:观察检查。

11.14.6 成品保护

(1)钢构件涂装后,应加以临时围护隔离,防上踏踩,损伤涂层。

(2)钢构件涂装后,在4h之内如遇大风或下雨时,应加以覆盖,防止沾染灰尘或水汽,避

免影响涂层的附着力。

(3)涂装后的钢构件需要运输时,应注意防止磕碰,防止在地面拖拉造成涂层损坏。

(4)涂装后的钢构件勿接触酸类液体,防止咬伤涂层。

(5)施工图中注明不涂层的部位,均不得涂刷。安装焊缝处应留出30～50mm宽的范围暂不涂。

(6)在室内金属面上喷漆时,应事先将非喷涂部位用废纸等物遮挡好,防止被污染。

(7)构件发运时,应采取措施防止变形。

(8)传力铣平端和铰轴孔的内壁应涂抹防锈剂,铰轴孔应加以保护。

11.14.7 安全与环保措施

(1)防腐涂料施工现场或车间不允许堆放易燃物品,并应远离易燃物品仓库。

(2)防腐涂料施工现场或车间,严禁烟火,并有明显的禁止烟火的宣传标志。必须备有消防水源或消防器材。

(3)防腐涂料施工中使用擦过溶剂和涂料的棉纱、棉布等物品应存放在带盖的铁桶内,并定期理掉。

(4)严禁向下水道倾倒涂料和溶剂。

(5)防腐涂料使用前需要加热时,采用热载体,电感加热等方法,并远离涂装施工现场。

(6)防腐涂料涂装施工时,严禁使用铁棒等金属物品敲击金属物体和漆桶,如需敲击应使用木制工具,防止因此产生摩擦或撞击火花

(7)在涂料仓库和涂装施工现场使用的照明灯应有防爆装置,临时电气设备应使用防爆型的,并定期检查电路及设备的绝缘情况。在使用溶剂的场所,应禁止使用闸刀开关,要使用三相插头。防止产生电火花。

(8)所有使用的设备和电气导线应良好接地,防止静电聚集。

(9)所有进入防腐涂料涂装施工现场的施工人员,应穿安全鞋、安全服装;应戴防毒口罩或防毒面具。

(10)为防接触性侵害,施工人员应穿工作服、戴手套和防护眼镜等,尽量不与溶剂接触。

(11)施工现场应做好通风排气装置,减少有毒气体的浓度。如感到头痛心悸或恶心,应立即离开施工现场,到新鲜空气环境处。

11.14.8 施工注意事项

(1)涂装施工环境条件的要求。环境温度:应按照涂料产品说明书的规定执行。环境湿度:一般应在相对湿度小于80%的条件下进行。具体应按照涂料产品说明书的规定执行。控制钢材表面温度与露点温度:钢材表面的温度必须高于空气露点温度3℃以上,方可进行喷涂施工。露点温度可根据空气温度和相对湿度从表11.14.8中查得。

表 11.14.8 露点值查对表

环境温度/℃	相对湿度								
	55	60	65	70	75	80	85	90	95
0	−7.9	−6.8	−5.8	−4.8	−4.0	−3.0	−2.2	−1.4	−0.7
5	−3.3	−2.1	−1.0	0.0	0.9	1.8	2.7	3.4	4.3
10	1.4	2.6	3.7	4.8	5.8	6.7	7.6	8.4	9.3
15	6.1	7.4	8.6	9.7	10.7	11.5	12.5	13.4	14.2
20	10.7	12.0	13.2	14.4	15.4	16.4	17.4	18.3	19.2
25	15.6	16.9	18.2	19.3	20.4	21.3	22.3	23.3	24.1
30	19.9	21.4	22.7	23.9	25.1	26.2	27.2	28.2	29.1
35	24.8	26.3	27.5	28.7	29.9	31.1	32.1	33.1	34.1
40	29.1	30.7	32.2	33.5	34.7	35.9	37	38.0	38.9

在雨、雾、雪和较大灰尘的环境下，必须采取适当的防护措施，方可进行涂装施工。

(2)设计要求或钢结构施工工艺要求禁止涂装的部位，为防止误涂，在涂装前必须进行遮蔽保护。如地脚螺栓和底板、高强度螺栓结合面、与混凝土紧贴或埋入的部位等。

(3)涂料开桶前，应充分摇匀。开桶后，原漆应不存在结皮、结块、凝胶等现象，有沉淀应能搅起，有漆皮应除掉。

(4)涂装施工过程中，应控制油漆的黏度、稠度、稀度，兑制时应充分地搅拌，使油漆色泽、黏度均匀一致。调整黏度必须使用专用稀释剂，如需代用，必须经过试验。

(5)涂刷遍数及涂层厚度应执行设计要求规定。

(6)涂装间隔时间根据各种涂料产品说明书确定。

(7)涂刷第一层底漆时，涂刷方向应该一致，接槎整齐。

(8)钢结构安装后，进行防腐涂料二次涂装。涂装前，首先利用砂布、电动钢丝刷、空气压缩机等工具将钢构件表面处理干净，然后对涂层损坏部位和未涂部位进行补涂，最后按照设计要求规定进行二次涂装施工。

(9)涂装完成后，经自检和专业检并作记录。涂层有缺陷时，应分析并确定缺陷原因，及时修补。修补的方法和要求与正式涂层部分相同。

11.14.9 质量记录

(1)钢结构底漆涂层材料产品合格证或质量证明书。

(2)钢结构面漆涂层材料产品合格证或质量证明书。

(3)钢结构(防腐涂料涂装)分项工程检验批质量验收记录。

11.15 钢结构防火涂料涂装施工工艺标准

本施工工艺标准适用于建筑钢结构的厚涂型和薄涂型防火涂料涂装施工工艺。工程施工应以设计图纸和有关施工质量验收规范为依据。

11.15.1 一般规定

(1)钢结构防火涂料是一类重要消防安全材料,防火喷涂施工质量的好坏,直接影响防火性能和使用要求。钢结构防火喷涂施工,应由经过培训合格的专业施工队施工,或者由研制该防火涂料的工程技术人员指导下施工,以确保工程质量。

(2)通常情况下,应在钢结构安装就位,与其相连的吊杆、马道、管架及其在相关连的构件安装完毕,并经验收合格之后,才能进行喷涂施工。如若提前施工,对钢构件实施防火喷涂后,再进行吊装,则安装好后应对损坏的涂层及钢结构的接点进行补喷。

(3)喷涂前,钢结构表面应除锈,并根据使用要求确定防锈处理。除锈和防火处理应符合现行《钢结构工程施工质量验收规范》(GB 50205—2001)中有关规定。对大多数钢结构而言,需要涂防锈底漆。防锈底漆与防火涂料不应发生化学反应。有的防火涂料具有一定防锈作用,如试验证明可以不涂防锈漆时,也可不作防锈处理。

(4)喷涂前,钢结构表面的尘土、油污、杂物等应清除干净。钢构件连接处4～12mm宽的缝隙应采用防火涂料或其他防火材料,如硅酸铝纤维棉,防火堵料等填补堵平。当钢构件表面已涂防锈面漆,涂层硬而光亮,会明显影响防火涂料粘结力时,应采用砂纸适当打磨再喷。

(5)施工钢结构防火涂料应在室内装饰之前和不被后期工程所损坏的条件下进行。施工时,对不需作防火保护的墙面、门窗、机器设备和其他构件应采用塑料布遮挡保护。刚施工的涂层,应防止雨淋、脏液污染和机械撞击。

(6)对大多数防火涂料而言,施工过程中和涂层干燥固化前,环境温度宜保持在5～38℃,相对湿度不宜大于90%,空气应流动。当风速大于5m/s或雨后和构件表面结晶时,不宜作业。化学固化干燥的涂料,施工温度、湿度范围可放宽,如LG钢结构防火涂料可在－5℃施工。

11.15.2 材料要求

(1)钢结构防火涂料的选用应符合《钢结构防火涂料》(GB 14907—2002)和《钢结构防火涂料应用技术规程》(CECS24：90)标准规定和设计要求。

(2)所选用防火涂料应是经主管部门鉴定合格,并经当地消防部门批准的产品。

(3)各种防火涂料应符合国家有关技术指标的规定,应具有产品出厂合格证。

(4)品种规格。防火涂料按照涂层厚度可划分为两类。

1)B类。薄涂型钢结构防火涂料,涂层厚度一般为2～7mm,有一定的装饰效果,高温时涂层膨胀增厚，具有耐火隔热作用，耐火极限可达 0.5～1.5h，又称为钢结构膨胀防火涂料。

2)H 类。厚涂型钢结构防火涂料，涂层厚度一般为 8～50mm，粒状表面，密度较小，热导率低，耐火极限可达 0.5～3h，又称为钢结构防火隔热材料。

11.15.3　主要设备工具

主要设备工具包括便携式搅拌机、压送式喷涂机、重力式喷枪、空气压缩机、抹灰刀、纱布、测厚计。

11.15.4　作业条件

(1)防火涂料涂装施工作业应由经消防部门批准的施工单位负责施工。

(2)防火涂料涂装前，钢结构工程已检查验收合格，并符合设计要求。

(3)防火涂装前，钢构件表面除锈及防锈底漆应符合设计要求和国家现行有关规范规定，应彻底清除钢构件表面的灰尘、油污等杂物。

(4)防火涂装前，应对钢构件防锈涂层碰损或漏涂部位补刷防锈漆，防锈漆涂装经验收合格后方可进行防火涂料涂装。

(5)钢结构防火涂料涂装应在室内装饰之前和不被后续工程所损坏的条件下进行。施工前，对不需要进行防火保护的墙面、门窗、机械设备和其他构件应采用塑料布遮挡保护。

(6)涂装施工时，环境温度宜保持在 5～38℃，相对湿度不宜大于 90%，空气应流动。露天涂装施工作业应选择适当的天气，大风、遇雨、严寒等均不应作业。

11.15.5　施工操作工艺

(1)工艺流程。施工准备→调配涂料→涂装施工→检查验收。

(2)施工准备

1)按照 16.4 的规定进行基面处理、检查验收。

2)按照设计要求，采购防火涂料原材料并验收。

3)按照工程实际情况配备相应的施工人员和施工机具。

(3)厚涂型钢结构防火涂料涂装工艺及要求

1)施工方法及机具。一般采用喷涂方法涂装，机具为压送式喷涂机配备能够自动调压的空压机，喷枪口径为 6～10mm，空气压加重为 0.4～0.6MPa。

局部修补和小面积构件采用手工抹涂方法施工，工具是抹灰刀等。

2)涂料配制。单组分湿涂料，现场采用便携式搅拌器搅拌均匀；单组分干粉涂料，现场加水或其他稀释剂调配，应按照产品说明书的规定配合比混合搅拌。

防火涂料配制搅拌，应边配边用，当天配制的涂料必须在说明书规定时间使用完。

搅拌和调配涂料，使之均匀一致，且稠度适宜。既能在输送管道中流动畅通，而喷涂后又不会产生流淌和下坠现象。

3)涂装施工工艺及要求。喷涂应分若干层完成,第一层喷涂以基本盖住钢材表面即可,以后每层喷涂厚度为 5～10mm,一般为 7mm 左右为宜。

在每层涂层基本干燥或固化后,方可继续喷涂下一层涂料,通常每天喷涂一层。

喷涂保护方式、喷涂层数和涂层厚度应根据防火设计要求确定。

喷涂时,喷枪要垂直于被喷涂钢构件表面,喷距为 6～10mm,喷涂气压保持在 0.4～0.6MPa。喷枪运行速度要保持稳定,不能在同一位置久留,避免造成涂料堆积流淌。喷涂过程中,配料及往喷涂机内加料均要连续进行,不得停顿。

施工过程中,操作者应采用测厚针检测涂层厚度,直到符合设计规定的厚度,方可停止喷涂。

喷涂后,对于明显凹凸不平处,采用抹灰刀等工具进行剔除和涂补处理,以确保涂层表面均匀。

4)质量要求。涂层应在规定时间内干燥固化,各层间粘结牢固,不出现粉化、空鼓、脱落和明显裂纹。

钢结构接头、转角处的涂层应均匀一致,无漏涂出现。

涂层厚度应达到设计要求;否则,应进行补涂处理,使之符合规定的厚度。

(4)薄涂型钢结构防火涂料涂装工艺及要求。

1)施工方法及机具。一般采用喷涂方法涂装,面层装饰涂料可以采用刷涂、喷涂或滚涂等方法,局部修补或小面积构件涂装,不具备喷涂条件时,可采用抹灰刀等工具进行手工抹涂方法。

机具为重力式喷枪,配备能够自动调压的空压机,喷涂底层及主涂面层时,喷枪口径为 4～6mm,空气压力为 0.4～0.6Mpa;喷涂面层时,喷枪口径 1～2mm,空气压力为 0.4Mpa 左右。

2)涂料配制。单组分涂料,现场采用便携式搅拌器搅拌均匀;双组分涂料,按照产品说明书规定的配比混合搅拌。

防火涂料配制搅拌,应边配边用,当天配制的涂料必须在说明书规定时间内使用完。

搅拌和调配涂料,使之均匀一致,且稠度适宜,既能在输送管道中流动畅通,而喷涂后又不会流淌和下坠现象。

3)底层涂装施工工艺及要求。底涂层一般应喷涂 2～3 遍,待前一遍涂层基本干燥后再喷涂后一遍。第一遍喷涂以盖住钢材基面 70%即可,二、三遍喷涂每层厚度不超过 2.5mm。

喷涂保护方式、喷涂层数和涂层厚度应根据防火设计要求确定。

喷涂时,操作工手握喷枪要稳定,运行速度保持稳定。喷枪要垂直于被喷涂钢构件表面,喷距为 6～10mm。

施工过程中,操作者应随时采用测厚针检测涂层厚度,确保各部位涂层达到设计规定的厚度要求。

喷涂后,喷涂形成的涂层是粒状表面,当设计要求涂层表面平整光滑时,待喷涂完最后一遍应采用抹灰刀等工具进行抹平处理,以确保涂层表面均匀平整。

4)面层涂装工艺及要求。当底涂层厚度符合设计要求,并基本干燥后,方可进行面层涂料涂装。

面层涂料一般涂刷1～2遍。如第一遍是从左至右涂刷,第二遍则是从右至左涂刷,以确保全部覆盖住底涂层。

面层涂装施工应保证各部分颜色均匀、一致,接槎平整。

11.15.6 质量标准

(1)主控项目。

1)钢结构防火涂料的品种和技术性能应符合设计要求,并应经过具有资质的检测机构检测符合现行国家标准的规定和设计要求。检查数量:全数检查。检查方法:检查产品的质量合格证明文件、中文标志及检验报告等。

2)防火涂料涂装前钢构件表面除锈及防锈漆涂装应符合设计要求和国家现行有关标准的规定。检查数量:按构件数抽查10%,且同类构件不应少于3件。检查方法:表面除锈用铲刀检查和用现行国家标准《涂覆涂料前钢材表面处理表面清洁度的目视评定》(GB 8923—79)规定的图片对照观察检查。底漆涂装用干漆膜测厚仪检查,每个构件检测5处,每处的数值为3个相距50mm测点涂层干漆膜厚度的平均值。

3)钢结构防火涂料的粘结强度和抗拉强度应符合国家现行《钢结构防火涂料应用技术规程》(CECS24:90)标准的规定。检查方法应符合国家现行国家《建筑构件耐火试验方法》(GB 9978—2008)标准的规定。检查数量:每使用100t或不足100t薄涂型防火涂料应抽检一次粘结强度;每使用500t或不足500t厚涂型防火涂料应抽检一次粘结强度和抗拉强度。检查方法:检查复验报告,

4)薄涂型防火涂料的涂层厚度应符合有关耐火极限的设计要求。厚涂型防火涂料涂层的厚度,80%及以上面积应符合有关耐火极限的设计要求,且最薄处厚度不应低于设计要求的85%。检查数量:按同类构件数抽查10%,且均不应少于3件。检查方法:采用涂层厚度测量仪、测厚针和钢尺检查。测量方法应符合国家现行标准《钢结构防火涂料应用技术规程》(CECS 24:90)的规定和《钢结构工程施工质量验收规范》(GB 50205—2001)标准中附录F的规定。

5)薄涂型防火涂料涂层表面裂纹宽度不应小于0.5mm;厚涂型防火涂料涂层表面裂纹宽度不就大于1mm。检查数量:按同类构件数抽查10%,且均不应少于3件。检查方法:观察和用尺量检查。

(2)一般项目。

1)钢结构防火涂料的型号、名称、颜色及有效期应与其产品质量证明文件相符。开启后,不应存在结皮、结块、凝胶等现象。检查数量:按桶数抽查5%,且不应少于3桶。检查方法;观察检查。

2)防火涂料涂装基层不应有油污、灰尘和泥沙等污垢。检查数量:全数检查。检查方法:观察检查。

3)防火涂料不应有误涂、漏涂,涂层应闭合无脱层、空鼓、明显凹陷、粉化松散和浮浆等

外观缺陷,乳突已剔除。检查数量:全数检查。检查方法:观察检查。

11.15.7 成品保护

(1)钢构件涂装后,应加以临时围护隔离,防止踏踩,损伤涂层。

(2)钢构件涂装后,在24h之内如遇大风或下雨时,应加以覆盖,防止沾染灰尘或水汽,避免影响涂层的附着力。

(3)涂装后的钢构件应注意防止磕碰,防止涂层损坏。

(4)涂装前,对其他半成品做好遮蔽保护,防止污染。

(5)做好防火涂料涂层的维护与修理工作。如遇剧烈震动、机械碰撞或暴雨袭击等,应检查涂层有无受损,并及时对涂层受损部位进行修理或采取其他处理措施。

(6)施工图中注明不涂层的部位,均不得涂刷。安装焊缝处应留出30～50mm宽的范围暂不涂。

(7)在室内金属面上喷漆时,应事先将非喷涂部位用废纸等物遮挡好,防止被污染。

11.15.8 安全与环保措施

(1)高空作业必须系安全带,防止高空坠落等事故发生。

(2)溶剂型防火涂料施工时,必须在施工现场配备消防器材,严禁现场明火,并有明显的禁止烟火的警示标志。

(3)施工人员进入施工现场应戴安全帽、口罩、手套和防尘眼镜等个人防护用品。

(4)防火涂料应储存在阴凉的仓库内,仓库内温度宜为5～38℃,严禁露天存放或日晒雨淋。防止温度过高促使涂料变质。

(5)涂装施工前,做好对周围环境和其他半成品的遮蔽保护工作,防止污染环境。

11.15.9 施工注意事项

(1)加强质量管理和检查,包括原材料,配比及生产工艺,保证生产出合格的产品。

(2)包装桶要有良好的密封性,以防稀释剂挥发,造成涂料干结。

(3)涂料在运输过程中,一定要加盖帆布,尤其是长途运输,避免曝晒造成涂料结块。

(4)双组份防火涂料,固化剂加入后,应在说明书规定的时间内使用完,超过使用时间或涂料结块,应停止使用。

(5)超过储存期的涂料,经检查已结块的,应报废。

(6)经过检查厚度未达到设计要求,应及时补喷,直至达到厚度要求,局部厚度不够,可用刮涂方法局部加厚。

(7)漏涂、露底的部位,应用喷涂或刮涂的方法,将漏涂和露底部位喷涂到规定的厚度。漏涂和露底是防火涂料施工中绝对不能出现的质量问题,一定要严格把关,勤于检查,发现漏喷露底及时修补可有效防止此缺陷。

(8)裂缝在喷涂过程中是经常出现的质量问题,裂缝的宽度及数量应遵照防火涂料施工质量要求来控制,超过部分的裂缝应用面涂料来修补。为了防止裂缝产生,在防火涂料喷涂过程中，应喷涂均匀，防止涂层过厚或过薄，在喷涂时，应先从左（或从右）往右（或往左）喷，再从上（或从下）往下喷（或往上），使涂层互相叠加，涂层中的耐高温纤维相互交错叠合，能使纤维起到抗裂作用。喷涂时，切忌涂层过厚或过薄，过厚增加内应力，以致涂层开裂，过薄以致涂层无纤维，在涂层干缩时，在此开裂。为此，应按施工操作规程，分次喷涂，每次涂层厚度要均匀，可有效防止涂层开裂。冬季施工时，施工及养护温度不得低于5℃。

(9)涂层与基材粘结性差，发生空鼓、脱层现象，为防止空鼓、脱层，在喷涂施工前，应严格把住涂料质量关，施工质量关，不合格产品不用，过期产品不用，确保涂料良好的质量，喷涂前应严格按说明书要求，将涂料搅拌均匀，双组份加固化剂。固化剂要与涂料混合均匀，涂料喷涂前，应检查钢基体表面是否有油污、污水、沾土粉尘等杂质。如发现有其中任何一种或几种，都必须清除干净，尤其是油污，油污是造成涂层与基体脱层空鼓的重要原因，必须彻底清除，以确保涂层与基体的粘结牢固。涂料喷涂后，应在适当的温度和湿度下养护干燥。在冬季施工时，施工及养护温度不得低于5℃，以防水性涂层结冻，造成涂层空鼓、脱层，冬季施工还应防雨雪，涂装好的涂层在未实干前，一经结冻，涂层将被冻裂并粉化。在夏季施工，涂层养护，应防太阳曝硒。已经空鼓、脱层的涂层，必须铲除，重新喷涂或刮涂到设计厚度。

11.15.10　质量记录

(1)钢结构防火涂料产品质量证明书及耐火极限检测报告、力学性能检测报告。

(2)隐蔽工程记录。

(3)涂装检测资料。

(4)钢结构(防火涂料涂装)分项工程检验批质量验收记录。

(5)施工记录。

主要参考标准名录

[1]《钢结构工程施工质量验收规范》(GB 50205—2001)

[2]《钢结构设计标准》(GB 50017—2017)

[3]《钢结构高强度螺栓连接技术规程》(JGJ 82—2011)

[4]《高层民用建筑钢结构技术规程》(JGJ 99—2015)

[5]《空间网格结构技术规程》(JGJ 7—2010)

[6]《钢结构工程施工工艺标准》，中国建筑工程总公司，中国建筑工业出版社，2003

[7]《建筑工程施工质量检查与验收手册》，毛龙泉等，中国建筑工业出版社，2002

[8]《建筑分项施工工艺标准手册》，江正荣，中国建筑工业出版社，2009

[9]《建筑钢结构施工手册》，中国钢结构协会编，中国计划出版社，2002

附　　表

企业施工工艺标准类别名称

序号	施工工艺标准类别名称
1	基坑开挖施工工艺标准
2	基坑降水施工工艺标准
3	地基基础工程施工工艺标准
4	地下防水工程施工工艺标准
5	模板工程施工工艺标准
6	钢筋工程施工工艺标准
7	砌体工程施工工艺标准
8	屋面工程施工工艺标准
9	楼地面工程施工工艺标准
10	混凝土工程施工工艺标准
11	钢结构工程施工工艺标准
12	装饰楼地面工程施工工艺标准
13	抹灰工程施工工艺标准
14	门窗工程施工工艺标准
15	吊顶与轻质隔墙工程施工工艺标准
16	饰面板工程施工工艺标准
17	幕墙工程施工工艺标准
18	涂饰、裱糊与软包工程施工工艺标准
19	细部装饰工程施工工艺标准
20	建筑给水、排水工程施工工艺标准
21	建筑采暖安装工程施工工艺标准
22	建筑智能安装工程施工工艺标准
23	建筑通风空调安装工程施工工艺标准
24	建筑电气安装工程施工工艺标准